Architekturwahrnehmung

Ulf Jonak

Architektur-wahrnehmung

Sehen und Begreifen

2. Auflage

Springer

Ulf Jonak
Oberursel, Deutschland

ISBN 978-3-658-26261-7 ISBN 978-3-658-26262-4 (eBook)
https://doi.org/10.1007/978-3-658-26262-4

Die Deutsche Nationalbibliothek verzeichnet diese Publikation in der Deutschen Nationalbibliografie; detaillierte bibliografische Daten sind im Internet über http://dnb.d-nb.de abrufbar.

Einbandabbildung: © Ulf Jonak
Lektorat: Frieder Kumm

Gedruckt auf säurefreiem und chlorfrei gebleichtem Papier

Springer ist ein Imprint der eingetragenen Gesellschaft Springer Fachmedien Wiesbaden GmbH und ist ein Teil von Springer Nature.
Die Anschrift der Gesellschaft ist: Abraham-Lincoln-Str. 46, 65189 Wiesbaden, Germany

Vorwort

Da vermutlich jedes scheinbar beendete Werk weiterhin im Kopf des Verfassers rumort und vielleicht – oder ganz bestimmt – dies und das noch zu bedenken gewesen wäre und er gar meint, ob zu Recht oder Unrecht, dass Bedeutsames vernachlässigt worden sei, greife auch ich dankbar die Gelegenheit auf, anlässlich dieser Neuauflage neben ein paar leidigen Korrekturen noch dies und das, nämlich auch zwei neue Kapitel, hinzuzufügen. Da es nicht darum ging, eine Phänomenologie oder eine Geschichte der Wahrnehmung zu verfassen, gab ich mich der Hoffnung hin, anhand unterschiedlicher Gebäudeporträts und -Interpretationen eine gemeinsame Richtschnur aufspannen zu können, die wiederum manch zu Erhellendes auf vorher nicht zu erwartende Weise miteinander verknüpfen konnte. Im Hinzufügen neuer Schauplätze müsste im Grunde das Prinzip Architekturwahrnehmung deutlicher eingekreist und damit begreifbarer werden.

Im Sommer 2015 endete eine Reise entlang der unteren Loire in Fontevraud l'Abbaye – kurz bevor die Erstauflage dieses Buches erscheinen sollte. Die Abtei mit ihrer mehr als tausendjährigen Geschichte stieß mich im Nachhinein auf das bedauerliche Versäumnis, aus diesem Gebäudekomplex nicht eine Besonderheit mit in das Buch aufgenommen zu haben. Der ins Auge fallende Küchenbau vor der nordwestlichen Schmalseite des Refektoriums gehört zweifellos zu den Wundern französischer Baukunst. Ein Bau, der Assoziationen geradezu herausfordert, der trotz seiner prominenten Umgebung Staunen, wenn nicht Verzauberung auslöst, ein märchenhaftes ‚Baptisterium', von dem man meint, Ähnliches noch nicht gesehen zu haben, ein Ort für Locationscouts, ebenso ein Objekt touristischer Neugier oder des Drangs, daheim Gebliebenen von etwas Außerordentlichem berichten zu können.

Auch das neue Vitruvkapitel mit seinen Bezügen zu Semper und Ruskin soll aufzeigen, dass es von den Ursprüngen bis in die vergangene Gegenwart im Grunde immer um das Gleiche ging, dass es immer auch um Formales ging, nämlich um die Frage, welche gestalterischen Gesetzmäßigkeiten (sowie deren Modifikationen) seit Menschengedenken das Bedürfnis prägen, sich und seinen Mitmenschen eine Unterkunft herzurichten – und wie sich dies im prüfenden Auge des Betrachters spiegelt. Der Leser mag entscheiden, ob es zu vertreten sei, mit diesem Kapitel, das sich den Urzuständen des Bauens widmet, ein Buch über Wahrnehmung zu ergänzen und diesen Schluss als verkapptes Orakel dafür zu deuten, dass längst verflossene Vergangenheit sich auch als Zukunft erweisen könne.

Oberursel
im April 2019

Ulf Jonak

Inhaltsverzeichnis

Einleitung

U. Jonak, *Architekturwahrnehmung*, https://doi.org/10.1007/978-3-658-26262-4_1

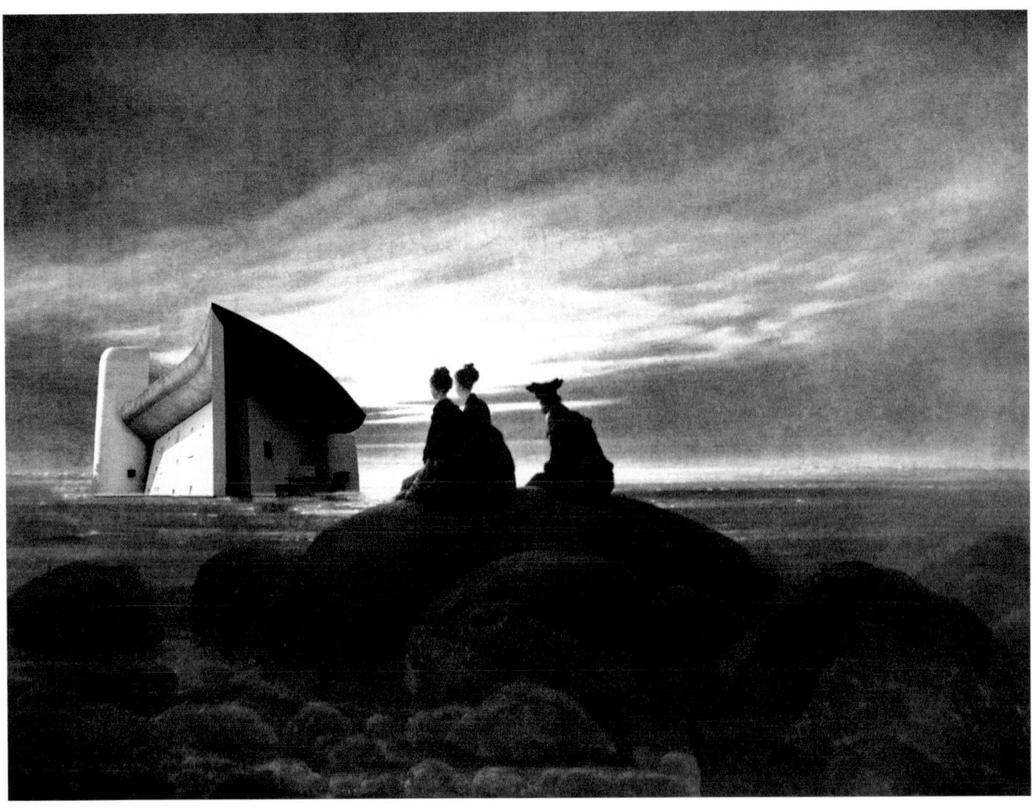

» *Das Auge ist der überlegene Sinn und Fürst der anderen.* Leonardo da Vinci

Reicht visuelle Wahrnehmung allein, um als Architekturwahrnehmung zu gelten? Was ist mit den anderen vier Sinnen: Hören, Tasten, Schmecken, Riechen? Abgesehen vom Geschmackssinn sind schließlich alle anderen auch an Architekturwahrnehmung beteiligt. Zusätzlich neben den klassischen fünf Sinnen könnten wir noch den Temperatursinn, Gleichgewichtssinn und die Schmerzempfindung anführen. Aber die beiden ›Fernsinne‹ *Sehen* (dies vor allem) und *Hören* sind doch die ausschlaggebenden, um ein erstes Verständnis von erlebter Architektur zu gewinnen. Alle anderen sind ›Nahsinne‹ – das heißt, Sinneserfahrungen machen wir nur direkt mit den Häuten der ihnen entsprechenden Körperorgane (Tasten mit Hand und Fuß, Riechen mit der Nase usw.). Mit den Nahsinnen erkennen wir Materialien, Oberflächen und Strukturen, Düfte und Aromen.

Mit Blick und Schall aber entdecken wir den Raum, blitzschnell, wenn wir wollen. Vom ›*Architektur Sehen*‹ können wir berichten. Vom ›*Architektur Hören*‹ versteht derjenige, dem wir berichten, zwar unser Hörerlebnis, die Mitteilung räumlich-akustischer Phänomene aber, das Architektonische an ihnen, bleibt schemenhaft. Anders als in Sammler- und Jägergesellschaften, in der Hören und Sehen gleichermaßen lebensnotwendig waren, hat sich in unserer Zivilisation vorrangig der *Sehsinn* durchgesetzt. Weil er so komplex ist, lässt sich mit der mündlichen Wiedergabe dessen, was man sieht, Architektur halbwegs gründlich erläutern.

Nicht immer nehmen wir wahr, was wir sehen. Die visuelle Aufnahmefähigkeit ist offenbar begrenzt. Ist der Kopf doch bereits mit dem ausufernden Archiv, den Räumen und Plänen des eigenen Lebens gefüllt, wie denn auch mit Illusionen und Luftschlössern. Wir mögen noch solange vor einem Bildwerk oder vor einem Bau gesessen haben, um uns ein Detail der Gestalt einzuprägen. Nach kurzer Zeit verblasst der Eindruck und wird schließlich unkenntlich. Alles Mögliche lenkt ab. Unkonzentriert verlieren wir die Spur, der Blick wandert von Form zu Form, von Stein zu Stein, von Eindruck zu Eindruck und nur mühsam kehren wir zurück zur ursprünglichen Betrachtung. Erst recht mühsam ist danach die Erinnerung an das gerade Gesehene. Da wir ständig schauen (auch im Schlaf, im Traum) – immer folgt dem aktuell Wahrgenommenen ein noch Aktuelleres –, sind wir nach und nach einem kontinuierlichen Ausbleichen der Bilder und am Ende ihrem Verschwinden unterworfen.

Prägnante Bilder aber wollen wir einfangen, wollen ihnen unbedingt unseren Stempel einprägen. Denn sich etwas einzuprägen, heißt, sich der wahrgenommenen Bilder bewusst zu werden, heißt, dem Geschauten Dauer zu verleihen, indem wir es sinnend hin und her wenden, es glätten und schärfen und es mit anderswo und anderswann Erfahrenem verknüpfen. Das Geschaute von allen Seiten betrachtend, erlauben wir uns fiktive Eingriffe. Indigniert stopfen wir Lücken oder ergänzen im Augenblick des Sehens das Fehlende. Wir rücken zurecht, wir begradigen die Konturen, wir klären die Form. So wird sie beschreibbar und auch speicherbar im eigenen Kopf. Das ist des Menschen zwangsläufige Eigenart, sagen uns die Gestaltpsychologen: Zum Beispiel runden wir das ungleichmäßige, kartoffelartige Objekt in der Erinnerung zur geometrisch eindeutigen Kugel.

Wahrnehmung müssen wir uns erarbeiten: Erfahrungen und Sehnsüchte, Hoffnungsanker und Mutmaßungen, Persönliches und Gemeinsames ergeben zusammen die Grundlage für ein Bild, das uns dann als Wirklichkeit erscheint.

»*Zwar gibt es kein Sehen ohne Denken, aber es genügt nicht zu denken, um zu sehen. Das Sehen ist ein bedingtes Denken* […]«[1], meint Maurice Merleau-Ponty in seinem Essay »*Das Auge und der Geist*«, meint damit ein vertieftes Sehen und verweist so auf die untrennbare Symbiose von Körper und Geist, von Konkretum und Abstraktum.

Die beiden Seiten der Wahrnehmung

Um den Überblick zu wahren, schauen wir nur flüchtig hinweg über das meiste, das wir wahrnehmen, und missachten notgedrungen die Vielfalt, müssen sie missachten. Die Flut der verdrängten Bilder und Gedanken verbirgt sich (kaum zugänglich) im Gehirnlabyrinth. Nur vordringliche und

1 zit. n. Jörg Dünne u. a. (Hg.) Raumtheorie, S.187

kraftvolle Vorschläge, Projektionen, Wünsche und Tagträume, wie jetzt und zukünftig zu handeln sei, versickern nicht, sondern treten als Texte, Bilder und Pläne hervor. Deutliche oder scheinbare Zusammenhänge werden konstruiert. Vage Hypothesen entstehen. Handfester aber gebiert mitunter die im akuten Alltag erfahrene, hin und her gewendete und als genügend erkannte Praxis Ansätze von fruchtbarer Theorie.

Praxis gelingt nur als Ausbeute eigener oder angeeigneter Erfahrungen. Lebenspraxis wie Planungspraxis finden auf Grund von Gedankenwelten statt, die nicht unbedingt die eigenen sein müssen. Wir lernen vom eigenen Tun, wir lernen von anderen, wir lernen andauernd, bewusst und unbewusst, ob wir wollen oder nicht. Wer nicht in Routine erstarren will, ergründet nah und fern Liegendes. Dann ist keine Anstrengung zu mühsam, falls irgendwo ein reizvoll Unbekanntes oder ein Geheimnis zu vermuten ist. Hintergründe sind zu beleuchten. Nur das Beleuchtete aber reagiert mit Reflektionen, Spiegelungen und Gedanken. So entsteht Theorie, auch Architekturtheorie. So entsteht Welt für uns.

» [...] *die Praxis ist blind, wenn es keine Theorie gibt, und die Theorie ist leer, wenn es keine Praxis gibt*«[2], äußerte Ernst Bloch im Interview.

Ohne Wahrnehmung keine Reflexion. »*Es gibt triftige Gründe für die Annahme, dass das Gehirn des Menschen von Anfang an weit wichtiger war als seine Hände [...], dass der primitive Mensch, der noch nicht daran denken konnte, die Natur zu beherrschen oder seine Umwelt zu gestalten, zuerst danach strebte, sein überentwickeltes, überaus aktives Nervensystem zu benützen und ein menschliches Selbst zu formen [...] aus den Quellen, die sein eigener Körper bereit hielt: aus Träumen, Phantasien und Klängen*«[3], schrieb Lewis Mumford.

War anfangs das Denken wichtiger als Handarbeit? Funktioniert das wirklich so? Ist es nicht so, dass die Tätigkeit der Hand Reaktionen des Gehirns erzeugt und wiederum Kopfarbeit Betriebsamkeit des Körpers bewirkt? Hirn und Hand stimulieren sich wohl wechselseitig.

2 Frankfurter Rundschau, 15.2.1975, Wochenendbeilage
3 Lewis Mumford, Mythos der Maschine, S. 27

Entschwundene Wahrnehmung

Vieles geschieht scheinbar unbewusst. Man könnte meinen, das Gehirn hätte keinen Anteil am Tun der Hand und dennoch, es gab einen Reiz, der die Hand sich bewegen ließ und die Hand aber veranlasste, einen Gegenreiz im Gehirn auszulösen. Ein Hin und Her. Das Auge ist selbstverständlich beteiligt. Mehr als nur nebenbei. Man nimmt eine Gegebenheit als Problem wahr und beschäftigt sich in Gedanken mit dessen Lösung. Noch ist es Hypothese, denn es wäre voreilig, das Ergebnis seiner Gedanken auch sofort auszuführen. Der fremde oder befremdete oder der erstmalige Blick ist nötig für die eigene Erkenntnis:

»*[...] ein scharfsichtiger Fremder, der in ein Haus tritt, bemerkt oft gleich, was der Hausherr aus Nachsicht, Gewohnheit oder Gutmütigkeit übersieht oder ignoriert*«[4], schrieb Goethe 1808 an seinen Freund Karl Friedrich von Reinhard.

Zu oft Gesehenes wird kaum noch wahrgenommen, Einzelheiten, die man gerade wegen ihrer Bedeutungslosigkeit nie richtig beachtet hat: Der Fenstergriff, der Fußbodenbelag, die Leselampe, selbst die Mitbewohner werden aus Gewohnheit unsichtbar. In Ernst Blochs *Spuren* (1930, 1985) steht, grundsätzlicher noch gedacht:

»*Die meisten werden dunkel gehalten und sich sehen sie kaum.*«[5]

Wir benutzen täglich begangene Straßen blindlings und wundern uns, am Ziel angekommen, über nicht wahrgenommene Zeit und Raum. Obgleich (oder weil?) der architektonische Raum Lebens-Mittelpunkt ist, verschwindet er allzu oft aus dem Bewusstsein. Wir sehen kaum noch seine Bedeutung, wir übersehen seine Qualitäten.

Die optische Rezeption: »*Auch sie findet von Hause aus viel weniger in einem angespannten Aufmerken als in einem beiläufigen Bemerken statt*«[6], stellte Walter Benjamin anlässlich seines Nachdenkens über Architektur-Wahrnehmung und Gewöhnung fest.

4 zit. n. S. Unseld (Hg.), Goethe, unser Zeitgenosse, Frankfurt 1998, S. 15
5 Ernst Bloch, Spuren, S. 30
6 Walter Benjamin, Das Kunstwerk im Zeitalter seiner technischen Reproduzierbarkeit, S. 47

Sind wir aber erstmalig an einem Ort, der uns emotional berührt oder unsere Neugier weckt, dann wird auch das Gewöhnlichste mit forschendem Auge wahrgenommen. Noch das scheinbar Banalste wird dann beachtenswert und folglich bedenkenswert. Nachdenklichkeit aber übersetzt Praxis in Theorie. Entsprechend macht Architekturtheorie als Gedankenspiel Architektur wieder sichtbar. Wir nehmen wahr.

Untersuchungsfelder

Aber was ist Architekturwahrnehmung? Sicherlich ist sie Voraussetzung für praktisches Handeln. Aber was uns in diesem Zusammenhang mehr interessiert: Sie ist auch Voraussetzung von Architekturtheorie. Ist sie einfach die reflektierende Bewusstwerdung der gebauten Umwelt? Oder ist sie ein plötzlich sich offenbarendes Aha-Erlebnis, ein Gewahrwerden der Mauern um uns herum? Gründet sie auf einer Tradition des Nachdenkens über geplante oder ausgeführte Architektur? Hilft uns zum Verständnis das Kompendium der Texte, mit denen Architekten ihr eigenes Werk schriftlich interpretieren? Oder schadet etwa unserer Aufnahmefähigkeit (›wegen Überfüllung geschlossen‹) die Kenntnis all dessen, was zum Bauen gesagt wurde (von Vitruv bis Koolhaas), also der Fülle der schriftlichen Überlieferung.

Wie steht eine Theorie der Architekturwahrnehmung zur Architekturtheorie, diesem Sonderfall der Kunsttheorie, (mit ihren Randüberschneidungen zur Baugeschichte und Philosophie)? Darf sie wie diese über der Praxis stehen, ja, sich von ihr isolieren? Gehört Lebenspraxis nicht grundsätzlich zu ihren Untersuchungsfeldern? Ist Architekturwahrnehmung womöglich doch gleichzusetzen mit Architekturtheorie? Pflegen wir nicht mit beiden Betrachtungsweisen neugierig – neu und gierig – auf unsere gebaute Umwelt und ihre Strukturen zu schauen? Dies Buch wird die Fragen erörtern und versuchen, ein wahrnehmungstheoretisches Fundament, ein nicht allzu wackelndes Podest zu setzen.

Auf Grund ihrer Meinungsvielfalt ist die Theorie der Architekturwahrnehmung ein weites Anleitungsfeld zur achtsamen Prüfung des Baugeschehens in Vergangenheit, Gegenwart und Zukunft. Selbst ohne in den akademischen Diskurs über Architektur eingeweiht zu sein, gelingt es jedermann, mehr oder weniger schlüssige Aussagen zur erlebten Umwelt und dem Wohnen zu formulieren.

Joseph Brodsky, Nobelpreisträger von 1987, gesteht uns zu, dass »*das einzige, was der Beobachter als Rechtfertigung für sich in Anspruch nehmen kann, ist, dass auch er über ein Quäntchen Realität verfügt, im Ausmaß vielleicht geringer, doch von der Qualität her dem Gegenstand der Erforschung in nichts nachstehend. Zweifellos lässt sich dadurch, dass man sich im Augenblick der Beobachtung seiner selbst völlig bewusst ist, ein Anschein von Objektivität erreichen.*«[7]

So gesehen leitet reflektierte Wahrnehmung uns an, Bauten – ihre Gestalt, ihre Distanzen, ihr Miteinander, ihren Lebenslauf, ihre Brauchbarkeit, ihre Anmutung – aufmerksam und kritisch anzusehen, als sähen wir sie zum ersten Mal. Den Geheimnissen der Objekte auf der Spur, macht sie uns und unsere Umhausung gedankenschwer. Wir vergleichen Bauten und schälen Übereinstimmungen, Gegensätze, Strukturen, Qualitäten und Unzulänglichkeiten heraus. Wir betrachten gedankenvoll ihr Umfeld. Aber um uns zurechtzufinden in der Welt, brauchen wir einen klaren Kopf. Wir brauchen deshalb Architekturtheorie – einen stützenden Kanon. Sie gibt nicht nur Auskunft über das ästhetische Vergnügen an Architektur, sondern ebenso über ihre ›Dienstbarkeit' für unser Leben. Architektur (die sogenannte *dritte Haut*) kleidet ihre Bewohner; Architekturtheorie gibt Auskunft über uns selbst, über unsere erste, zweite, dritte Haut. Wahrnehmungstheorie entwickelt das dazu benötigte Werkzeug.

Ungewisser Geschmack

Warum gefällt dieses und missfällt jenes? Offenbar hat das viel mit uns zu tun. Selbst das großkotzigste Wohnhaus muss irgendwem gefallen haben, sonst stünde es nicht da, zumindest nicht in dieser Gestalt. Es gibt Kriterien, mit denen wir der eigenen Unsicherheit in Geschmacksfragen beikommen können. Das sind nicht nur die drei Vitruv'schen Kriterien: *utilitas, firmitas, venustas* (Nützlichkeit,

7 Joseph Brodsky, Flucht aus Byzanz, S. 340

Festigkeit, Schönheit), wobei utilitas und firmitas sich heute auch mit Funktion und Konstruktion übersetzen lassen. Das nach wie vor gängige Schlagwort »*form follows function*« (Horatio Greenough 1852, Louis Sullivan 1896) verzichtet merkwürdigerweise auf den Begriff ›Konstruktion‹.

Bevor wir uns auf den schwammigen, strittigen Begriff »Geschmack« oder (auf höherem Niveau) den der »Schönheit« einlassen, klären wir doch besser unbestreitbarere Dinge, die letztlich auf ein zufrieden stellendes Ergebnis hinsteuern (die Geschmacksfrage hat sich dann erledigt):

- Sind Bauglieder eindeutig definiert oder miteinander verschliffen (›verschmiert‹)?
- Entspricht einem Farbwechsel – um der Eindeutigkeit willen – ein Reliefsprung in der Fassade?
- Sind unterschiedliche Bauteile deutlich voneinander abgesetzt, zum Beispiel durch Schattenfugen getrennt?
- Sind Öffnungen und Durchlässe angemessen groß und übersichtlich in das Volumen eingeschnitten?
- Ist die Zuordnung der Einzelräume zueinander einleuchtend und sind ihre Proportionen überzeugend bedacht? Sind *Groß und Klein, Hoch und Niedrig* dem jeweiligen Gebrauch angemessen?
- Gibt es Bau- und Konstruktionsfehler, sind zum Beispiel Konstruktionselemente unlogisch gegeneinander verschoben und müssen deshalb mit Hilfsmaßnahmen verknüpft oder geschützt werden?

Dem Architekten steht demnach eine Anzahl von Prüfsteinen zur Verfügung, ob ein Haus auch gestalterisch funktioniert. *Geschmack* wird dann zum eher unbedeutenden Unterscheidungszeichen.

Der Kunsthistoriker Heinrich Wölfflin hat Anfang des 20. Jahrhunderts ein ideelles Ordnungssystem vorgestellt, das (abstrakter formuliert) der vorgeschlagenen Kriterienauswahl entspricht. »*Anschauungsformen*« nannte er sie:

»*malerisch-linear, flächenhaft-tiefenhaft, offene und geschlossene Form, Vielheit-Einheit, Klarheit-Unklarheit*«[8].

Solches Denken in Gegensätzen führt zu klarem Denken und siebt die natürliche, jedoch verwirrende Vielfalt der Erscheinungen. Der ausgleichend und »harmonisch« Denkende rückt alles ins gleiche Licht. Er beschwichtigt, er beruhigt. Der in Kontrasten Denkende konfrontiert. Er feuert an. Er vereint ursächlich Polarisierendes, mitunter nicht Zusammengehörendes und kommt womöglich zu überraschenden, so noch nie wahrgenommenen Resultaten.

Der von seinem Fach Überbeanspruchte fühlt sich einsam in Gesellschaft und klagt: »*Ich leide einfach – und keiner weiß es, weil ich mehr sehe und anders sehe als die anderen*«[9]. (Architekt Egon Eiermann 1961 in einem Brief)

Architekturwahrnehmung und Architekturtheorie sind zwei Seiten derselben Medaille. Sie offenbaren Architektur als Ausdruck unseres zivilisatorischen Menschseins, unseres Selbstverständnisses. Indem sie Architektur als Hülle des Menschen verstehen, überhöhen sie zugleich dessen Dasein. Es erlangt Authentizität. Architektur wird zur Metapher für das Numinose im Menschen, für dessen Geistesfülle.

Hermann von Helmholtz hatte sich getäuscht, wenn er behauptete, dass ein Haus nicht mehr den »*Eindruck eines unbekannten oder nur halb bekannten Gegenstandes*«[10] mache, wenn man bereits ein Bild des Gegenstandes kenne. Im Gegenteil wirkt es außerordentlich befremdend, wenn kleinste Unstimmigkeiten am realen Ort – dunkle Fensterhöhlen, zugewachsener Eingang, ein streunender Hund – die hoffnungsvollen Erwartungen irritieren. Man möchte am liebsten umkehren.

Das Numinose, das Schaurig/Anziehende, bewohnt Häuser wie Menschen und nicht deren Abbildungen. Erst im Angesicht und im Fühlen des Unheimlichen oder auch des Heimeligen findet glaubhafte Wahrnehmung statt. Wie nun sehen unterschiedliche Menschen auf unterschiedliche Bauwerke?

8 Heinrich Wölfflin, Kunstgeschichtliche Grundbegriffe, 1915, S. 9

9 zit. n. der architekt (Zeitschr.des BDA) 3/2013, S. 1

10 Jonathan Crary, zit. n. Stephan Günzel (Hg.), Texte zur Theorie des Raums, S. 193

1. Kapitel Parthenon

U. Jonak, *Architekturwahrnehmung,* https://doi.org/10.1007/978-3-658-26262-4_2

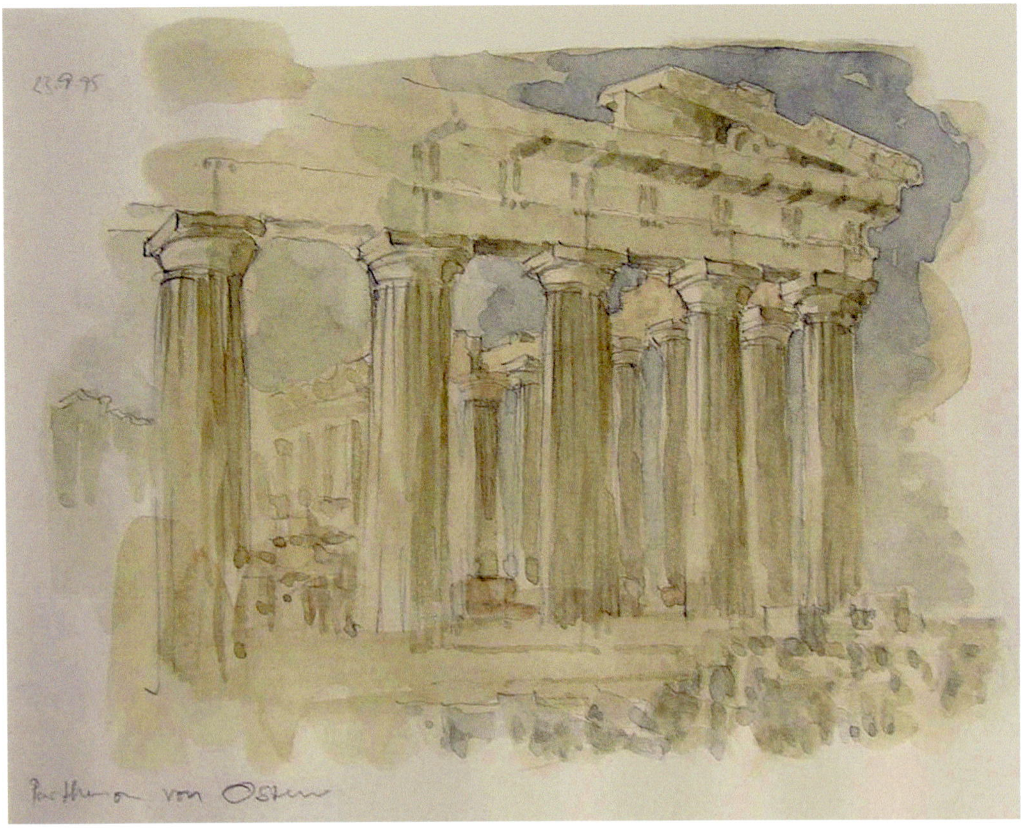

Parthenon von Osten, Aquarell 1995, © U.J.

» *Parthenon hieß der herrliche Tempel der Göttin Minerva auf dem vesten Berg-Schlosse Acropolis zu Athen. Dieses Gebäude des Tempels soll nach Jacop Spons Berichte noch im Stande, und zwey mal länger als breit, auch auf allen Seiten mit prächtigen auf den fürtrefflichsten Säulen ruhenden Gallerien umgeben seyn. Die Bau-Arbeit ist in- und auswendig sehr kostbahr, und mit vielen Figuren von den besten Griechischen Künstlern gezieret.*
Zedlers grosses vollständiges Universallexicon aller Wissenschafften und Künste (1731–1754)

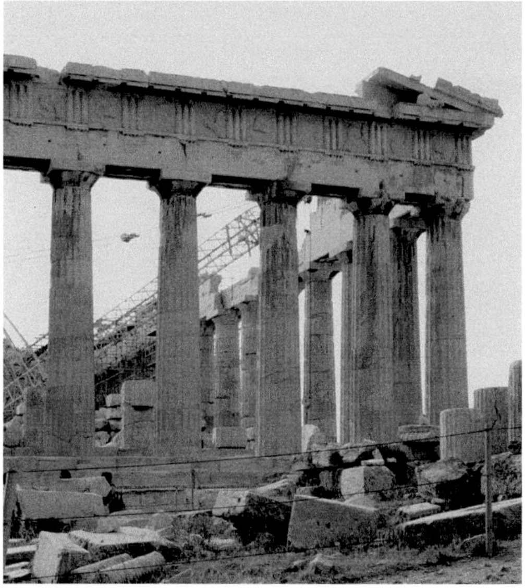

Parthenon von Osten, Zustand 1995

Gibt es zweidimensionale Architektur und wenn es sie gäbe, wie sähe sie aus? Raimund Abraham hat dazu eine eindeutige Antwort, wenn er sagt, »*dass gewisse Formulierungen der Architektur nur gezeichnet werden können.*« (s. a. Kapitel 6) Die zweite Frage, die schon fast und paradoxerweise eine Antwort auf die erste ist (kann eine Frage zugleich eine Antwort sein?) schließt sich an: Bleibt eine Hausfassade Architektur, auch wenn das dazugehörende Volumen unglücklicherweise verschwunden ist. Eine bejahende Antwort fällt uns leichter. Schwieriger ist die Antwort darauf, ob ein Weg, dessen Zweidimensionalität keiner bezweifeln wird, ein architektonisches Ereignis sein kann, selbst wenn er noch so kunstvoll gestaltet ist. Ein Pilgerweg mit seinen gebauten Leidensstationen ist zumindest ein städtebauliches Ereignis. Es sind aber die Stationen am Rande, die auffallen, wohingegen die Gehfläche eher unbemerkt bleibt. Ein Weg müsste besondere Eigenschaften haben, um der Baukunst zugerechnet zu werden. Vielleicht zeichnete ihn aus, dass er unseren Blicken standhielte und nicht vage unter uns daher flösse.

Was also ist Architektur? Die Frage werden wir uns noch öfter stellen. Eine erste Annäherung: Architektur ist verfestigte, mit allen sechs Sinnen wahrnehmbare Atmosphäre. Im Raum ausgebreitete, aber begrenzte und von Geist und Leib durchdrungene Atmosphäre. Architektur berührt uns und lässt sich rundum und inwendig von unseren Körpern und Befindlichkeiten anrühren. Im Gegensatz zum Bau ist ein architektonisches Werk bewusst mehrdeutig gestaltet. Im Gegensatz zum Pfad sind Wege bewusst doppelbödig gestaltet. Gehört der Weg zur Architektur? Ein gepflasterter Weg

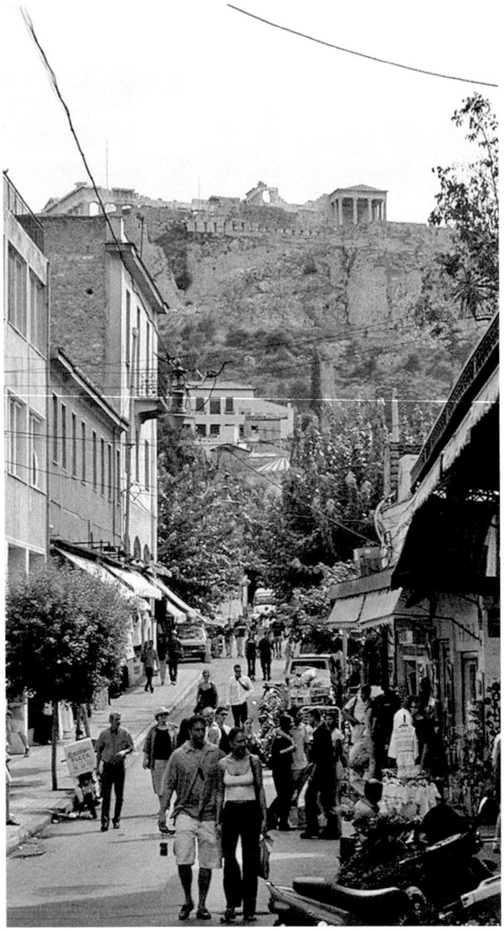

Akropolis auf dem Hügel oberhalb der Stadt

liegt vor uns wie eine gekippte Mauer, wie ein gegen den Untergrund gemauerter Damm – gekurvt oder verwinkelt, ansteigend oder sinkend, linear oder gebogen. Auf und ab.

Könnten wir den Weg (eine um 90 Grad gekippte Mauer) aufrichten zum geschlängelten Band, stünde das Raumbildende, das Architektonische kaum zur Debatte. Allerdings berührten dann statt der Fußsohlen unsere Hände die Fläche. Das ist ein Unterschied, vielleicht ein gar nicht so marginaler. Das mit den Füßen horizontal Begangene scheint nur zweidimensional erfahren zu werden. Die Hand aber berührt die Vertikale und empfiehlt den Füßen sich abzuwenden. Erst die Barriere oder die Aufwärtsbewegung in der Vertikalen (von Horizontale zu Horizontale: Treppe, Kletterwand, gläserner Lift) erzeugt ein Raumgefühl. Denn hier fällt der Blick senkrecht und aufmerksam auf die Oberflächen, im begangenen Fall streift der parallele Blick nur oberflächlich (im doppelten Sinne) die vor uns liegende Strecke.

Steinplatten, mosaikartig verlegt

Der gepflasterte Weg, die gemauerte Wand. In beiden Fällen berühren wir die Substanz und verspüren den Abglanz der gefügten Steine (Wärme, Kälte, Trockenheit, Feuchtigkeit). Unter unseren Blicken erst gewinnt die Materie Gestalt. Architektur filtert unsere Wahrnehmung und lotst unsere Aufmerksamkeit in bestimmte Richtungen. Kann also ein Weg ein architektonisches Ereignis sein? Suchen wir uns ein Beispiel, erinnern wir uns an den Aufstieg zum Weltkulturerbe *Parthenon*! Womöglich erkennen wir erst im Nachhinein, dass es sich mit dem Weg hinauf zur Athener Akropolis um eine die Erwartung stimulierende Maßnahme, ja, um Baukunst handelt. Fraglos ist dieser Weg ein Erinnerungs- und Gedankenfeld, eine Aufforderung zur Einfühlung in die erwartete, die vorausgeschaute Szenerie.

Nehmen wir einmal an, dass sogar der von uns begangene Weg zur Akropolis hoch, zum Parthenon und den anderen Tempeln, Baukunst sei. Ist es sommerlich heiß, wird das Emporsteigen schleppender. Es geht kaum anders, als hinauf zum Hügelplateau bedächtig zu spazieren. Ein Schlendern, langsam, kräfteschonend; einem Besichtigungsplan auf der Spur, einem Panorama, einer erhabenen Blicksequenz, scharfsichtig, aber eher gedankenlos angesichts der Details am Rande und zu Füßen. Dennoch zielstrebig – in Erwartung des hochgelegenen Kultplatzes. Um die Regulierung der Atmung, das Gleichmaß des Schreitens besorgt, der Schwere der Glieder und der Beugung des Kopfes widerstehend, streift der Blick zerstreut über das unregelmäßige Pflaster des Anstiegs, bald aber nicht mehr gedankenlos, sondern wie aufgeweckt, unerwartet entflammt und versessen, dem scheinbar Ungeregelten einen Sinn zu entlocken. Gäbe es kein Ziel, genösse der Gehende den Pfad als ästhetisches, jedoch vorübergehendes Ereignis. Aber so bedachtsam und respektvoll er begangen wird, – das *Weltkulturerbe* vor dem inneren Auge – kann der Pfad urplötzlich offenbaren, was Überlieferung und Wirklichkeit eigentlich bedeuten. Die Erwartung des Großereignisses wird vom jäh überraschenden Kleinereignis in die Wege geleitet. »*Die Überraschung ist das Erwachen im Wachen. Man wird mitten im Wachen geweckt*«[1], schreibt Paul Valéry.

Obwohl ungleichmäßig gekantet, sind die Steinplatten des Bodens mosaikartig zueinander gefügt. Die unterschiedlichsten Oberflächen, gekörnt, bossiert, scharriert, geglättet, an den Rändern gebrochen, behauen, geschliffen, flüchtig oder kunstvoll bearbeitet, Trümmer aus Steinbrüchen, aus archäologischen Fundstätten, aus Steinmetzwerkstätten, aus aufgelassenen Friedhöfen, von eingerissenen Häusern; Marmor und Kalkstein, die unterschiedlichsten Farbschattierungen: bleichgelb, aschgrau, blau-violett, teebraun, gilbweiß. Die unregelmäßigen Wegflächen, mal sich verengend, mal verbreiternd, mal zum Rastplatz sich weitend. Gekurvte, gezackte Ränder, wie absichtslos ins angrenzende Erdreich getrieben. Scheinbar einem Spieltrieb folgend, keinesfalls dem strenggeometrischen Architekturverständnis der Entstehungszeit verhaftet.

Allmählich schält sich für den Gehenden ein Arrangement heraus. Eine kunstvolle Passage für erwartungsvolle und empathisch begabte Besucher. Ein Dokument seiner Zeit. Die Pflasterung entstand zwischen 1954 und 1957, jener Zeit des ›abstrakten

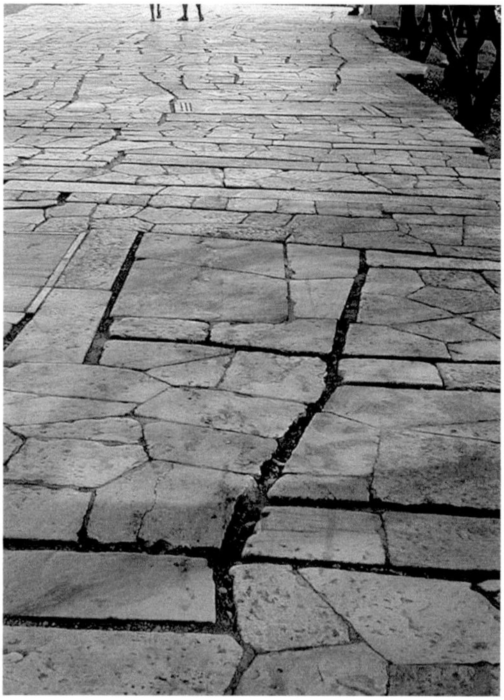

Gestaltung des Wegs zur Akropolis von Dimitris Pikionis, 1954–1957

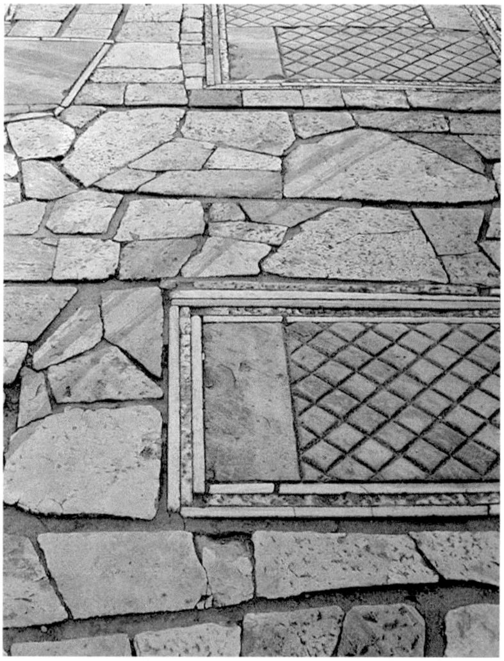

Gestaltung des Wegs zur Akropolis von Dimitris Pikionis, 1954–1957

1 Paul Valéry, Ich grase meine Gehirnwiese ab (Cahiers, Auswahl), S. 262

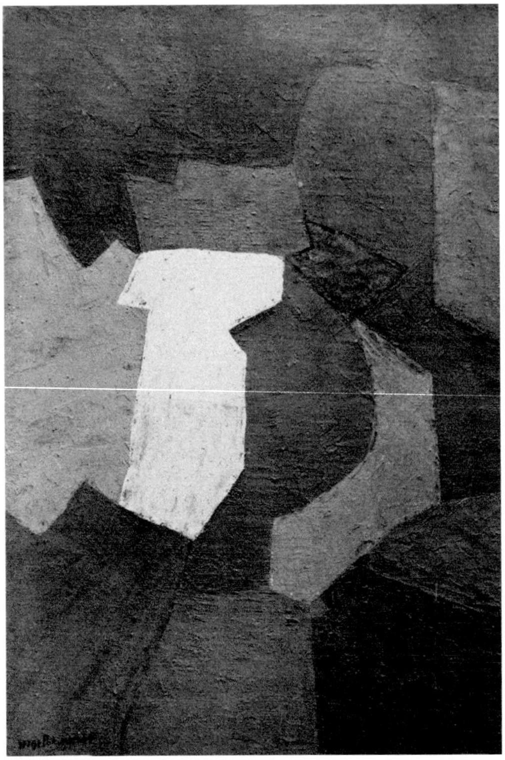

Serge Poliakoff, Vier Farben 1949

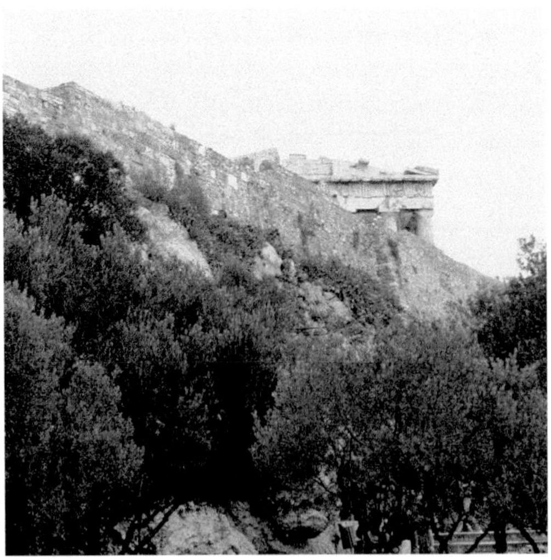

Aufstieg zum Parthenon

Expressionismus‹, als Maler wie de Staël oder Poliakoff großflächige Farb- und Fleckenkompositionen an die Wände der Kunstgalerien hängten. Der Weg gleicht einem steinernen Reflex auf den malerischen Tachismus. Der kunstvolle Weg als Manifest der Möglichkeiten eines Handwerks. Eine Synopse. Eine Schrift für den, der sie lesen kann. All diese Marmorfragmente greifen ineinander, ergeben einen assoziativen Text, eine Anfeuerung, einen Anstoß, eine Einstimmung auf das bevorstehende Ziel, auf das *»aus trägen Steinen«* erbaute *»Drama«*[2]. Selbst jede weggeworfene und achtlos zertrampelte Zigarettenschachtel, jeder plattgetretene Kronkorken, jede Gummisohlenschleifspur wird nun zum Ereignis und verstärkt den tachistischen Effekt, das Pollocksche *»Allover«*. Eine spontane und ständig sich ändernde Komposition überlagert die vorhandene Textur.

Die flüchtigen, nicht nur die geschichtlichen Geschehnisse an diesem Ort machen sich bemerkbar, bleiben zwar geheimnisvoll, signalisieren kaum zu entziffernde Zeichen, erzeugen aber diese Atmosphäre der Erwartung, die trotz Hitze ein nervöses Frösteln verursacht, das sich später angesichts der Architekturoffenbarung auf dem Plateau noch verstärkt. Doch wer weist darauf hin, wer öffnet dem Gehenden die Augen? Für die meisten ist er ein für sich gesehen belangloser Pfad. Feierlich und erwartungsvoll nur von wenigen begangen, denen er vage veranschaulicht, wie Geschichte und Realität (›Überlieferung und Wirklichkeit‹) ineinander greifen und so unser Bewusstsein verändern können.

Der Architekt Dimitris Pikionis (1887–1968) hat mit dem Weg hinauf zur Athener Akropolis sein Meisterwerk geschaffen, ein sensibles, dem Genius Loci der antiken Stätte angemessenes Steinplatten-Patchwork. Unter unseren Füßen vergeht eine Erinnerungscollage aus unbestimmbaren Episoden und zugleich eine Ouvertüre zu dem, was uns auf der Höhe erwartet. Ein Architekturereignis.

2 Le Corbusier, zit. n. Ulrich Conrads (Hg.), Programme und Manifeste zur Architektur des 20. Jahrhunderts, S. 58

Propyläen

Dort – wie aus dem Fels emporgewachsen – blicken auf uns zunächst die Propyläen herab. Hier vor der westlichen Schmalseite der Akropolis wird der Anstieg dramatischer, steiler und mühsamer als zuvor. Der Weg führt auf unbequemen Stufen zum sowohl als Barriere als auch zugleich als Einlass gedachten Vorspiel aus geschichteten Marmorblöcken und Säulen, zum Teil nur noch Säulenstümpfen, ein steinerner Vorhang zwischen Publikum und Bühne, ein steinernes Ensemble geometrischer Körper. 1911 ist Le Corbusier auf Studienreise in Südosteuropa, besucht Athen. Ein Jahrzehnt später beschreibt er sein Erlebnis in der Zeitschrift *Esprit Nouveau*:

»Die Propyläen. – Was ruft die innere Anteilnahme hervor? Eine ganz bestimmte Beziehung zwischen den einzelnen Kategorien von Elementen: Zylinder, glatter Boden, glatte Mauern. Im Einklang mit den Einzelheiten der landschaftlichen Lage. Ein Gestaltungssystem, das seine Wirkungen auf jeden Teil der Gesamtkonzeption erstreckt. Eine Einheit der Konzeption, die von der Einheitlichkeit im Material bis zur Einheitlichkeit in der Durchbildung der Form geht.«[3]

Le Corbusier ist fasziniert von der Rigorosität, mit der die Erbauer der Akropolis das Prinzip Geometrie favorisierten. Als wenig später der Weltenbummler und Schriftsteller Alfons Paquet die Akropolis besucht, klingt das wesentlich romantischer. Zwei aufmerksame Geister, zwei unterschiedliche Wahrnehmungen: Paquet schreibt:

»Riesenstufen, höher als gewohnter Schritt sie kennt, müssen hier erstiegen werden. In den Propyläen ward den Göttern ein Zugang gerichtet, der ihren Schritten genehm war; den Sterblichen hebt die Mühe des Schrittes zwischen den mächtigen Säulen dieses Vorhauses streng und entschieden aus dem Behagen und Unbehagen des Alltags. Leicht ansteigend ist der graue von Runzeln durchzogene Felsboden, übersät mit den Trümmern gefallener Säulen und Weihgeschenke, eine Wiese bebender Gräser und duftender Kamille.«[4]

So stellte es der Reisende zu Beginn der zwanziger Jahre des vorigen Jahrhunderts dar und so neh-

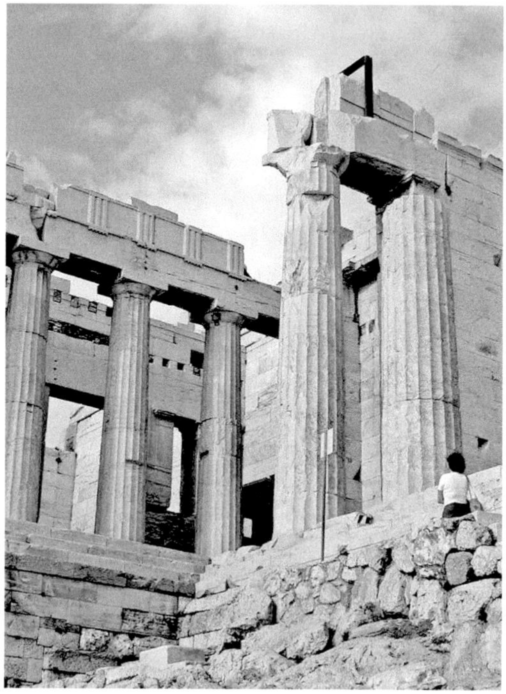

Zugang zu den Propyläen

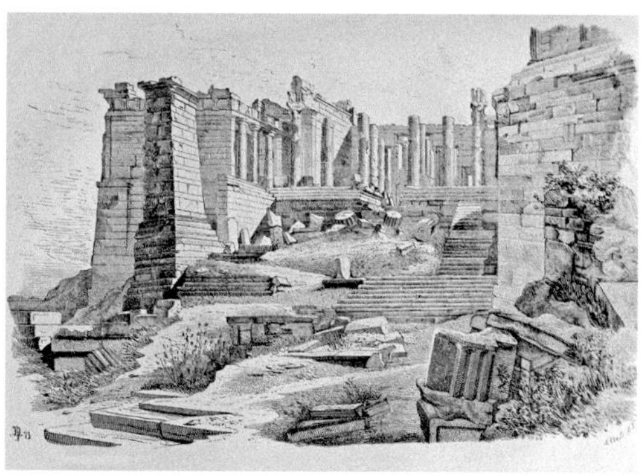

Zugang zu den Propyläen, Holzstich des 19. Jahrhunderts

3 Le Corbusier, Ausblick auf eine Architektur, S. 153
4 Alfons Paquet, Delphische Wanderung, S.138 f.

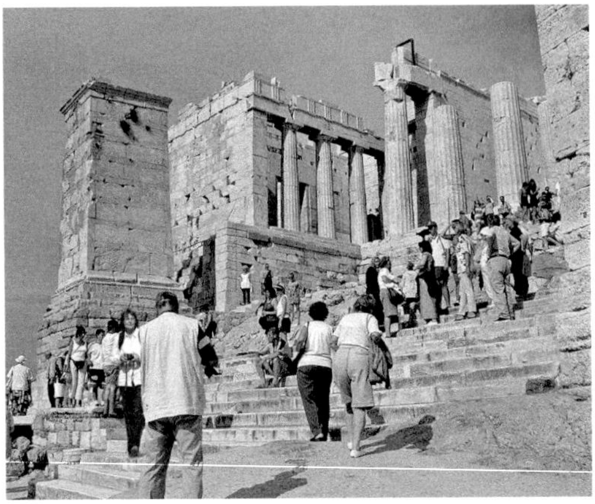

Propyläen und Besucher 1995

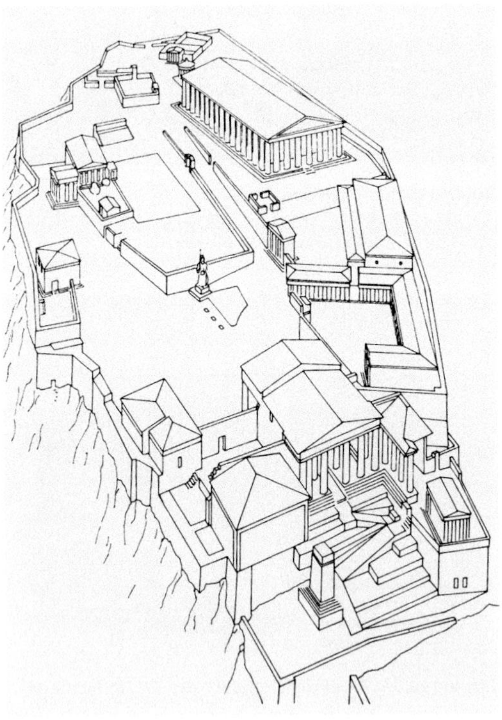

Vogelschau-Axonometrie der Akropolis, Holzstich des 19. Jahrhunderts

men wir es auch heute wahr. Nach einem beschwerlichen Aufstieg öffnet sich hinter den Torbauten die hoffnungsvoll erwartete Inszenierung des Plateaus. Die Propyläen, massives Eingangstor zur Akropolis, im Laufe der Jahrhunderte ruiniert, aber auch heute noch ein letztes Hindernis, allerdings ein überwältigendes, ein breit gelagertes, in Szene setzen einer schmalen Pforte (vergleichbar dem Prunk der Skené des griechischen Theaters), bevor inmitten der weiten, von Trümmern überstreuten Fläche die hell besonnte Westfront des Parthenons erscheint. Wahrlich eine Erscheinung, die Legionen von Philologen, Kunsthistorikern und Architekten bis zu Tränen rührte. Richard Sennett scheut sich nicht, ihn, den Parthenon, der sich so erhöht und offen darbietet, in Bezug zu den nackten Körpern der Athener Athleten der perikleischen Zeit zu setzen (in seinem Buch *Fleisch und Stein*, deutsch 1995).

Ist es Rührung oder Rührseligkeit? Wie so viele überbordende Emotionen löst auch das Wissen, an einem der Ursprünge abendländischer Kultur zu stehen, ein sentimentales Glücksgefühl aus, eine emotionale Selbststimulation, die objektive Wahrnehmung fast unmöglich macht. Die schon zu Hause erwartete Verzückung verwandelt sich vor Ort zum als authentisch empfundenen Zauber. Das Bauensemble: ein willkommener Anlass, sich seiner kulturellen Verpflichtung zu vergewissern. Die Akropolis ist auch deshalb ehrwürdig, weil wir glauben, dass sie es ist. Sie ist es, weil man es uns gesagt hat. Denn was wir zuerst sehen und was wir großzügig übersehen wollen, sind nur Stolperfallen: Felsbrocken und Felsbuckel, Steinhaufen (vielleicht noch beim Abräumen vergessene Steine der dörflichen Einbauten aus osmanischer Zeit?). Säulentrümmer, Schotterwege, Gestrüpp, versperrte Pfade, gespannte Drähte, Metallgerüste, Kräne und inmitten dieser Schäbigkeiten dann die Ruinen einstiger Prächtigkeit. Selbst diese Schutthaufen werden, weil sie an der Historie partizipieren, mit anderen Augen und teilnehmender betrachtet als jede periphere Müllhalde.

So auch Friedrich Hölderlin. Er lässt seinen *Hyperion* angesichts der Athener Ruinen im Brief schreiben:

»Ich sah, und hätte vergehen mögen vor dem allmächtigen Anblick. Wie ein unermeßlicher Schiffbruch, wenn die Orkane verstummt sind und die

Schiffer entflohn, und der Leichnam der zerschmetterten Flotte unkenntlich auf der Sandbank liegt, so lag vor uns Athen, und die verwaisten Säulen standen vor uns, wie die nackten Stämme eines Walds, der am Abend noch grünte, und des Nachts darauf im Feuer aufging.«[5]

Wahrnehmung hat mutmaßlich auch mit Assoziationskraft zu tun, mit dem ›inneren Auge‹. *Hyperions* Rückbesinnung und sein kühner Vergleich mit der athenischen Schiffsflotte verklärt noch die armseligsten Überbleibsel zu heldischen Denkmälern und adelt deren elende Gestalt. Aber trotz allem Pathos sieht Hölderlin auch die Profanisierung der antiken Überreste:

»Es ist wohl ein prächtig Spiel des Schicksals, daß es hier die Tempel niederstürzt und ihre zertrümmerten Steine den Kindern herumzuwerfen gibt, daß es die zerstümmelten Götter zu Bänken vor der Bauernhütte und die Grabmäler hier zur Ruhestätte des weidenden Stiers macht [...].«[6]

Das Plateau ein weites Feld, linkerhand vom Erechtheion und rechterhand vom Parthenon begrenzt. Der Blick geht fern über die Ebene hinweg, bis er vom Hügel des Likavittos gehalten wird. Schnell aber richtet sich der Blick aufs Wesentliche: Diese Architektur schmeichelt unserem Ordnungssinn, der oft leichtfertig mit dem Schönheitssinn verwechselt wird. Vorrangig nehmen wir Horizontalen und Vertikalen wahr: ein schlichtes, orthogonales System (s. a. Exkurs: *Rechter Winkel*).

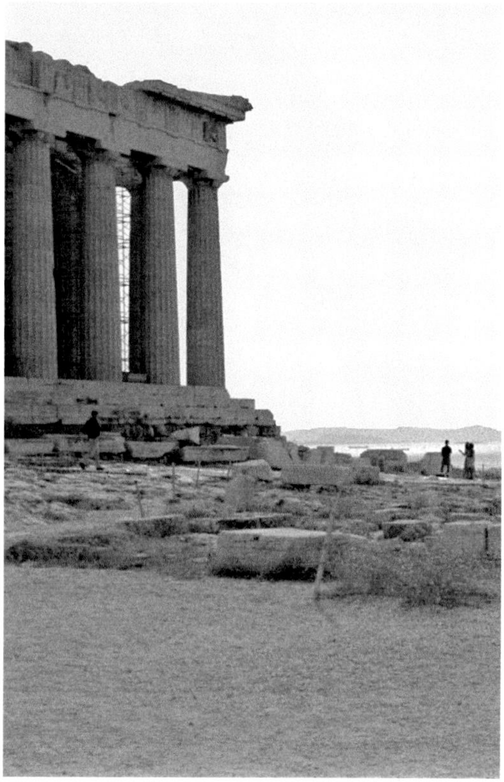

Ostseite des Parthenon

Kompetenz, misstrauisch beäugt

Wir wissen, dass das, was wir betrachten, ein wichtiges Bauwerk ist. Also betrachten wir das Bauwerk, wie wir vermuten, dass andere es betrachten – andere, denen wir mehr Kompetenz als uns zuschreiben. Gleichzeitig aber versuchen wir, das Gebäude originell, selbstbewusst und subjektiv zu sehen, uns von der Betrachtungsweise anderer zu lösen. Dass unsere Ansichten originell sind, bleibt allerdings eine Vermutung. Zufrieden mit uns sind wir, wenn wir auf einen Aspekt hinweisen können, den unsere Begleiter nicht wahrgenommen haben. Dieses von

5 Friedrich Hölderlin, Werke, Band 1, S. 663
6 Ebd. S. 664

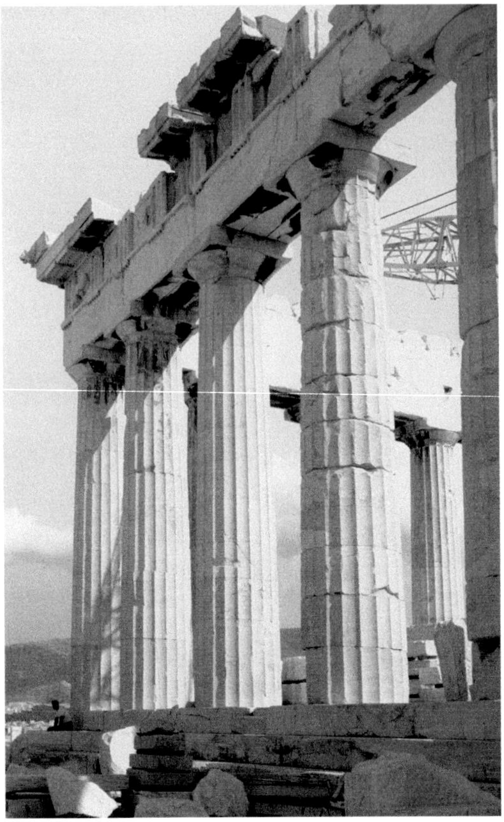

Westseite des Parthenon, Zustand 1995

uns entdeckte, an sich vielleicht unbedeutende Detail schmeichelt unserem Selbstwertgefühl, verwandelt unsere Behauptung zur Selbstbehauptung. Wir bauschen es auf. Wir erwarten (und zweifeln zugleich daran), dass andere unsere Sicht akzeptieren, argwöhnen aber, dass die anderen, denen wir Kompetenz unterstellen, unserer Wahrnehmung wenig Wert zumessen, was uns wiederum verärgert. Entweder beharren wir störrisch auf unserer Darstellung oder treten leicht beleidigt den Rückzug an. Übereinstimmung mit anderen und Distanzierung prägen vereint die Wahrnehmung.

Wir schließen uns dann einer Meinung an, selbst wenn sie nicht unserer Erfahrung entspricht oder wir sie gar für unglaubwürdig halten, wenn wir zu oppositionellen Standpunkten außer Stande sind.

Unsere Kunstwahrnehmung ist getrübt und gesteuert von Vorurteilen, mitunter gar verzerrt von angelesenen Expertenmeinungen. Andere wiederum meinen, sich ihrer Unvoreingenommenheit brüsten zu müssen, deckeln damit aber nur ihre Naivität oder Unwissen. Mancher prahlt mit seiner Sachkenntnis und verliert, fixiert auf sein Detailwissen, die Gesamtgestalt. Es scheint offenbar unmöglich zu sein, Objekte objektiv zu betrachten. Unausbleiblich beeinflussen Sehgewohnheiten, gesellschaftliche Traditionen und subjektive Befindlichkeiten die Wahrnehmung. Ludwig Hohl (1904–1980) meinte:

»*Denn die Allgemeinheit liebt nicht die Beobachtung, geht an den Erscheinungen meistens stumpfen Sinnes vorüber; sondern sie hängt an dem Schema, das nach einer längst vorhandenen Theorie festgelegt worden ist: nach diesem Schema bildet sie ihre Kenntnisse und nennt sie Kenntnisse der Wirklichkeit! Sie will ein Gesetz, das sie einmal verstanden hat, überall angewandt sehen.*«[7]

Es gelingt kaum, die kunsthistorische Bedeutung eines Phänomens unbeeinflusst zu erfassen. Machen wir uns doch die Mühe, die Gegenstände (auch unseres Denkens) von mehreren Seiten zu mustern! Wir erhalten dann auf jeden Fall ein vollständigeres Bild und sind so eher gefeit vor unsachlicher Begeisterung oder Schmähung, nicht gefeit, aber doch misstrauisch gegenüber eventuellen Ver-

7 Ludwig Hohl, Nuancen und Details, S. 24

zerrungen oder Verfärbungen. Denn, wie der Philosoph Karl Popper schreibt:

»Sicheres Wissen ist uns versagt. Unser Wissen ist ein kritisches Raten; ein Netz von Hypothesen; ein Gewebe von Vermutungen.«[8]

Voreingenommenheit bestimmt uns. Ebenso sind wir geprägt von Vorwissen, auch wenn es haltlos oder falsch sein mag. Nehmen wir Perikles (490–429), überragender Staatsmann und Stratege, Initiator des *Parthenons*, Namensgeber des Perikleischen Zeitalters. Über sein wahres Aussehen wissen wir nicht viel. Im Vatikan gibt es die römische Kopie der verlorenen, vom Bildhauer Kresilas geschaffenen Porträtbüste, ein bärtiger Kopf mit gekräuselten Haaren und hoch über die Stirn geschobenem korinthischem Helm, mit dem mitunter auch Athene dargestellt ist: Da er ein bedeutender Staatsmann und Stratege war, meinen wir, ihn uns von überragender, auch edler Gestalt denken zu dürfen, eine Haupteslänge (als »Häuptling«) größer als seine Athener. Charismatisch, kompetent, sprachgewandt, aber auch herrisch und arrogant. Plutarch (viel später, schon zu römischer Zeit) vergleicht Perikles mit Zeus:

»[…] denn bald heißt es von ihm, er donnere und blitze, wenn er zum Volke rede, bald, er trage einen furchtbaren Donnerkeil auf der Zunge.«

Salopp im heutigen Jargon gesprochen: »Macht macht sexy«. Wenn wir den antiken Berichterstattern trauen und davon ausgehen, dass Perikles der Urheber und Bauherr des Parthenon war, dann können wir nicht anders, als ihn als übermächtige Person dem Bauwerk hinzuzudenken. Der Parthenon erscheint uns dann als Herrschaftsarchitektur, edel, einschüchternd und überirdisch, einer Göttin (Athene) ehrerbietig und dennoch hochmütig angedient.

Was wäre aber, wenn wir annähmen, dass Perikles nicht allzu groß gewesen sei, als Machtmensch zudem rücksichtslos, diktatorisch und überheblich? Dies veränderte auch unsere Wahrnehmung des Tempels. Unbewusst erschiene uns nun der Parthenon aufgebläht, in seiner Größe überzogen und gespreizt. Da markiere einer den ›dicken Max‹.

Es ist nun mal so: Wie eine Folie überziehen Fiktionen, Vorstellungen und Vermutungen die Ge-

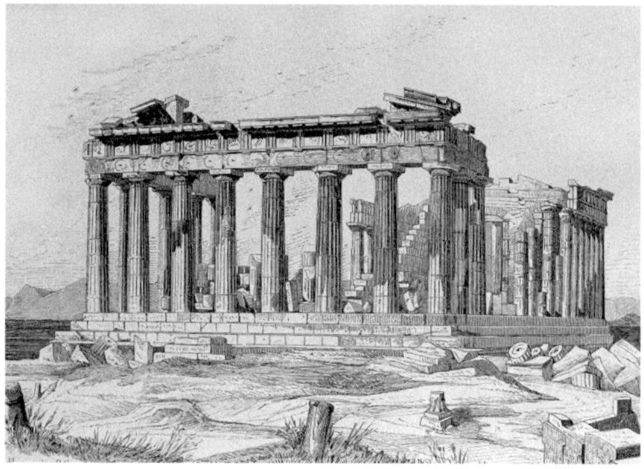

Parthenon, Ansicht von Westen, Holzstich des 19. Jahrhunderts

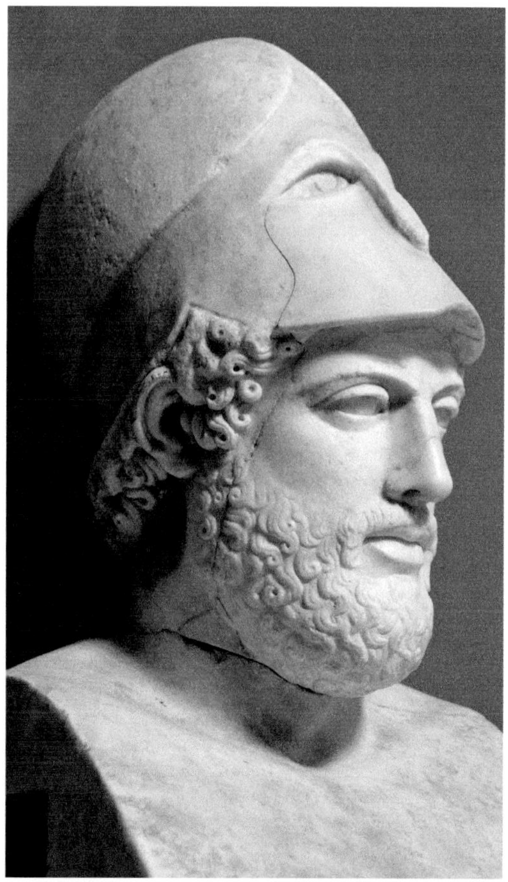

Kopf des Perikles, römische Marmorkopie einer Bronzestatue des Bildhauers Kresilas aus Kydonia

8 Karl Popper, Logik der Forschung, S. 25

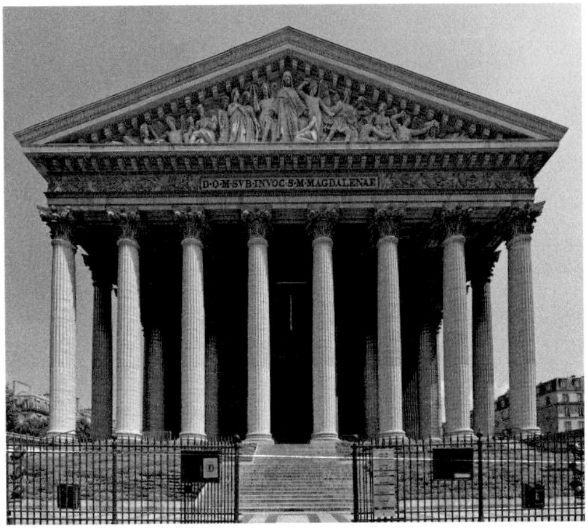

Vorbild Parthenon, Pierre Contant d'Ivry u. a., Kirche La Madeleine, Paris 1842

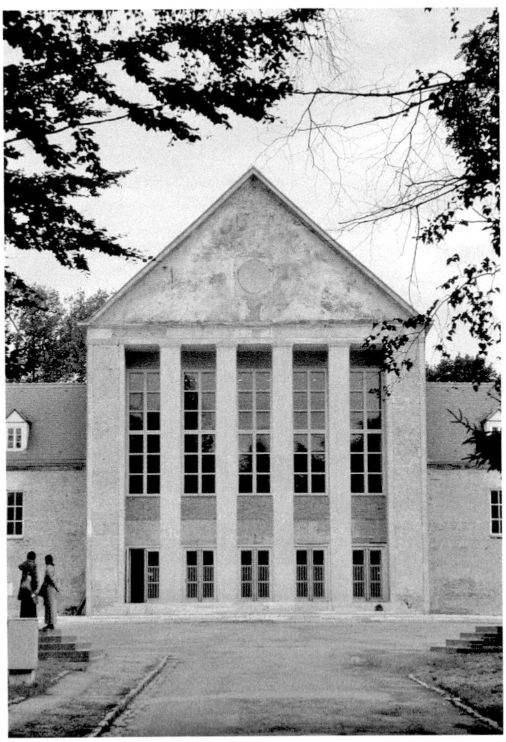

Heinrich Tessenow, Festspielhaus Hellerau 1910

häuse. Das Haus, die ›dritte Haut des Menschen‹, ist Bühne für Selbstdarsteller, aber auch Projektionsort für Gedankenwelten. Das könnte man sinnvoller, weil den menschlichen Körper enger umschließend, besser noch vom Auto sagen, aber die Metapher hat sich nun mal für das Haus durchgesetzt.

Herrschaftsarchitektur

So betrachtet ist der *Parthenon*, entstanden im fünften Jahrhundert vor Christus in der Folge der siegreich bestandenen Perserkriege, als Demonstration der Macht Athens, sowohl ein Denkmal früher europäischer Kriegerkasten als auch ein *»an einem Typ entwickeltes Ausleseprodukt«*[9], wie Le Corbusier formulierte. Zugleich ist er als Herrschaftsarchitektur über Jahrtausende hinweg zum Vorbild für Prestigebauten geworden. An römische Architektur sei erinnert, aber ebenso an öffentliche Bauten der Aufklärung, aber auch an die des Faschismus und darüber hinaus an die Zeit der Postmoderne (*La Madeleine*, Paris; *Supreme Court*, Washington; *Haus der Kunst*, München). Ja, in Nashville (Tennessee) steht eine exakte Kopie, einschließlich aller Skulpturen, auch die vage Nachbildung der Kolossalstatue der *Athena Parthenos* von Phidias, die im Original während des vierten Kreuzzugs (Anfang des 13. Jahrhunderts) verloren ging. Selbst die kantige und schmucklose Fassade des Festspielhauses (1910) in Hellerau von Heinrich Tessenow erinnert noch pathetisch an das griechische Vorbild, aber bewusst karikaturistisch, gar kindlich stellt sich der Entwurf eines fingierten Hauses aus den siebziger Jahren des 20. Jahrhunderts von Venturi und Rauch dar.

Ordnungssystem

Überrascht uns zunächst das Durcheinander auf dem Plateau der Akropolis, so fängt unseren Blick rasch die symbolisch aufgeladene Gestalt des *Parthenons*: ein überwältigender Anblick für den, der sich von heroischen Gesten beeindrucken lässt (und wer ist nicht für Pathos empfänglich?). Ein kolossales Säulenkarree in uniformer Reihung baut sich

9 Le Corbusier, In: Conrads, Programme, S. 58

auf, darüber an den Stirnfronten ein Propagandastreifen von mythologischen Szenen und Kampfdarstellungen, ein nicht zu übersehender Hinweis auf die exklusiven Beziehungen des athenischen Volkes zum göttlichen Olymp: der allbekannte *Parthenonfries*. Schließlich zwei Dreiecksgiebel wie beschützende Helme.

Als Le Corbusier 1910 die Akropolis besuchte, war das Erste, was er tat, dem Ort ein ideelles Ordnungssystem zu verpassen (wie Demiurgen, als die sich Architekten gemeinhin fühlen, es gewohnt sind), ein an diesem Ort aber offenbar untauglicher Selbstbesänftigungsversuch, dem Ausbruch inneren Aufruhrs zu begegnen und Objektivität zu gewinnen:

»*Die Achse ist vielleicht die erste Kundgebung des Menschlichen [...] Das Kind strebt bei seinen ersten Gehversuchen zur Achse, der Mann im Sturm des Lebens zeichnet sich seine eigene Achse. Die Achse ist das Ordnungselement der Architektur. Ordnung schaffen heißt ein Werk beginnen. Die Baukunst ruht auf Achsen. [...] Das Auge sieht weit, und als unbestechliches Objektiv sieht es alles, selbst das, was über das Gewollte und Beabsichtigte hinausgeht. Die Achse der Akropolis geht vom Piräus zum Pentelikon, vom Meer zum Gebirge. Von den Propyläen, die rechtwinklig zur Achse stehen, bis zum fernen Horizont des Meeres. Eine Waagrechte im rechten Winkel zu der Richtung, die einem die Architektur, in der man sich befindet, aufzwingt; ein Eindruck von rechtwinklig verlaufenden Kraftlinien. Es ist große Architektur. Die Akropolis sendet ihre Wirkung bis weit zum Horizont hinaus. [...] Und weil rechts der Parthenon und links das Erechtheion außerhalb dieser mitreißenden Achse stehen, hat man das Glück, sie zu drei Vierteln zu sehen, also ihre Gesamtphysiognomie vor sich zu haben.*«[10]

Dem Geiste Le Corbusiers sollte man allerdings zu bedenken geben, dass ursprünglich der Blick nicht in unbestimmbare Ferne rutschte, denn in der Blickachse stand das überlebensgroße Bronzestandbild der *Athena Promachos* des Bildhauers Phidias.

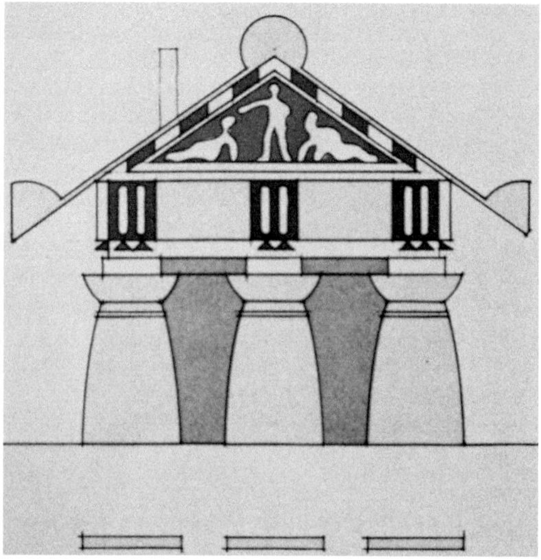

Venturi und Rauch, Eklektisches Haus (Studie 1977)

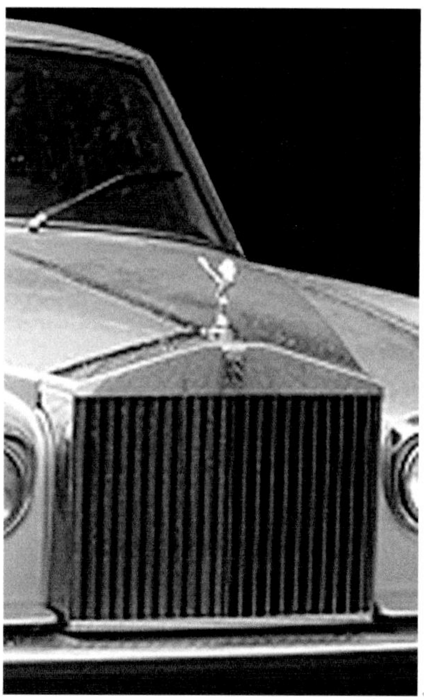

Kühlergrill Rolls Royce

10 Le Corbusier, a. a. O., Ausblick, S. 141

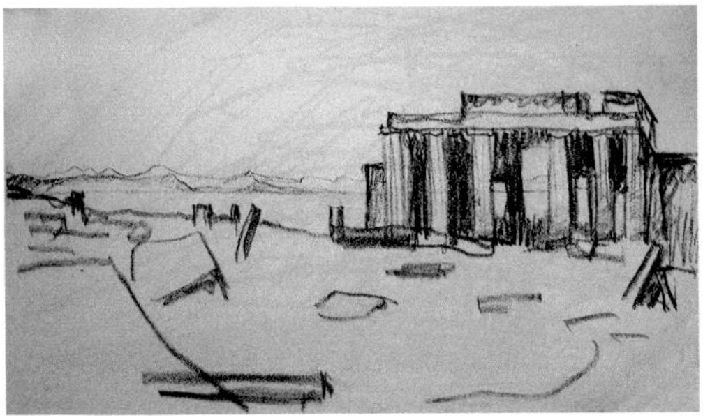

Le Corbusier, Reiseskizze der Propyläen 1910–1911

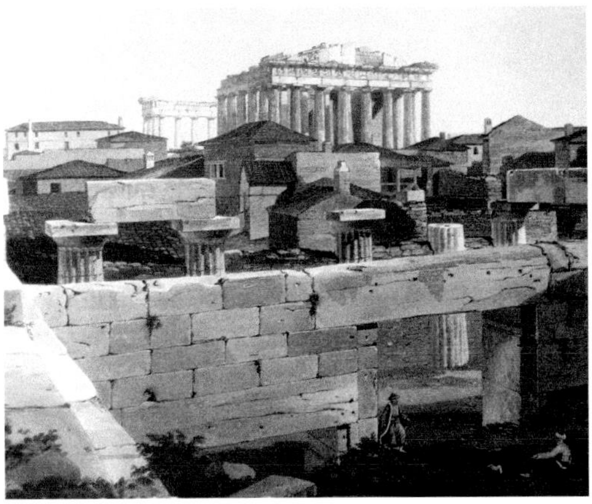

Edward Dodwell, Parthenon von den Propyläen aus gesehen, Aquarell 1830

Die Säulen des Parthenon

Was also sieht man, wenn man durch das Prunktor, also durch die Propyläen tritt? Beiseite erscheint die kolossale Ringhalle des *Parthenon*tempels (der im fünften Jahrhundert vor Christus erbaut wurde). Eine Reihe dorischer Säulen, acht Säulen von Nord nach Süd und siebzehn von West nach Ost, wenn wir frontal nacheinander auf Breit- und Längsseite gucken und dabei diejenige an der Ecke unbedacht und versehentlich doppelt zählen. Ein Wahrnehmungsphänomen: Die offensichtliche Gleichartigkeit der Säulen bewirkt unsere Irritation, zu welcher Reihe denn die Säule im Scheitel der Richtungen gehört. Fälschlich rechnen wir sie nacheinander beiden Seiten zu (im Kopf gezählt sind es dann fünfundzwanzig, an Ort und Stelle abgeschritten aber nur vierundzwanzig Säulen). Nicht bemerken wir die gleichmäßige Neigung aller Säulen zur Tempelmitte hin. Die nur scheinbar Vertikalen, in Wirklichkeit minimal schrägen Säulen aber bilden zusammen einen Pyramidenstumpf, der – nach oben weiter gedacht – in ungefähr fünf Kilometer Höhe in einer Spitze enden würde. Es darf uns nicht verwundern, dass wir oberflächlich gucken und manche Dinge gar nicht oder sogar falsch wahrnehmen. Giebel und geneigte Dächer der Tempel veranlassen Bewohner der nördlichen Regen- und Nebelländer kaum zum Nachdenken. In den Mittelmeerländern aber sind sie konstruktionsbedingte Ausnahmen. Für Häuser mit geringeren Ausmaßen genügten Flachdächer.

Unmerkliche Biegungen

Sowohl die Akropolis im Ganzen als auch ihre Details erscheinen dem pauschalreisenden Laien, dem mitunter von ›Blindheit‹ geschlagenen, wie selbstverständlich. Die Kanneluren der dorischen Säulen werden so gedankenlos wie Fugen oder Risse im Stein hingenommen. Ein schlaffes, denkfaules Zeichen von Einverständnis mit »der besten aller Welten« (Voltaire, *Candide*), weil in der örtlichen Hitze die eigene Befindlichkeit allemal vor dem Interesse, das leibliche Innen vor dem Außen, Vorrang hat – und die Belastung des Innen von außen her schon gar nicht erwünscht ist. Wie oft haben die

*Parthenon*säulen archäologische Gelehrte und Architekten zur Offenbarung ihrer feinnervigen Gelehrsamkeit beflügelt: ihr Wissen um die leichte, fast unmerkliche Schwellung (die so genannte Entasis) zur Mitte der Säulenschäfte hin und deren ebenso unmerkliche Neigung zur Cella oder die minimale Verbreiterung der vier Ecksäulen, die winzige mittige Hebung der dreistufigen, getreppten Bodenplatte des Tempels (Stylobat), ebenso das sensible Maßverhältnis von Stütze und Zwischenraum. Objektiv nimmt selbst der humanistisch gebildete Besucher wenig davon wahr, mag es sich aber einbilden. Ebenso nimmt er kaum wahr, dass geringfügig jede Säule und jeder Zwischenraum vom anderen abweicht. Andererseits ist zu vermuten, dass diese feinen Raffinessen unbewusst eine Ahnung von musikalischer Vibration, gar organischer Vollkommenheit erzeugen, ein Gefühl von Lebendigkeit, das im Falle seiner Abwesenheit in Fadheit umschlüge.

»*Poetisch veranlagte Kommentatoren haben erklärt, dass die dorische Säule von einem Baum inspiriert sei, der aus dem Erdboden ohne Basis und so fort aufschießt, als Beweis dafür, dass jede schöne Form der Kunst aus der Natur abgeleitet sei. Das ist grundfalsch, denn ein Baum mit geradem Stamm ist in Griechenland unbekannt; dort wachsen nur verkümmerte Pinien und krumme Olivenbäume. Die Griechen haben eine bildnerische Konzeption gehabt, die direkt und kraftvoll unsere Sinne anspricht. [...] Aber Vorsicht - Die Formen sind so gänzlich losgelöst von den Erscheinungen der Natur; [...] sie sind so gut in Bezug auf die Ansprüche des Lichtes und des Baustoffs durchdacht, dass sie auf natürliche Art dem Himmel und dem Erdboden verbunden scheinen*«[11], nimmt Le Corbusier an und widerspricht damit John Ruskin (1819 –1900), der in seinem folgenreichen Werk *Die sieben Leuchter der Baukunst* die »*Kannelierung der Säule für das griechische Symbol der Baumrinde*« hielt:

»[Sie] *war in ihrem Ursprung nachahmend, und ähnelte entfernt manchen gerillten organischen Bildungen. Schönheit, wenn auch von untergeordneter Art, wird drin sogleich empfunden.*«[12]

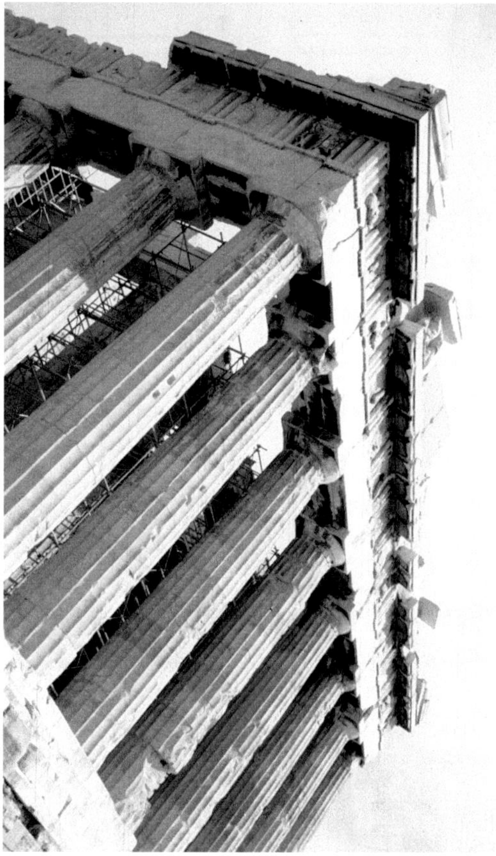

Parthenon, Ecklösung

11 Ebd. S. 154 f.

12 John Ruskin, Die sieben Leuchter der Baukunst [englisch 1849, deutsch 1900], Dortmund 1994, S.192

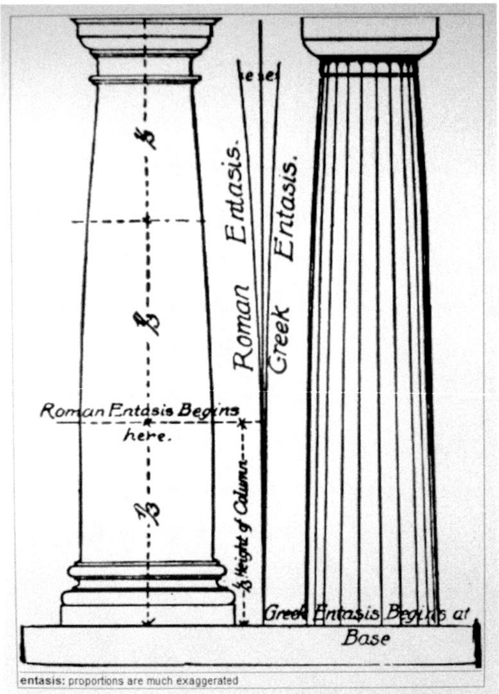

Prinzip Entasis (Säulenschwellung antiker Säulen zur Mitte hin)

Die Furchen (die Kanneluren) der Säulen werden vom Reisenden heutzutage wie naturgegeben wahrgenommen und deshalb auch gedankenlos übersehen. Es ist ein gar nicht selbstverständlicher Akt von Bewusstwerdung, sollte uns auffallen, dass diese Auskehlungen als schmale senkrechte Schattenstreifen den Säulenschaft strukturieren und zugleich die waagerechten Fugen zwischen den aufeinander geschichteten Säulentrommeln fast unsichtbar machen. So haben wir eine ästhetische Erklärung der Kanneluren, aber konstruktive Gründe gibt es nicht.

Im Auge des Betrachters

Dennoch fragen wir uns, was den ersten Handwerker veranlasste, sich die Mühsal dieses ›nutzlosen‹ Geschäfts zuzumuten. Strich er träumerisch mit dem Daumen über einen Riss im gesprungenen und dadurch unbrauchbar gewordenen Stein und brachte ihn das ebenso träumerische Nachritzen mit dem Daumennagel parallel zum Riss auf kreative Gedanken? Wollte er wirklich nur Fehlstellen im Stein kaschieren oder inspirierte ihn das Gefältel seines Chitons (ein altgriechisches Gewand), das Auf und Nieder der gleichlaufenden Meereswellen, die unübersehbaren Reihen der Ackerfurchen, die runzlige Haut eines alten Menschen, vielleicht auch die Erinnerung an Getreidegarben oder im Kleinen die senkrechte Riffelung eines Schachtelhalms.

Im Nebenbei, im plötzlichen Bewusstwerden von Schönheit war er nun imstande, die Struktur des einen auf die des anderen zu übertragen. Das sinnliche und zugleich rationale Vergnügen an der Ordnung, der Wohlgestalt und Konsequenz der Reihungen verwandelte Parallelität in eine ästhetische Regel. Wieder einmal erwägen wir, ob Schönheit nicht erst im forschenden Auge des Betrachters entsteht. Der Linguist Jan Mukařovský formuliert das 1942 so:

»*Heute geht es nicht um eine Erforschung der Frage, ob das Ästhetische an den Dingen hafte, sondern darum, in welchem Maße es in der Natur des Menschen selbst steckt; es handelt sich nicht um das Ästhetische als statische Eigenschaft der Dinge, son-*

dern um das Ästhetische als dynamisches Element des menschlichen Handelns.«[13]

Parallelität wird zur ästhetischen Regel, weil sie Ordnung und Sicherheit symbolisiert, gleichsam den Gleichklang des Individuums mit der Gemeinschaft. Widerspruch erfolgte erst am Ende des 20. Jahrhunderts mit der Möglichkeit, am Computer scheinbar chaotische Zustände zu berechnen und dadurch beherrschbar zu machen. Dem architektonischen Dekonstruktivismus als äußerst komplexer Stil gelang so, Erstaunen und ein sinnliches Vergnügen an konstruktiver Akrobatik zu wecken.

Paul Valéry schildert in seinem von Architekten gepriesenen, doch vermutlich von ihnen selten vollständig gelesenen Dialogtext *Eupalinos oder der Architekt* einen griechischen Tempelbau und dessen

»*fast unmerkliche Biegungen […] und jene tiefe Verbindung des Regelmäßigen mit dem Unregelmäßigen. […] Sie machten, dass der bewegliche Zuschauer, gelehrig für ihre unsichtbare Gegenwart, von Vision zu Vision fortschritt, von den großen Stillheiten zu den Murmeln des Vergnügens, in demselben Maße, in dem er sich näherte oder zurücktrat oder noch näher herankam und solange er sich rührte in dem Umkreis des Werks, von ihm bewegt als Spielzeug seiner eigenen Bewunderung. Ich will, sagte dieser Mann aus Megara, dass mein Tempel die Menschen bewege, wie der Gegenstand sie bewegt.*«[14]

Wie vermittelt man solcherart Subtilitäten dem Laien, ohne in hermetischen Fachjargon zu verfallen? Louis I. Kahn, der bedeutende amerikanische Architekt und Lehrende, hat dafür, manchmal etwas zu pathetisch, aber in der Sache bedenkenswert, den Märchenton gewählt:

»*In der Sphäre des Unfassbaren steht das Wunder von der Geburt der Säule. Aus der Wand entstand die Säule. […] Zu dem Auftrag, eine Wand zu bauen, gehörte nun der Auftrag, eine Wand zu bauen, die eine Öffnung umschloss. Dann kam die Säule, die automatisch das ordnete, was offen war und was geschlossen war. So entstand ein Rhythmus von Öffnungen, und die Wand war nicht länger Wand, sondern eine Folge von Säulen und Öffnungen. Solche Konstruktionen haben keine Vorbilder in der Natur. Sie kommen aus einem geheimnisvollen Bedürfnis*

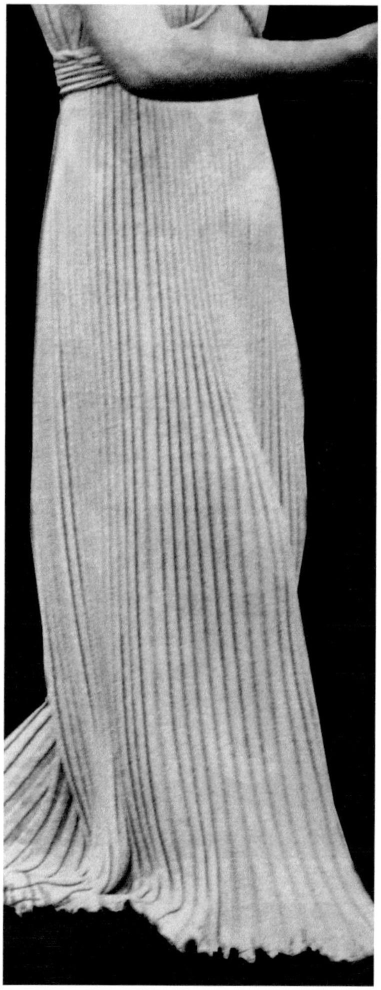

Griechisches Frauenkleid (Peplos)

13 Jan Mukařovský, Kapitel aus der Ästhetik, S. 115

14 Paul Valéry, Eupalinos oder der Architekt, S. 49

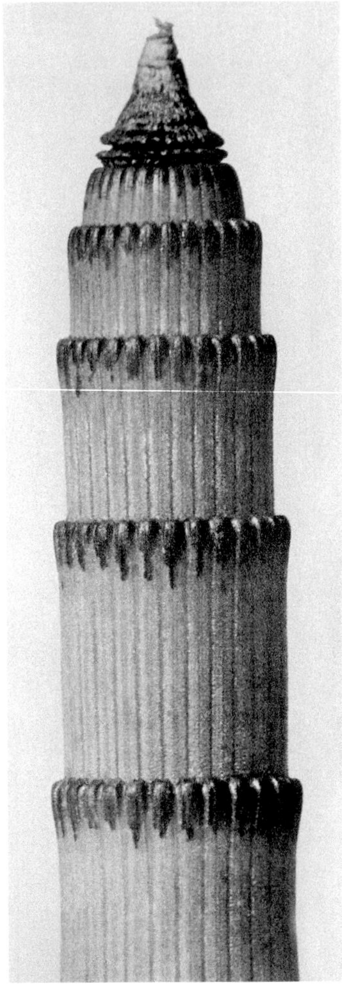

Winterschachtelhalm

des Menschen, den Wundern der Seele Ausdruck zu geben, die Ausdruck verlangen.«[15]

Der niederländische Schriftsteller Cees Nooteboom hingegen lässt eine seiner Romanfiguren den Ekel an jeglicher Kulturbeflissenheit ausspucken:

»Wie Menschen zwischen dem Gerümpel vergangener Zeiten leben können, ist mir ein Rätsel [...] Überall klebt was dran, alles haben andere Menschen schon mal schön gefunden. Antike stinkt. Hunderte von Augen, die schon lange verrottet sind, haben das betrachtet. Das lässt sich nur ertragen, wenn man auch von innen her ein Altwarenhändler ist.«[16]

Ein snobistischer Standpunkt, um sich von der Menge zu distanzieren. Ist es doch allgemeiner Konsens, dass das Zerbrechliche, gar Zerbrochene und Ruinöse, mit Alterspatina Versehene als wertvoll anzusehen sei, da deren Pflege uns Gegenwärtige in die Historie einbettet. Andererseits muss, wer das Praktisch-harmonische, das Wohlgefällige und in sich Stimmige feiert, sich mitunter den Vorwurf der Verschnarchtheit gefallen lassen. Zwei widersprüchliche Welten: Archäologen und Designer, Geschichts- und Geschmacks-Forscher.

15 Louis I. Kahn, Gespräche mit Studenten, Bauwelt 1971/ Heft 1-2, S.14

16 Cees Nooteboom, Rituale, S. 93

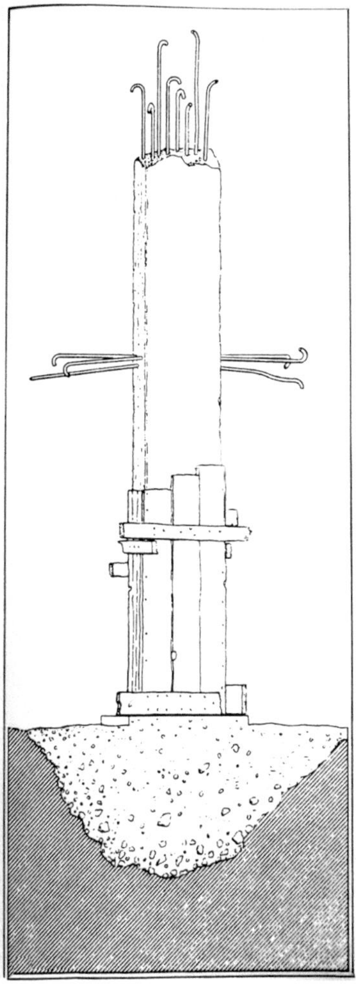

Leon Krier, Das Ende der Architektur

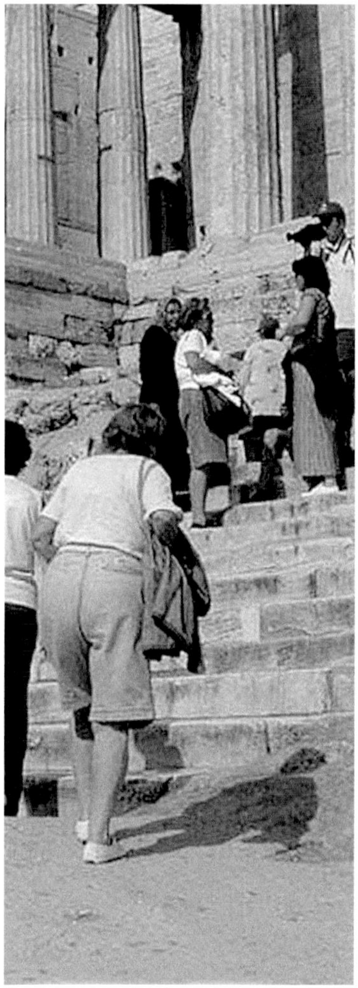

Propyläen; Stufen, Säulen und Besucher

2. Kapitel Pantheon

U. Jonak, *Architekturwahrnehmung*, https://doi.org/10.1007/978-3-658-26262-4_3

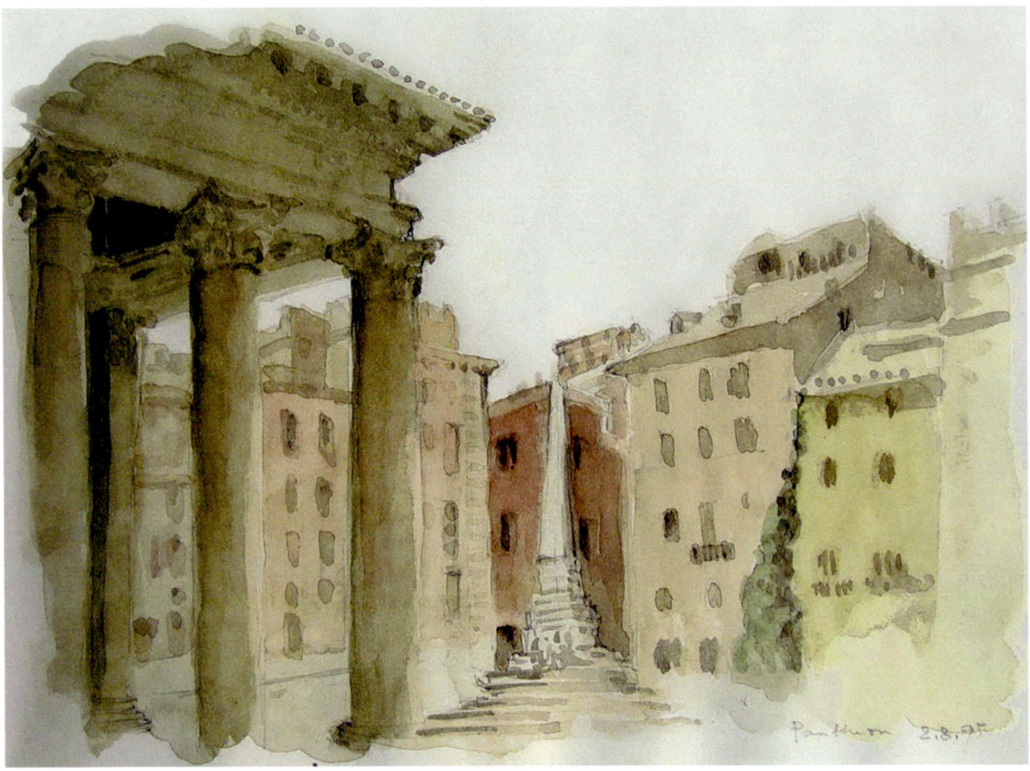

Pantheon, Pronaos und Piazza della Rotonda, Aquarell 1995, © U.J.

> *ein von Engeln und nicht von Menschen gemachter Entwurf* Michelangelo

Nachdem uns Nordeuropäer schon den halben Augustvormittag das Verlangen plagte, der Hitze und dem überaus hellen Licht unter der römischen Sonne aus dem Weg zu gehen, folgte der unmittelbare Kontrast, als wir in die Rotunde des *Pantheons* traten. Kühle und ockerfarben glimmendes Dämmerlicht. Ein kreisförmiges Rund, ein zylinderförmiger, ein erhabener Raum, ausgekleidet mit verschiedenfarbigem Marmor, kostbarem Porphyr und ägyptischem, grauen Granit. Er schenkt keine Ruhe, er verlangt den Rundumblick, er fordert scheinbar, sich um die eigene Achse zu drehen. Ein monumentaler und überirdischer Ort. Der geometrisch ornamentierte Fußboden, der zu seiner Mitte hin nach oben leicht gewölbt ist, als sei er ein Abbild der Erdkrümmung, scheint das Gegenstück zur weiten, kassettierten Kuppel zu sein.

Diese Architektur übt eine Macht auf die Körper aus, der kaum zu widerstehen ist: Ein langsamer Tanz, ein ungewolltes Sich-Drehen der Leiber, ein bedächtiges Schreiten im Kreis, ein Heben und Senken der Köpfe. Bereits am Ende des 18. Jahrhunderts bemerkte Wilhelm Heinse die emphatische Täuschung seiner Wahrnehmung: »*Endlich scheint alles lebendig zu werden, und die Kuppel sich zu bewegen*« (s. a. weiter unten in diesem Kapitel). Erst ein halbes Jahrhundert später wurden diese Scheinbewegungen experimentell untersucht (Hermann von Helmholtz u. a.).

Nachdem die Gestaltpsychologie sich schon im 19. Jahrhundert erheblich weiterentwickelt und ins akademische Basiswissen Einkehr gehalten hatte, muss es uns nicht verwundern, dass mit diesem Wissen später auch dem Kunsthistoriker Eckart von Sydow das Phänomen ›Augentrug‹ und damit die Stimulation der Körperbewegung auffiel, für die er die Kuppel haftbar machte:

»*Jeder Kugelteil, der durch waagerechten Schnitt aus einer Vollkugel entsteht, ist zum Ruhen und Festaufsitzen bestimmt. Aber die Halbkugeln stellen auch in vollendeter Weise eine freie, maßvolle, zielstrebige Bewegung dar. Am intensivsten Kann man die willkürliche Bewegungsvorstellung verspüren, wenn man im Pantheon steht. Dann ist man einseitig eingeschlossen und bedeckt, und steht doch im weiten,*

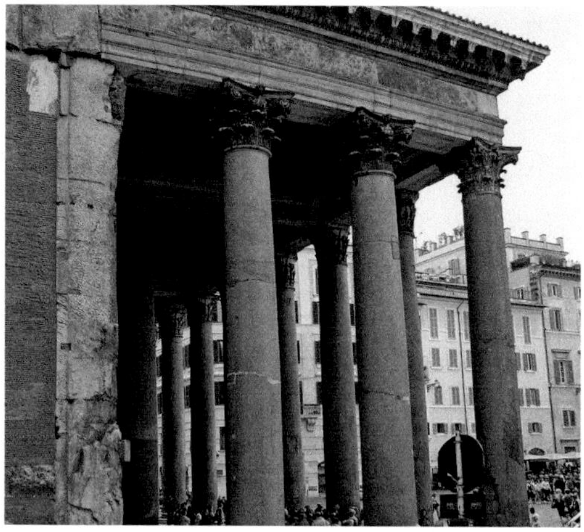

Pantheon, Pronaos (Vorhalle), Durchblick zum Platz

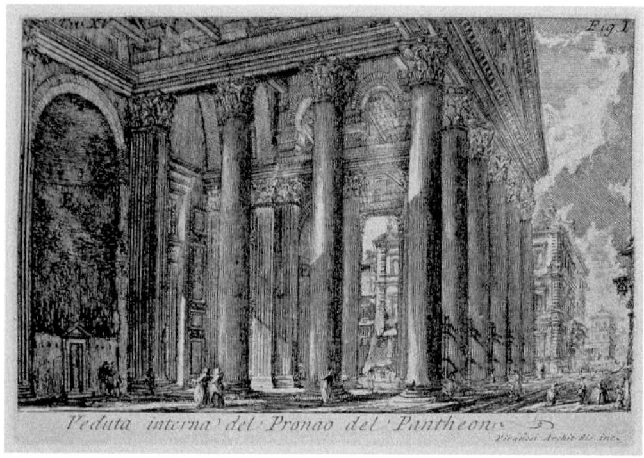

Giovanni Battista Piranesi, Pronaos des Pantheon

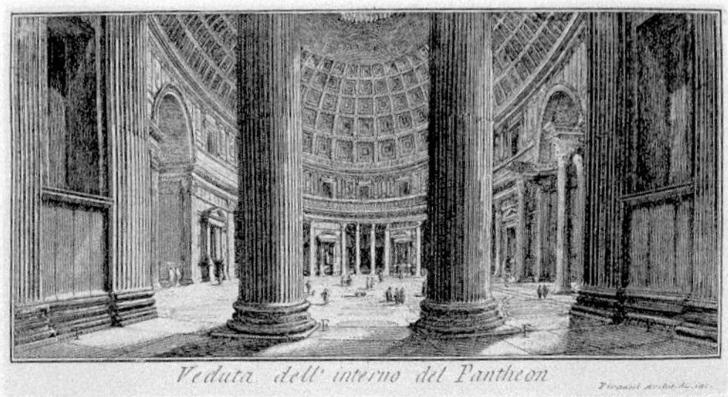

Giovanni Battista Piranesi, Blick aus der Vorhalle ins Innere

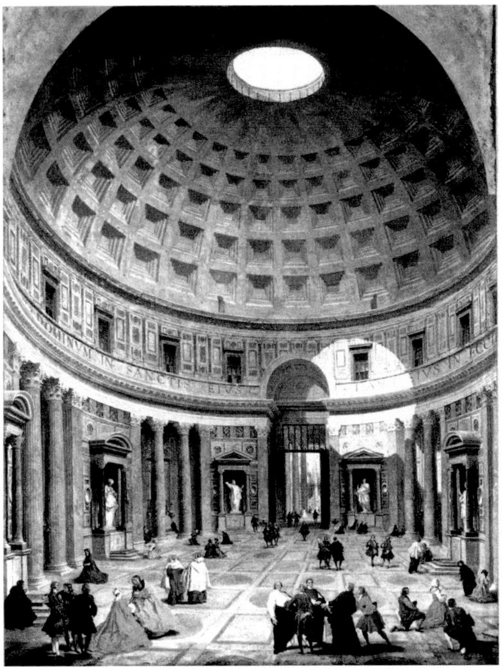

Giovanni Paolo Pannini, Blick ins Innere des Pantheons, Gemälde 1758

leicht ansteigenden hohen Raum , – das Herz fühlt sich erweitert, der Körper in allen Richtungen der schönen Kuppel nach oben gezogen, eine ganz seltsame Gefühlsmischung aus Entleerung und Besänftigung gemischt begleitet die Körperempfindung.«[1]

Gilbert Picard meint offensichtlich das Gleiche, wenn er schreibt:

»Der Besucher wird von einer Art von Taumel erfasst, wenn er die Blicke zum Oberlicht in der Mitte der Kuppel erhebt, das ihn zum Himmel emporzuziehen scheint.«[2]

Rudolf Arnheim schildert einen Versuch, in dem ein Raum sich wie eine Waschtrommel dreht, aber inmitten eine sitzende Person unbewegt bleibt:

»Das Gefühl, dass sich der Stuhl dreht, [ist] so überwältigend, dass der Betreffende vom Stuhl fällt, wenn er nicht angebunden ist – und das, obwohl ihm seine kinästhetischen Empfindungen den tatsächlichen Sachverhalt anzeigen.«[3]

Opäum und Lichteinfall

In Bewegung auch, ein Flächensegment nach dem anderen abtastend, ist der mal kreisrunde, mal ovale Sonnenfleck. Denn unübersehbar ist im Inneren, auf der Wand oder dem Boden – je nach Tageszeit – die Sonnenprojektion der kreisrunden Öffnung (des Opäums) im Kuppelscheitel. Als gleißender Lichtfleck wandert sie um die Mittagszeit unmerklich über den Fußboden. Ein fast schockierendes Phänomen:

»Das Licht kommt von oben, du kannst dich ihm nicht nähern. Du kannst darunter stehen; es schneidet dich wie ein Messer… du möchtest fern bleiben.«[4] So hatte im Seminar Louis Kahn versucht, seine eigene Wahrnehmung des Bauwerks seinen Studenten nahezubringen.

Ob von Sydow oder Kahn beschrieben: Der Lichteinfall durch das Opäum in den fensterlosen Raum verführt zum sprachlichen Überschwang. Zweifellos hatte der Baumeister, noch dem Sonnenkult verhaftet, diese Bedeutungsschwangerschaft

1 Eckart von Sydow, Form und Symbol, S. 34 f.
2 Gilbert Picard, Imperium Romanum, S.112
3 Rudolf Arnheim, Kunst und Sehen, S. 379
4 Louis Kahn, a. a. O., S.15

einkalkuliert. Unter Kaiser Hadrian entstand das *Pantheon* (118 –125 nach Christus) als Tempel, der nicht – wie gewohnt – einem besonderen Gott, sondern vielen Göttern gewidmet war. Ein Meditationsraum. Wie schon Kaiser Augustus hatte auch Hadrian sich in die Mysterien von Eleusis einweihen lassen. Zu den geheimen Feierlichkeiten gehörte der Genuss eines Rauschgifts, das vielleicht noch im Pathos der Pantheonsschilderungen und im rauschhaften, sprachlichen Überschwang seiner Betrachter bis ins 20. Jahrhundert nachklingt. Als Besucher, hier und jetzt, auf Effizienz fixiert, wollen wir unserer Andacht nicht trauen. Es muss noch etwas anderes, etwas ›Nützliches‹ geben.

Der neuseeländische Archäologe Robert Hannah deutet das Pantheon als überdimensionale Sonnenuhr. Die Tageszeit sei während des Winterhalbjahres am wandernden Lichtfleck im Kuppelinneren abzulesen. Im Sommerhalbjahr, da die Sonnenstrahlen im steileren Winkel einfallen, bewege sich der Fleck über Wand und Fußboden. Nur zweimal im Jahr, nämlich zur Tag- und Nachtgleiche, steige das mittägliche Lichtoval auf eine bestimmte Stelle zwischen Wand und Kuppel und falle dabei durch ein Fenster über dem Eingang in den Vorraum.[5]

Selbstverständlich lässt sich fast jeder Ein-Raum-Bau, im Besonderen jeder kreisförmige Bau (ein archaisches Beispiel ist das steinzeitliche, englische *Stonehenge*), sofern er vom Sonnenlicht berührt oder durchdrungen wird, als Zeitmesser deuten. Aber der punktgenaue halbjährliche Lichteinfall durch das Eingangsfenster stützt Robert Hannahs Theorie.

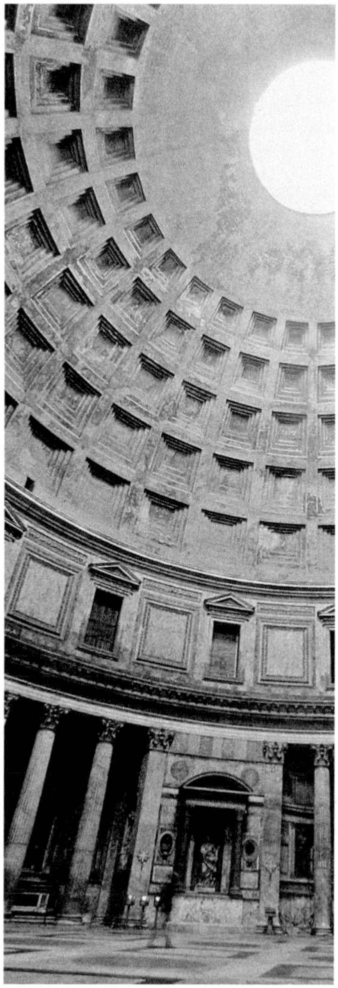

Blick in die Kuppel

Symbol Himmelskuppel

Die Bedeutung des *Pantheons* (griechisch pan = Alles, theos = Gott), in dem kein Gottesdienst stattfindet, dessen Name nicht allen Touristen verständlich sein wird, muss deshalb in unserer Zeit auch anders und augenfällig hervorgehoben werden. Es gilt, dem Ahnungslosen die Symbolkraft der Kuppel als Himmelskuppel und die des Opäums als Auge Gottes, als Schlüsselloch des Himmelstors und Abbild der lebenspendenden Sonne zu vermitteln.

5 Robert Hannah, Time in Antiquity, S.17 f.

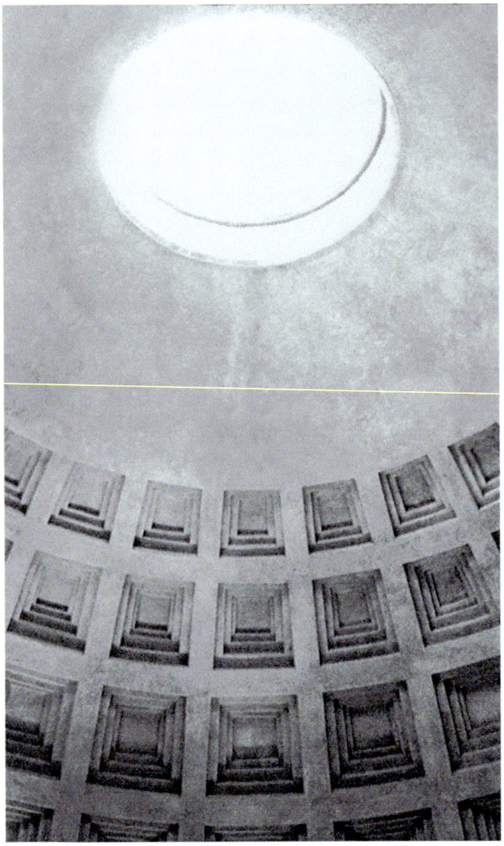

Opäum, das ›Sonnenauge‹

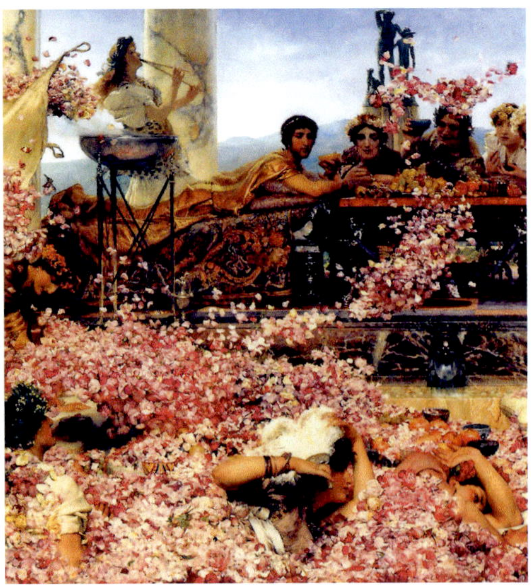

Lawrence Alma-Tadema, Heliogabals Rosen (Gemäldeausschnitt) 1888

Zu Hadrians Zeiten war die Kuppel wohl blau bemalt und jede Deckenkassette war mit einem metallisch glänzenden Stern versehen. Dem in die Rotunde Eintretenden war so sofort bewusst, dass die Kuppel als Himmel zu betrachten sei. Heute aber, ohne Himmelsfarbe, ohne Sterne, ist dies nicht mehr so eindeutig. Die einen sehen die Kassetten als bloße Dekoration, andere sehen sie als konstruktives Mittel, die Last der Wölbung zu mindern. Nachdrücklich aber evoziert ihre mächtige Halbkugelgestalt den kosmischen Eindruck. Diese Wahrnehmung scheint beabsichtigt, denn die Kuppel, aufgeteilt in fünf horizontale Ringe mit je 28 Kassetten, könnte auch die 28 Tage des monatlichen Mondzyklus symbolisieren.

»*Als Hadrian an das Pantheon dachte, wollte er einen Ort, an den jeder kommen konnte, um zu beten. Wie wundersam ist die Lösung. Es ist ein ungerichtetes Gebäude, nicht einmal ein Quadrat, in dem sich nach irgendwelchen Richtungen die Ballungen in den Ecken bestimmen ließen. Man kann nicht sagen, hier ist der Altar oder dort.*«[6]

Offenbar für Kahn ein Ort der Verwirrung. Nicht nur für ihn: Auch in den folgenden Zitaten wird man Bezeugungen des rauschhaften Wahrnehmens, des »wundersamen« Taumels im Inneren finden.

Rosenregen

An jedem Pfingstsonntag rieselt, schwebt, trudelt ein Schwarm von roten Rosenblättern durch das offene Auge des Opäums herab. Die Menschen im Rosenregen, scheinbar glücklich, lassen sich überschütten, fangen einzelne Blätter mit der Hand, umarmen sich im Überschwang und fotografieren sich gegenseitig im scheinbar überirdischen Blütenblätterschnee. Wie von einer Werbeagentur ersonnen wird das christliche »Pfingstwunder« in ein ›Event‹ übersetzt. Als seien es biblische »Feuerzungen«, wirbeln rote Blüten auf die Menschen herab, die unterschiedliche Sprachen sprechen und doch wie in der Urszene als Akteure des Schauspiels einander verstehen – dennoch ein makabres Ereignis für den, der an die Anekdote in den *Historia Augusta* denkt und ihr Glauben schenkt, dass Elagabal, der römi-

6 Louis Kahn, a. a. O., S. 15

sche Kindkaiser (204–222, auch Heliogabal genannt) eine Festgesellschaft unter herabrieselnden Rosen ersticken ließ.

Das von Licht erfüllte, zyklopisch leuchtende ›Auge‹ im Kuppelscheitel hat die enorme Ausdehnung von 8,72 Metern und wirkt dennoch klein im Riesenraum mit seinem Durchmesser von 43,30 Metern, in den man eine kolossale Kugel einschreiben könnte, da Höhe und Breite sich exakt gleichen. Karl Schefold, der Archäologe und Kunsthistoriker, rückt seine subjektive Wahrnehmung der ungeheuren Dimensionen wie folgt ins Licht:

»Im Pantheon ist der Mensch eingebunden in den gewaltigen Raum. Man fühlt sich nicht als sein Beherrscher, sondern ist in seiner ewigen Ordnung, Klarheit und Strenge aufgehoben als in einem Sinnbild des Kosmos. Das Werk hat einen im hohen Sinn geistigen Charakter…« [7]

Selten fühlt man sich so winzig wie in diesem überkuppelten Zylinder, in den man, wenn es denn gelänge, 24 Personen übereinander stellen könnte, um den Scheitel zu erreichen. Des Besuchers Gefühl seiner Nichtigkeit liegt auch und nicht zuletzt an der rigorosen Kreisgeometrie des fensterlosen Raumes, am geheimnisvollen Dämmerlicht und am Tageslichtspot von oben, der wie ein Suchscheinwerfer allmählich Wand und Boden abtastet.

Ist unsere emotionale Überwältigung von diesem Raum authentisch? Wir nehmen kaum wahr, dass unsere Anschauung von ihm längst vom allgemeinen Konsens geprägt wurde. Wir sind bereit, gerührt zu sein, wenn andere auch gerührt sind. Ein feierliches Ereignis wird feierlich durch die Anwesenheit von Gleichgesinnten. Deshalb sollten wir unterscheiden zwischen individueller und öffentlicher Wahrnehmung, zwischen den Aktionen subjektiver und gemeinschaftlicher Beobachtung, obwohl das eine auf dem anderen beruht. In Eröffnungs- oder Festreden, bei geführten Ausstellungsbesuchen, in Publikationen oder TV-Features wird ein sich offiziell darstellender Kanon der Wahrnehmung vorgegeben, den der Einzelne fast unbewusst verinnerlicht, da er ohne Expertenwissen und mit labilem eigenen Standpunkt nur zu gerne einen Halt außerhalb seiner selbst sucht.

7 Karl Schefold, Römische Kunst als religiöses Phänomen, Reinbek 1964, S. 82

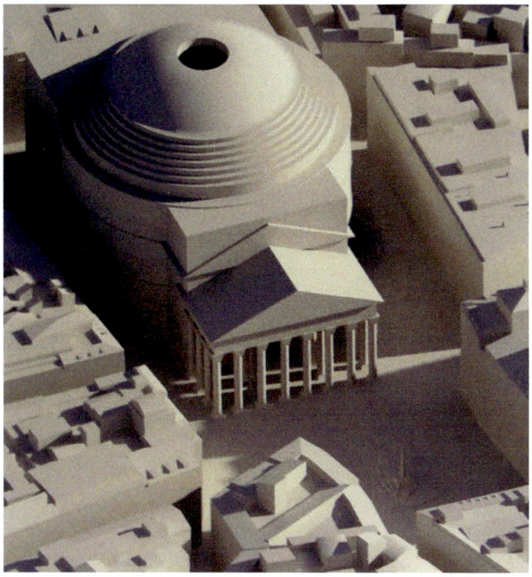

Stadtmodell Rom (Ausschnitt)

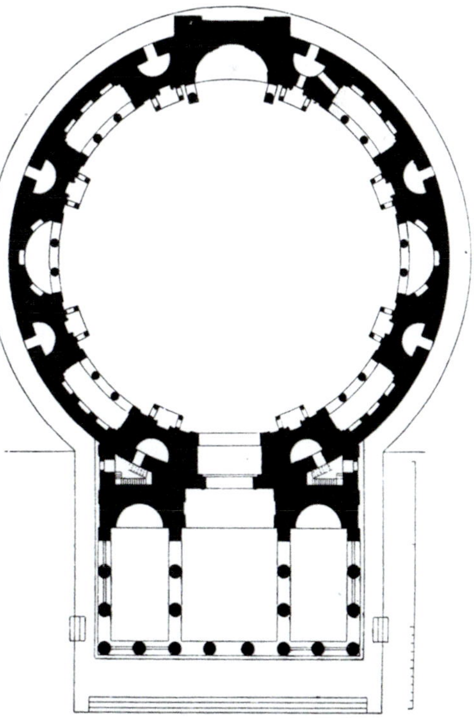

Grundriss des Pantheons (ohne Maßstab)

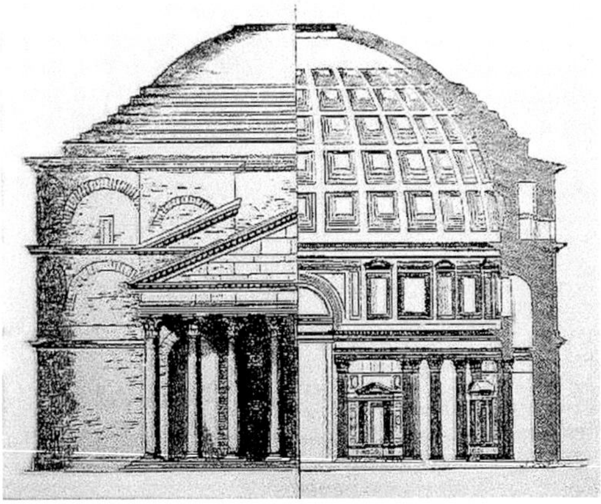

Ansicht und Querschnitt

Theoriebeladenes Haus

Ein Bauwerk reift offenbar dann zur Architektur, zum offiziellen Gegenstand der Wahrnehmung, wenn es symbolhaft als Zeichen der Geschichte oder als Manifestation einer Zivilisation gelesen werden kann. Es muss über sich und seine primäre Nutzung hinausweisen. Das gilt nicht nur für Monumente, sondern auch für weniger spektakuläre Gebäude, selbst für Wohnbauten. Derartige Häuser sind theoriebeladen. Sie sind sowohl für den Experten als auch den unbelasteten Laien meist Anlass, eine Lebensweise, eine herkömmliche Architekturpraxis oder eine Architektursprache zu überdenken, zu bereichern oder zu verwandeln.

Wir unterscheiden also Bauwerk und Architektur. Warum bezeichnen wir dann auch solch befremdliche Trümmerstätte wie den im ersten Jahrhundert entstandenen und im 16. Jahrhundert irrtümlich so benannten *Janustempel* in Autun als Architektur? Heute ein rechteckiges, dachloses Geviert, halb zerstört, mit schmucklosen Öffnungen, scheinbar im Rohbauzustand. Und dennoch wirkt es einschüchternd bedeutungsvoll. Zwar kennen wir nicht, sondern vermuten nur seine Bedeutung. Aber es weist über seine materielle Existenz hinaus auf Grund seines Alters, seiner enormen Ausmaße (24 Meter hoch), auch wegen seiner zentralbaulichen Gestalt. Es ist die Ruine eines gallischen Tempels, der, zweifellos von römischer Steinmetzkunst beeinflusst, uns an das Pantheon erinnert. Wir begreifen nicht, das Gebilde bleibt uns fremd und dennoch lassen wir uns von diesem Bau – einer unbekannten Gottheit gewidmet – beeindrucken.

Vielleicht ist der Janustempel ein Vorläufer, vielleicht aber auch nur zur gleichen Zeit und aus dem gleichen Bedürfnis heraus geschaffen wie das *Pantheon* in Rom. Dieses hat auf Grund seiner eindeutigen Symbolkraft, auf Grund seines beeindruckenden Inneren, wegen seiner universalen und eingängigen Monumentalität den Anstoß für zahlreiche Nachfolgebauten gegeben. In der Renaissance, später auch im Barock und während des Klassizismus entstanden Kuppelbauten, die sich auf das Vorbild bezogen. Wäre denn Andrea Palladios *Villa Rotonda* ohne das *Pantheon* denkbar? Wir werden sehen. (s. a. Kapitel 5)

Lichtgehege, Lichtkegel

Das *Pantheon* war vielen Architekten Vorbild auf Grund seiner geometrischen Eindeutigkeit – zum Beispiel für John Soanes *Rotunde der Bank of England* (1788), für Georg Mollers *St.-Ludwigskirche* (1827) in Darmstadt, für Pietro Bianchis *Kirche San Francesco di Paola* (1836) in Neapel oder Paul Bonatz *Stadthalle* (1914) in Hannover. Die Pariser Ruhmeshalle, das offiziell so genannte *Panthéon* (1790, Jacques-Germain Soufflot), bekräftigt durch Gestalt- und Namensgebung seinen nationalen Anspruch. Auf den römischen Bau bezieht sich aber auch die Rotunde in Karl Friedrich Schinkels Berliner *Altem Museum* (1824), auf welches wiederum die Stuttgarter *Neue Staatsgalerie* (1984) von James Stirling Bezug nimmt. Hier im postmodernen Bauwerk wird die Kuppel zum offenen Freiraum – das heißt, die Rotunde wird vorgeblich von der realen Himmelskuppel überspannt, der scheinbaren Hülle des Erdenrunds. Fern erscheint der Himmel dort als Firmament, offensichtlich der Architektur nicht zugehörig, die trotz ihres Umfangs deshalb auf menschliches Maß reduziert wirkt. Die Verknüpfung Steinzylinder und Himmelskuppel ist wenigen begreifbar. Der Zirkelraum, das Lichtgehege, ist Freiraum, der zwar an das Zylinderrund des Vorbilds erinnert, der reale Himmel aber ist zu fern, um als Ergänzung verstanden zu werden. Hingegen tastet im römischen Pantheon unter dem steinernen Himmel das Sonnenlicht wie ein Brennglas punktuell Fußboden und Wände ab und lässt den im Lichtkegel eingefangenen Besucher scheinbar auf ameisenhafte, belanglose Maße schrumpfen.

Überschwänglich hat Jean Paul, der nie in Italien war, sich auf Grund von Stichen und Reisebeschreibungen sein Bild des *Pantheons* zurecht gedacht: ein nach seiner Vorstellung verzauberter Bau, mehr Jean-Paul-leibliche Innenwelt als Außenwelt, übertüncht von Romantik und Empfindsamkeit.

»Wie einfach und groß tut sich die Halle auf! Acht gelbe Säulen tragen ihre Stirn, und majestätisch wie das Haupt des homerischen Jupiters wölbt sich sein Tempel! [...] Sie traten hinein; da wölbte sich ein heiliges, einfaches, freies Weltgebäude mit seinen hinaufstrebenden Himmelsbogen um sie, ein Odeum

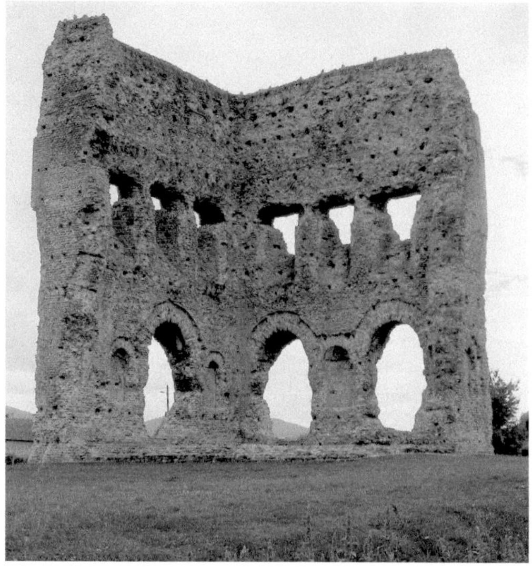

Autun (Frankreich), Ruine des sogenannten Pantheons oder Janustempels aus dem 1. Jahrhundert n. Chr.

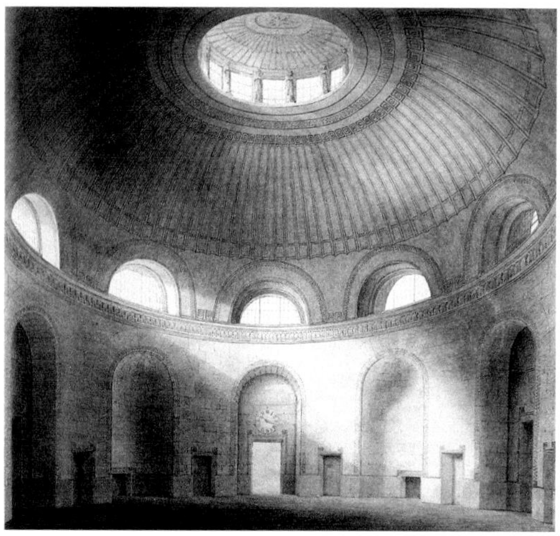

John Soane, Die Bank von England, Rotunde, aquarellierte Perspektive von J.M. Gandy, 1798

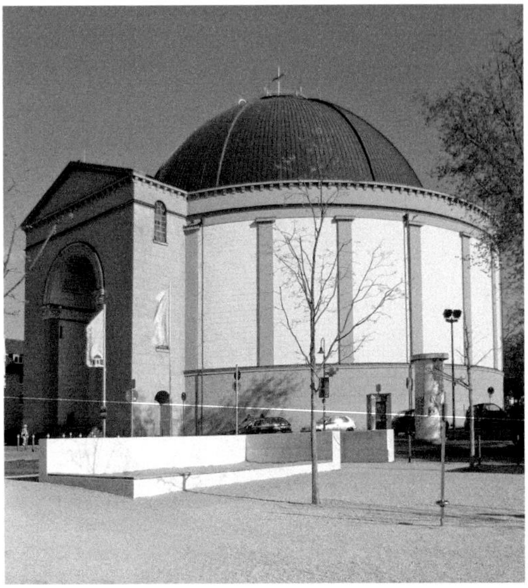

Georg Moller, St. Ludwigskirche in Darmstadt, 1822–1833

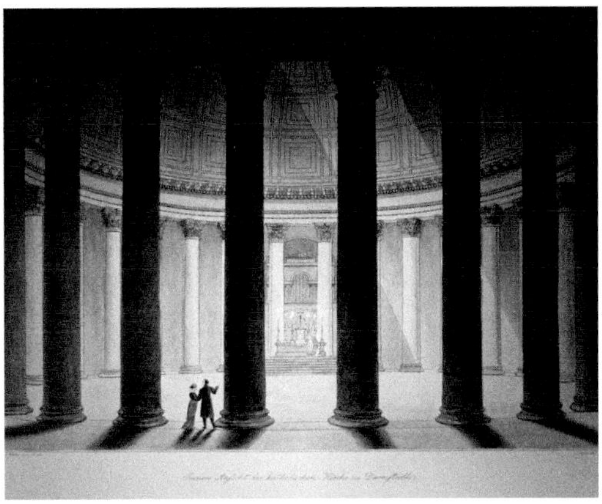

Georg Moller, St. Ludwigskirche in Darmstadt, Entwurfsperspektive des Innenraums

der Sphärentöne, eine Welt in der Welt! – Und oben leuchtet die Augenhöhle des Lichts und des Himmels herab, und das ferne Flug-Gewölk schien die hohe Wölbung zu berühren, über die es wegschoß! – und um sie her standen nichts als die Tempel-Träger, die Säulen! – Der Tempel aller Götter vertrug und verbarg die kleinlichen Altäre der spätern.«[8]

Unerwartet nüchtern erscheint dem Leser dann seine Anmerkung: »*Die Pantheons-Halle scheint zu niedrig, weil einen Teil ihrer Stufen der Schutt verbirgt.*« Und: »*27 Fuß hat die Dach-Öffnung im Durchmesser«).*

An Jean Paul, Schriftsteller im 18./19. Jahrhundert (1763–1825), unter prekären Umständen lebender genialer Schwärmer und zugleich tiefgründiger Rationalist, lässt sich exemplarisch die menschliche Neigung zu subjektiv verfärbten Lebens- und Gedankenwelten ablesen. Ein anderes Beispiel ist Rolf Dieter Brinkmann, Schriftsteller im 20. Jahrhundert (1940–1975), unter prekären Umständen lebender genialer Realist. Auch er überliefert seine Wahrnehmung, sein allerdings von der Patina des eigenen Missmuts überzogenes Bild des *Pantheons* als »*graues Muff-Gebäude*«[9].

Merkwürdigerweise hat Goethe während seines Rom-Aufenthalts wenig über das Pantheon zu sagen gewusst:

»*Hier hat mich die Rotonda, so die äußere wie die innere, zu einer freudigen Verehrung ihrer Großheit bewogen*«[10] und knapp einen Monat später: »*So hat zum Beispiel das Pantheon […] so mein Gemüt eingenommen, dass ich daneben fast nichts mehr sehe*«[11].

Das war alles. Spricht so jemand, dem das eindringliche Verstehen der Natur der Dinge ansonsten ein Bedürfnis war?

Womöglich war sein inneres Raumarchiv noch besetzt vom Erleben des Straßburger Münsters (»*Von Deutscher Baukunst*«, 1773), womöglich war er geschockt und sprachlos gegenüber der rigorosen Geometrie des *Pantheons*. Vielleicht war es so, dass er wohl die Idee, aber nicht den Körper des römischen Baus wahrgenommen hat. Als hätte er nicht

8 Jean Paul, Werke, Band 6 ,Titan (1801), S. 578 f.
9 Rolf Dieter Brinkmann, Rom, Blicke, S.125
10 J. W. v. Goethe, Italienische Reise, zit. n. Werke, Bd. 25, S. 118
11 Ebd. S. 130

gesehen angesichts des für ihn Ungewöhnlichen. [...] »*dass ich daneben fast nichts mehr sehe*«: Nichts neben was? Neben seiner Introspektion?

Dämmerung und Wahrnehmung

Hingegen hat Wilhelm Heinse, der drei Jahre in Italien verbrachte (1780–1783), in seinem Roman »*Ardinghello und die glückseligen Inseln*« ausführlich seine Wahrnehmung des *Pantheons* beschrieben. Er berichtet:

»*Wenn man in die Vorhalle tritt: so ist es, als ob man in das schönste Plätzchen eines Waldes von lauter hohen herrlichen Stämmen käme [...]. Wie breit und mächtig einen dann das Innere selbst umfasst und bedeckt, ist lauter Majestät [...]. Wie die Rundung mit Liebesarmen empfängt, wie ein leiser Schatten einen umgibt [...]. Endlich scheint alles lebendig zu werden, und die Kuppel sich zu bewegen, wenn man an dem reinen süßen Licht des Himmels oben durch die weite Öffnung sich eine Zeitlang weidet.*«[12]

Dass es Heinse um Empfindung und nicht um Wahrnehmung ging, verrät er, wenn er zeitgleich von den sich widersprechenden Eindrücken »Dämmerung« und »blaue heitere Lüfte« spricht:

»*[...] wenn die stille Dämmerung sich einsenkt! [...] Dann ist es so recht der weite hohe schönheitsvolle Zauberkreis, worin man von dem Erdgetümmel in die blauen heiteren Lüfte oben wegverzückt wird, und schwebt, und in dem unermesslichen Umfange des Himmels atmet, befreit von allen Banden.*«[13]

Und Goethes Zeitgenosse Wilhelm Waiblinger himmelt das *Pantheon* an, »*Du Riesenkind voll Majestät*«, als sei es seine Angebetete: »*Du Opferschale meiner Tränen, nun meine Braut, o Pantheon*«.[14] Ein später Sturm-und-Drang-Erguss, der viel mit der labilen Psyche Waiblingers und wenig mit der Wirklichkeit zu tun hatte.

Goethe, Heinse, Waiblinger: Das Vokabular fehlte offensichtlich, um wenigstens annähernd angemessene Metaphern zu finden, die über die eigene

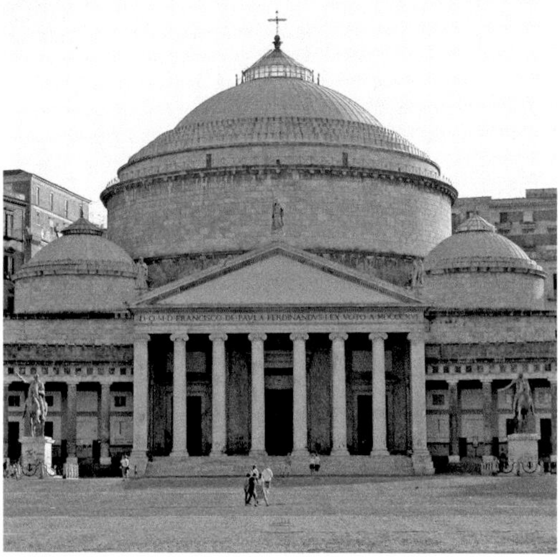

Pietro Bianchi, San Francesco di Paola in Neapel, 1836

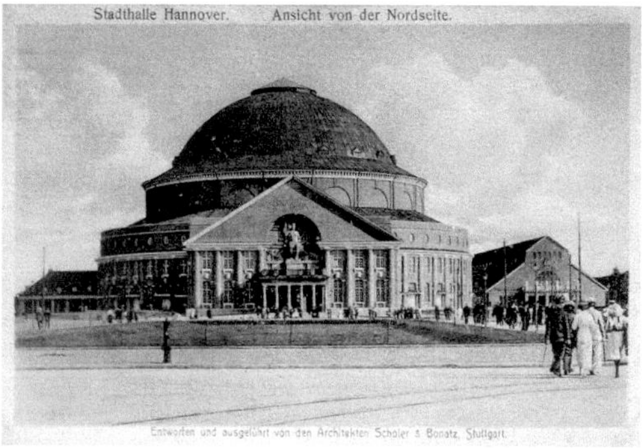

Paul Bonatz, Stadthalle Hannover, 1910–1914

12 Wilhelm Heinse, Ardinghello und die glückseligen Inseln (1785), S. 238

13 Ebd. S. 279

14 Gedicht während seines römischen Aufenthalts 1826

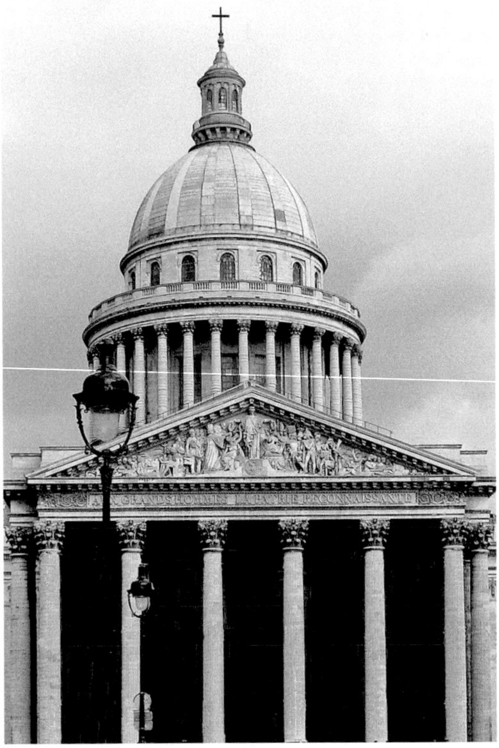

Jacques-Germain Soufflot, Panthéon, Paris

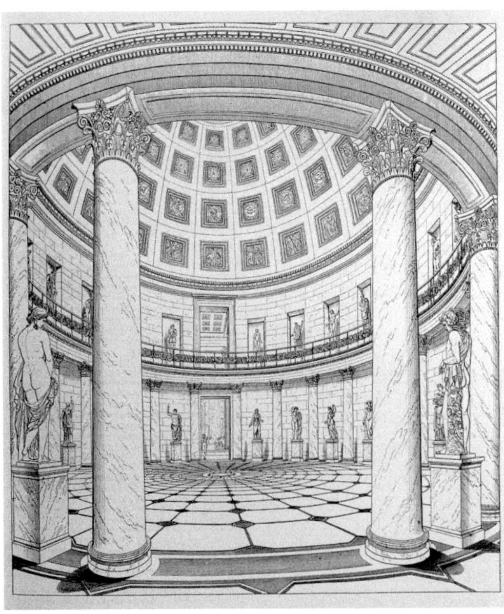

Carl Friedrich Schinkel, Rotunde im Alten Museum Berlin

Gefühlsaufwallung hinausgingen. Naturphänomene, die sie dem Zeitgeist getreu zu preisen geübt waren, überlagern den Augenschein. Offenbar können auch wir nicht anders, als eigene Befindlichkeit und Wahrnehmung unauflöslich miteinander zu vermengen. Könnten wir besser unseren Sinnesapparat reflektieren, würden wir bald bemerken, dass der auch noch so deutliche und real wirkende Augenschein sofort in einem Sumpf von Phantasmen und Erinnerungen versinkt.

So lesen wir im Reisebericht von Werner Bergengruen aus der ersten Hälfte des 20. Jahrhunderts:

»Das Runde stimmt das Gemüt zur Verehrung. Gleichwie die Kugel uns als Inbegriff aller Vollkommenheit erscheinen will, so ist uns der Kreis, der weder Anfang noch Ende hat, das Abbild der Unendlichkeit, die Urform der Schlange, die den eigenen Schweif in den Rachen genommen hat. Das Überwältigende des Pantheons ist seine vollkommene Einfachheit. Einfachheit aber ist das am meisten sich jedem Nachahmungsversuch Entziehende. Maße, Verhältnisse, Formen haben die stumme Überzeugungskraft des durchaus Natürlichen. Schon die Fassade kennt nur zwei Motive, die Säule und das Dreieck des Giebels. Hier wie an der Pantheonskuppel haben die Baumeister von St. Peter ihre Anregungen gesucht. Und doch gibt es zwischen beiden Kuppeln keine Berührungspunkte. Die eine schwebt, die andere ruht, die eine hat Willen, die andere nur Existenz, die eine macht uns des Himmels gewiss, die andere der getreu beharrenden Erde. Das runde, fensterlose Innere nimmt seine majestätische und zugleich freimachende Wirkung aus dem vollkommenen Ebenmaß. […] In kaum einer römischen Kirche ist das Licht als ein wirkender, gestaltgebender Faktor so sehr in die Bauschöpfung hineingenommen wie hier. […] Es erscheint als reines Element und überwältigt durch seine Reinheit. Es dringt durch die offene Kuppelwölbung ein, gleichwie Regen und Schnee sie durchdringen können. […] Wo die Kuppel anhebt, hört die farbige Marmorverkleidung der Wand auf. Von nun an umziehen in fünf Reihen graue Kassetten das Innere der Wölbung. Auf jede rhombische Stellung, jede polygonale Ordnung, jede gebogene Linie ist verzichtet; es sind einfache Quadrate, nach oben hin sich verjüngend. Dann verschwinden auch sie. Der oberste Teil bis dorthin, wo die Kuppel sich öffnet, ist

nackt, nur noch dem lauteren Licht untertan. Es geziemt Raffael und den Seinen, in solchem Licht zu ruhen.« [15]

Graziös wirkt der Innenraum trotz seiner Ausdehnung, weil er stützenfrei und ohne Wanddurchbrüche, keine Hinweise auf seine Konstruktion oder seinen gewichtigen Aufbau gibt, sondern lediglich exquisite Oberflächen zur Schau stellt, ein Panorama geometrischer, ornamentaler Flächen, die die magische Lichtsäule inmitten einer vollkommenen Leere umrunden.

Die *Hagia Sophia* dagegen glänzt mit dem Gegensatz von mächtigen Stützen, filigranen Säulen, scheinbar uferlosem Innenraum und andererseits kavernenartigen Nischen. Widmen wir uns diesem Weltwunder!

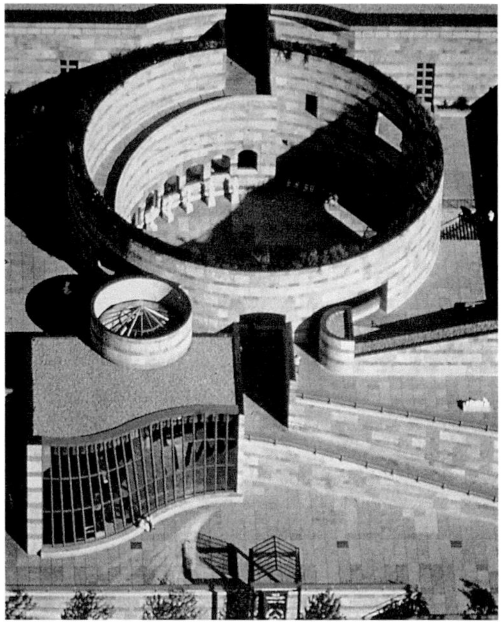

James Stirling, Rotunde der Staatsgalerie in Stuttgart, 1985

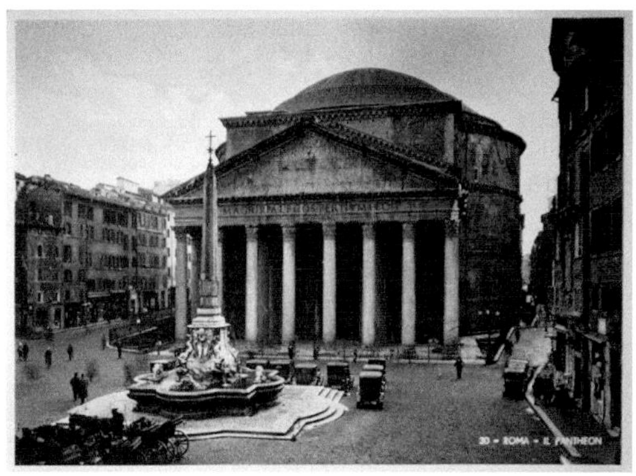

Pantheon, historische Postkarte

15 Werner Bergengruen, Römisches Erinnerungsbuch, S. 86–87

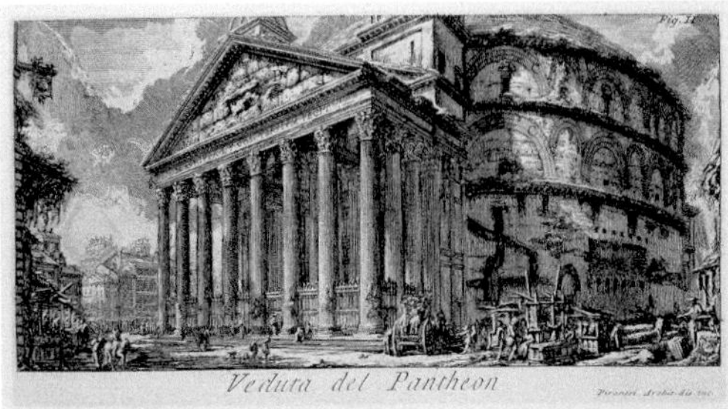

Giovanni Battista Piranesi, Vedute des Pantheon, Radierung

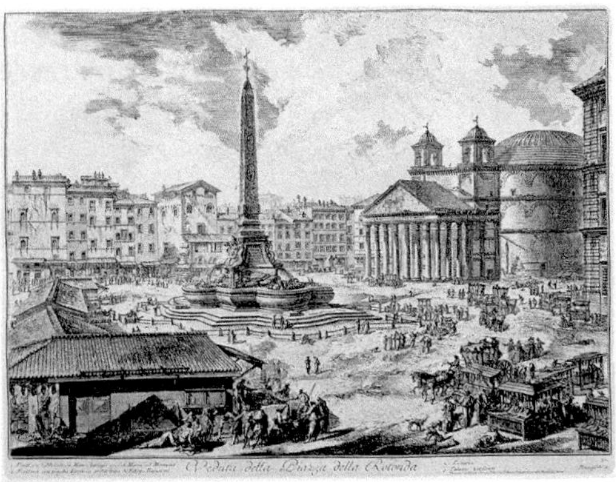

Giovanni Battista Piranesi, Piazza della Rotonda mit Pantheon

3. Kapitel Hagia Sophia

U. Jonak, *Architekturwahrnehmung*, https://doi.org/10.1007/978-3-658-26262-4_4

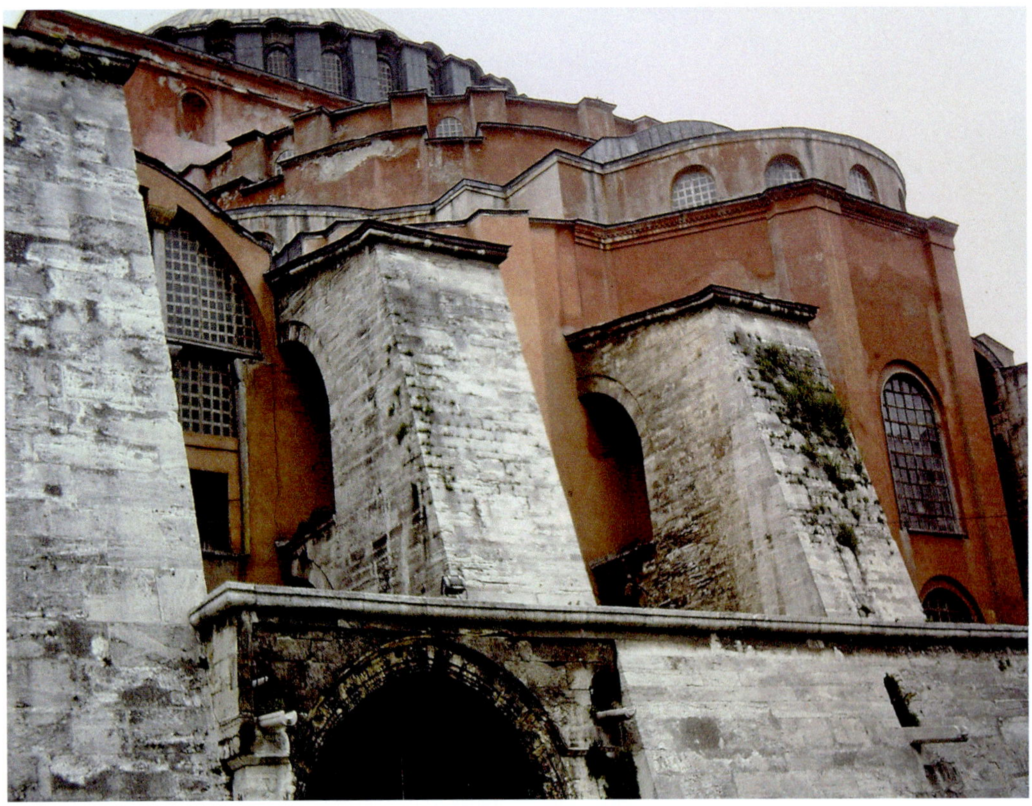

Blick von Süden

» *Die Kirche ist auf die Art gebaut, wie das Pantheon zu Rom, aber viel höher und weiter, auch viel herrlicher: ein wahres Weltwunder. Sie hat keine Fenster, sondern das Licht fällt oben durch das runde Gewölbe herein.«*

Ogier Ghislain de Busbecq (1522–1592), belgischer Diplomat

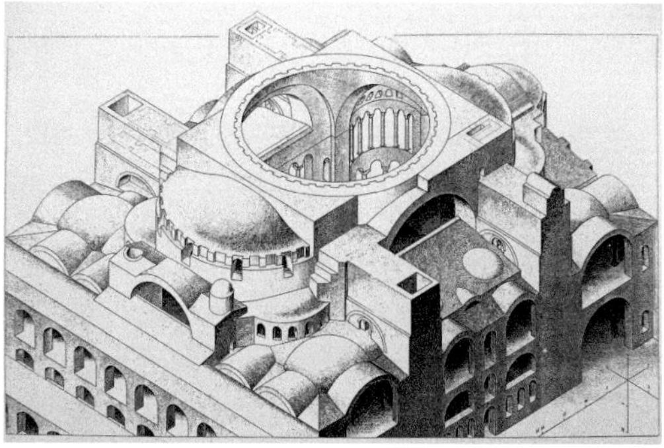

Geometrisierte Parallelprojektion des Baukörpers

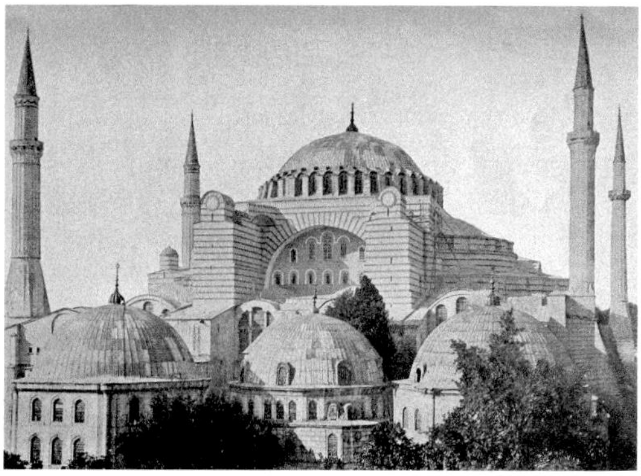

Von Westen, Foto vor 1920

Wie werden Bauten zu beispielhaften Bauten? Wann führt die Wahrnehmung ihrer Gestalt zur Einsicht, dass sie vollkommen und kaum zu verbessern sei, dass sie Symbol geworden sei? Ist es die Gewissheit, dass man einem Urtypus oder gar einem der Weltwunder gegenüberstehe? Sind es außersprachliche Gewissheiten, ein kaum bewusster Konsens aller über rituelle Symbolfiguren von Macht und Geltung wie Palast, Festung, Tempel?

Beispielhafte Bauten imponieren durch einsichtige Geometrie, die Modifikationen von Würfel, Kugel, Pyramide, Zylinder. Sie beeindrucken durch mimetische Qualitäten – das heißt durch Annäherung an Naturformen wie Berg, Höhle, Baum. Sie gefallen durch strukturelle Beschaffenheit, durch Symmetrie und Axialität, durch Mustergültigkeit (sich in der Außenform bereits abzeichnende Funktionalität) oder durch sich deutlich artikulierenden Einflussanspruch. Sie können autoritär und monumental, aber auch zurückhaltend wirken. Dies jedoch auf unübersehbare Weise. Sie beherrschen ihre Umgebung oder sie fügen sich wie selbstverständlich dort ein. Beispielhafte Bauten sind immer Ausnahmefälle. Ausnahmefälle, die zu Musterfällen werden.

Der Musterfall soll Prototyp werden. Wir wünschen uns Wiederholungen. Ortsungebunden, deshalb sogar weit entfernt vom Ursprung. Unbestimmt taucht hier das Wort ›Kopie‹ aus den Assoziationsfeldern des Gehirns empor. Mit Architektur-Kopie sollten wir jedoch nur den einfallslosen und identischen Klon des Originals bezeichnen, nicht aber seine schöpferische Aneignung. Der Klon wird im Allgemeinen negativ bewertet, die geistreiche Variante dagegen positiv. Da wird etwas als einzigartig wahrgenommen. Jemand hat es als sein sehnlich gesuchtes Traumgebilde erkannt, will oder kann es aber nicht erwerben. In Gedanken passt er es seinem Vermögen an, dreht es hin und her, sucht den Prototyp, trachtet, das ursprüngliche Projekt zu erfassen. Der Planer unterwirft sich

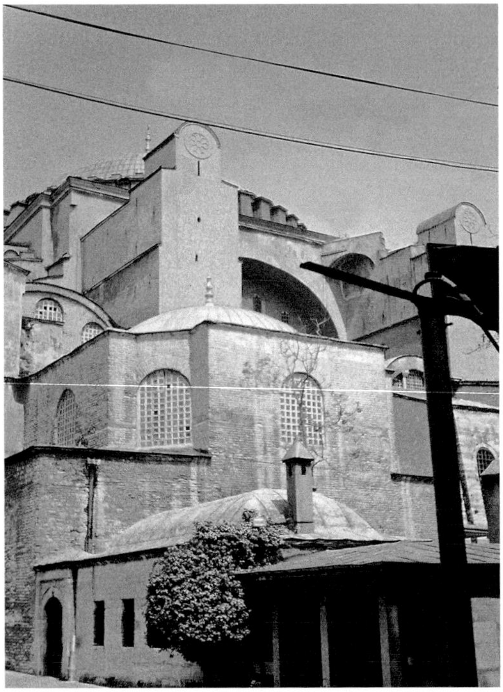

Hagia Sophia, Baptisterium und Widerlager

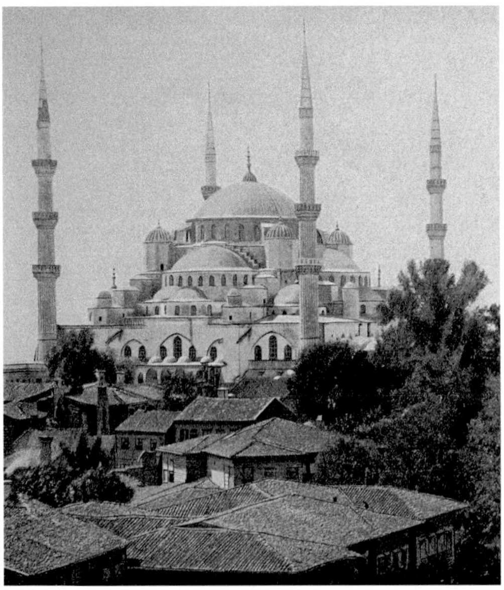

Mehmet Aga, Sultan-Ahmed-Moschee (1609–1617)

einem rastlosen Spiel. Er plant so lange, bis die Verwandtschaft zwar noch erkennbar, der neue Plan und schließlich auch der Neubau seinem individuellen Konzept entsprechen.

Vorbild und Nachbild, originäres und epigonales Objekt, Musterfall und Weiterentwicklung: Es kommt auf die jeweils selbständige Leistung an, um im gesellschaftlichen Bewusstsein zu überdauern. In Istanbul ist die Verwandtschaft zwischen Vorbild und Nachbild, zwischen der *Hagia Sophia* (6. Jhdt.) und der nahebei in einem Park gelegenen *Sultan Ahmed Moschee* (17. Jhdt.) des osmanischen Baumeisters Mehmet Aga kaum zu übersehen. Manch argloser Tourist indes mag den einen mit dem anderen Bau verwechselt haben. Ragt doch die Sultan Ahmed Moschee prägnant und märchenhaft aus dem Gartengelände empor, wohingegen die *Hagia Sophia* im Laufe der Jahrhunderte infolge von Hilfskonstruktionen und Anbauten in ihrer äußeren Gestalt immer unpräziser erscheint.

Als die Osmanen 1453 Konstantinopel stürmten, die Stadt plünderten und einen Großteil ihrer Bausubstanz zerstörten, blieb die *Hagia Sophia* erhalten, weil sie ihrer Größe und Erhabenheit wegen selbst ihre Eroberer beeindruckte. Als einzige christliche Kirche wurde sie nicht ruiniert, sondern sogleich in eine Moschee umgewandelt. Vor allem der kolossale Innenraum mit seiner Kuppel (Durchmesser 31 Meter, Kuppelhöhe 55,6 Meter) erschien auch den muslimischen Siegern wie schon früher den christlichen Besuchern als Abbild des Universums.

Ein Gegenstand ungläubigen Staunens

Denn über die Zeiten hinweg war und blieb sie mehr als ein Andachtsgehäuse, *»ein Gegenstand ungläubigen Staunens.«* Schon kurz nach Fertigstellung rühmte der Hofhistoriograph Kaiser Justinians I. Prokopius von Kaisareia (nach 550 n.Chr.) überschwänglich den Bau:

»...steigt doch das Gotteshaus fast zu himmlischer Höhe empor und indem es sich wie von den übrigen Bauwerken fortschwebend löst, grüßt es von oben die übrige Stadt.«[1]

1 Caspare Fossati, Hagia Sophia, S. 95 f.

Ungeachtet ihrer Erdverwurzelung, losgelöst von jeglicher realen Wahrnehmung und wie im Rausch pries er die kolossale Kuppel als wahres Wunder:

»Überragt doch diese, wie ich glaube, die ganze Erde. [...] Sie scheint nicht auf dem festen Bau zu ruhen, sondern als goldene Kugel am Himmel zu hängen und so den ganzen Raum zu bedecken«.

Eine scheinbar göttliche Schöpfung, nicht von Menschen geschaffen: *»Man könnte sich in eine Blumenwiese zur Frühlingszeit versetzt fühlen«*, jubelte Prokopius wie mit verschleierten Augen.

Die Metapher *»Blumenwiese zur Frühlingszeit«* lässt uns unwillkürlich laue Luft, frische Farben, Vogelgezwitscher und Insektensummen assoziieren. Aber dies hat nichts mit der steinernen Mächtigkeit und der von den meisten so empfundenen übermenschlichen Ausdehnung des Kircheninneren zu tun, sondern verfälscht das Verständnis bis zur Unkenntlichkeit. Metaphern sind gefährlich auf Grund ihrer sie begleitenden Konnotationen.

»Denn Glanz und Harmonie der Maße schmücken sie, kein Zuviel und kein Zuwenig ist an ihr festzustellen, da sie prunkvoller als das Gewohnte und zuchtvoller als das Maßlose ist; an Licht und Sonnengefunkel aber hat sie Überfluss. Man könnte nämlich meinen, [sie] werde nicht von außen her durch die Sonne erleuchtet, sondern empfange [ihre] Helligkeit von sich aus, eine solche Lichtfülle ist über das Heiligtum ausgegossen. Man könnte an jähe Felsklippen denken. [...] Eine Kuppel, von wo jederzeit der Tag zuerst hereinlacht. Überragt doch diese, wie ich glaube, die ganze Erde und zeigt in kurzen Abständen Unterbrechungen, gerade so weit, dass die Stellen, wo ein solcher Mauerdurchbruch ist, genügend Licht hereinlassen.«[2]

Solch überschwängliche Metaphern (*»Man könnte an jähe Felsklippen denken.«*) können lediglich als Lobpreisung (jeden beliebigen Anlass bejubelnd) gesehen werden und geben keinesfalls eine authentische Sinneswahrnehmung wieder. Auch dem Bericht des deutschen Reisenden Schiltberger (kriegsgefangen in Vorderasien von 1394–1425) vom Besuch in der *Hagia Sophia* ist nur bedingt zu trauen, denn er übertreibt offensichtlich, um seinen Aussagen Gewicht zu verleihen:

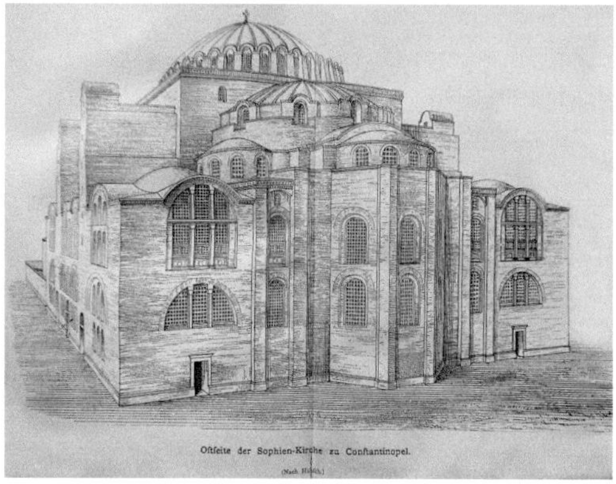

Ostseite, Holzstich des 19. Jahrhunderts

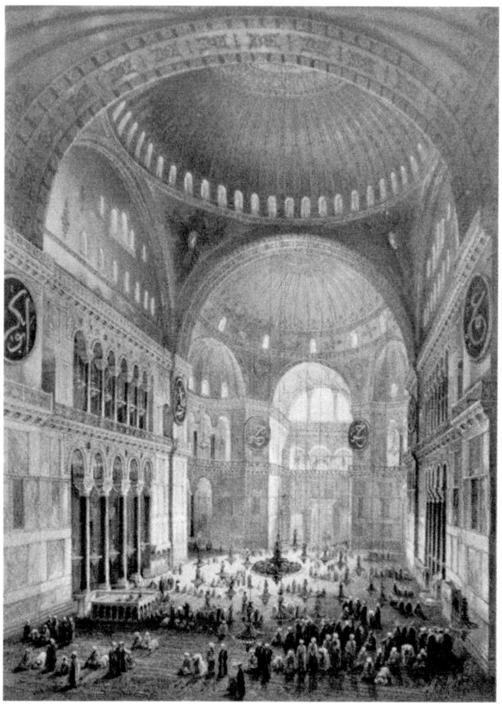

Innenansicht, Blick nach Westen, Caspare Fossati 1852

2 Prokopius von Kaisareia (Hofhistoriograph Kaiser Justinians, um 500 bis 562) Bauten, zit. n. Caspare Fossati, a. a. O., S. 93

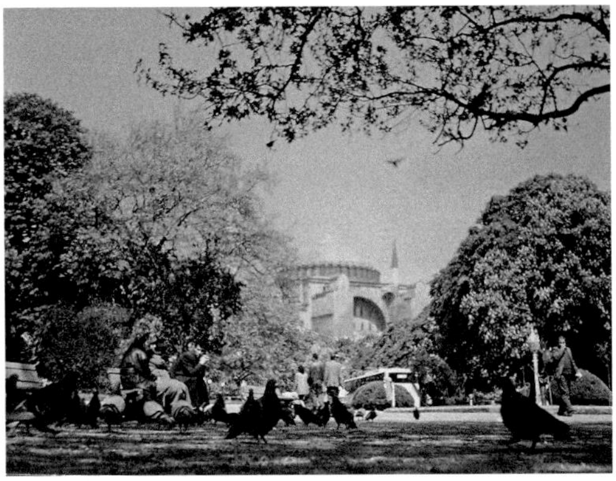

Im Park südwestlich vor der Hagia Sophia

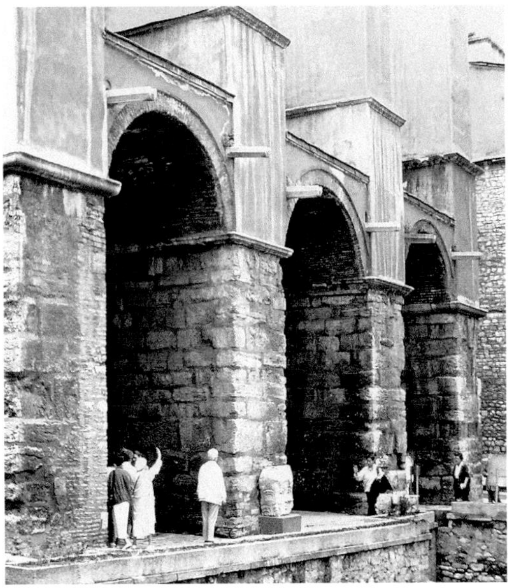

Besucher vor dem äußeren Narthex (Vorhalle)

»Zu Konstantinopel ist die schönste Kirche, so man in der Welt finden mag, die heißet Sankt Sophia. Und ist alle mit Blei überdecket, und man ersieht sich in der Kirchen an der Mauer als in einem Spiegel, also klar und fein ist sie gemacht von Marbel und Lasur an der Mauer. […] Da der Kaiser Konstantin die Kirchen vollbracht hätt, da hat er zu einer Besserung der Kirchen fünf güldene Scheiben hoch oben in das Gewölbe der Kirchen machen lassen, und eine jegliche Scheibe ist so groß und dick als ein Mühlstein. […] Und die drei Scheiben hab ich in der Kirchen gesehen. Es hat auch die Kirche wohl hundert Türen, und die sein alle von Messing.«[3]

Übermenschliches Monument

Übermenschlich wird genannt, was scheinbar über die Grenzen menschlicher Leistungsfähigkeit geht (was dem Wortsinne nach das Menschliche sogar zum Gottgleichen hin überschreitet). Architekten liebäugeln allzu gerne mit dem Anspruch, »Weltenbaumeister« zu sein, gottgleich zu handeln. Taten werden schließlich nur dann unanfechtbar, wenn sie göttlichen Ursprung zu beweisen scheinen und damit das wahrgenommene Großartige oder das Ungewöhnliche Göttern zugeschrieben werden kann. Schöpfergeist wird am ehesten anerkannt, wenn er sich monumental materialisiert. Also hat der ›*Weltbaumeister*‹ (so nannte Bruno Taut 1920 sein Architekturschauspiel), gotteskindlicher Hybris verfallen, nicht einfach nur einen Raum zu überkuppeln, sondern darf staunenswerte Dimensionen vorschlagen, die mindestens als Analogie auf das Himmelsgewölbe verstanden werden können. Baukunst verführt ihre Schöpfer zur Mimesis, weil sie nicht nur als Konstrukteure wahrgenommen, sondern als Entzifferer des Daseins gesehen werden wollen. Sie wollen entziffern und dies mit verständlichen Analogien erklären. Mimetische Vergleiche sind nachvollziehbar, weil sie auf dem menschlichen Erfahrungsschatz beruhen. Himmel und Erde, Berg und Tal, Wald und Ebene, Fels und Wasser: Das sind jedem fassbare Wirklichkeiten und gerade deswegen nachvollziehbare Metaphern. Der türkische Chronist Tursun-Beg, der die Eroberung Konstan-

3 Schiltbergers Reisebuch, S. 49 f.

tinopels miterlebte, schildert Mohammeds II Besuch der *Hagia Sophia* nach der Einnahme Konstantinopels und transzendiert Kuppel und Fußboden in Himmel und Ozean:

»*Der Herrscher der Welt betrachtete diese Wunderwerke in der Kuppelhöhlung und die Figuren und geruhte dann, auf das Äußere der Kuppel hinaufzusteigen. Er stieg hinauf, so wie der Geist Gottes zum Stockwerk des vierten Himmels aufgestiegen ist. Von den Galerien der Zwischenstockwerke betrachtete er die Meereswogen des Fußbodens.*«[4]

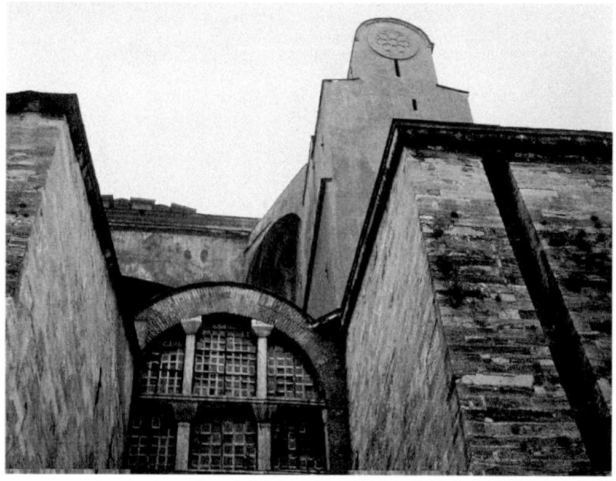

Versuch, Mark Twains Blick nachzuvollziehen

Metaphern

Himmel und Ozean: Das sind Bilder, sind Metaphern, die zur Sprache gebracht werden mit dem Anspruch, jedermann nachvollziehbar zu sein und Unerklärliches ins märchenhaft Verständliche zu übertragen. Sie verschleiern jedoch menschliches Unvermögen, Metaphysisches zu erhellen und zu benennen. Das Unbennbare soll benennbar werden.

Metaphern sind problematisch, denn mit ihnen wird behauptet, Unsichtbares sichtbar zu zeigen. Die Kuppel als Himmel, als überirdischer Aufenthaltsort gaukelt eine Realität vor, die dem naiv Schauenden den Begriff einer anderen Welt hinter dem Augenfälligen vermuten lässt. Wer Metaphern gebraucht, beeinflusst unweigerlich mit seiner Sichtweise die Weltsicht von anderen. Etwas anderes, etwas aus einem nicht zugehörigen Erfahrungsbereich verfärbt oder stört die eindeutige Wahrnehmung, kann sie aber auch überraschend vertiefen. Metaphern sind bildhaft, anschaulich und daher scheinbar überzeugend. Unmerklich verformen sie die Wahrnehmung. Die Metapher hat Nebenbedeutungen, die mit ihrem Anlass wenig zu tun haben, aber den Charakter des Objekts und damit seine Wahrnehmung verfärben. Die Kuppel als ›Himmel‹ gesehen, fügt ihr Grenzenlosigkeit, Substanzlosigkeit, von Geistwesen bewohnte Dimensionen hinzu, die ihre Machart und ihre Konstruktion vergessen machen.

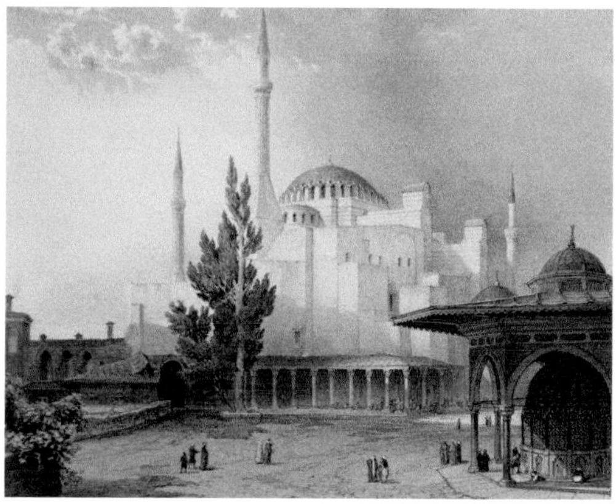

Außenansicht von Südwesten, Farblithographie, Caspare Fossati 1852

Den Architekten, die mit Metaphern arbeiten, stehen wir befangen und wehrlos gegenüber. Sie überwältigen uns und unsere Gefühle. Allerdings

4 Lord Kinross, a. a. O., S.102

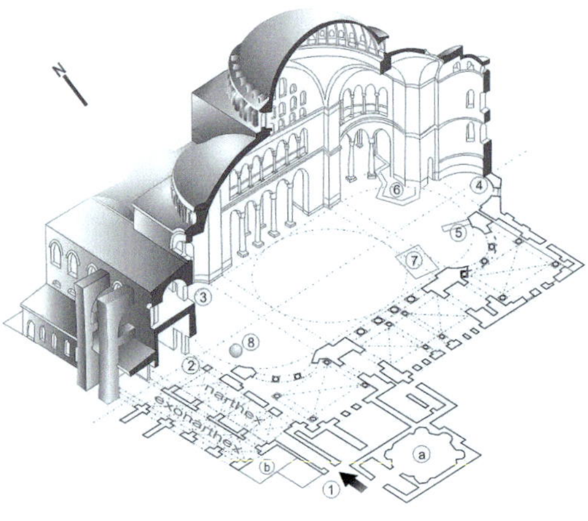

axonometrischer Längsschnitt

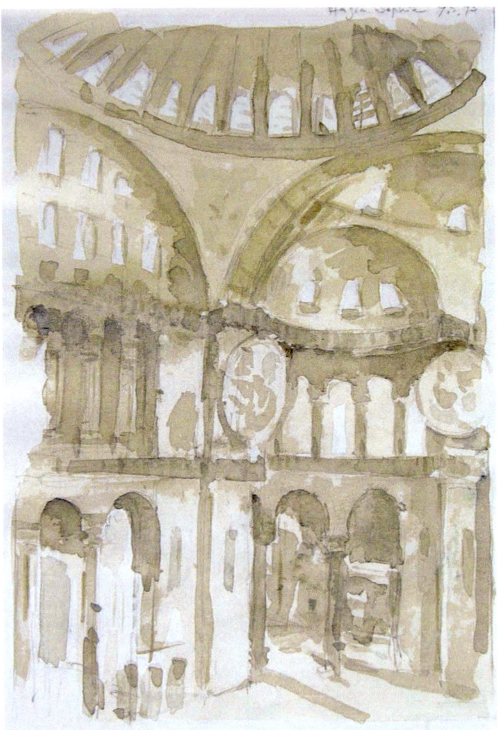

Innenansicht, Aquarell 1993, © U. J.

lassen wir uns gerne überwältigen. Architektur als versteinertes Drama. Als ›Theater der großen Gefühle‹ bediente Baukunst auch vor dem Aufkommen von Schauspiel und Oper, vor der Erfindung des Kinematographen das Bedürfnis nach Bewusstseinserweiterung und Alltagsflucht.

Verehrung und Gegenansichten

Wenn die Menschen gegenüber der *Hagia Sophia* auch stets in ungläubiges Staunen verfielen, so doch im Allgemeinen vor allem angesichts ihres Innenraums. Das lässt sich bis in unsere Zeit verfolgen. Hier nur ein Beispiel, nämlich das eines Militärs, der ja wohl wie die meisten Knappheit und Sachlichkeit im Ausdruck verinnerlicht hat und sich jeglichen Überschwangs enthält. General-Feldmarschall Helmuth Graf von Moltke (1800 bis 1891, Instrukteur der türkischen Armee 1837) schreibt in einem Brief an seine Frau:

»Dort steht noch immer die alte Sophia, wie eine ehrwürdige Matrone im weißen Gewande mit grauem Haupt auf ihre mächtigen Krücken gestützt, und schaut über das nahe Gedränge der Gegenwart weithinaus über Land und Meer in die Ferne. […] Obwohl fast alle Reisebeschreiber über den Anblick der Aya Sophia in offizielle Bewunderung ausbrechen, so will ich […] gestehen, dass sie auf mich weder den Eindruck eines großen, noch eines schönen Bauwerks gemacht hat, bis ich eintrat. […] Das Überraschende ist die große Freiheit des Raums, achttausend Quadratfuß von einer einzigen Wölbung überspannt. Unsere christlichen Kathedralen gleichen einem Wald mit schlanken Stämmen und breiten Blätterkronen; diese Dome sind dem Firmament selbst nachgeahmt.«[5]

Als Gegengewicht zur beflissenen Verehrung der meist unkundigen Berichterstatter seien hier noch die satirischen Anmerkungen Mark Twains zitiert. Doch soll dessen Hagia-Sophia-Kritik vor allem provozieren. Sie dient wohl lediglich als Vorwand, originell sein zu wollen und seinem Ruf als geistreicher Spötter nachzukommen:

5 Helmuth Graf von Moltke, zit. n. Fritz Schumacher, Lesebuch für Baumeister, S. 201 f.

»Ich halte nicht viel von der Hagia Sophia. [...] Sie ist der verrottetste alte Schuppen in der ganzen Heidenwelt. [...] Ihr riesenhafte Kuppel soll wunderbarer als die der Peterskirche sein, aber ihr Schmutz ist noch sehr viel wunderbarere als ihre Kuppel. [...] Überall herrschten Schmutz und Staub, Schmierigkeit und Düsternis; überall fanden sich Zeichen eisgrauen Alters, aber ohne ansprechende oder schöne Züge; überall Gruppen phantastischer Heiden, über uns die grellen Mosaiken und das Netz von Lampenschnüren – nirgends gab es etwas, das unsere Liebe gefunden oder uns Bewunderung abverlangt hätte. [...] Es handelt sich um [...] Sachverständige, die mühsam den Unterschied zwischen einem Fresko und einem Hydranten erlernen.«[6]

Um des Effektes willen kokettiert Mark Twain mit seiner Inkorrektheit, mit seiner bewusst einseitigen Wahrnehmung. Zu Twains Entlastung sei aber vermerkt, dass die Wiedergabe einer Wahrnehmung nie wirklich objektiv sein kann, denn immer ist sie kontaminiert von der Selbsteinschätzung des Berichtenden

So denkt auch *»im Bewusstsein der Tatsache, dass jede Beobachtung von den persönlichen Eigenarten des Beobachters beeinträchtigt wird«*[7], der bereits in der Einleitung zitierte Joseph Brodsky.

Und schließlich äußert sich Brodsky radikal subjektiv zu den Moscheen von Istanbul:

»Diese ungeheuren, zu Stein gefrorenen Kröten, die auf der Erde hocken und sich nicht rühren können. Nur die Minarette, die in erster Linie (prophetisch, so sei es geklagt) Boden-Luft-Raketen ähneln – nur sie künden von der Richtung, zu der die Seele sich dereinst erheben soll. Diese flachen Kuppeln, die an Topfdeckel oder gusseiserne Kessel erinnern, sie sind unempfänglich dafür, was der Himmel bedeutet: Sie bewahren, was sie enthalten, statt den Menschen zu ermutigen, den Blick emporzurichten.«[8]

Anlässlich der Umwandlung der *Hagia Sophia* in eine Moschee wechselt Brodsky, der Schriftsteller, die gedankliche Dimension und findet eine abstrakte Metapher, die er wiederum in ein architekturfernes Bild umsetzt:

»In dieser Umwandlung spiegelte sich etwas wider, was man ohne großes Nachdenken für eine tiefreichende östliche Gleichgültigkeit gegenüber Problemen metaphysischer Natur halten könnte. Was jedoch in Wirklichkeit dahinter stand und jetzt noch steht [...]«, ist, *»dass alles in diesem Leben miteinander verwoben ist – dass in bestimmten Sinne alles nur ein Muster in einem Teppich ist. Den man mit Füßen tritt.«*[9]

Brodsky sah die *Hagia Sophia*, gab aber seinen Assoziationen den Vorrang. Die empfangenen Reize von Auge und Ohr verknüpfen sich unwillkürlich mit assoziierten Erinnerungen und diese sind naturgemäß von Mensch zu Mensch unterschiedlich: Sind sie doch ein jeweils komplexes Bündel subjektiv erfahrener Erlebnisse. Es gelingt kaum, Wahrheit objektiv zu berichten (jede missglückte Zeugenaussage bestätigt dies).

Als sei eine Projektionswand gerissen oder zerfetzt: Das wahre Geschehen wird oft wegen Gedankenflucht, Unaufmerksamkeit, visuellen Fehlinterpretationen, Agnosie oder auch aus Selbstschutz gefärbt und verbogen. Bei Gaston Bachelard lesen wir:

»Gedächtnis und Einbildungskraft lassen sich nicht trennen. Das eine wie das andere arbeiten an ihrer gegenseitigen Vertiefung.«[10]

Das heißt, Erinnerungen und Einbildungen, im gleichen Gehirn zu Haus, überlagern sich und sind untrennbar miteinander verknotet.

Sanfte Verfälschungen

So erscheint auch die *Hagia Sophia* den Menschen unterschiedlich: Wir nehmen nicht nur ein bestimmtes Bild der Kirchenkuppel in uns auf, wenn wir die Kuppel mit dem Himmel vergleichen. Himmel bedeutet Weite, Bläue, Luftströme, Wind und Wetter, Wolken, Sonne und Sterne. Bachelard erinnert uns daran, dass die Vorstellung eines irdischen Diesseits und himmlischen Jenseits *»dumpf die Dialektik eines Drinnen und Draußen«*[11] wiederholt. So verweist die Kuppel nicht nur profan auf ihre

6 Mark Twain (1835–1910), zit. n. Lord Kinross, a. a. O., S. 118

7 Joseph Brodsky, Flucht aus Byzanz, S. 340

8 Ebd. S. 375

9 Ebd. S. 376

10 Gaston Bachelard, Poetik des Raumes, S. 32

11 Bachelard In: Jörg Dünne (Hg.), Raumtheorie, S. 176

unzugängliche Höhe, sondern mehr noch und bedeutungsvoll auf sich als Symbol des Firmaments.

All das will unseren Blick in die Kuppel beeinflussen. Wer sagt denn, dass die Kuppel menschengemacht sei? Wir genießen die sanfte Verfälschung, denn im Geheimen, im nicht Bewussten wird so das Bauteil poetisiert. Sie stimmt uns ein auf eine gewisse Andacht, ja, Demut angesichts der gewaltigen Konstruktion. Versuchen wir dann aber, das Erlebnis in Worte zu fassen, geraten wir durcheinander und es gelingen nur Banalitäten.

Die Phantasie, vielleicht auch eine überbordend schöpferische Gedankenwelt, verschleiert in der Erinnerung das wirkliche Geschehen. Eine Frage der persönlichen Gestimmtheit, Aufrichtigkeit und der Authentizitätsnähe des Berichterstatters und seines nachfolgenden Berichts. Abhängig ist die Wiedergabe einer Wahrnehmung auch vom Ort der Berichterstattung: Ob sie im Freundeskreis stattfindet, gegenüber dem Ehepartner, im Seminar, auf dem Katheder oder am Schreibtisch. Wahrnehmung und Erinnern gehören unterschiedlichen Ebenen an, sind bestenfalls nahe Verwandte.

Die *Hagia Sophia* wird verherrlicht oder verständnislos gesehen, mitunter gar abschätzig beurteilt (wie Mark Twain es kühn und frech tat (s. a. S. 49). Ein fehlendes oder verweigertes Einfühlungsvermögen ist aber nicht nur dem Betrachter zuzuschreiben, sondern auch der Außenwirkung des Bauwerks, den Kiosken (Kiosk, ein Lehnwort aus dem Türkischen) und Türben, den mächtigen Widerlagern und all den anderen im Laufe der Jahrhunderte hinzugefügten konstruktiven Ergänzungen, die die Standfestigkeit des unter dem Kuppelschub ächzenden Gemäuers sichern sollen. All dies Beiwerk verunklärt die einfache Geometrie des Gotteshauses. Deshalb ist zu verstehen, wenn die in Sichtweite gegenüberliegende *Sultan Ahmed Moschee* von 1616 (auch die *Blaue Moschee* genannt) äußerlich in ihrer mathematischen Klarheit und Spröde der ungeschlachten Körperlichkeit der *Hagia Sophia* bei manchen den Rang abläuft.

Die unterschiedliche Denkweise fällt beim Betreten und beim Umherflanieren im Inneren der Gotteshäuser auf. Die *Blaue Moschee* erscheint inwendig als monofunktional karges Gebetshaus, die *Hagia Sophia* dagegen erinnert immer noch an die Wohnstatt des christlichen Gottes, erinnert daran mit dem Bildschmuck, den Nebenräumen, Galerien und Rückzugsflächen, wie sie ein Wohnhaus erst wohnlich erscheinen lassen. Ein Ort zeitweiser, weltabgewandter Ruhe, wären da nicht die Menschenmassen des Tourismus. Obschon Bildaskese den Islam auszeichnet und nach Umgestaltung der Kirche zur Moschee die Mosaiken unter Putzschichten verschwanden, bedecken die Wände noch Bildwerke (nach ihrer erneuten Offenlegung) aus der byzantinischen Zeit. Die Unterschiedlichkeit der Nebenräume, auch auf der Galerie, ehemals rituellen Handlungen, mannigfaltigen Bittgesängen, dem Rückzug von in sich versunkenen Gläubigen dienlich, ist heute nach der Profanation kaum mehr zu erkennen.

Die Wohnstatt Gottes in dieser Ausdehnung ist zugleich Salon und Welt, vergleichbar einem Palast, einem überirdisch erscheinenden Palast, eine »*Behausung der Unermesslichkeit*«[12], wie es Gaston Bachelard zu anderen phantastisch erfundenen Raumgebilden einfiel. Ist die *Blaue Moschee* eindeutig dem Gebet gewidmet, so ist dies bei der *Hagia Sophia* nicht der Fall. Abgesehen davon, dass sie seit 1935 ein Museum ist, dessen Besucher unterschiedlicher religiöser Herkunft sind und ebenso verschiedene Interessen haben, ist sie schon von der Anlage her, trotz der riesigen alles bestimmenden Zentralhalle, eine unübersichtliche, in ihrer Mannigfaltigkeit nur allmählich zu erschließende repräsentative Raumfolge. Sie war nicht nur Ort der Hingabe und Buße, sondern auch ein Ort der bebilderten Belehrung für eine vorrangig analphabetische Öffentlichkeit.

Eine Folge von Nebenräumen (Kapellen) und funktionslosen Winkeln, ehemals dem meditativen Rückzug, der religiösen Handlung oder dem erschöpften Innehalten gewidmet, heute jedoch wenig beachtet im hastigen Museumsgetriebe. Licht und Schatten definieren Verborgenheit oder Zugänglichkeit. Zusätzlich und schmückend fließt ein abstraktes und naturhaftes Zeichenprogramm entlang der Mauern. Blütengleich ziseliert bekrönen Kapitelle die Säulenschäfte. Insgesamt ein Schmuck, der die Anschauung und Wandlung vom Bethaus zum Gottes-Haus zum Palast (Gott zu ehren) verständlich macht.

12 Gaston Bachelard, Poetik des Raumes, S. 72

Spolien erkennen

Umso formenreicher, umso bildhafter, umso geheimnisvoller durch Spuren, Spolien, Patina, Umbau- und Alterungsnarben ein Bauwerk wirkt, desto mehr können wir den Bau (wie ebenso die Stadt) als Archiv der Erinnerung lesen. Fremde Erinnerungen, die flüchtig auftauchen und wieder versinken können. Man muss das Bauwerk allerdings zu lesen verstehen, eine Spolie als Spolie erkennen, um nicht ahnungslos und achtlos daran vorbeizugehen. Gerade in der Architektur ist Wahrnehmung auch oft (nicht in jedem Fall) eine Frage des Vorwissens. Vorwissen macht uns aufmerksam. Wir erkennen etwas, das uns schon vage ein Begriff war. Wir nehmen etwas wahr, das uns vorher nur undeutlich, aber dennoch erkennbar vor Augen stand.

In seinem Essay »Über den Begriff der Geschichte« schreibt Walter Benjamin:

»*Das wahre Bild der Vergangenheit* [huscht] *vorbei. Nur als Bild, das auf Nimmerwiedersehen im Augenblick seiner Erkennbarkeit eben aufblitzt, ist die Vergangenheit festzuhalten. […] Vergangenes historisch artikulieren heißt nicht, es erkennen ›wie es denn eigentlich gewesen ist‹. Es heißt, sich einer Erinnerung bemächtigen, wie sie im Augenblick einer Gefahr aufblitzt. […] In jeder Epoche muss versucht werden, die Überlieferung von neuem dem Konformismus abzugewinnen, der im Begriff steht, sie zu überwältigen.*«[13]

Im Augenblick des Erkennens leuchtet hinter dem Gegenstand eine Einsicht auf. Urplötzlich sind wir erfüllt, gar vergnügt und von Unlust befreit. Erkenntnis beruht auf bewusst gewordener Wahrnehmung.

13 W. Benjamin, Illuminationen (ausgewählte Schriften), S. 253

Zwischenbilanz I

U. Jonak, *Architekturwahrnehmung*, https://doi.org/10.1007/978-3-658-26262-4_5

» *»Der Mensch ist ein Blinder, der vom Sehen träumt.«* Friedrich Hebbel

Wenn wir von den fünf Sinnen nur Sehen und Hören, also die dringlichsten, in Anspruch nehmen, dann aus dem Bedürfnis heraus, den Überblick zu wahren. Nur so können wir augenblicklich entscheiden, ob wir achthaben müssen, ob Neugier berechtigt ist, ob Gefahr besteht oder ob wir uns gar verteidigen wollen. Nur so können wir dann sofort reagieren.

Allerdings gehört dazu, dass wir in der Lage sind, tagträumerische Hirnareale vorübergehend abzuschalten und den Müll in manchen Gedächtniswinkeln auszuräuchern, womit wir bewirken, die Feinnervigkeit für unvermittelte Eindrücke zu schärfen. Nun sind aber unsere Sinne mehr unserem Ego und weniger der Welt verhaftet, dem Innen und nicht dem Außen. Es hapert also an Räucherwillen. In der Innenwelt legen wir uns die Dinge lieber so zurecht, wie wir sie uns denken oder wie wir sie brauchen. Das führt mitunter zu Karambolagen mit der Außenwelt. Überanstrengt verinnerlichen wir deshalb träge den offiziellen Wahrnehmungskanon, den schon vorgedachten, der uns, die wir nur allzu gerne wiederkäuen, das angenehme Gefühl vermittelt, Experten zu sein.

Wir haben etwas wahrgenommen und es anderen überlassen, eine neue Rubrik in unserem Schädel einzurichten. Wir haben aus Bequemlichkeit zugelassen, dass jemand anderes unseren Speicher im Kopf ergänzt und ordnet. Wir sind nicht mehr Herr unserer Depots. Deshalb erleiden wir freiwillig Eröffnungs- und Festreden, lieben Fachzeitschriften und Bildbände. Wir verkneifen uns eine eigenständige Wahrnehmung, unsicher oder misstrauisch ob deren Richtigkeit. Wir staunen, wir nehmen an, wir schenken Glauben – ein Kopfzerbrechen ist verhindert. Andererseits beschaffen wir uns doch auf diese fragwürdig devote Weise ein Vorwissen, das uns erst aufmerksam macht auf bestimmte Besonderheiten.

Unser Wahrnehmungsapparat funktioniert wie ein Schwamm, der gleichermaßen Brauchbares und scheinbar Nutzloses prinzipienlos aufsaugen würde, wenn ihm nicht feinmaschige Siebe vorangestellt wären, zerebrale Abwehr- und Einlasskontrollen. Individuelle Entscheidungen fallen bereits im Sichtfeld während des Aufmerksam-Werdens, denn Wahrnehmung beruht auch auf Interpretation. Jeder hat auf die Außenwelt seine eigene Sichtweise, die solange akzeptabel ist, als sie nicht mit der Wirklichkeit zusammenstößt.

Die Wiedergabe einer Wahrnehmung wird nie objektiv sein, denn immer ist sie von der Selbsteinschätzung des Berichters kontaminiert. Auch wenn der Berichter Klarheit anstrebt, bleibt seine Erzählung für den Zuhörer verschwommen. Der Tatzeugenbefragung vor Gericht folgt guten Glaubens eine Fehleinschätzung nach der anderen. Allein schon auf Grund der Wortwahl trägt jeder Tatsachenbericht einen ungewollt verfärbenden Schleier. Wir tun gut, den Berichten zu misstrauen. Es ist aber auch ratsam, unsere eigenen Wahrnehmungen zu überprüfen. Oft wackeln die Fundamente, auf denen wir bauen.

Retuschen der Wahrnehmung

Wahrnehmung ereignet sich in zwei gegensätzlichen Richtungen. Zum einen ist sie eine Handlung des Betrachters, der mit abtastenden Blicken, handschmeichelnden Berührungen und mutmaßlichen Deutungen das Betrachtete zu erkennen beabsichtigt. Zum anderen ist der Betrachter aufnahmebereit. Er lässt sich von fremden Beobachtungen einnehmen, infiltrieren oder lenken. Er sendet aus und – ist zu gleicher Zeit auf Empfang. Ein Wechselstrom eigener und fremder Inspirationen durchfährt ihn. Wahrnehmung wird dann entweder zum passiven Zulassen von Eindrücken oder zur aktiven Auseinandersetzung mit dem Vorhandenen. Wenn Wahrnehmung bewusst wird, dann ist sie kein flüchtiger Reflex, sondern ein rastloses Spiel, die Voraussetzung für nachhaltige Anschauung.

In Bauten, die wir aus Unkenntnis abwerten wollten (dunkle Häuser, geschichtlich bedeutsame, aber hässliche Orte, neogotische Kirchen, Gefängnisse) finden wir, von Einheimischen belehrt, unter Umständen Anlässe zum Gedenken, die sie wiederum aufwerten. Ein immaterieller Hintergrund beleuchtet dann den materiellen Vordergrund, dem nun aber, von Empathie getrübt, der betroffene Blick nicht standhält.

Erst die Wahrnehmung, dann die darauf folgenden Überlegungen und dann eventuell die Korrektur. So kann es geschehen, dass ein ehemals als unbedeutend eingeschätztes Haus als bedeutendes erkannt wird. Der erneuten aufmerksamen Betrachtung folgt eine wie aus dem Nebel hervor scheinende Wahrnehmung – und aus dem Akt dieser Wahrnehmung entfaltet sich plötzlich eine vorher ungeahnte Erkenntnis. Fremd wirkt jedoch plötzlich auch das Umfeld des Hauses – eine bedrängende Wirklichkeit. Um Abstand zur Realität zu wahren, bedeutet Wahrnehmung für den Experten dann, sich das hinter den Oberflächen Liegende, ihm womöglich zu nahe Kommende, vom Leib zu halten. Er reagiert wie ein Chirurg, der sich angesichts seiner körperverletzenden Tätigkeit Teilnahmslosigkeit antrainiert hat.

Allgemeiner gesehen verändert sowohl seine eigene Geschichte als auch sein Umfeld die Wahrnehmung eines Bauwerks. Wie unter wechselnder Beleuchtung, wie ein emotional bewegtes Gesicht wirkt der Bau unzugänglich oder verschlossen, maskenhaft oder offen. Architektur lebt und betört demgemäß wie alle Artefakte uns und unsere Wahrnehmung. Sie lenkt unsere Blicke konstant auf immer wieder neue Bahnen, denn »*unsere Augen sind geschaffen, die Formen unter dem Licht zu sehen*« (Le Corbusier).

Nicht nur die Umgebung formt den Eindruck von einem Bauwerk. Obendrein entscheidet unsere eigene Psyche – sind wir gelassen oder erregt, sind wir frohgestimmt oder missmutig – über das Kolorit der Wahrnehmung. Seelische Zustände wie Gram und Heiterkeit, Langeweile und Hast, Nervosität und Nonchalance prägen unseren Begriff von der Welt. Visuelle Wahrnehmung ist so vielfältig, wie es Menschentypen, und darüber hinaus so bunt, wie es menschliche Befindlichkeiten gibt.

Die Phantasie, vielleicht auch eine ausufernd schöpferische Gedankenwelt, überlagert das wahre Geschehen, das sich später in der Erinnerung noch weiter verändern wird. Womöglich müssen wir unser geliebtes Ich als Strudel von Wahrnehmungen begreifen, dessen Mitte, gleich dem Auge des Taifuns, leer, aber nicht unstrukturiert bleibt. Könnten wir diese kreisenden, sekündlich neu hervordrängenden Wahrnehmungen unterscheiden, könnten wir dennoch nie sicher sein, ob der scheinbar so real wirkende Augenschein nicht ein Cocktail aus Phantasmen und Erinnerungen ist.

4. Kapitel Kölner Dom

U. Jonak, *Architekturwahrnehmung*, https://doi.org/10.1007/978-3-658-26262-4_6

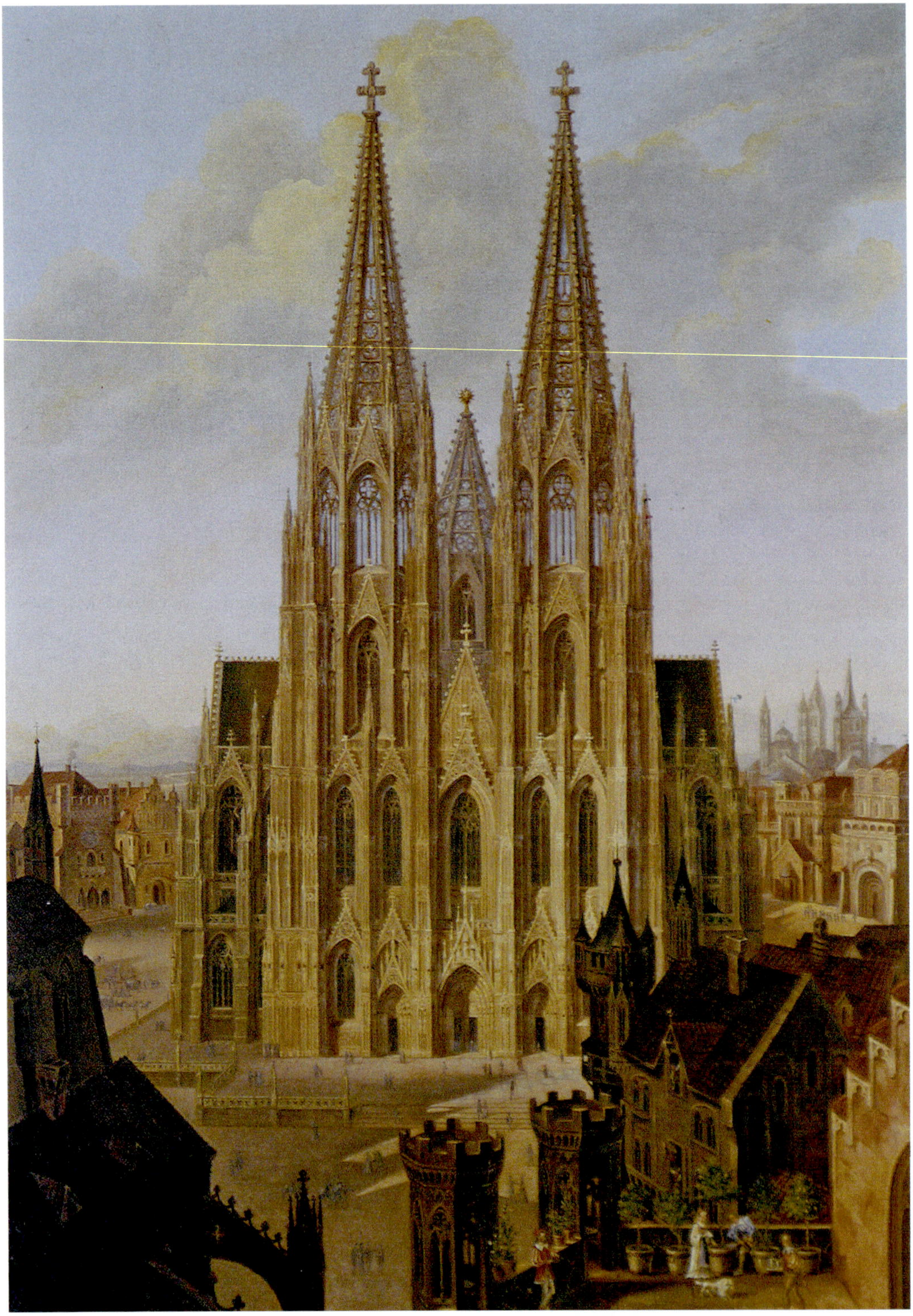

Carl Georg Enslen, Kölner Dom von Westen, 1839

» *Wenn der Dom fertig ist,*
geht die Welt unter.

Kölner Volksmund

Die knirschende Nähe, fast Karambolage, des Weltkulturerbes mit dem Kölner Hauptbahnhof, mit *Ludwigmuseum* und *Römisch-Germanischen Museum*, mit *Philharmonie* und *4711*-Geschäftshaus, zusammen ein quirliger urbaner Knotenpunkt, überfordert die Wahrnehmung. Turmuhrgebimmel, an- und abfahrende Züge, Lautsprecher, Taxivorfahrten, das Schlagen von Autotüren, Stimmenwirrwarr, Rufe, Geschrei und Gezwitscher erzeugen auf den Flächen rings um das Bauwerk herum eine Kakophonie, anders als sonst auf Kirchplätzen, wo wir im allgemeinen Stille erwarten. Der Augenschein dringt kaum noch ins Bewusstsein. Blicke, Klänge, Düfte: neugierige oder teilnahmslose Blicke, stündlicher Glockenklang, der Duft der Großstadt. »*Geruch von Exkrementen und faulendem Flusswasser zieht über den Vorplatz*«[1] – der Schriftsteller Rolf Dieter Brinkmann steigert sich in vermeintlichen Ekel hinein. Überempfindliche Wahrnehmung wird unsachlich. Hier wird sie offensichtlich von Missmut gefärbt.

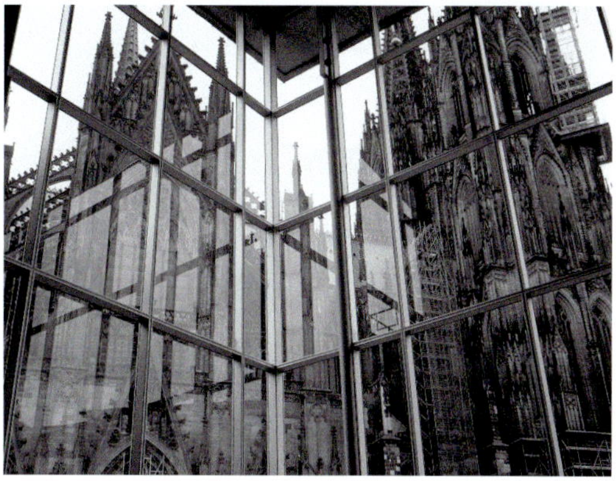

›Karambolage‹ Dom – Bahnhof

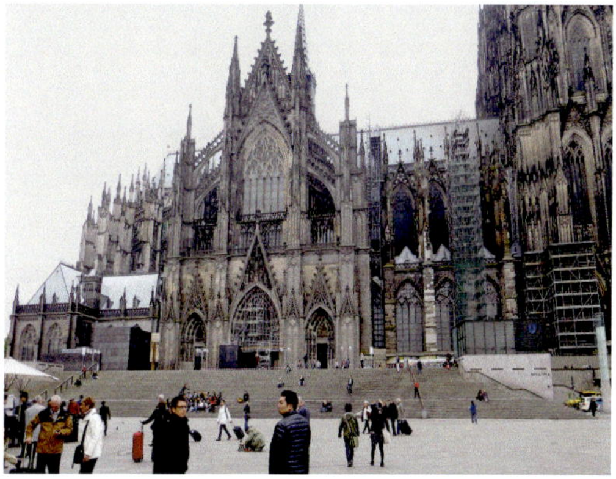

Domvorplatz

Das Kunterbunte bestimmen zufällig entstandene und sogleich wieder sich zerstreuende Menschenmengen, Touristentrauben, Schulklassen, Exkursionsgruppen, ein einziges Gewimmel hastender, suchender, wartender Personen mit gesenkten, nach oben gerichteten oder voran ein Ziel erspähenden Augäpfeln.

Obdachlose, Straßenhändler, Flaneure, scheinbar schwebende Fakire und lebende Skulpturen vervollständigen das Menschengewühl rund um den Dom. Mancher der Umherlaufenden spricht in sich gekehrt, das Außen kaum wahrnehmend, in sein Handy. Schüler, vom Dom abgewendet, einander zugeneigt oder von Kopfhörern in andere Welten gezogen, lassen die Erklärungen ihrer die Fassaden rauf und runter deutenden Lehrer achtlos an sich abprallen. So ist fast jeder mit sich und seinen Geschäften befasst. Nur Rentnergruppen oder Stadtbesucher, die Führungen gebucht haben, lassen sich mehr oder weniger beeindrucken.

1 Rolf Dieter Brinkmann, Erkundungen für die Präzisierung des Gefühls für einen Aufstand, Reinbek 1987, S. 26

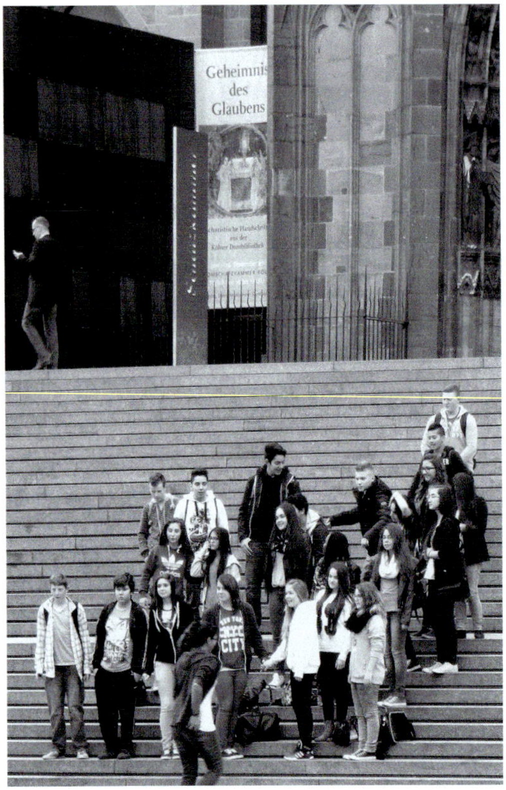

Besuchergruppe, vor dem Dom posierend

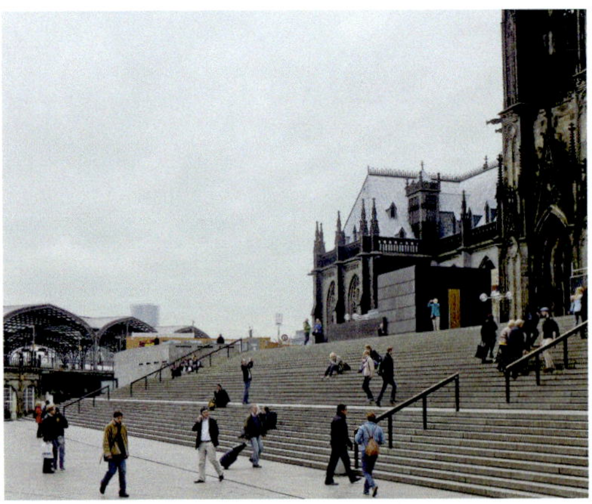

Die breite Treppe zur ›Domplatte‹

Ignoriert im Zentrum

Jeder nimmt das Bauwerk wahr und weiß vermutlich auch, dass es bedeutend ist, aber für den Kölner wird es nach und nach zum unbeachteten, nur den Weg versperrenden Gebilde, dem es auszuweichen gilt. Wer innehalten und dem Fluss der Hastenden nicht im Wege sein will, verzieht sich an den Rand des Geschehens, in den Schutz der Wände, deren erhabenes Alter er nicht mehr bemerkt. Mit dem Rücken zum Dom sitzen die Pausierenden telefonierend oder dösig auf Stufen in seiner Nähe, spüren bestenfalls die Wärme des Steins und die vermeintlich beschirmende Kraft der riesigen Domgestalt. Neben den Portalen kauern diejenigen, denen andere ein Paar Cents in die bereitgestellten Plastikbecher werfen. Mancher hockt in einer Nische auf einem Fassadenvorsprung, dämmert vor sich hin und blinzelt müde, wenn jemand zu dicht an ihm vorbeieilt.

Die Aufmerksamkeit all der anderen gilt eher dem Gewusel des Stadtzentrums; die Domumgebung selbst ist lediglich ein kleiner Heimatort im großen Getriebe der Stadt. Der Dom ist da, jedoch so selbstverständlich wie ein Elternteil für ein Kind. Er ist ruhender Pol und Treffpunkt, ein Brennpunkt des Verkehrs und der Kultur. Sein Vorplatz ersetzt die Wohnung für Müßiggänger oder Menschen ohne Unterkunft.

Der Dom, dessen Bau 1248 begonnen wurde, dann 300 Jahre langsam aber stetig wuchs, der danach als Fragment die Jahrhunderte überdauerte, wurde zu Beginn des 19.Jahrhunderts nach den sogenannten Freiheitskriegen zum Symbol deutscher Nationalidentität. Heinrich Heine aber, dem der patriotische Wirbel um das Denkmal zuwider war, dichtete:

»Doch siehe! dort im Mondenschein / den kolossalen Gesellen! / Er ragt verteufelt schwarz empor, / das ist der Dom von Köllen. / Er sollte des Geistes Bastille sein, / und die listigen Römlinge dachten: / In diesem Riesenkerker wird / die deutsche Vernunft verschmachten.«[2]

2 Heinrich Heine, Deutschland. Ein Wintermärchen [1844], S. 32 (mit dem Spottnamen Römlinge ist die katholische Kirche gemeint)

Schließlich wurde 1842 der Weiterbau im gotischen Stil begonnen und 1880 beendet. Er wird wohl von den wenigsten als Schöpfung unterschiedlicher Baumeister während einer 600-jährigen, wenn auch lange unterbrochenen Baugeschichte erkannt – dank seiner formalen Einheitlichkeit. Dass das Bauwerk zu großen Teilen im 19. Jahrhundert entstand, ist auch für den fachmännischen, nach Indizien suchenden Besucher nicht leicht wahrzunehmen.

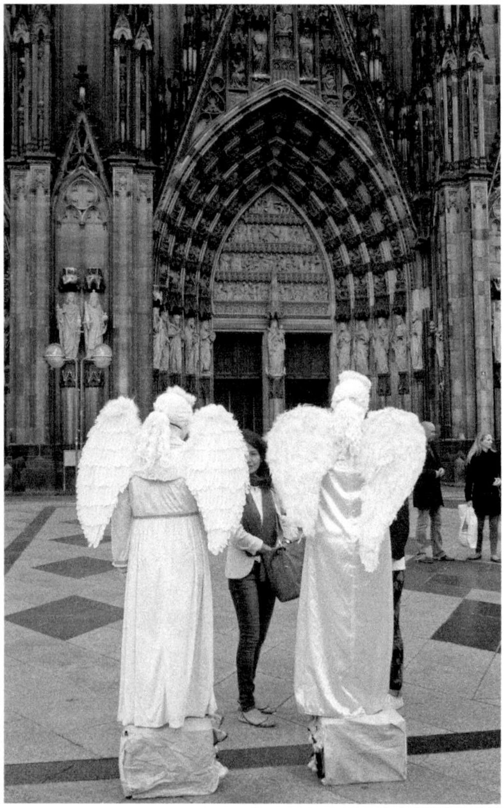

Engeldarsteller vor Domportal

Der Dom, ein Relikt, ein Nationaldenkmal

Dennoch, als die Gotik im 18. Jahrhundert wiederentdeckt und der gotische Stil von national Gesinnten eher der deutschen Baukunst statt der französischen zugeschrieben wurde, häuften sich in Köln die Besuche von Dichtern, Denkern, Architekten und Antiquaren, um das gepriesene Relikt in Augenschein zu nehmen. Der Schriftsteller und Weltreisende Georg Forster beschreibt das Domerlebnis in seinem Reisebuch *Ansichten vom Niederrhein* (1790):

»Sooft ich Köln besuche, geh‹ ich immer wieder in diesen herrlichen Tempel, um die Schauer des Erhabenen zu fühlen. Vor der Kühnheit der Meisterwerke stürzt der Geist voll Erstaunen und Bewunderung zur Erde; dann hebt er sich wieder mit stolzem Flug über das Vollbringen hinweg […].

Die Pracht des himmelan sich wölbenden Chors hat eine majestätische Einfalt, die alle Vorstellung übertrifft. In ungeheurer Länge stehen die Gruppen schlanker Säulen da, wie die Bäume eines uralten Forstes: nur am höchsten Gipfel sind sie in eine Krone von Ästen gespalten, die sich mit ihren Nachbaren in spitzen Bogen wölbt und dem Auge, das ihnen folgen will, fast unerreichbar ist. […] An den gotischen Säulen, die, einzeln genommen, wie Rohrhalme schwanken würden und nur in großer Anzahl zu einem Schafte vereinigt Masse machen und ihren geraden Wuchs behalten können, unter ihren Bogen, die gleichsam auf nichts ruhen, luftig schweben, wie die schattenreichen Wipfelgewölbe des Waldes – hier schwelgt der Sinn im Übermut des künstlerischen Beginnens. […] Es ist sehr zu bedauren, daß ein so prächtiges Gebäude unvollendet bleiben muß. Wenn

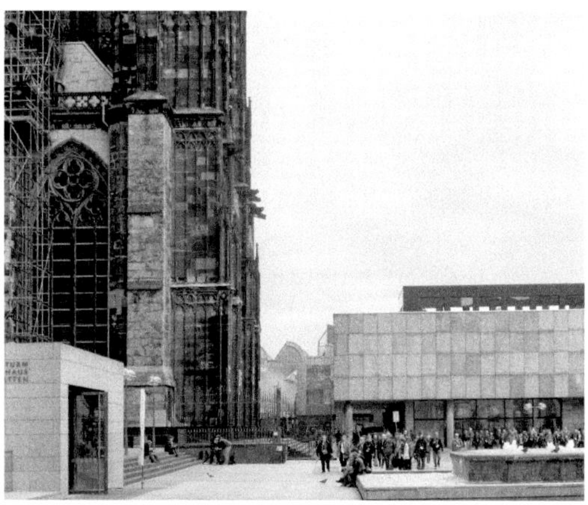

Museen, den Dom umfangend

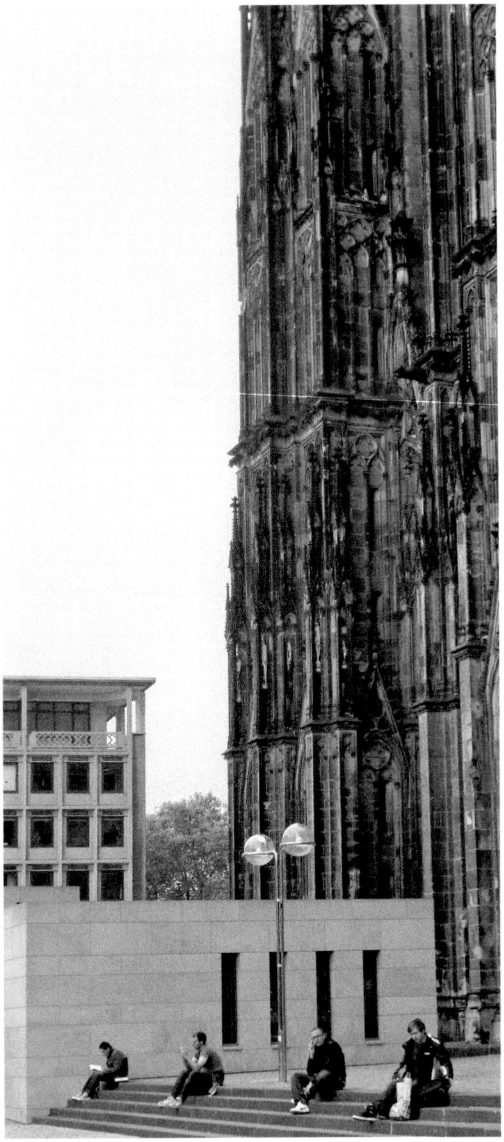

Smartphonisten im Schatten des Doms

schon der Entwurf, in Gedanken ergänzt, so mächtig erschüttern kann, wie hätte nicht die Wirklichkeit uns hingerissen!«[3]

Naturvergleiche

Wie es so oft geschieht, nimmt hier jemand vor allem das wahr, was er fühlt, und verknüpft es mit Interpretationen dessen, was er sieht. Er nimmt an, dass das, was er fühlt, andere genauso empfinden werden und dass das, was er sieht, er anderen anschaulich vermitteln kann, indem er augenfällige Naturvergleiche anwendet. Erst wenn ich das Unbekannte mit dem Bekannten vergleiche, wird meine Wahrnehmung anschaulich für andere; ich muss aber in Kauf nehmen, dass Nebenbedeutungen unbeabsichtigt meine Aussage verfärben. Zum Beispiel betont die Metapher ›*Säulen wie Rohrhalme*‹ die Schlankheit der Bündelpfeiler im Dom, erzeugt aber zugleich ein die Realität verzerrendes Bild der Instabilität.

Wie Forster hält sich auch G.W.F. Hegel an die Wald-Metapher, wenn er sein Erleben im Kölner Dom beschreibt:

»*Das majestätische und Zierliche desselben – die schlanken Verhältnisse, das Gestreckte in ihnen, dass es nicht sowohl ein Emporsteigen als Hinauffliegen ist [...] – hier ist ein Hochwald, und zwar ein geistiger, kunstreicher.*«[4]

Gotische Architektur als Abbild des Hochwalds ist eine feste Wendung der Kunstliteratur. Der große Bildhauer Auguste Rodin beschreibt die Kathedrale in Reims:

»*Andere Säulen sind wie Bäume, welche die Wölbung, den Himmel stützen, die antike Nacht empor tragen. [...] Oben sieht man nichts als die Zeichnung ihres Astwerks. [...] Diese Säulen, diese Bäume entlang steigen schwache Lichtschimmer, die sich im Schatten der Wölbung verlieren. In ihrer Leichtigkeit erscheinen die Rippen wie feine Spinngewebe.*«[5]

3 Georg Forster, Ansichten vom Niederrhein [1791–1794], S. 10 ff.

4 Georg W. F. Hegel, Werke XVII; S. 553f, zit. n. Ernst Bloch, Das Prinzip Hoffnung, S. 832

5 Auguste Rodin, Die Kathedralen Frankreichs, S. 138

Rodin denkt an die Antike, deutsche Interpreten eher an nationale Befindlichkeiten. Erhabenheit ist es, die den Besucher des gotischen Doms ergreift. Sulpiz Boisserée (1783–1854), der sich um die Vollendung des Doms verdient machte, schrieb:

»*Darum ist man denn auch nicht bei der freilich sehr treffenden Vergleichung mit einem Walde stehen geblieben, sondern hat diesen eigenthümlichen Baustyl selbst von den heiligen Hainen der alten Deutschen abzuleiten gesucht.*«[6]

Eine Deutung, die Boisserée allerdings anschließend relativierte. Das Bild des »*deutschen Waldes*« wurde seit der Zeit der Romantik von mystischen und pseudoreligiösen Bildern überlagert, als sei er die Seelenlandschaft der Deutschen und mithin auch die Gotik aus deren Gemüt entsprungen. Bogumil Goltz (1801–1870) beschrieb den angeblich deutschen Geist:

»*In der gotischen Baukunst hat sich das deutsche Seelenleben nicht nur mit der plastischen, sondern mit einer musikalischen Phantasie zu einer in Stein gedichteten Religion erhöht. Die deutschen Münster führen den handgreiflichen Beweis, [...] dass für das deutsche Gemüt und die deutsche Kunst keine unversöhnlichen Gegensätze bestehen. Der deutsche Genius hat diese geheimnisvolle Kunst der Natur und dem Schöpfer abgesehen, der Geist und Materie, Seele und Leib zusammengetraut und allen übersinnlichen Gedanken eine sinnliche Einkleidung gegeben, also alle Formen zu einer göttlichen Bilderschrift erhoben hat.*«[7]

Und Ernst Bloch spricht vom »*Überdruss*« am häufigen Waldes-Vergleich, aber beginnt damit dennoch seine Aufzählung und Deutung gotischer Architektur-Symbolik:

»*Astwerk findet sich in der Tat ganz wahlverwandt ins Steinorganische aufgenommen, und der Bau endet an der Spitze mit einer Kreuzesblume. Die Pfeiler jagen nach oben, ihre Kapitäle sind lediglich Knotenbildungen in dieser Bewegung, die Decke ist ein einziger Zusammenprall dieser unbeendeten Vertikalismen.*«[8]

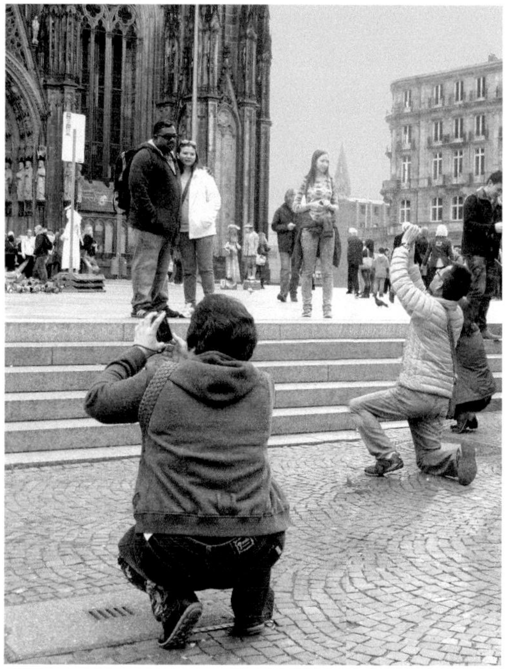

Der Dom als Kulisse

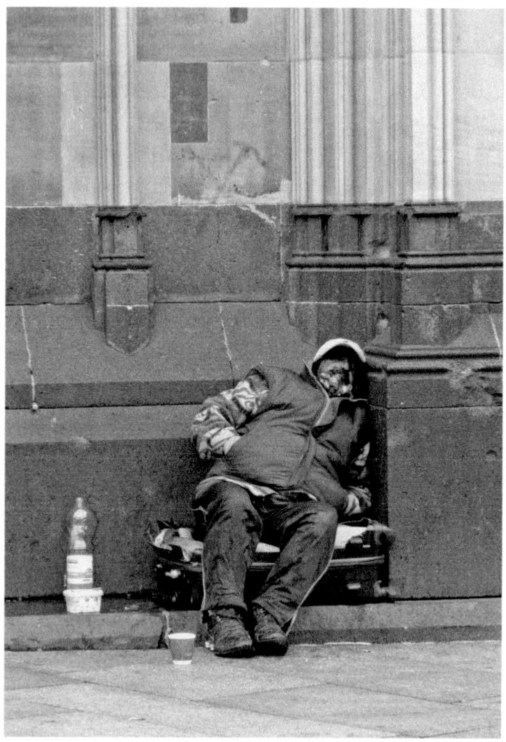

Schläfer im Schutz des Doms

6 Zit. n. Harold Hammer-Schenk [Hg.], Kunsttheorie und Kunstgeschichte des 19. Jahrhunderts, Band 2, S. 51
7 Bogumil Goltz, Die Deutschen, S. 33
8 Ernst Bloch, Das Prinzip Hoffnung, S. 847

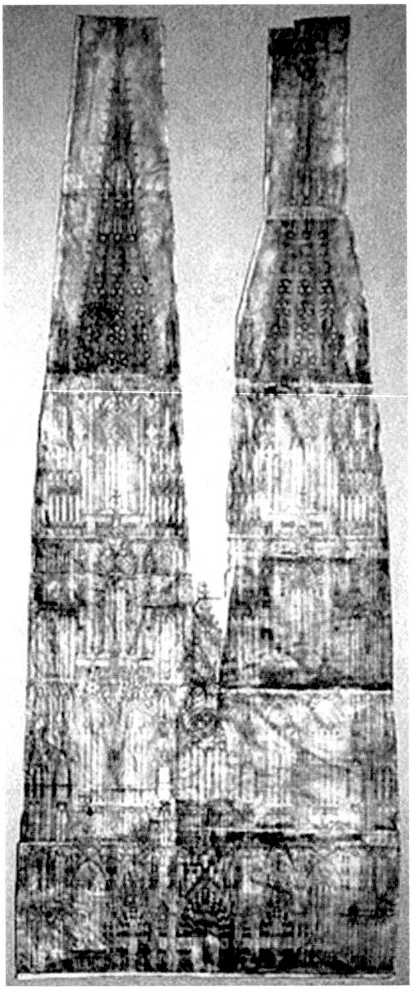

Pergamentplan der Westfassade, ca. 1280–1300

Nun werden aber seit dem 13. Jahrhundert, also zur Zeit, als der Bau des Kölner Doms begann, von Theologen die einzelnen Bauteile der Kirchenbauten mit symbolischen Bedeutungen befrachtet. Türme sollen Prediger darstellen, ihre Glocken, beziehungsweise ihr Klang, an christliche Tugenden gemahnen, die drei Eingangsportale verkünden die göttliche Dreieinigkeit, das Dach wird zum Zeichen von Nächstenliebe und Barmherzigkeit, die Fenster werden zu Sinnbildern unserer Sinne, »*die für die Eitelkeiten dieser Welt verschlossen, für die Gaben des Himmels aber geöffnet sein sollen.*«[9] So wurde jeder noch so kleine Gebäudeteil theologisch überhöht, ein Wissen, das uns heutzutage eher nutzlos erscheint und daher schon längst verloren ging.

Läuft man außen als geschäftiger Stadtbewohner am Dom meist unaufmerksam vorüber, so besinnt man sich im Inneren eines anderen. Augenblicklich ändert sich die Empfindung, tritt man durch eines der Portale.

Paul Fechter schreibt in seinem Buch mit dem bezeichnenden Titel *Die Tragödie der Architektur*:

»Das lange endlose Mittelschiff öffnet sich und man empfindet trotzdem nichts als das Gefühl: hoch – hinauf; die ganze Bewegung in der Längsrichtung ist machtlos gegen diese Vergewaltigung, die etwas zum Weinen Hinreißendes hat. [...] Man fühlt, wie die Gotik den Raum verdünnt, zersetzt, auflöst, das Dreidimensionale als irdische Hemmung empfindet und nur als Sinnbild einer höheren Räumlichkeit gelten lässt«.[10]

Wohl kaum einer kann sich dieses räumlichen Eindrucks erwehren. Die Schritte werden langsamer, die Stimmen leiser, die Augenbrauen hochgezogen. Es erscheint ein schlank und mächtig aufsteigender Raum im fahlen Dämmerlicht, das aber seitlich und im Hochchor sich mit dem Strahlen der glühend farbigen Glasfenster mischt.

Lichtführung

Bezogen auf französische Kathedralen, erklärt Georges Duby den Effekt folgendermaßen:

9 J.K. Huysmans, Geheimnisse der Gotik, S. 6
10 Paul Fechter, Die Tragödie der Architektur, S. 154

»Der Sinn des farbigen Fensters ist dieser: Es lässt das Sonnenlicht in die Kirche eindringen, verwandelt es aber gleichzeitig und verleiht ihm die magische Wirkung der verschiedenen Edelsteine, [...] macht aus ihm die Stätte einer Glorie, die übernatürlichen Glanz verheißt und die Seele zur Verzückung erhebt.«[11]

Hans Jantzen meint denn auch, dass dies Licht den Kirchenraum »*in einen anderen Aggregatzustand*« versetze und die Wände zur »*selbstleuchtenden Mauer*«[12] forme. Ein Beispiel dafür, dass intensive Betrachtung unweigerlich zur Interpretation führt und damit anderen Betrachtern erst die Augen öffnet oder aber autoritär eine besondere Sichtweise aufdrängen kann.

Für Duby ist der Einfluss der Lichtführung auf die Gläubigen wohlkalkuliert. Denn nicht nur suggestiv wirken die farbigen Glasfenster, sondern sie belehren auch und illustrieren zugleich einprägsam die Predigt. Die Worte des Priesters bekräftigend, sind *Genesis* und *Leidensweg Christi* deshalb das Hauptthema des Bildprogramms.

So hingerissen Fechter vom Kölner Dom ist, so sieht er dennoch den Kölner Dom (als vollendetes Werk des »*technischen Jahrhunderts*«) »*wie ein Gespenst ohne Leben*« (weil in moderner Zeit zu Ende gebaut),

»wie der Riesenschatten seiner selbst in unserer Welt, weder dem Heute noch dem Einst gehörend. Die Tragödie der Architektur hat in ihm einen erschütternd reinen Ausdruck gefunden, zugleich aber das Wollen der Gotik eine sachliche Darstellung, die wir zuvor in dieser Reinheit nicht besaßen.«[13]

Für Fechter steht Architektur nunmehr nicht mehr in der Gefühlswelt des Menschen: »*Die Architektur als [...] Ausdruck ihres [der Völker] Verhältnisses zur Welt ist tot: Unsere Kirchen und Parlamente, Rathäuser und Denkmäler stehen neben dem Leben, ein künstlicher, nicht mehr ein künstlerischer Ausdruck seines Wesens.«*[14]

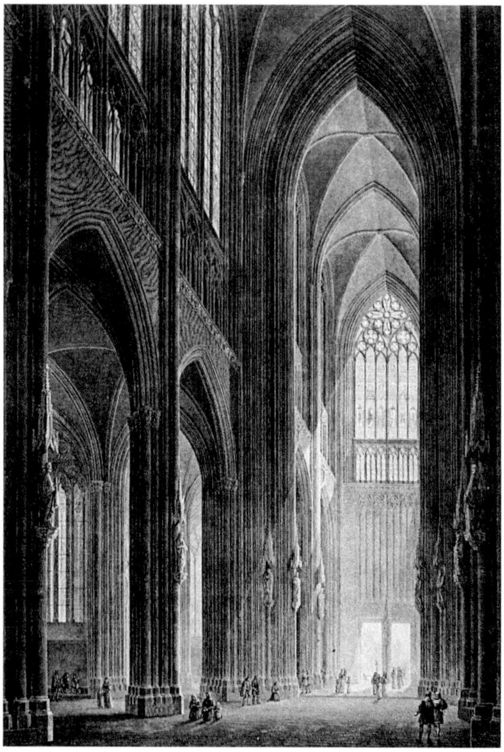

Georg Moller, Vorhalle des Kölner Doms 1811–1813

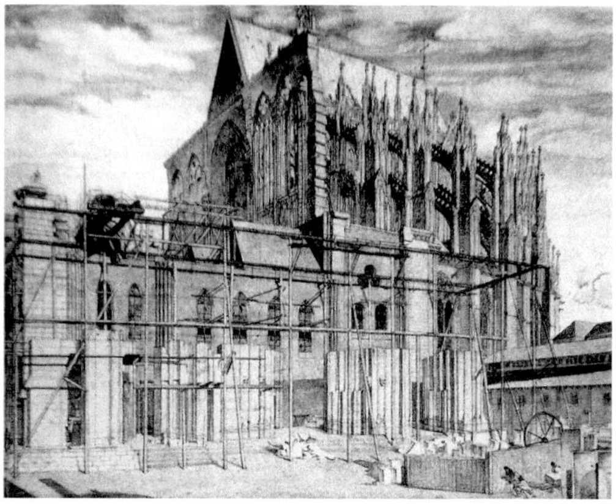

Johann Anton Ramboux, Südquerhaus des Doms während des Baus, Aquarell 1844

11 Georges Duby, Das Europa der Kathedralen, S. 26
12 Hans Jantzen, Kunst der Gotik, S. 68
13 Georges Duby, a. a. O., S. 153
14 Fechter a. a. O., S. 209

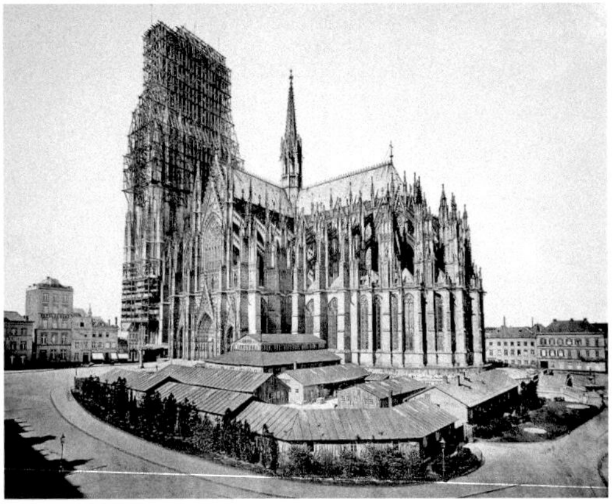

Historisches Foto des Doms von Südosten

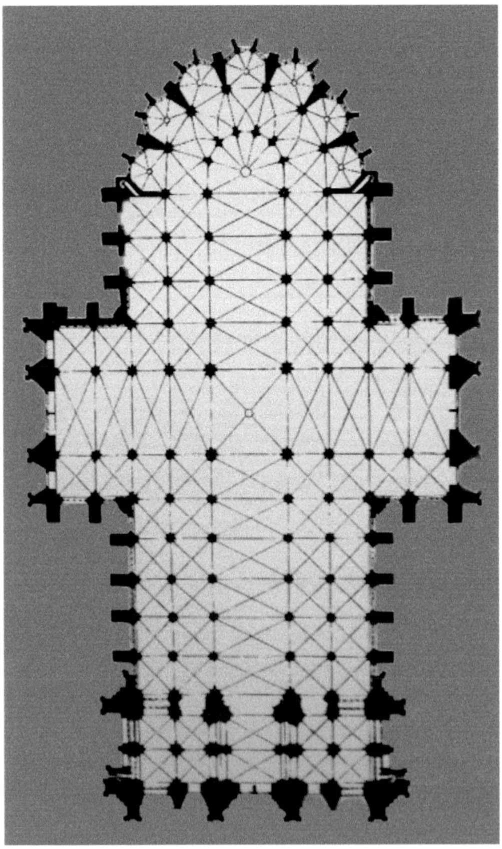

Grundriss (ohne Maßstab)

Niedergang der Baukunst

Victor Hugo hat seinem Roman *Der Glöckner von Notre-Dame* (1831), der vom Ende des Mittelalters erzählt, einen Essay über den Niedergang der Baukunst eingeflochten: »*Die Buchdruckerkunst wird die Baukunst vernichten. […]*

Ach, welch zweifelhafte Unsterblichkeit ist doch diejenige, welche in einer Handschrift liegt! Was ist doch ein Bauwerk für ein weit festeres, dauerhafteres und widerstandsfähigeres Buch! […] Die Architektur wird vom Throne gestoßen. An die Stelle der steinernen Buchstaben des Orpheus treten nun die bleiernen Lettern Gutenbergs. […]

So hat das menschliche Geschlecht zwei Bücher, zwei Register, zwei Testamente: die Baukunst und die Buchdruckerkunst, die Bibel aus Stein und die Bibel aus Papier. Wenn man diese zwei, im Laufe der Jahrhunderte so weit geöffneten Bibeln betrachtet, so ist es gewiss erlaubt, über die offenbare Erhabenheit der granitenen Schrift, über diese riesigen in Kolonnaden, in Portale, in Obelisken geformten Alphabete über diese von Menschenhänden aufgerichteten Berge zu trauern, die von der Pyramide des Cheops an bis zum Straßburger Münster die Welt und die Vergangenheit bedecken. Man soll die Vergangenheit auf diesen marmornen Blättern wiederlesen, man muss das von der Baukunst geschriebene Buch bewundern und fortwährend wieder durchblättern, aber man darf die Größe des Denkmales nicht in Abrede stellen, das sich auch seinerseits die Buchdruckerkunst aufrichtet.«[15]

Fenster und Bildschirm

Hugo versteht historische Architektur als Lesebuch für Archäologen, aber auch für des Schreibens Unkundige. Ähnlich argumentiert der englische Architekturtheoretiker Martin Pawley. Spekulativ und einleuchtend erklärt dieser die gotischen Kathedralen Europas (ausdrücklich auch Köln) zu »*öffentlichen Informationsbauten*«:

»*Ihre riesigen Fenster waren Bildschirme, die mit Hilfe des natürlichen Tageslichts visuelle Informationen an eine große Anzahl von Menschen weitergeben*

15 Victor Hugo, Der Glöckner von Notre-Dame, Band 1, Kap. 25, Projekt Gutenberg-DE

sollten und in ihrer Art durchaus mit der Projektion künstlichen Lichts auf eine Kinoleinwand des zwanzigsten Jahrhunderts vergleichbar sind. [...]. Die großen Buntglasfenster [...] werden viel verständlicher, wenn man sie als Vorläufer von ›Farbdias‹ in riesigen ›Tageslichtprojektoren‹ mit einem eigenen durch die Gebäudehöhe optimierten natürlichen Klangsystem betrachtet«.[16]

Nicht nur Pawley konfrontiert sein aktuelles Wissen mit historischen Tatsachen. Jeder vergleicht das, was er wahrnimmt, mit Ähnlichem – das heißt mit dem, was er bereits kennt. Er sieht etwas und setzt es in Beziehung zu anderem, manchmal trocken, manchmal überschäumend. Ich nehme nur das wahr, was ich meine, schon einmal gesehen zu haben. Jede Erfahrung erinnert an eine vorige. So baue ich nach und nach meine eigene Welt, in deren Mittelpunkt ich stehe. Die Lage des Mittelpunkts aber kann sich durch hereinbrechende Ereignisse verschieben. Entgegen meiner Überzeugung baue ich dann weiter an meiner nun veränderten Innenwelt, die ich nur durch weiteres Umräumen ihres Inhalts gestalten kann. Ebenso stellt Maurice Merleau-Ponty in seiner *Phänomenologie* fest:

»Unser Leib und unsere Wahrnehmung fordern beständig uns auf, die Umgebung, die sie uns bieten, als Mittelpunkt der Welt zu nehmen. Doch diese Umgebung ist nicht notwendigerweise die unseres Lebens selbst. Ich kann, wiewohl hier verbleibend, ›ganz woanders sein‹, und hält man mich fern von allem, was ich liebe, so fühle ich mich an den Rand des wahren Lebens gedrängt.«[17]

Jeder neue, mich ergreifende Ort, so auch der Innenraum des Kölner Doms, drängt mich zeitweise *»an den Rand des wahren Lebens«*, anders gesagt, er drängt mich an den Rand der Lebenswelt, in der ich mich eingerichtet habe. Der Dom prägt augenblicklich und unmerklich meine Gedanken und mein Verhalten. Wie der empathisch erlebte Cowboygang nach dem Besuch eines Wildwestfilms, den ich nur, indem ich mich schamhaft zurechtweise, wieder ablege, ist hier ein Gehen wie auf Samtpfoten scheinbar unabdingbar.

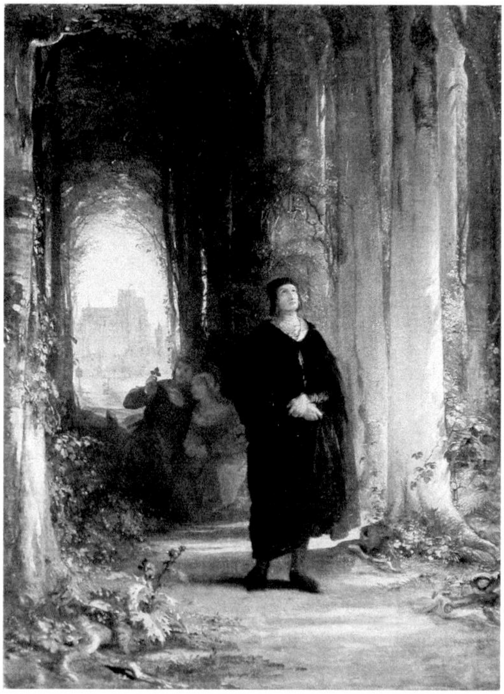

August von Kreling, Erwin von Steinbach, Baumkronen betrachtend, 1849

16 Martin Pawley, Theorie und Gestaltung im Zweiten Maschinenzeitalter, S. 62

17 Merleau-Ponty, Phänomenologie der Wahrnehmung, S. 332

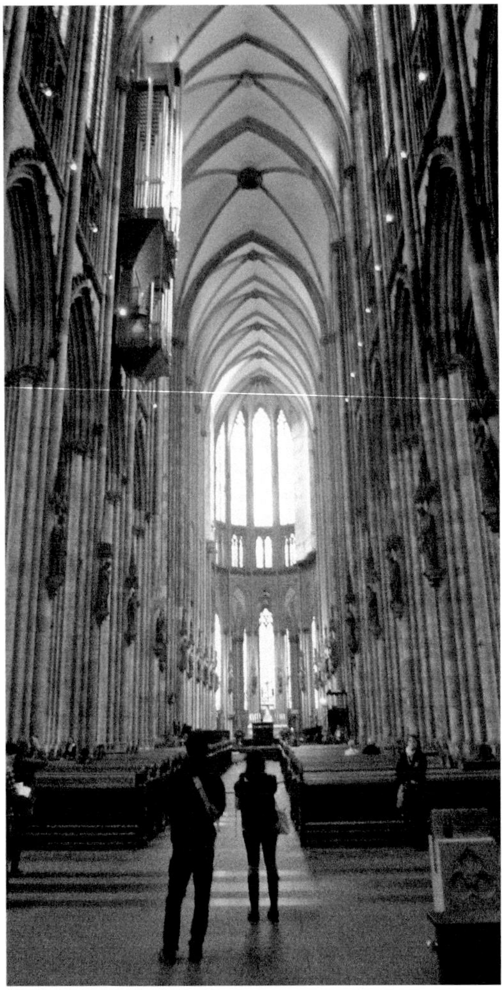

Mittelschiff des Langhauses nach Osten

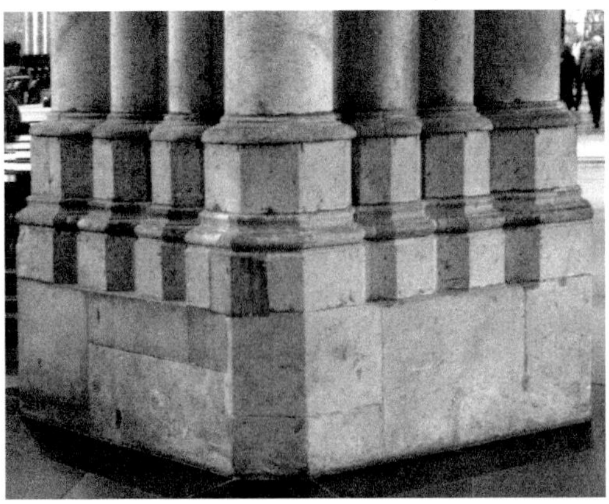

Bündelpfeiler im Langhaus

Nicht allein die Farbfenster, deren einige aus dem 14. Jahrhundert stammen und bis ins 21. erneuert oder ergänzt wurden (eines im südlichen Querschiff von Gerhard Richter wurde erst kürzlich eingebaut), wecken unsere Aufmerksamkeit. Es ist das Hauptschiff in seiner Länge (ca. 120 m), das überwältigt und den Eindruck der mystischen Weihe hervorruft; das Hauptschiff, dessen senkrechte Fluchten und die für uns unermessliche Höhe (ca. 43,5 m) durch seine Schmalheit noch gesteigert werden.

Details im Innenraum

In der Fernsicht zeigt sich die Struktur des Innenraums, aber Fachleute wollen sich auch immer in Details vertiefen. Sie wollen aus der Nähe sehen, wie etwas gemacht ist. Da sind zum Beispiel die Fußbodenmosaiken im Chorumgang, im 19. Jahrhundert geschaffen, deren geometrische Motive sich aus der abendländischen Tradition (vom frühen Christentum bis zur Renaissance) herleiten lassen. Dies Patchwork abrupt wechselnder Flächenornamente ruft Bilder von abstrakten Papiercollagen des 20. Jahrhunderts, von zerschnittenen Zeitungsseiten oder Reklameschriften hervor, Arbeiten von Kurt Schwitters oder Hans Arp. Es erinnert von ferne aber auch an die Fußbodenkomposition des Foyers von Scharouns Berliner *Philharmonie* (s. a. Kapitel 15).

Details, die ebenso die Aufmerksamkeit des Architekten auf sich ziehen, sind die Basen der *Bündelpfeiler* (Rundstäbe, einen zylinderförmigen Kern umgebend). Sie wachsen quadratisch mit abgestumpften Ecken aus dem Fußboden. Eigenartig ist ihre geometrische Form. Dreistufig geschichtet bereiten sie das Auflager für die Rundstäbe (auch *Dienste* genannt) der Pfeiler. Während die unterste Schicht streng quaderförmig zugeschnitten ist, werden die beiden folgenden in ihrer Grundfläche etwas reduziert, nicht nur, um sie den auf ihnen ruhenden Rundstäben anzugleichen, sondern auch, um die statischen Kraftlinien sich spreizend in die Fundamente zu leiten. Sie sind zudem an jeder ihrer vier Seiten in vier Kuben mit geböschten Zwischenräumen zerschnitten, um jedem Rundstab noch eine eigene Basis innerhalb der Gesamtbasis zu geben.

Dem betrachtenden Gestalter muss die differenzierte Verfeinerung von der archaisch wirkenden ersten Schicht zu den geometrisch gestückelten folgenden Schichten bis zu den Rundstäben, deren einige in die Arkadenbögen der Seitenschiffe übergehen und andere wiederum hoch emporsteigen und, der Breite angepasst, sich mit den Gewölberippen verbinden, selbstverständlich sein. Ein allmähliches Verfeinern von der symbolisch zu sehenden groben Basis (Petrus, »*auf diesen Felsen werde ich meine Kirche bauen*«[18]), scheinbar dem felsigen Untergrund entstammend, bis hin zur entmaterialisierten Zone himmelan. Aber die gleichmäßig gestaffelten Basiskuben erinnern den heutigen, in Einzelheiten sich vertiefenden Betrachter auch an die rationalistischen Formstrukturen der frühen Moderne. Ebenso tragen die Rundstäbe zum Eindruck scheinbarer Leichtigkeit der schweren, die Last des Hauptschiffs tragenden Pfeiler bei.

So also mag der Sachverständige schauen. Was aber sieht der Fachfremde, der aus religiösen Gründen oder bildungsbeflissen in den Raum geriet? Er wird zuerst vom himmelwärts aufsteigenden Raum gefangen sein, ein Eindruck, den die senkrechte Gliederung und die Schmalheit des Mittelschiffs unterstützen (ein gestaltpsychologisches Phänomen). Dann wird ihn das im ungefähr hundert Meter entfernten Chor durch die hohen Frontfenster einfallende Licht anziehen, ein lockender, himmlisch anmutender Schein. Nun wird er sich entweder im Kirchengestühl niederlassen oder eine der Seitenkapellen besuchen oder wird schrittweise Haupt-, Seiten- und Querschiff erkunden, um die ausgestellten Kunstwerke, zum Beispiel den Kreuzaltar mit dem kostbaren Gerokreuz aus dem 13. Jahrhundert, zu betrachten.

Was aber nimmt der Ahnungslose wahr, der als Mitläufer einer Besuchergruppe hier hineingeriet? Ihn beeindrucken sicher die geheimnisvoll dämmrige Atmosphäre, die vom hereinfallenden Licht erzeugten dunklen, bisweilen farbigen Schatten, die im Dämmerlicht von Spotlights erhellten Skulpturen und Gemälde und deren leuchtende Lack- und Goldoberflächen. Ein zwar unscharfer, aber ihn vielleicht dennoch erfüllender Gesamteindruck. Das mag dem zuvor Rastlosen genügen, um in eine

18 Matthäus-Evangelium, 16,18

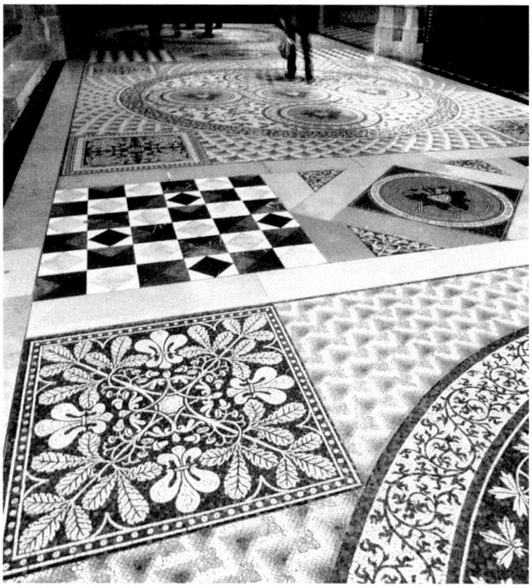

Fußbodenmosaik im Chorumgang (19. Jahrhundert)

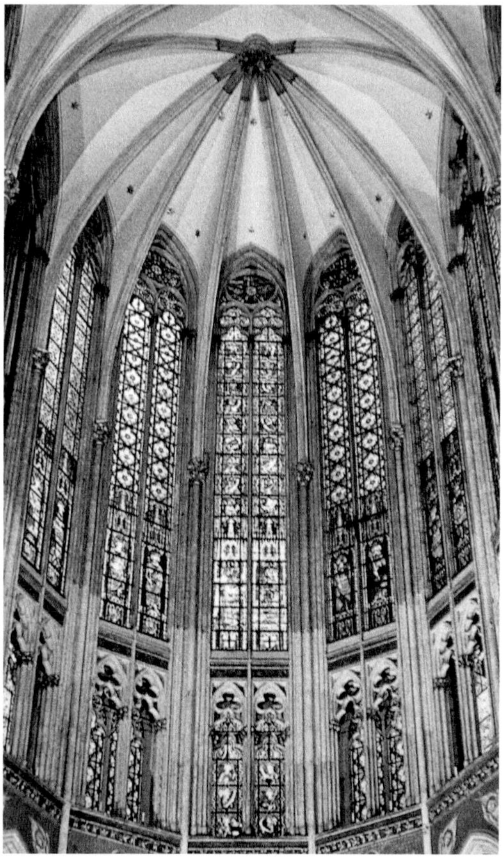

hohe Fenster im Chor

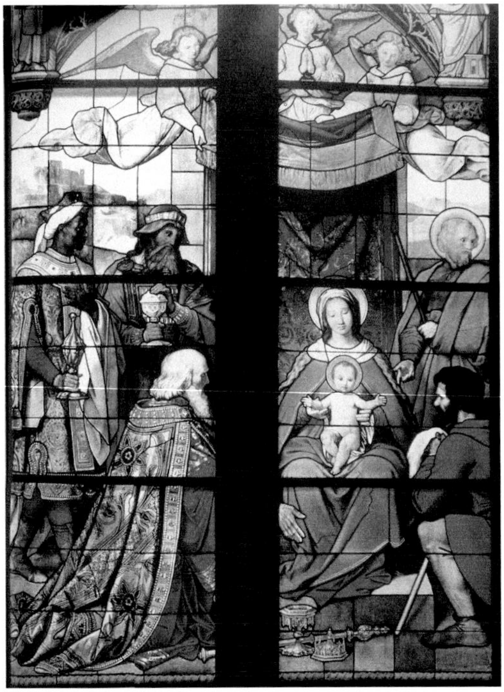

Ein die Predigt illustrierendes Farbfenster (Ausschnitt) im Langhaus-Seitenschiff (19. Jahrhundert)

beruhigte und entspannte Stimmung zu geraten, um sich von den Geschäften des Alltags vorübergehend befreit zu fühlen oder um die inneren Batterien wieder ein wenig aufzuladen.

Kaum jemand jedoch, ob bauhistorisch gebildet oder nicht, wird unterscheiden können, welche Bauteile aus dem dreizehnten, dem fünfzehnten oder dem neunzehnten Jahrhundert herrühren. Denkmalpfleger versuchen deshalb heutzutage, anders als vor 150 Jahren, durch Belassen von Alterungsspuren (im Gegensatz zur Makellosigkeit des Neuen) oder durch sachten Material- und Farbwechsel die historischen Bauzustände deutlich zu machen. Am Ende des neunzehnten Jahrhunderts jedoch, als der Dom fertiggestellt wurde, spielte das Wunschbild von Harmonie und formaler Vollkommenheit die entscheidendere Rolle.

Seiner Prominenz verdankt der Dom seine Popularität, seine weltweite Beachtung. Prominenz allerdings nimmt dem Bauwerk die Aura des Besonderen, zwängt es gleichsam in eine ›Ruhmeshalle der Gleichartigen‹ (der französischen gotischen Kathedralen beispielsweise), macht es damit wenig unterscheidbar für den Laien und setzt es dem Desinteresse angesichts des schon mehrmals ähnlich Geschauten aus. Glücklicherweise ist visuelle Wahrnehmung so vielfältig, wie es Menschentypen, ja, Zustände gibt. Auguste Rodins Sicht auf eine Kathedrale ist sehr persönlich, assoziativ und kaum nachvollziehbar:

»*Im Dreiviertelprofil gleicht die Kathedrale von Reims einer großen, im Gebet knienden Frauengestalt.*«[19]

19 Auguste Rodin, a. a. O., S.120 f.

Der Bildhauer hat in seinem Atelier einen Marmorblock liegen, in den er versuchsweise einen Frauenkörper hineindenkt. Das beschäftigt ihn so, dass es all seine gleichzeitigen Wahrnehmungen entstellt, wie zum Beispiel seine forschenden Blicke auf die Kathedrale von Reims. Die Wiedergabe von Wahrnehmungen wirkt manches Mal unbegreiflich.

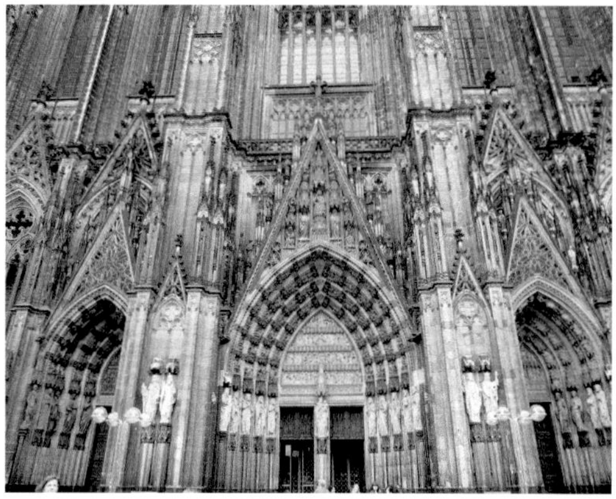

Hauptportal des Doms

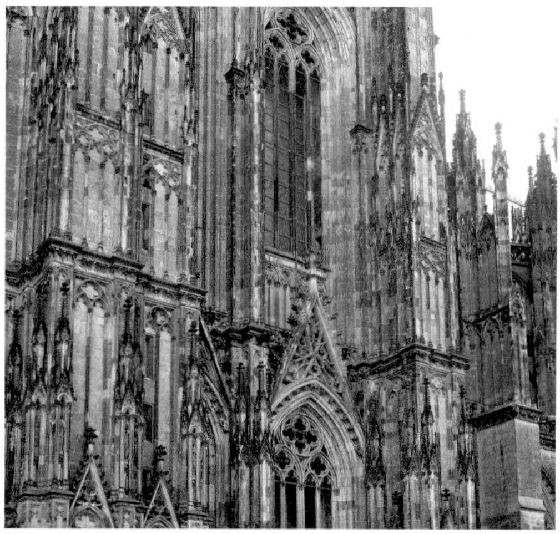

Westfassade, Ausschnitt

5. Kapitel Villa Rotonda

U. Jonak, *Architekturwahrnehmung*, https://doi.org/10.1007/978-3-658-26262-4_7

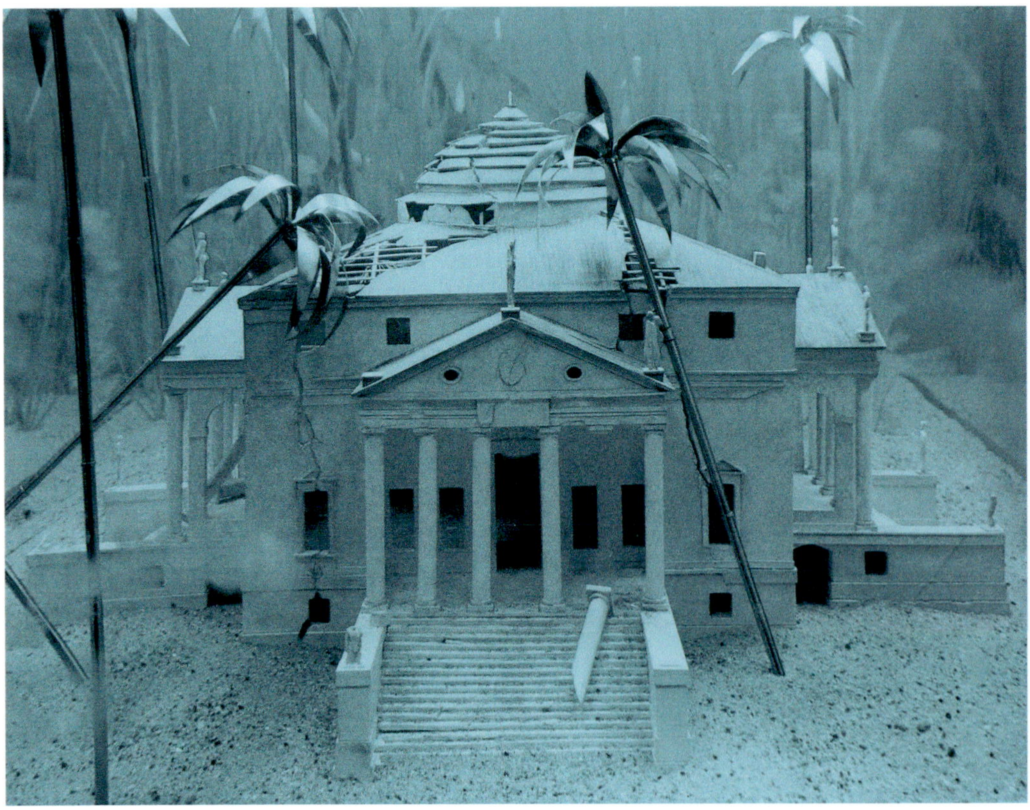

Haus-Rucker-Co, Villa Submarina, Zukunftsvermutung: die Villa als Ruine und unter Wasser

» *Fragt mich jemand, was ich auf dem Land tu, antworte ich – nur wenig: trinken und singen, baden und essen. Ruhen, lesen sodann. Apoll wecke ich und necke die Musen.*

Martial

Seit den siebziger Jahren des vorigen Jahrhunderts ist dieser Baumeister wieder en vogue. Sattgesehen am Anblick weißer Kuben, geriet Andrea Palladio umso heftiger ins Blickfeld der Architektenschaft, desto verkniffener man ihn jahrzehntelang nur am Rande wahrgenommen hatte. Andrea Palladio, Steinmetzgeselle, war jemand, den wir heute einen Selfmademan nennen würden: Nachdem er sich, befreit von den Fesseln des zwar ungeliebten, aber lehrreichen Brotverdienstes, selbstbewusst in die Gesellschaft begeben hatte, avancierte er zum Begleiter und Studienfreund fürstlicher Gelehrter, vermaß und zeichnete für sie römische Altertümer und reifte letztlich zum Baumeister. Palladio wuchs zum im Nachhinein einflussreichsten Architekten der westlichen Welt heran, Musterfall des Gesamtkunstwerkers nach wie vor.

Palladios Villen wirken in ihrer äußeren Gestalt oft außerordentlich zurückhaltend, bestechen aber durch ihre prägnante Geometrie, veredelt durch eine herausragende Eingangsfront, die, derart hervorgehoben, wie eine kostbare Kulisse erscheint. Der amerikanische Architekt Robert Venturi griff auf dies auffällige Prinzip Palladios zurück, als er das folgenreiche, wenn auch flapsige Schlagwort vom »*dekorierten Schuppen*« fand. Er charakterisierte so den schmucklosen, scheunenartigen oder kistenförmigen Bau, der vermöge einer vorgestellten einprägsamen Vorderfront auf sich und seinen mitunter kostbaren Inhalt aufmerksam machte.

Palladio musste trotz begüterter Klientel Sparmaßnahmen für seine ländlichen Villenprojekte in Kauf nehmen. Denn die Adelsrepublik Venedig, dem Fokus von Palladios Tätigkeiten, hatte nach und nach ihre Stützpunkte rund ums Mittelmeer an das Osmanische Reich verloren. Der Handel war deutlich geschrumpft. Wer es konnte, zog sich auf seine Ländereien im Hinterland Venedigs zurück und ließ sich dort einen neuen Mittelpunkt bauen. Herrschaftshaus und Wirtschaftstrakt zugleich. Das war Palladios Chance. Er entwickelte ein schlichtes, geometrisches Baukastensystem aus rechteckigem

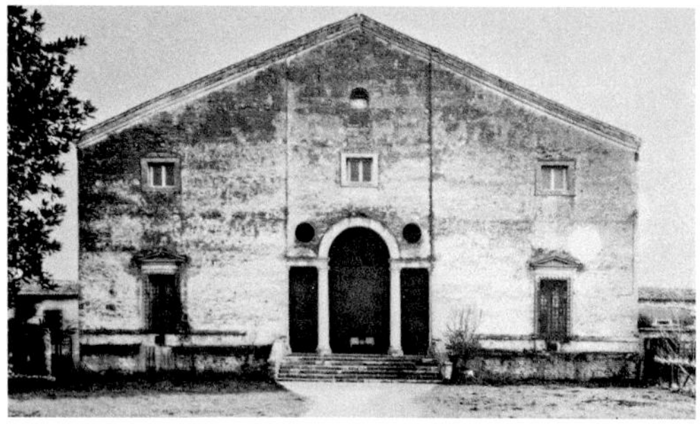

Villa Valmarana in Vigardolo di Montcello

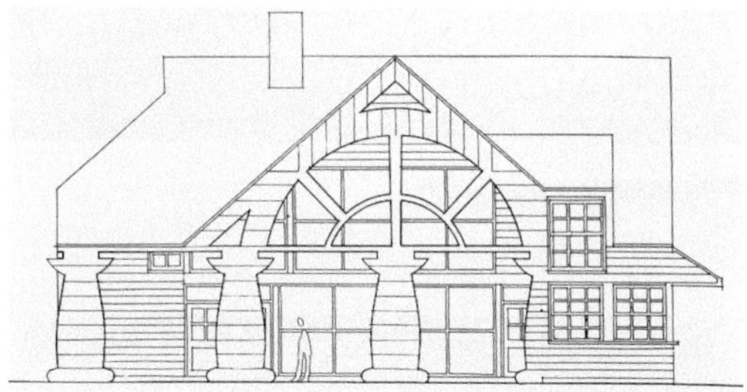

Robert Venturi, John Rauch, Denise Scott Brown, Projekt für ein Landhaus

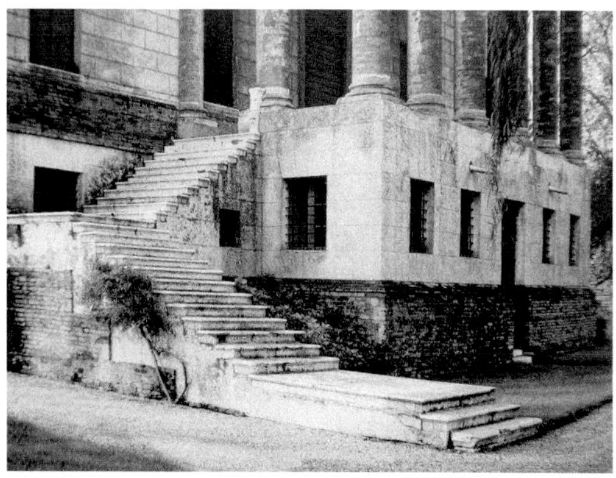

Villa Foscari in Malcontenta, Sockelgeschoss

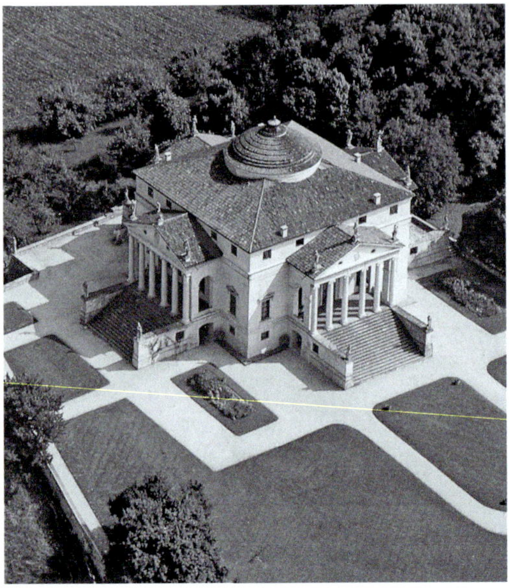

Villa Rotonda, Luftaufnahme

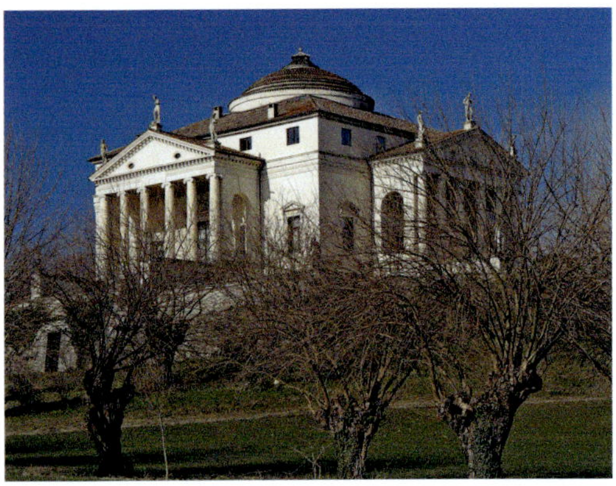

Villa Rotonda, »Beobachtungswarte auf sanfter Anhöhe«

Block, Würfel, Zylinder und Halbkugel. Damit hatte er sich ein Entwurfsprogramm geschaffen, das ihm für unterschiedlichste Bauaufgaben kostengünstige Spielräume bot. Die Volumen seiner Bauten fügte er zum aristokratischen Anwesen, indem er der wichtigen Eingangsfront, mitunter auch der Gartenfassade, eine schmale, antikisierende Tempelkulisse voranstellte. Palladio erfand, ohne ihn so zu nennen, den »*dekorierten Schuppen*«, Venturi erfand ihn neu.

Wir sind von den weißen Kuben des 20. Jahrhunderts umgeben, die wir nahezu achtlos im Vorübergehen mit unseren Blicken streifen. Selbst wenn sie unter Denkmalschutz stehen, lassen sie angesichts der gebauten ›Armut‹ den Laien nicht lange aufmerken. Auch Palladiovillen wurden lange von kunsthistorisch Gebildeten kaum beachtet; vielleicht weil sie in ihrer äußerlichen Schmucklosigkeit irgendwie der Moderne nahe zu sein schienen, einer Moderne, an der man sich sattgesehen hatte. Denn wer sich in Erwartung konstanten Dekorationsgenusses Palladios Villenfronten nähert, das Bauwerk dann aber umrundet, wird seitwärts enttäuscht scheinbar alltägliche, karge Putzfassaden mit schmucklosen und sparsam über die Fläche gestreuten Fenstereinschnitten gewahren (*Villa Pisana* oder *Villa Chiericati* zum Beispiel). Nur seine *Villa Rotonda* in der Nähe Vizencas, ein würfelförmiger Kubus mit zentraler Rotunde, ist in alle vier Himmelsrichtungen mit vier Loggien, vier Portiken als aufwändigen Bedeutungsfronten bestückt. (»*Vielleicht hat die Baukunst ihren Luxus niemals höher getrieben*«[1], meinte Goethe.)

Palladio begründet seinen Entwurf: »*Weil der Ort sich nach allen Seiten der schönsten Ausblicke erfreut, von denen einige begrenzt sind, andere weiter und wieder andere bis zum Horizont reichen, stehen Loggien an allen vier Seiten.*«[2]

Überwachungskern inmitten

Palladio handelt den idealen Standort seiner Villen ab (»*Vom Platz, den man für den Bau einer Villa wählen soll*«). Die *Rotonda* steht so begründet auf sanfter Anhöhe inmitten eines im Dunst der Ferne

1 Goethe, a. a. O., Italienische Reise, Erster Teil, S. 46

2 Andrea Palladio, Die vier Bücher zur Architektur, S.138

ausschwingenden Landstrichs. Er findet Rückhalt im Rückblick auf die Lebensweise der ›Alten‹:

»*Wie aus diesem Grund die Weisen der Alten sich an ähnliche Orte zurückzuziehen pflegten, wo sie, in der Gesellschaft tugendhafter Freunde und Verwandter in ihren Häusern und Gärten, an Quellen und ähnlichen freundlichen Plätzen, vor allem aber mit den ihnen eigenen Tugenden leicht jenes glückselige Leben führen konnten, soweit man das hienieden erreichen kann.*«[3]

Die *Rotonda* steht scheinbar makellos da, eine sachte Überhöhung des Hügels, wie eine kunstvolle Nachahmung der natürlichen Erhebung. Jedoch könnten wir sie eher auch als Beobachtungswarte sehen, von der sich nach allen Seiten die Tätigkeiten der Gärtner und Bauern in Augenschein nehmen und überwachen lassen. Ein Totaltheater, in dem man die Logenplätze wechselt, sich selbst zur Kurzweil, anderen zum Unbehagen. Letztlich aber muss die Herrschaft nicht beobachten, es genügt zu wissen, dass im Dämmerlicht der Räume hinter spiegelnden Glasscheiben die Herrschaft eventuell spähen könnte, um dem einer Verschnaufpause sich hingebenden Landarbeiter aufzuscheuchen.

Das erinnert an Jeremy Benthams Entwurf für ein *Panopticon* aus dem 18. Jahrhundert, ein Disziplinierungsgehäuse, ein sechsstöckiges, nach innen offenes Ringgebäude mit einem Überwachungskern inmitten. Hier in der *Villa Rotonda* freilich, eine Schaltstelle ohne den panoptischen Zellenring, gilt die Überwachung als lediglich erwünschte Nebenfunktion. Für den heutigen Betrachter jedoch, so er das *Panopticon* vor dem inneren Auge aufruft, verändert sich die Anmut der Villa und ihrer lieblichen Umgebung zum Symbol der Knechtschaft. Als sei es ein Tatort, lässt sich die Schurigelei des Gesindes dann nicht vergessen und ein Firnis aus Verdacht und Argwohn überzieht das Gemäuer.

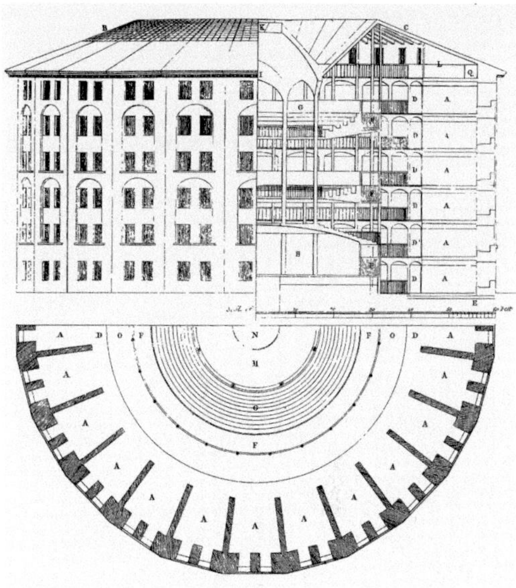

Jeremy Bentham, Panopticon

Die »*Phänomenologen haben uns gelehrt, dass wir nicht in einem homogenen und leeren Raum leben, sondern in einem Raum, der mit Qualitäten aufgeladen ist, der vielleicht auch von Phantasmen bevölkert ist*«, sagt Michel Foucault.[4]

Der Besucher kann selten anders, als sich gedankenvoll einzufühlen in das Echo kaum verebbter

3 Ebd. S. 139

4 Andere Räume, In: Michel Foucault, Short Cuts, S. 24

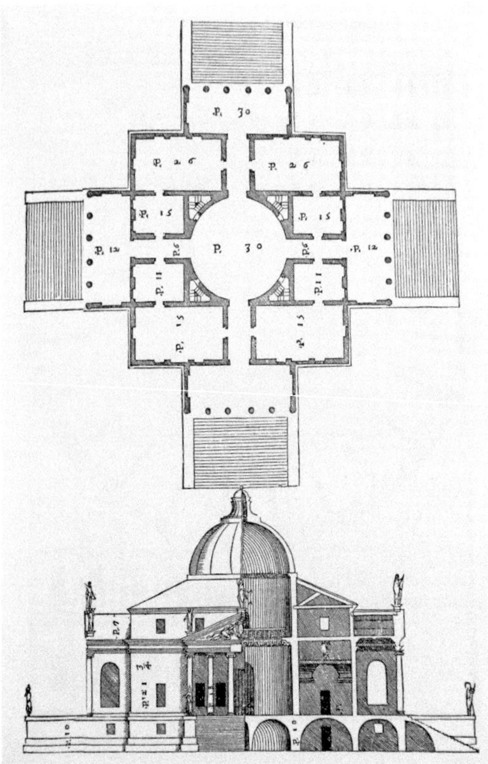

Von Palladio publizierte Pläne zur Villa Rotonda (Die vier Bücher zur Architektur)

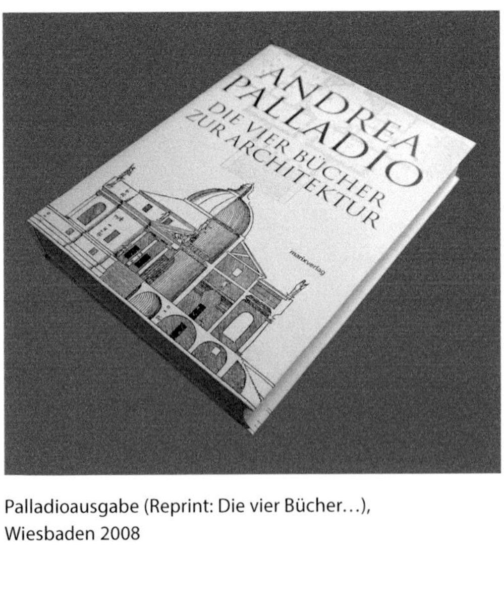

Palladioausgabe (Reprint: Die vier Bücher…), Wiesbaden 2008

Gemütslagen (so wie Proust dem Geschmack der *Madeleine* nachspürte, s. a. Kapitel 8). Die Geisterschwaden von latentem Neid, chronischem Unbehagen, unausgesprochenem Entzücken, sehnsüchtiger Empathie oder fachmännischem Respekt bevölkern fremde Räume, so auch die Räume der *Villa Rotonda*.

Durchdringungen

Die kreisförmige, überkuppelte, mit einem Durchmesser von ungefähr zehn Metern nicht sehr große Halle im Innern, ursprünglich ein karger Hallraum, gebaute Geometrie, wurde nach Palladios Tod mit Stuckaturen und Fresken überwuchert. Ahnungen von profanen und religiösen Feierlichkeiten verdichten sich in Raum und Mensch. Dem Weihevollen entspricht, dass zwischen Halle und Portiken sich in alle vier Richtungen überwölbte Gänge erstrecken, als sei es die Miniaturausgabe eines Doms mit sich kreuzendem Haupt- und Querschiff. Vierung nennt man dieses Raumteil, das aus der Durchdringung der beiden Schiffe entsteht. Hier aber ersetzt die Vierung ein überkuppelter Rundbau, wie es ihn zwar im Kirchenbau, aber im Villenbau zuvor noch nicht gegeben hatte. Der Besucher ist nicht nur unschlüssig, in welchem der beiden Schiffe er sich befindet, die ja, wenn auch imaginär und nur gefühlt, die Halle durchstoßen, sich dort durchqueren und damit deren atmosphärische Intensität verstärken. Laut Rowe und Slutzky sind derart sich überlagernde Schichten durchsichtig, transparent, gleichzeitig vorhanden, gleichrangig und liegen auf einer Ebene. Bernhard Hoesli drückt das in seinem Kommentar zu ihrem Text *Transparenz* folgendermaßen aus:

»*Transparenz entsteht immer dort, wo es im Raume Stellen gibt, die zwei oder mehreren Bezugssystemen zugeordnet werden können – wobei die Zuordnung unbestimmt und die Wahl einer jeweiligen Zuordnungsmöglichkeit frei bleibt.*«[5]

Palladio hat in seinem Werk *Vier Bücher zur Architektur* (laut Thomas Jefferson die *Bibel der Baukunst*) ausführliche Pläne des *Pantheons* veröffentlicht. Wer die Holzschnitt-Illustrationen zu

5 Colin Rowe u. a., Transparenz, S. 61

diesem Tempel studiert, wird den Einfluss auf die Villa nicht übersehen – und wer den Eindruck vom Besuch des *Pantheons* in Rom noch nicht verlor, wird angesichts der hohen Kuppel der *Rotonda* eine fast spirituell anmutende Betroffenheit verspüren.

Scharfkantige Geometrie

Palladio aber ging es keineswegs um Ausdrucksfülle oder Pathos oder Gefühlsüberschwang. Kühl reduzierte er sein Entwurfsrepertoire auf geometrische Körper (Kubus, Kugel, Pyramide) oder ihre zu Grunde liegenden Flächen (Rechteck, Kreis, Dreieck). Sein Architekturideal war der scharfkantigen Geometrie verpflichtet. Eine Kassettendecke nach dem Vorbild des *Pantheons* hätte die Idee der Halbkugelkuppel nur verunklärt. Auch die später hinzugefügten Trompe-l'Œil-Fresken in Kuppel und Festsaal hätte er (derart überladen) vermutlich nicht gebilligt, denn mit der *Rotonda*, stärker noch als mit seinen anderen Villen, gelang es ihm, das allgemeine Ideal einer von Reduktion und Geometrie geprägten Baukunst wieder zu wecken. Die weltweite Akzeptanz und die kaum zu zählenden Entlehnungen in den folgenden Jahrhunderten bestätigen dies.

Dass ein Plagiator an der originalen Antiquität samt Patina, samt Pathos, auch wenn es ihm nicht zusteht, partizipieren will, ist nachzuvollziehen. Aber was treibt den Besucher zur Besichtigung des Doppelgängerhauses? Ob in England oder in den USA: Ist es ein sich Zufriedengeben mit der Reproduktion, weil das Original ihm nicht verfügbar ist? Oder ist es ein geheimes Erschrecken über die Translokation des Hauses und nachfolgend die Selbstbefragung: Wo bin ich hier, was geschieht mit mir? Ist es das Vergnügen, an zwei Orten gleichzeitig zu sein: an einem real, am anderen im Geiste? Irritation schärft die Wahrnehmung, schärft sie womöglich auch für andere Gegebenheiten an anderen Orten. Dass wir uns gerne täuschen lassen, wissen wir aus dem Theater, dem Kino, dem Wachsfigurenkabinett, der Geisterbahn. Dass wir gerne selbst täuschen, wissen wir aus dem Alltag und unseren kleinen großsprecherischen Heucheleien, nicht nur beim Maskenball.

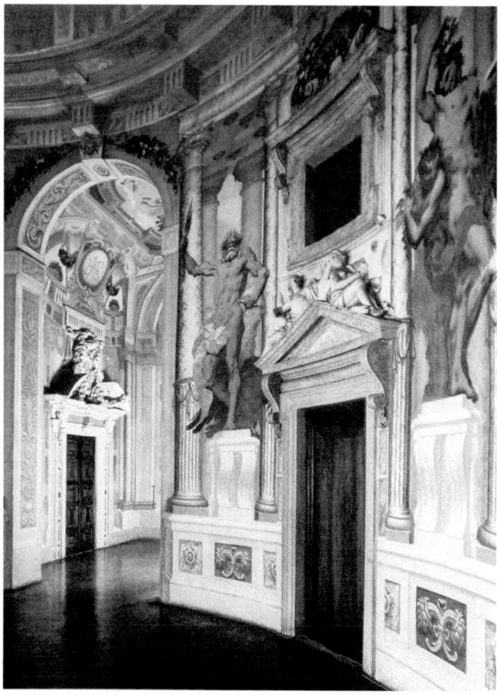

Villa Rotonda, zentraler Saal, Fresken, die erst nach Palladios Tod hinzugefügt wurden

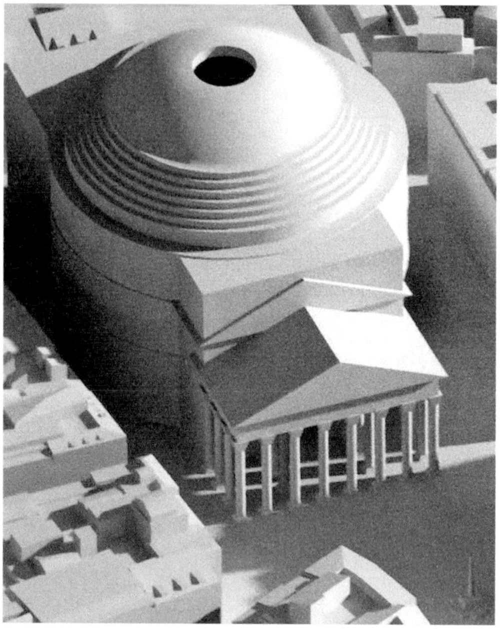

Pantheon Rom, das Vorbild vieler Zentralbauten (siehe Kapitel 2), Modell

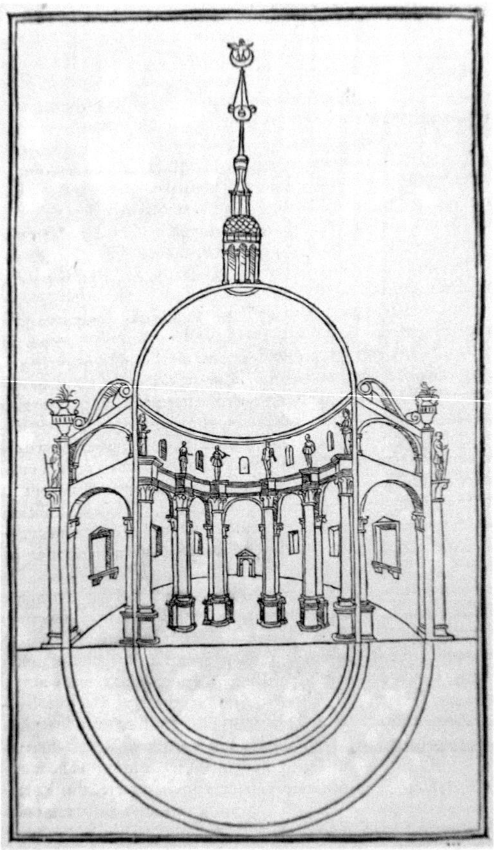

Illustration aus Francesco Colonna, »Hypnerotomachia Poliphili«, Tempel der Venus physizoa (Roman 1499)

Colin Rowe sah dasvor allem pragmatisch, sah die Villa als geometrisches Anschauungs- und Lehrmittel:

»*Als der schlechthin ideale Typ eines Zentralbaus hat sich Palladios Villa Capra-Rotonda möglicherweise stärker als jedes andere Gebäude in das allgemeine Bewusstsein eingeprägt. Weil sie mathematisch gedacht ist, abstrakt, quadratisch und ohne erkennbare Funktion sowie ganz und gar unvergesslich, genießen ihre gebauten Nachkommen eine geradezu universelle Verbreitung.*[6]

Nun haben nicht nur Palladios italienische Villen über ihren eigentlichen Sinn die Bestimmung, die zugehörige Landwirtschaft zu kontrollieren. Auch in Deutschland waren die Schlösser oft so platziert, dass sie wie die Spinnen im Netz im Brennpunkt eines Landstrichs saßen. Zum Beispiel charakterisiert Joseph von Eichendorff die Wohnsitze des Adels so:

»*Die Glücklichen hausten mit genügsamen Behagen großenteils in ganz unansehnlichen Häusern (unvermeidlich »Schlösser« geheißen), die selbst in der reizendsten Gegend nicht etwa nach ästhetischem Bedürfnis schöner Fernsichten angelegt waren, sondern um aus allen Fenstern Ställe und Scheunen bequem überschauen zu können.*«[7]

Wir sehen, dass auch das, was wir aus Unkenntnis (unansehnliche Häuser) abwerten wollen, unter Umständen Funktionen hat, die es wiederum aufwerten. Die unerwartet ins Blickfeld geratenen Spuren vergangener Ereignisse machen den vorher abschätzig beurteilten Bau bedeutend. Allgemeiner gesehen verändert ein Umfeld die Wahrnehmung des umschlossenen Objekts.

Anspruchsvolle Villenarchitektur aber ist Darstellungskunst. Sie spiegelt das Selbstverständnis ihres Besitzers. Sie soll prunken und von Macht und Wohlstand künden. Palladio schob deshalb achtunggebietende Staffagen vor die Kuben seiner Projekte. Mitunter zog er Giebel und Säulen teleskopartig nach vorne (*Villa Cornaro* von 1553) und schuf so eine Zwischenzone von Innen nach Außen,

6 Colin Rowe, Die Mathematik der idealen Villa und andere Essays, S. 11

7 Joseph von Eichendorff, Deutsches Adelsleben am Schlusse des achtzehnten Jahrhunderts, zit. n. Oskar Loerke (Hg.), Deutscher Geist, S. 730

eine Verzahnung der Sphären, wie sie erst die Moderne wieder propagierte. Mitunter schob er die Schauwand bündig in die Vorderwand des Hauses und gewann so dahinterliegend eine zwar offene, jedoch von drei Seiten geschützte Loggia (*Villa Poiana* von 1549). Immer aber verlockt die Aufmerksamkeit heischende Fassade zum Eintritt und verbirgt zugleich wie ein Vorhang die private Häuslichkeit.

Raumschichten

Mit dem Prinzip *Staffelung der Raumschichten* hatte Palladio eine Methode gefunden, mit der er das allmähliche, schrittweise Eindringen ins Gehäuse ritualisieren konnte – gemäß aristokratischem Selbstverständnis. Das kam ihm zugute, als er den Auftrag bekam, der alten Börse in Vicenza eine zeitgemäße Fassade voran zu setzen. Das kam ihm ebenso beim Kirchenbau zugute. Denn auch seine Kirchen wirken, salopp gesagt, wie »*dekorierte Schuppen*«. Schon von weitem werden wir auf Feierlichkeit eingestimmt, weil eine scheinbare Folge von frontalen Raumstaffeln dem Schreitenden das Gefühl einer sich stufenweise steigernden Ergriffenheit verspricht. Die Schauseite seiner Kirche *Il Redentore* in Venedig zeigt deutlich das Prinzip: Die Eingangsfassade setzt sich aus scheinbar dicht hintereinander gestellten Tempelfronten zusammen, die zwar eine nur fiktive Raumfolge verheißen, aber die Wallfahrer schon aus der Ferne auf den Fortgang ihrer Prozession in der ›Via Triumphalis‹ des Langhauses vorbereiten.

Die Prinzipien *Staffelung der Raumteile* oder »*dekorierter Schuppen*« gehörten bis ins 20. Jahrhundert weder zum Repertoire des Architekten noch zu dem des Theoretikers. Sie waren unerkannt und unsichtbar, bis Carlo Scarpa das eine (Schichtung der Raumflächen) und Robert Venturi das andere (dekorierter Schuppen) zur wesentlichen architektonischen Kategorie erhoben. So verändert der zeitgenössische Blick die Sicht auf Vergangenes. Die Wahrnehmung wird scheinbar komplexer, als sei plötzlich ein Scheinwerfer auf im Dämmerlicht undeutlich identifizierte Gestalten gerichtet.

Um jedes Individuum kreist eine Welt. Es steht im Mittelpunkt seiner Sphäre. In ihrem Zentrum

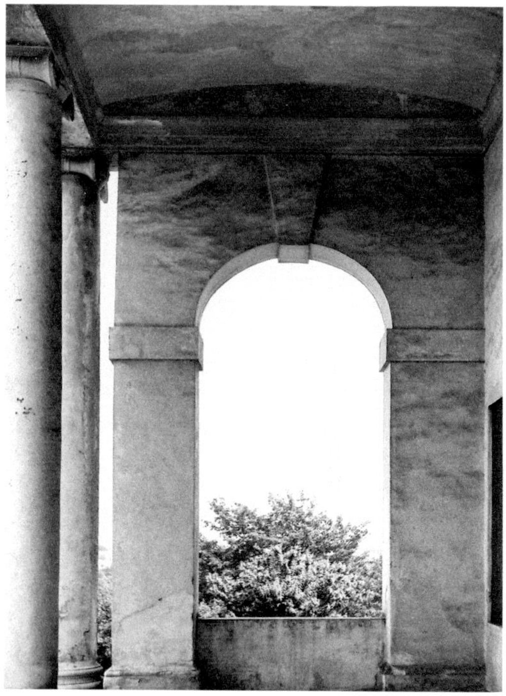

Blick in eine der vier Portiken

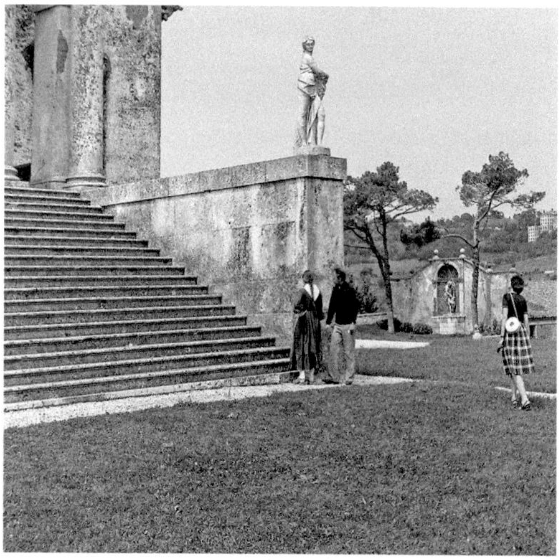

Treppenaufgang

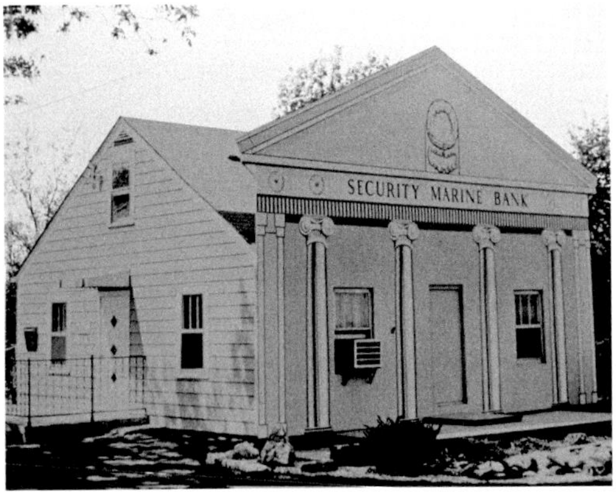

Robert Venturi: Fundstück »Dekorierter Schuppen«

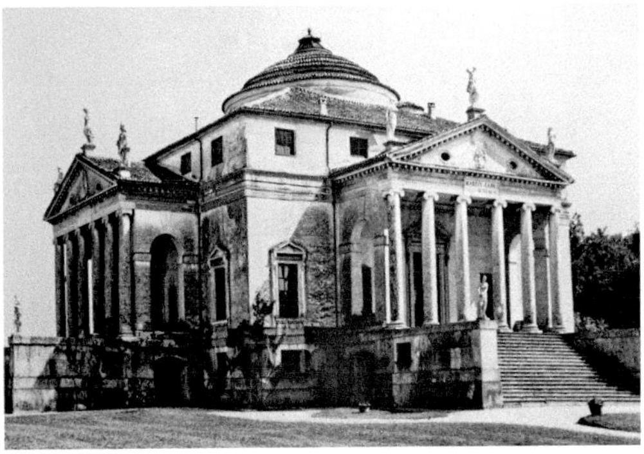

Palladios oft angewendetes Prinzip: Dekorative Raumschicht vor schmucklosem Hauptkörper

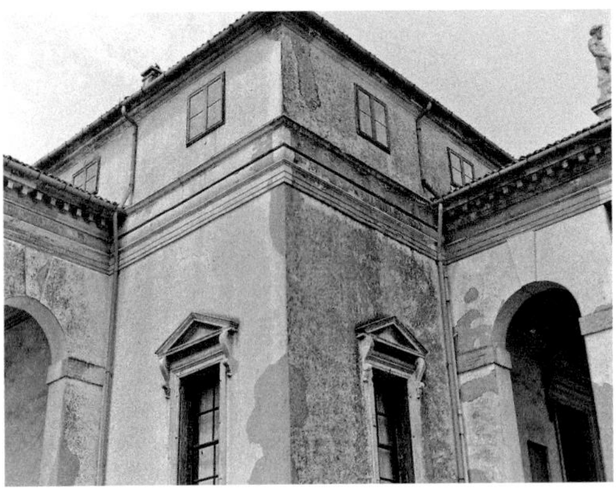

Schmucklosigkeit, scharfe Kanten

stehend, muss es zwar hinnehmen, wahrgenommen zu werden, aber es will auch wahrgenommen werden – über den Tod hinaus. Das treibt den Kreativen, *ewig bestehende* Produkte zu schaffen. Aber auch diese Gebilde müssen vor dem Abseits, vor dem Vergessen bewahrt werden. Deshalb pflegt der Erzeuger sein Renommee, streut es möglichst weit, auch jenseits des eigenen Metiers.

Jeder planende Architekt pflegt seine Vorlieben und arbeitet mit subjektiv zusammengestellten ›Versatzstücken‹. Jeder hat sein eigenes Repertoire von Regeln, Details und Materialien, die ihm wichtig sind und aus denen er sich, manchmal aus Faulheit, meist jedoch aus Selbstgewissheit und dem Verlangen nach Authentizität, bedient. Sein Renommee beruht auf behaupteter Einzigartigkeit.

Aufmerksam machen auf sich und sein Werk gehört zu den ersten Schachzügen der Architekten, Ruhm zu erwerben. Manifeste, Projektverzeichnisse und publizierte Bau- und Theoriewelten, bevor noch ein gebautes Werk vorzeigbar ist, erzeugen ein zu Beginn der Laufbahn nicht vorhandenes, aber karriereförderndes Image. Le Corbusier, Bruno Taut, Daniel Libeskind sind nur drei Beispiele aus dem 20. Jahrhundert. Wahrnehmung muss stimuliert werden: vom Wahrnehmenden ebenso wie von den Verursachern des Wahrgenommenen.

Ehrgeizig maß sich der überaus erfolgreiche Architekt Palladio an seinen beiden Vorgängern Vitruv und Alberti und deren Traktaten zur Baukunst. Mit einer eben solchen publikumswirksamen Schrift wollte er seine Laufbahn krönen. Für eine Vitruvausgabe hatte er bereits Zeichnungen verfertigt, von Alberti das theoretische Vokabular übernommen. Vitruvs Zeichnungen zu seinen *Zehn Büchern über Architektur* waren verloren gegangen, Alberti hatte seine *Zehn Bücher* ohne Abbildungen veröffentlicht, Palladio aber konnte auf ein ausgedehntes gebautes Werk zurückgreifen. So unterscheiden sich seine *Vier Bücher zur Architektur*, die ursprünglich ebenfalls zehn werden sollten, durch eine Fülle von Holzschnitten von denen seiner Wegbereiter. Sein Traktat ist eine Anleitung zum Bauen, zugleich ein bilderreiches Werkverzeichnis und eine Rechtfertigung seiner Projekte an Hand eines Kompendiums eigens vermessener römischer Bauten im vierten Teil.

Palladio wirkte ehemals für eine Klientel, die selbstbewusst mit auffallenden Villen ein weites Feld besetzte. Es galt, einen Führungsanspruch zu festigen. Heute aber, aus Furcht vor Übergriffen, stehen die Landhäuser der Begüterten eher wie Festungen oder unauffällig und ohne Pomp im Gelände. Ihre Wahrnehmung ist von den Besitzern nicht mehr erwünscht. Ein Tarnkappenhaus wäre ihr Ideal.

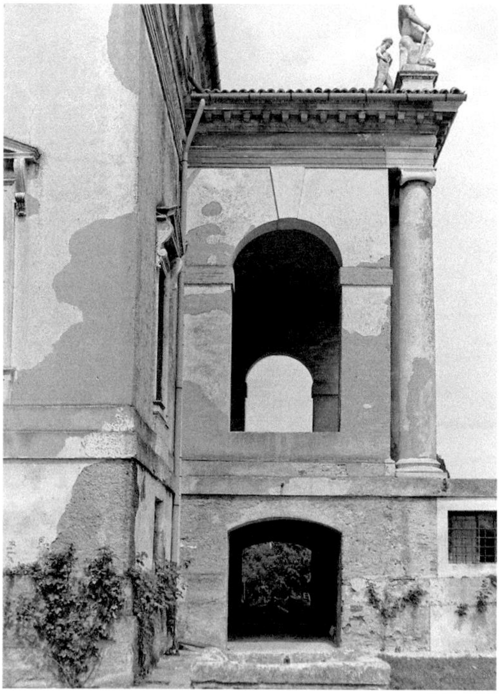

Seitenansicht Portikus

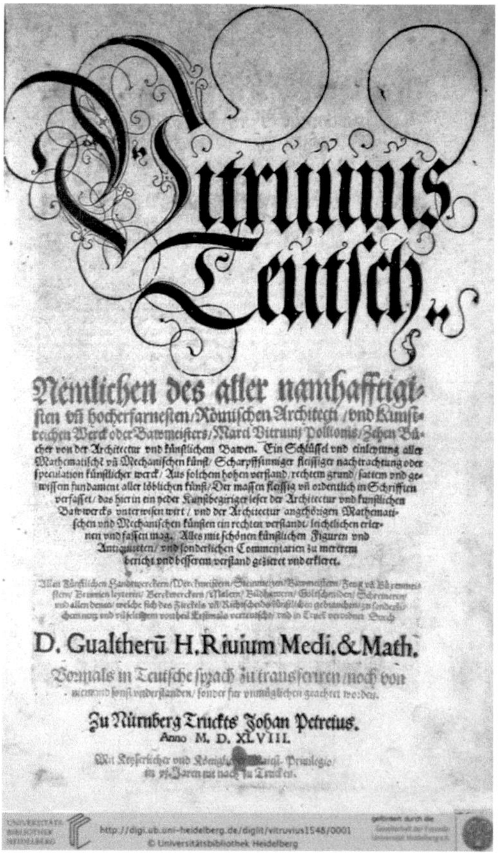

Vitruvius Teutsch.

Nemlichen des aller namhafftigsten vñ hocherfarnesten/Römischen Architecti/vnd Kunstreichen Werck oder Bawmeisters/Marci Vitruuij Pollionis/Zehen Bücher von der Architectur vnd künstlichem Bawen. Ein Schlüssel vnd einleytung aller Mathematischẽ vñ Mechanischen künst/ Scharpffsinniger fleissiger nachtrachtung oder speculation künstlicher werck/ Aus solchem hohen verstand/ rechtem grund/ satten vnd gewissem fundament aller löblichen künst/ Der massen fleissig vñ ordentlich in Schrifften verfasset/ das hierin ein yeder Kunstbegiriger leser der Architectur vnd künstlichen Bawwercks vnterwisen wirt/ vnd der Architectur angehörigen Mathematischen vnd Mechanischen künsten ein rechten verstandt/ leichtlichen erlernen vnd fassen mag. Alles mit schönen künstlichen Figuren vnd Antiquiteten/ vnd sonderlichen Commentarien zu mererem bericht vnd besserem verstand gezieret vnd erkleret.

D. Gualtherũ H. Riuium Medi. & Math.

Vormals in Teutsche sprach zu transferiren/ noch von

Zu Nürnberg Truckts Johan Petreius.

Anno M. D. XLVIII.

Walther Ryff, Vitrivius Teutsch, Nürnberg 1548 (erste deutschsprachige Ausgabe)

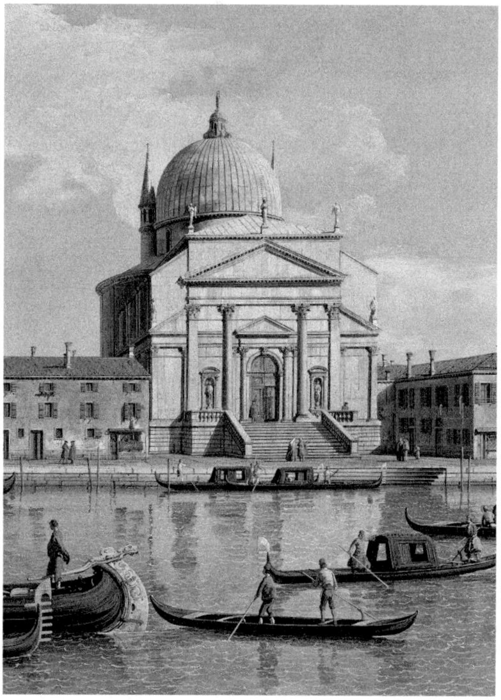

Palladio, Kirche Il Redentore in Venedig, Gemälde von Canaletto (1755), Ausschnitt

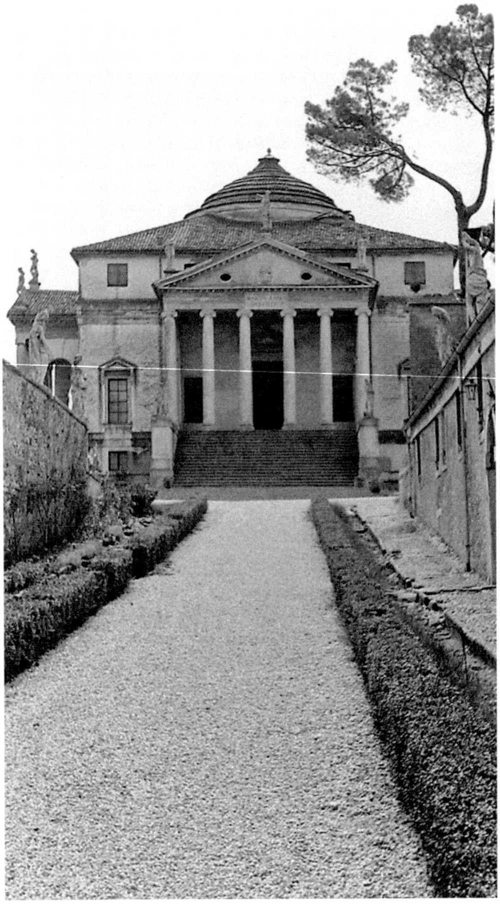

Der Weg zur Villa

Exkurs 1 Hinweis, Geste

U. Jonak, *Architekturwahrnehmung*, https://doi.org/10.1007/978-3-658-26262-4_8

Pompöse Häuser, getarnte Häuser, armselige Bauten, Baracken, Buden; Beton, Stein, Stahl, Glas; offen und geschlossen, hoch und tief, hin und her. Wie soll man das alles unter ein Dach, unter einen Oberbegriff fassen, wie soll man das alles im Kopf zusammenbringen oder auseinanderhalten, ohne die Übersicht zu verlieren? Lohnt sich überhaupt hier der differenzierende Hinweis für die, die nicht zu den Sachkennern gehören? Wird ein Hinweis dann nur als unverlangte, schulmeisterliche Unterweisung angesehen?

Kommunikation unter Menschen. Ein Hinweis entsteht aus einer Geste. Mit dem Zeigefinger deutet jemand auf eine Auffälligkeit. Allerdings mag sie belanglos sein, ich muss dem Hinweis nicht folgen. Ich zucke mit den Schultern oder werde dennoch aufmerksam. Dann hoffe ich darauf, meinen Erfahrungsschatz zu erweitern. Erfahrung fängt mit Aufmerksam-Werden an. Der Deutende kommuniziert mit mir durch Aufmerksam-Machen. Sein Zeigefinger weist auf etwas Bestimmtes. Hinweisen heißt, dass man etwas bemerkt hat und andere daran teilhaben lassen will. Der andere hat nur gerade in die falsche Richtung geguckt. Aufmerksam-Machen geht einen Schritt weiter. Es heißt, dass man etwas Besonderes sah, über dessen Deutung man sich nicht schlüssig ist. Zusammen mit mir ist der andere um eine Einschätzung gebeten. Indem ich auf etwas deute, bin ich schon auf dem Weg zur Deutung, Bedeutung aber schält sich erst nachfolgend heraus.

Mitunter weist eine Geste unfreiwillig auf etwas, was ich auf keinen Fall preisgeben wollte. Meine Gesichtszüge beherrsche ich einigermaßen, aber Beine wackeln und Arme gestikulieren verräterisch im Gespräch. Leonardo da Vinci, der genaue Beobachter seiner Umwelt, stellte in einem seiner Notizbücher (*Codex Atlanticus*) fest, dass die Oberfläche des Kopfes wiederzugeben leicht sei, sein Inneres aber sich nur durch Gesten, durch Bewegungen der Gliedmaßen darstellen ließe. Vilém Flusser (1920–1991) definiert im 20. Jahrhundert die Geste selbst:

»Eine Weise der Definition von ›Geste‹ besteht darin, sie als eine Bewegung des Körpers oder eines mit ihm verbundenen Werkzeugs aufzufassen, für die es keine zufriedenstellende Kausalerklärung gibt. Um die bestimmten Gesten verstehen zu können, muss man ihre ›Bedeutungen‹ aufdecken.«[1]

1 Vilem Flusser, Gesten. Versuch einer Phänomenologie, S.10

Übertragen auf die Architektur, unsere ›dritte Haut‹, hieße das, dass das Repräsentative einer Hausgestalt sich leichter als sein Innenleben auf der Hausoberfläche abbilden lasse. Dies war aber eine der Ansprüche der funktionalistischen Architektur in der ersten Hälfte des 20. Jahrhunderts. Entsprechende gebaute Gesten wären, mit auffälligen Dekorationen nicht zu sparen, den unterschiedlich genutzten Räumen unterschiedliche Fenster zuzumessen und ungleiche Raumqualitäten nach außen mit Ausbuchtungen, Einschnitten, Balkons und Materialwechsel usw. zu betonen. Letztlich verrät ein gestikulierender Mensch viel über sein Befinden, eine gestenreiche Architektur viel über den Status ihrer Besitzer.

Und der Bericht über sie verrät viel vom augenblicklichen Befinden des Betrachters. Ein heute wahrgenommenes Objekt erscheint uns morgen verändert. Durch welche Umstände Wahrnehmung gefiltert wird, die Frage muss vor jedem Objekt neu gestellt werden.

6. Kapitel Boullée

U. Jonak, *Architekturwahrnehmung*, https://doi.org/10.1007/978-3-658-26262-4_9

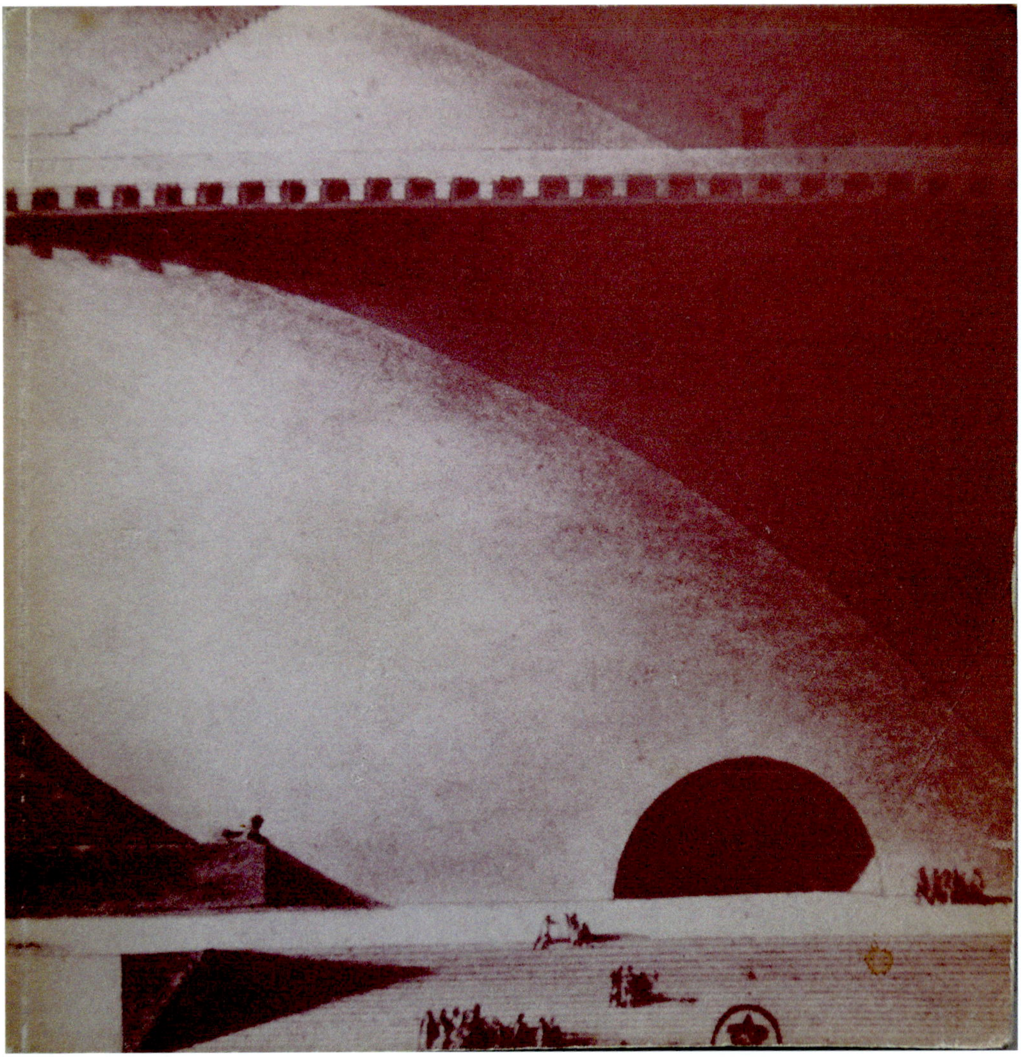

Etienne-Louis Boullée (1728–1799), Kenotaph für Newton (Ausschnitt), Lavierte Federzeichnung

» *Wie Piranesi müssen wir noch viel klarer festlegen, dass gewisse Formulierungen der Architektur nur gezeichnet werden können [...]. Da gibt es eben verschiedene Sprachen, um eine Architekturidee zu verwirklichen.*
Raimund Abraham

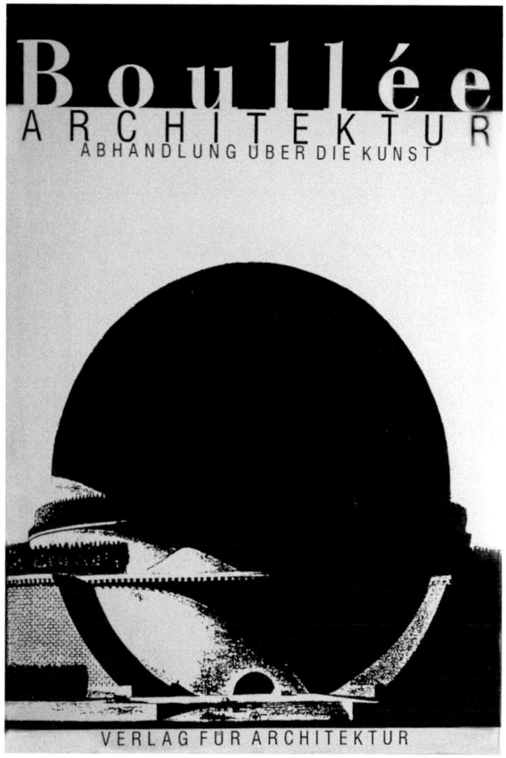

Literatur zum Werk von Etienne-Louis Boullée

Angesichts des Aufstiegs zur Athener Akropolis, (s. Kapitel 1) angesichts des bemerkenswerten Pfads, fragte und zweifelte ich, ob es zweidimensionale Architektur geben kann. Schließlich leitete ich aus allerlei Gegebenheiten ab, dass dem vom Architekten Pikionis gestalteten Aufgang zu den Propyläen immerhin eine, wenn auch kaum wahrnehmbare, Dreidimensionalität und folglich Architekturqualitäten zukämen. Schaulustig war ich mit der Entzifferung des unter unseren Füßen vergehenden Marmorpatchworks ausgefüllt – trotz der schweißtreibenden Bewältigung des Wegs, der in unterschiedlichen Graden hoch zum Ziel aufsteigt. Ein gezeichneter Schnitt ergäbe ein leicht gewelltes und daher dreidimensionales Steigungsfeld.

Gezeichnete Architektur liegt allerdings flach auf dem Papier, als Werkzeichnung dem Laien mitunter zu abstrakt, zu reduziert, zu linear und daher unverständlich. Es sei denn, der Zeichner hatte malerische Ambitionen und gab sich einem fotografisch und perspektivisch genauen Realismus hin. Dann mag sich der Betrachter in eine imaginäre Raumfolge vertiefen (›*vertiefen*‹, ein Wort, das plastische Szenerien assoziiert). Diese Zeichnung ist anschaulich. Wir treten scheinbar ein in (un)vorstellbare Räume, auch wenn sie weder zu bauen noch zu begehen wären. Piranesis im 18. Jahrhundert geschaffene Radierungen von ins Unendliche sich ausdehnenden Raumfolgen (*Carceri d'Invenzione,* um 1761) sind ein frühes Beispiel für »*gewisse Formulierungen der Architektur*«, die »*nur gezeichnet werden können*« (Raimund Abraham, s. o.).

Dass wir uns unmögliche Dinge, unbaubare Bauten, vorstellen, ja, sie auch zeichnen können, beweist das so genannte *Teufelsdreieck*, zeigt uns auch die Treppenschlaufe, wie sie der holländische Grafiker M. C. Escher so anschaulich zeichnete, so fraglos, dass es uns beim Betrachten recht ungemütlich wird. Aber auch die Anmutung scheinbar

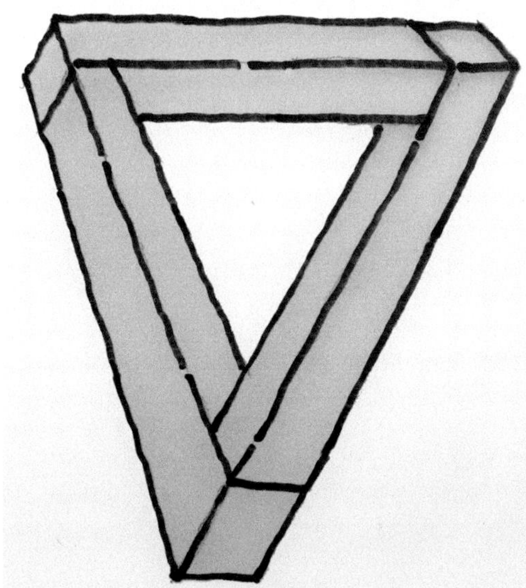

Teufelsdreieck (Figur, die Oscar Reutersvärd 1934 ersann)

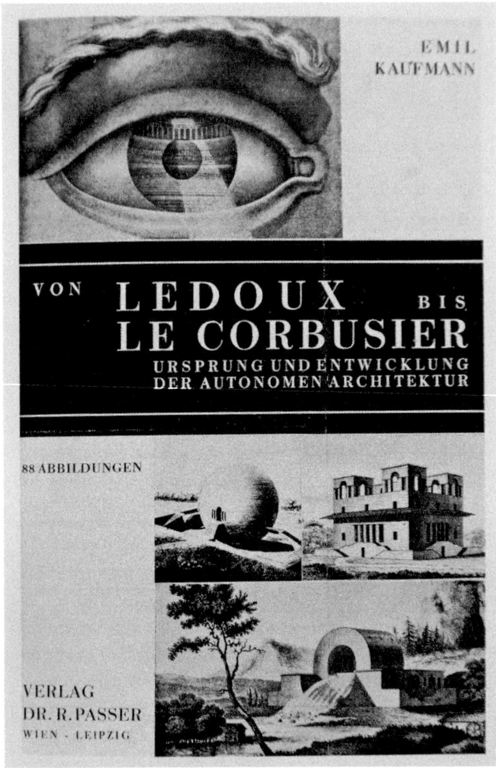

Literatur zum Werk von Etienne-Louis Boullée

unverdächtiger Gebäude kippt, wenn unsere Stimmungslage sich verändert. Der Zustand von Grundstück und Gebäude: Ödnis oder Fülle, Diffusion oder Prägnanz, aber auch Nachbarschaft und Passanten, Tages- und Jahreszeit, das Wetter ebenso wie soziale Spannung oder Eintracht im Umfeld bestimmen unsere Empfindungen angesichts des uns unvertrauten Hauses. Es entscheidet sich mit dem ersten Gewahr-Werden, ob wir den Bau und seine Räume als bedrohlich, anheimelnd oder zweckmäßig erkennen.

Vorsorgliche Maßnahmen

So ist festzustellen, dass dasselbe Bauwerk von Mensch zu Mensch unterschiedlich wahrgenommen wird, wie sicherlich die gesamte materielle Welt. Allerdings erlauben sich Architekt und Bauherr, für die von ihnen erhoffte Wahrnehmung vorzusorgen. Sie nehmen uns an die Hand und zeigen uns, wie wunderschön sie die Immobilie hergerichtet haben. Widerspruch ist von ihnen nicht vorgesehen. In ihren Augen (und das sollten unsere genauso sehen) ist jede Einzelheit wohlgestaltet, ob prächtig oder bescheiden, ob sachlich oder prunkvoll. Hinzu kommt aber noch das Atmosphärische, das sie nicht manipulieren können, das unser Eigenes ist und uns als Besucher oder Betrachter deshalb überlassen werden muss. Wir schaudern oder sind beglückt, lassen uns locken oder abweisen. Ein subjektives Urteil ist schnell gefällt.

Ist eine Behauptung akzeptabler, wenn unterschiedliche Personen, ohne voneinander zu wissen, ähnliche Gedanken formulieren? Denn annähernd Gleiches, wie zuvor behauptet, sagt auch Joseph Brodsky:

»Im Bewusstsein der Tatsache, dass jede Beobachtung von den persönlichen Eigenarten des Beobachters beeinträchtigt wird – das heißt, dass sie allzu häufig seinen psychologischen Zustand statt der beobachteten Realität widerspiegelt, empfehle ich, das folgende mit dem gebotenen Maß an Skepsis, wenn nicht mit umfassenden Misstrauen anzugehen. Das einzige, was der Beobachter als Rechtfertigung für sich in Anspruch nehmen kann, ist, dass auch er über ein Quäntchen Realität verfügt. […] Zweifellos lässt sich dadurch, dass man sich im Augenblick der Be-

obachtung seiner selbst völlig bewusst ist, ein Anschein von Objektivität erreichen.«[1]

Der *Traum vom Raum* hieß 1986 eine Nürnberger Ausstellung, die »*gemalte Architektur aus sieben Jahrhunderten*« präsentierte. Jeder der Entwerfer innerhalb der Sektion »*Nicht um darin zu wohnen*« war offensichtlich ausgewählt, weil er sich mit undurchführbaren Phantasien befasste. Umso phantastischer, desto tiefer er in die Innereien seines Baus kroch, umso präziser stellte er dessen Struktur und teilweise aberwitzige Konstruktion dar. Zeichnen und Bauen wurden identisch. War die Zeichnung beendet, war auch der Bau fertiggestellt. Mehr war nicht zu tun, denn eine Illusion war scheinbar glaubhaft realisiert. Im realen Wohnhausbau stellen sich hingegen oft genug Erwartungen als Illusionen heraus. Die Berechtigung des Gedankens, dass auch Papierarchitektur Architektur sei, wollen wir uns folglich vorläufig nicht nehmen lassen.

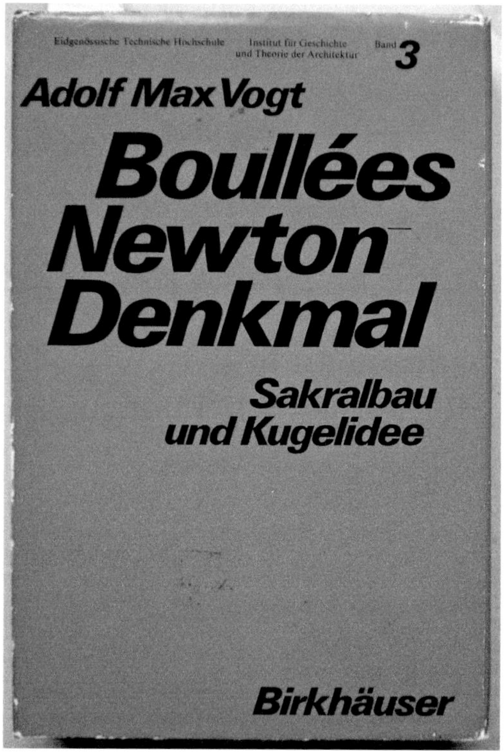

Literatur zum Werk von Etienne-Louis Boullée

Carceri und die Folgen

Piranesis *Carceri*, scheinbar ins Unendliche sich ausdehnende Kerkerbauten, der Legende nach im Fieber geträumte und dann radierte Seelenwundheiten, sind die anschaulichste Darstellung dessen, dass Baukunst grundsätzlich weit mehr als (nur) ihre Realisierung ist. Wir betrachten und sind irritiert, denn neben dem Offensichtlichen macht Unglaubliches sich bemerkbar. Wir nehmen Irreales wahr.

Zwischen uns und der gegenständlichen Welt, solange wir sie nicht berühren können, erschaffen wir eine imaginäre Projektionsfläche, eine Art Filmleinwand, auf der das außerhalb unseres Körpers agierende Leben abläuft. Dem Perspektivenzeichner ist dies geläufig. Die Zweidimensionalität des in Wirklichkeit Räumlichen, die wir mit nur einem offenen Auge (das andere geschlossen) wahrnehmen, die wir aber als Dreiidimensionalität durchschauen, trübt unser Weltverständnis keineswegs. Gewohnt, uns in Räumen zu bewegen, wird flächig Gesehenes (sich vor uns ausbreitend) als Raumgeschehen verstanden. So können wir auch auf dem Papier gezeichnete Volumen in ihrer Räumlichkeit

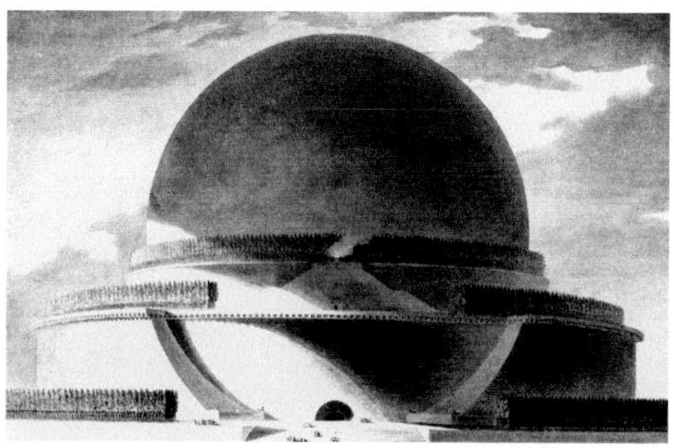

Etienne-Louis Boullée, Kenotaph für Newton, Ansicht bei Nacht

1 Joseph Brodsky, Flucht aus Byzanz, S. 340

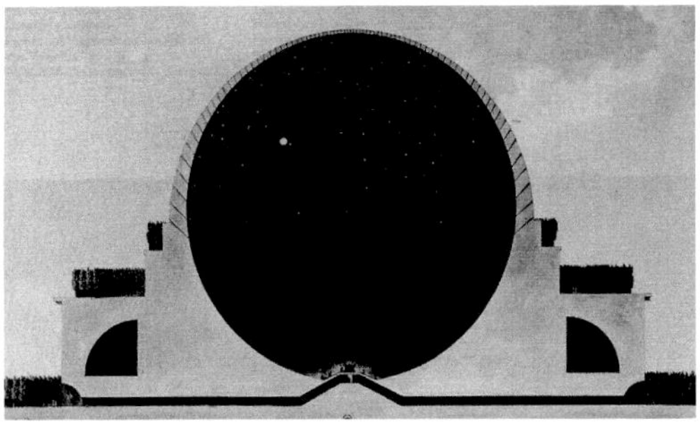

Etienne-Louis Boullée, Kenotaph für Newton, Schnitt, Nachteffekt

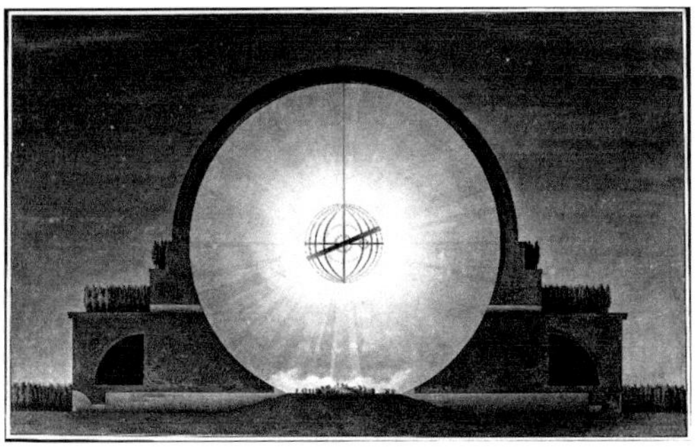

Etienne-Louis Boullée, Schnitt, Tageffekt

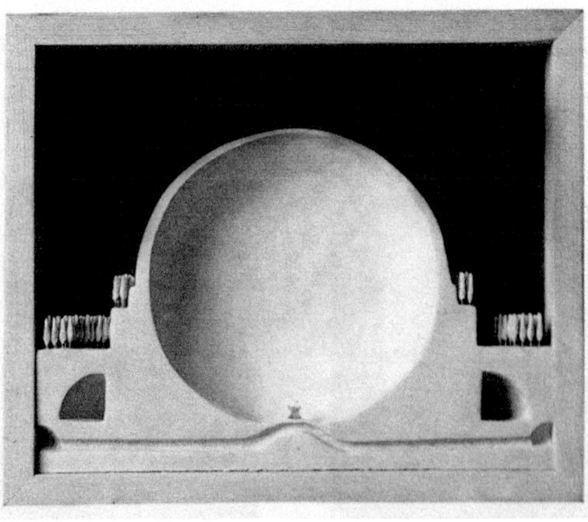

Relief des Kenotaphs für Newton, Studentenarbeit 1985

erfassen. In unsere Köpfe prägt sich dann Architektur ein, gleichwohl ob wir vor einem Entwurfsblatt oder vor einem Bauwerk stehen.

Zweidimensionales Raumgeschehen

Boullées (1728–1799) megalomanische Entwürfe irritierten seine Zeitgenossen und minderten seine anfangs durchaus vorhandene Anerkennung als bauender Architekt. Sein Weltverständnis weiterzugeben, war ihm ungleich wichtiger, denn als geschätzter Baumeister seinen Mitmenschen zu Diensten zu sein. Die gigantischen Ausmaße seiner Idealbauten hemmten allerdings auch jegliches Bestreben, solche Pläne in die Tat umzusetzen. Ebenso befremdete der äußerst reduzierte und abstrakte Klassizismus, den er in großformatigen Zeichnungen vorlegte. Nahezu anderthalb Jahrhunderte ruhten seine Entwürfe unbemerkt im Archiv der Bibliothèque Nationale in Paris. Das Verdienst der Wiederentdeckung kam Emil Kaufmann zu mit seinem Buch *Von Ledoux bis Le Corbusier. Ursprung und Entwicklung der autonomen Architektur* (1933). Boullées theoretischer Text *Architektur. Abhandlung über die Kunst* aber wurde erstmals Mitte des 20. Jahrhunderts veröffentlicht (französisch 1953, deutsch 1987).

Ist es also akzeptabel, dass gezeichnete Phantasien von nicht gebauten und auch unbaubaren Bauwerken zu vollwertigen Architekturen – gleich den existierenden – ernannt werden? Wenn wir davon ausgehen, dass es uns hier (dem Thema des Buches geschuldet) nur um Wahrnehmung und nicht um Nutzen, Gebrauch oder Konstruktionsanleitungen geht, dann ist die Frage allerdings prüfenswert. Wenn es in diesem Fall so ist, dass wir Bauten nur empathisch und nicht ›eindringlich‹ wahrnehmen, dann müssen wir konstatieren, dass unser Sensibilitätszentrum nicht unterscheidet, ob wir auf reale oder abgebildete Objekte schauen.

Ist es demnach nicht akzeptabel, dass Boullées gezeichnete Bauphantasien als äquivalent zu gebauten Architekturen analysiert werden können? In mancher Hinsicht lässt sich Boullées minimalistischer Klassizismus zurückführen auf die Architektursprache Roms. Weil die römische Baukunst eine Bauingenieurkunst ist, weil deren Baukörper selbst dem Fachfremden ihre kaum verborgene Geometrie offenbaren, wurde Rom während der klassizistischen Epoche zum ehrfürchtig bewunderten Vorbild. Selbst Le Corbusiers *Vers une Architecture* (1922) war nicht nur Ausblick, sondern verwies rückblickend und zugleich zukunftsweisend ins hadrianische Zeitalter und auf dessen geometrische Baustrukturen:

»*Die einfachen Baukörper entfalten riesige Flächen, die ausgeprägten mannigfaltigen Charakter zeigen, je nachdem, ob es sich um Kuppeln, Gewölbe, Zylinder, rechtwinklige Prismen oder um Pyramiden handelt. Die Dekoration der Außenflächen (Ausbuchtungen) folgt dem gleichen geometrischen Prinzip. Pantheon, Kolosseum, Aquädukte, Cestius-Pyramide, Triumphbogen, Konstantinsbasilika, Thermen des Caracalla. Keine Phrasen, dafür Ordnung, Einheit der Idee, Kühnheit und Einheit der Konstruktion, Verwendung der elementaren Körperformen.*«[2]

Dem hätte Boullée zweifellos beigepflichtet, denn auch seine monumentalen Projekte können als geometrische Exerzitien gelesen werden. In seiner Abhandlung schreibt er:

»*Warum aber lässt sich die Gestalt der regelmäßigen Körper mit einem einzigen Blick erfassen? Weil ihre Formen einfach, ihre Flächen regelmäßig sind und diese sich wiederholen. Wie stark die Erscheinung eines Gegenstandes auf uns wirkt, hängt aber von seiner klaren Erfassbarkeit ab; was nun die regelmäßigen Körper für uns besonders hervorhebt, ist die Tatsache, dass ihre Regelmäßigkeit und ihre Symmetrie Inbegriff der Ordnung sind und dass in der Ordnung wiederum die Klarheit selbst liegt.*«[3]

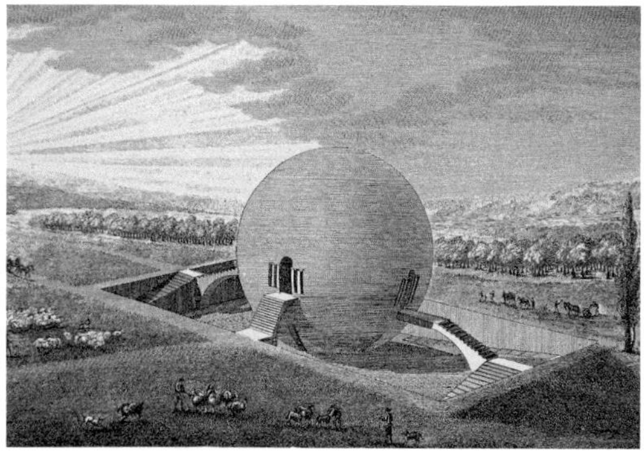

Claude-Nicolas Ledoux (1736–1806), Haus der Flurwächter

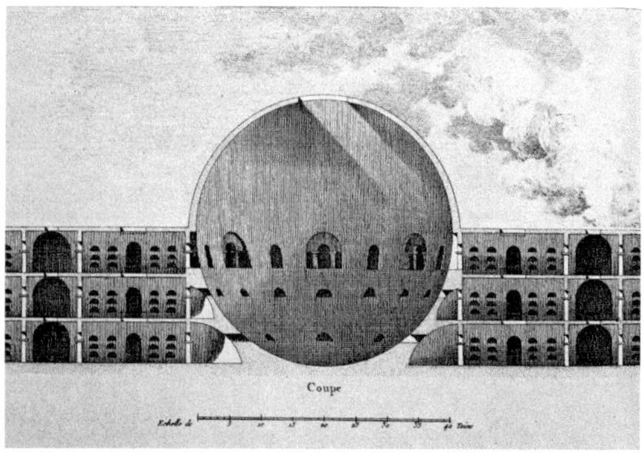

Claude-Nicolas Ledoux, Nekropole

Das Erhabene

Wenn Boullée von der erwünschten Wirksamkeit seiner Projekte spricht, dann schließt er das Wahrgenommen-Werden mit ein. Vor allem die Empfindung, die Empfindsamkeit, das Gemüt sollen mit betroffen sein, kurz, das Erhabene mit seinem konnotierten Schrecken (wie Edmund Burke [1756]

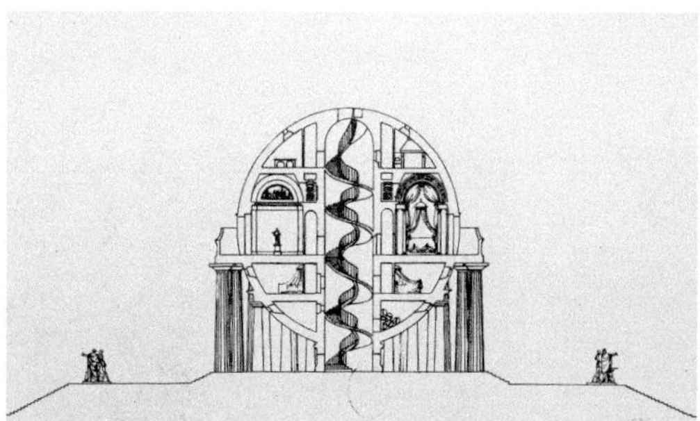

Antoine-Laurent Vaudoyer (1756–1846), Haus für einen Kosmopoliten

2 Le Corbusier, Ausblick auf eine Architektur, S. 123

3 Etienne-Louis Boullée, Architektur. Abhandlung über die Kunst, Zürich, S. 56

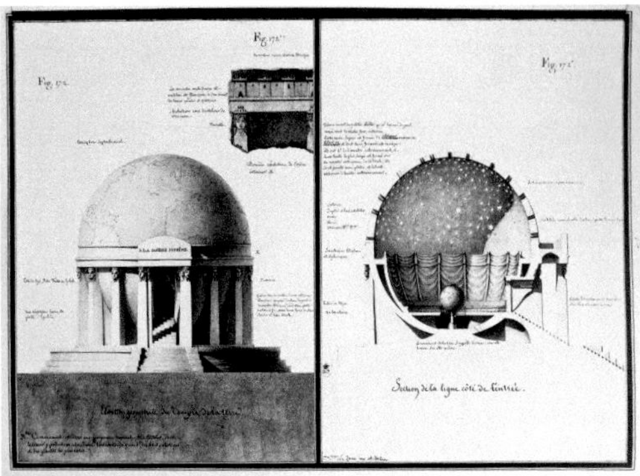

Jean-Jaques Lequeu (1757–1825), Tempel der Erde

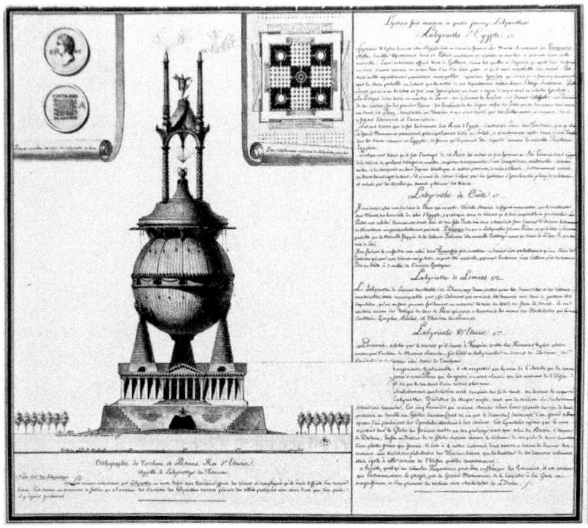

Jean-Jaques Lequeu, Grab des Porsenna, König von Etrurien

und später Immanuel Kant [1790] es im 18. Jahrhundert als ästhetische Kategorie begriffen), um den Betrachter zu sensibilisieren, um ihn in das Projekt hineinzuziehen. Das *erhabene* Projekt, ein ›Kind‹ seines Schöpfers, will wahrgenommen werden. Abwechselnd schmunzelt und schreit es.

Der ›Kindsvater‹ Boullée liest aus den mächtigen Formen der Natur die Empfindung des Erhabenen heraus. Er erörtert, ob

»Proportion und Harmonie der Körper aus der Natur hervorgehen und dass durch die Analogie, die sie zu unserem menschlichen Organismus haben, die Eigenschaften, die aus dem Wesen der Körper hervorgehen, Macht über unsere Sinne besitzen.«[4]

Boullée will ebenso begründen, dass sowohl der menschliche Körper als auch die majestätische Natur das Aussehen seiner Entwürfe rechtfertigen. Er dramatisiert, monumentalisiert und versucht, dem Universum ein ebenbürtiges Eigenes zu implantieren: riesenhafte Projekte, die höchstens mit den titanischen Arbeiten Piranesis (und leider auch mit manchen Projekten Albert Speers) zu vergleichen sind. Ein Beispiel dafür, dass die Kenntnis zeitnaher Architektur die Wahrnehmung von längst verwehter Baukunst beeinflusst. Es gibt kaum eine Publikation, in der nicht auf Boullées heikle Nähe zum Größenwahn faschistischer Architektur hingewiesen wird.

Boullées bekanntestes Werk (von ihm selbst am höchsten eingeschätzt) ist zweifellos der *Newton-Kenotaph* von 1784, ein Leergrab, ein gigantischer Hohlraum, umhüllt von einer Kugel, die wiederum eingebettet ist in einen ringförmigen, zweifach gestuften Sockel.

Kugelgestalten

Die Kugelgestalt als Bautypus war zu einem der anregendsten Gedankenspiele schon in der Renaissance geworden, einer Zeit, in der die Philosophie Platons wieder eifrig gelesen und diskutiert wurde. Eine Textstelle zur Kugelgestalt in dessen *Timaios* war nicht unbemerkt geblieben. Platon spricht dort von der Gestalt, »*welche alle irgend vorhandenen Gestalten in sich schließt*«:

4 Ebd. S. 57

Gott schuf »*die kugelige, vom Mittelpunkte aus nach allen Endpunkten gleich weit abstehende kreisförmige Gestalt, die vollkommenste und sich selbst ähnlichste aller Gestalten, indem er das Gleichartige für unendlich schöner ansah als das Ungleichartige. Die Außenseite gestaltete er aber aus vielen Gründen vollkommen glatt.*«[5]

Palladio, dessen Freunde humanistisch gebildet waren und von deren Wissen er profitierte, veröffentlichte in seinen *Vier Büchern zur Architektur* das römische *Pantheon* (s. Kapitel 2 und 5), dem eindeutig eine immaterielle Kugel einbeschrieben ist. Entsprechend dazu forderte er im vierten Buch für die Gestalt von Kirchenbauten »die runde Form«, die »im Vergleich mit allen anderen Formen einfach, gleichförmig, ausgewogen, stark und geräumig« sei:

»*Ihnen ist diese Form höchst angemessen, denn umschlossen von nur einer einzigen Begrenzung ohne Anfang und Ende, bei der man eines vom anderen nicht trennen kann, wo alles einander gleich ist und an der Gestalt des Ganzen teilhat, und schließlich, wo die Begrenzung überall den gleichen Abstand zur Mitte hat.*«[6]

Boullée äußert sich mehr als 200 Jahre später: »*Als Beispiel [für* »*regelmäßige Körper*«*] kann die Kugel als Form angesehen werden, die alle Eigenschaften der Körper in sich vereinigt. Alle Punkte ihrer Oberfläche sind gleich weit von ihrem Zentrum entfernt. Das Ergebnis dieses einmaligen Privilegs besteht darin, dass, von welchem Standpunkt auch immer wir diesen Körper betrachten, es keinen Blickwinkel gibt, der jemals die herrliche Schönheit seiner Form beeinträchtigen könnte, die sich unserem Blick immer als vollkommen darbietet. […] Die weiteren Vorzüge der Kugel liegen darin, dass sie unserem Auge die größte Oberfläche darbietet, was sie majestätisch erscheinen lässt, dass sie die einfachste Form besitzt, deren Schönheit aus der durch nichts unterbrochenen Oberfläche hervorgeht; zu all diesen Eigenschaften muss man noch die Anmut hinzufügen, denn die Umrisslinie, die diesen Körper bestimmt, ist so weich und fließend, wie es nur möglich ist. Aus all diesen Beobachtungen geht hervor, dass die Kugel in jeder Hinsicht das Bild der Vollkommenheit bietet.*«[7]

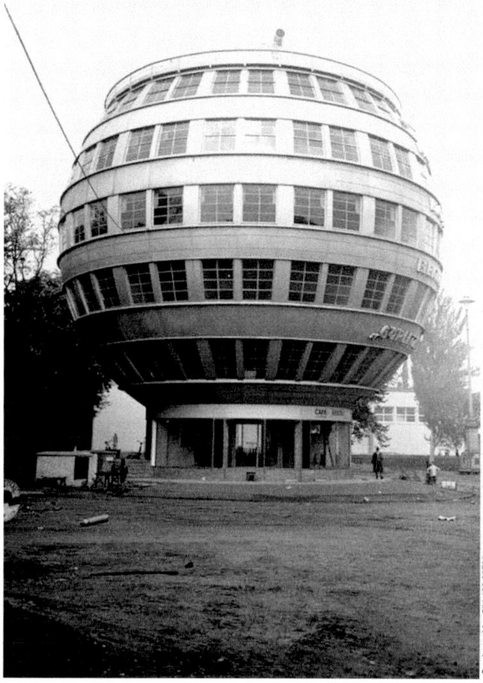

Peter Birkenholz, Kugelhaus, Dresden1928

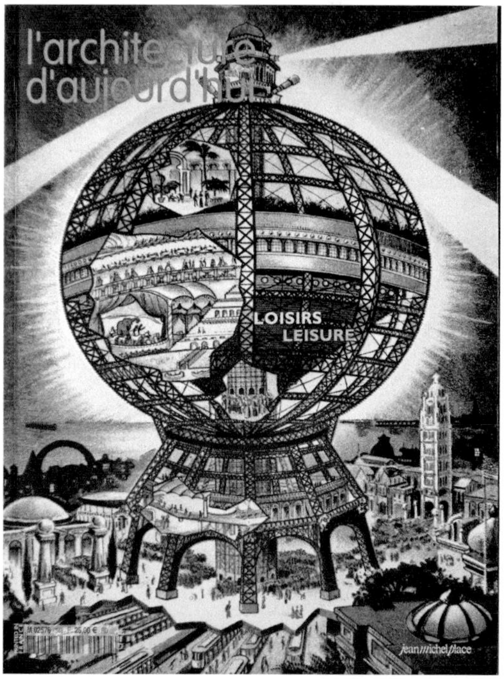

The Globe, Projekt für den Vergnügungspark auf Coney Island, N. Y., 1906

5 Platon, Sämtliche Werke, Band 5, S. 157
6 Andrea Palladio, a. a. O., S. 283
7 Boullée, a. a. O., Arch., S. 56 f.

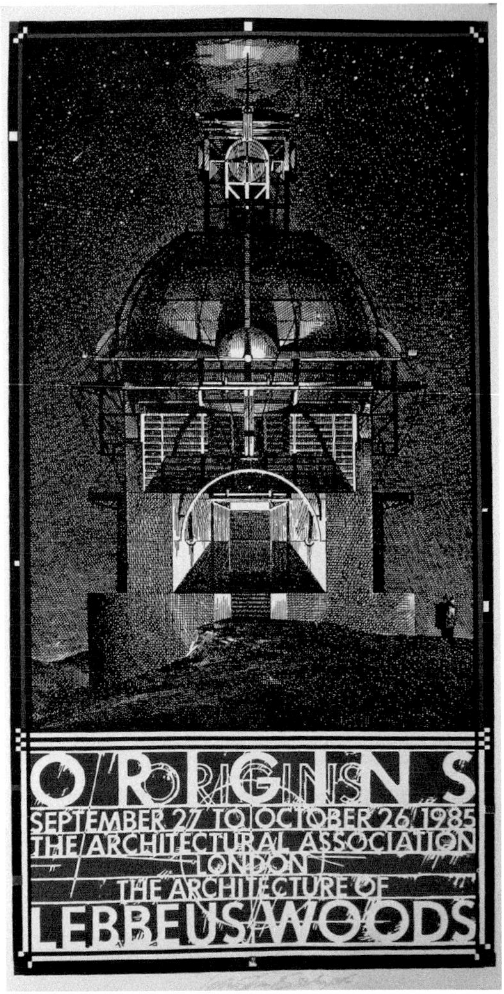

Lebbeus Woods, Ausstellungsplakat 1985

Die Anwendung der Kugelform war vielleicht die noch einzige widerständige Behauptung des Schönen in einer Zeit, da das Fragment, das Bizarre und das Hässliche mehr noch als das Harmonische das Interesse der Gebildeten und Reichen weckten und ihre Sinne reizten. In Gegenrichtung zur Ruinenromantik, zu den Mementos Mori in den Parks des Adels, entstanden eigenwillige Kugelentwürfe auf den Zeichentischen einer anderen Architektenfraktion. Aber auch diese schienen trotz ihrer äußerlichen Glätte, trotz des dargebotenen »*Bildes der Vollkommenheit*« den Zeitgenossen noch bizarrer zu sein auf Grund ihrer zweifelhaften Ausführbarkeit und unfassbaren Ausdehnung – wie zum Beispiel Boullées *Newton-Kenotaph.*

»*Das Bild des Großen hat eine solche Macht über unsere Sinne, dass sogar die Vorstellung, es sei schrecklich, in uns noch ein Gefühl von Bewunderung hervorruft*«[8],

sagte Boullée, der seinen Hang zur monumentalen Übersteigerung der Bauaufgaben und seinen masochistischen Traum, einer bewunderten Übermacht sich beugen zu müssen, damit zu rechtfertigen suchte.

Die Kugelform, zweifellos eine Reminiszenz an Kosmos, Planet oder platonischen Idealkörper wurde nachgerade zur Mode im 18. Jahrhundert. Die Kugel ist unter den vielen Möglichkeiten, einem Bauwerk Gestalt zu verleihen, die rigoroseste, aber auch ungewöhnlichste. Wenn man sich die Kugel auf Hausgröße beschränkt denkt, dann wäre ihre Ausführung konstruktiv denkbar. Um sie aber auch brauchbar zu machen, muss sie gequetscht und durchbrochen werden. Boullées Zeitgenossen Claude-Nicolas Ledoux (*Haus der Flurwächter* und ein Friedhof, beides Projekt geblieben) und Antoine-Laurent-Thomas Vaudoyer (*Projekt eines Hauses für einen Kosmopoliten*) versuchten mühsam, ein mehrstöckiges Raumprogramm in einer Kugel mit menschlichen Maßen unterzubringen. So erschien Boullées kosmische Vision (mit zeitgenössischen Mitteln nicht ausführbar) zwar als extravagante Attitüde, aber auch dank ihrer rigorosen Geometrie von brillanter und erhabener Perfektion. Selbst Hans Sedlmayr, der erzkonservative Kunsthistoriker, dem Kugelbauten alles andere als geheuer

8 Ebd. S. 75

waren, muss anlässlich des Boullee'schen *Kenotaphs* zugeben:

Die »*Überlagerung der Denkmalsidee und der Weltallsymbolik gibt dem Entwurf das Vielsinnige. Unter allen Gestaltungen des Kugelbaus ist er derjenige, den man sich am ehesten ohne Peinlichkeit verwirklicht denken kann, und insofern der künstlerischste.*«[9]

Lediglich Jean-Jacques Lequeu, ein introvertierter und vielleicht größenwahnsinniger, aber auch genialer Sonderling, schuf mit seiner fiktiven Rekonstruktion eines wahnwitzigen, alle Maßstäbe sprengenden Grabmals des Etruskerkönigs Porsenna ein konkurrierendes Projekt zu Boullées *Newton-Kenotaph*.

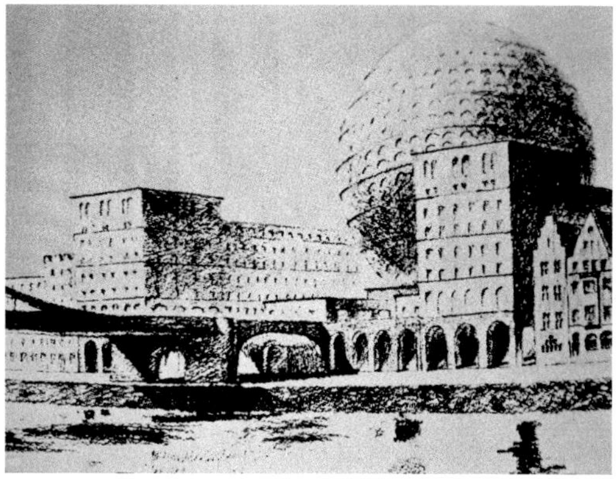

O. E. Bieber, Wettbewerbsentwurf ›Brückenkopf‹, Köln 1925

Funktion der Kugelform

Im 20. Jahrhundert hat Buckminster Fuller mit geodätischen Kuppeln bewiesen, dass Überdeckungen von Volumen auch riesenhafter Größen machbar sind (folglich ebenso Kugeln). Mit diesen Konstruktionen wäre selbst das *Newton-Kenotaph* zu bewerkstelligen gewesen. Ein Kuriosum aus Deutschland war das (tatsächlich gebaute, aber nur bis 1938 in Leipzig existierende) Kugelhaus von 1928 des Architekten Peter Birkenholz.

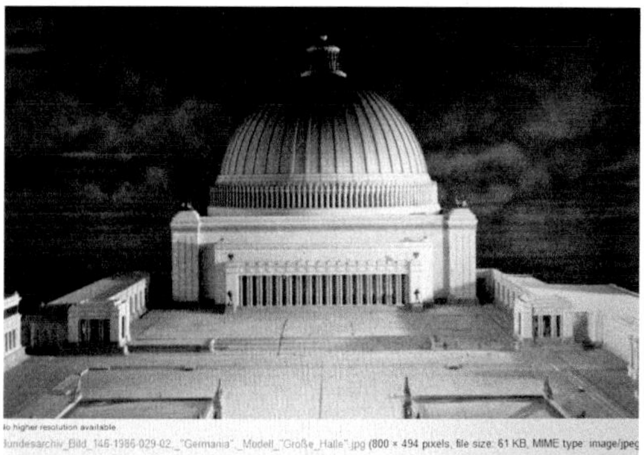

Albert Speer, Modell der »Großen Halle der Reichshauptstadt Germania« (Berlin), 1939

Bauten sollten im Allgemeinen brauchbar aussehen. Brauchbar heißt, dass sie sich (aus konstruktiven und rationellen Gründen) scharfkantig, handwerksgerecht geometrisch und erkennbar zweckmäßig darstellen. Sind sie aber organisch geformt, dann vermutet man ein leichtes, fast tänzerisches Miteinander-Schwingen der enthaltenen Funktionen. Solchermaßen pauschalisierte Ansichten gewähren den Betrachtern einen gemeinsamen, oberflächlichen Grundkonsens, der jedoch bei gründlicherer Untersuchung des Objekts zerstiebt wie Spreu im Wind. Denn jeder einzelne entwickelt allmählich auf Grund seines Lebenslaufs und seiner individuellen Erfahrungen eine eigene Idee von dem, dem er gegenübersteht. Ein Chirurg nimmt vielleicht eher anthropomorphe Anspielungen wahr, ein Mathematiker eher Geometrisches. Der

9 Hans Sedlmayr, Die Kugel als Gebäude, zit. n. Philipp, Revolutionsarchitektur, S. 143

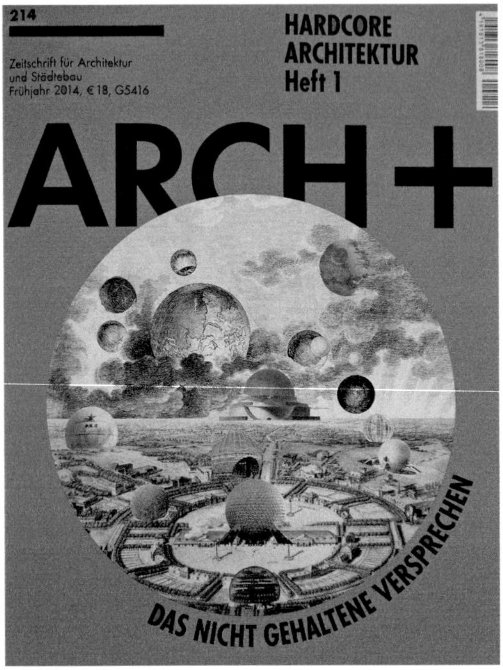

Ein Konvolut von Kugelbauten, der Kenotaph im Zentrum einer Zeitschriften-Titelseite (Arch+, Frühjahr 2014)

berufliche und soziale Hintergrund entscheidet über die Akzeptanz eines Bauwerks ebenso wie Charakter und Gefühlsleben des Betrachters.

Die Kugelform kugelt dabei aus dem Rahmen. Sie enthält unbrauchbare Raumzwickel, ist zum Mittelpunkt hin nicht natürlich zu belichten und wird daher den Bedürfnissen künftiger Bewohner nicht gerecht. Sie ist zugleich so rigoros in ihrer Gestalt, dass auch, wer nicht vom Fach ist, das Zwanghafte einer komplexen Nutzung erkennen würde. Eine von Zwangsneurosen durchdrungene Gestalt? Das entdeckte auch Hugo von Hofmannsthal. Er schrieb 1922 an Carl J. Burckhardt:

»*Meine höchsten Glücksmomente immer in völliger Einsamkeit, ohne Bezug auf eine Frau, überhaupt auf einen einzelnen Menschen, aber allen gleich nah wie im Mittelpunkt einer Kugel.*«[10]

In Boullées Planzeichnung des *Newton-Kenotaphs* erscheinen die Staffage-Menschen winzig wie Ameisen angesichts des riesenhaften Gebäudes, das wiederum als Totenmal für nur eine einzige ›Ameise‹ gedacht ist. Ein Denkmal für das Genie Newtons und zugleich ein Planetarium. Die Kugelhülle enthält unregelmäßig verteilte Bohrungen, durch die Tageslicht ins Innere fällt. Ein Erleben als überwältigender Tagtraum: Ich, klein wie ein Staubkorn, positioniert im Mittelpunkt des Universums und ringsum der gestirnte Himmel.

Edmund Burke (1729 –1797) schreibt: »*Wenn ein Gebäude erhaben sein soll, so scheint Größe der Dimensionen erforderlich zu sein, denn bei wenigen und zugleich kleinen Teilen kann sich die Einbildungskraft nicht zur Idee der Unendlichkeit erheben.*«[11]

Demnach wäre es die Einbildungskraft, die Monumentales erhaben wirken lässt. Erhabenheit ist durchaus keine Eigenschaft der Objekte, sondern entsteht im Kopf und färbt dort die Wahrnehmung, sowohl des einzelnen als auch die der Gruppe. Totalitäre Systeme wie das nationalsozialistische bedienen sich deshalb des Erhabenheitsklischees: Albert Speers Planungen für eine Ruhmeshalle mit dem Grundriss von 315 Metern im Quadrat und einer Höhe von 320 Metern für die Welthauptstadt *Germania* (Berlin) plagiieren den Vorläufer Boullée.

10 zit. n. Carlpeter Braegger, Baustellen, Baden 1991, S. 110
11 Edmund Burke, Vom Erhabenen und Schönen, S. 113

Ein komplexes Werk

Großereignissen wie Massenaufmärschen oder Sportveranstaltungen als Gefühlsüberschwemmungen kann sich der einzelne Teilnehmer kaum widersetzen. Die unübersehbare, erdrückende Menge, in der der einzelne bedeutungslos wird, überwältigt. Das Individuelle wird dann betäubt, mitunter sogar ausgelöscht, das Bewusstsein dagegen gleichgeschaltet. Mithin kann auch ein monumentales Bauwerk zum gehirnwaschenden Großereignis werden. Zum Nichtigen geschrumpft, steht man vor den steinernen Kolossen. Nahezu ein Erschrecken ob der eigenen Winzigkeit fährt durchs Gemüt.

Es »*reicht aus, das Körpergefühl zu verändern, als wäre man plötzlich geschrumpft, während den Sinnen schwindlig wird in der Anpassung an den größeren Maßstab.*«[12]

So beschreibt Durs Grünbein den Zustand angesichts architektonischer Monstren. Allerdings gehört eine fast kindliche Traumsicht dazu, in ein Abbild, als sei es Realität, sich vorübergehend hineinzuschmuggeln. Boullées Zeichnungen entwickeln diesen Sog.

In einer Festschrift für Max Bächer kann man lesen:

»*In Panik sei er geraten, als er in der Pariser Nationalbibliothek bei Betrachtung einer Zeichnung von Boullée den schwindelnden Sog verspürt habe, sich in die Menschenmenge eines großen Palastes* [gemeint ist Boullées Projekt eines Justizpalastes] *einzureihen – und wie nach längerer Absenz wieder in die Gegenwart des dämmrigen Bibliotheksraumes zurückgekehrt, er sich selbst – das heißt, seinen eigenen schattenhaften Umriss der Zeichnung eingeprägt fand. Er beteuert, genau zu wissen, dass vorher dort die Zeichenfläche weiß gewesen sei.*«[13]

Anregung dazu gab wohl eine Legende Ernst Blochs. Er erzählt die Geschichte eines alten Malers, der seinen Freunden sein letztes Bild zeigte:

»*Ein Park war darauf zu sehen, ein schmaler Weg, der sanft hindurchführte, an Bäumen und Wasser vorüber, bis zu der kleinen roten Tür eines Palasts. Aber wie sich die Freunde zu dem Maler wenden wollten, das seltsame Rot, war dieser nicht mehr neben ihnen, sondern im Bilde, wandelte auf dem schmalen Weg zur fabelhaften Tür, stand vor ihr still, kehrte sich um, lächelte, öffnete und verschwand.*«[14]

Dass sich in beiden Berichten Todessymbolik äußert, soll uns hier nicht weiter beschäftigen. Aber beide Erzählungen geben einen Hinweis darauf, dass auch von konkreter Architekturwahrnehmung sprechen kann, wer sich unter gewohnten, ›normalen‹ Bedingungen empathisch in einen Architekturplan oder ein Bild hineinziehen lässt. Es ist einerlei: Reale oder auch nur abgebildete Phantasiearchitektur wird dann auffällig in Szene gesetzt, wenn sie im Einerlei der nicht beachteten Hausfronten oder Pläne hervorstechen soll. Sie soll dank ihrer Besonderheiten vom Betrachter nicht übersehen werden. Deshalb kann ihr Architekt nicht umhin, sein Werk zu inszenieren. Neben skulpturaler Formgebung gehören dazu auch die spätere fotografische Eigenwerbung des Architekten sowie Präsentationszeichnungen und Computersimulationen.

Wenn dem so ist, dass das In-Szene-Setzen ein belangreicher Aspekt des Architektonischen ist, dann ist die anfangs gestellte Frage beantwortet, ob fiktive Architektur unter qualitativen Voraussetzungen realer Architektur ebenbürtig sein kann. Sie kann es, wenn sie selbstbewusst zur Schau gestellt wird und es keinen anderen Weg gibt, ihre Besonderheit den Mitmenschen zu präsentieren. Boullées Zeichnungen des *Newton-Kenotaphs* sind daher bei aller Eindeutigkeit ein komplexes Werk der Architektur. Je nach Befindlichkeit erkennen wir Grabstätte, Denkmal, Planetarium, erkennen wir ein Abbild des Universums, Symbol menschlicher Einsamkeit und menschlicher Hybris oder nur eine weitgespannte Konstruktion. Wahrnehmung beruht auch auf Interpretation. Ob zuerst auf Grund der Deutung die Bedeutung erkannt wird, oder ob es sich umgekehrt verhält, ob erst das Bedeutende gesehen wird, um dann zu analysieren und zu interpretieren, das bleibt ungewiss.

12 Durs Grünbein, Das erste Jahr, S. 256

13 Ulf Jonak, Coles maximaler Becher. Eine Fiktion, In: Festschrift für Max Bächer, Darmstadt 1990, o. S.

14 Ernst Bloch, Spuren, S. 155

7. Kapitel Völkerschlachtdenkmal

U. Jonak, *Architekturwahrnehmung*, https://doi.org/10.1007/978-3-658-26262-4_10

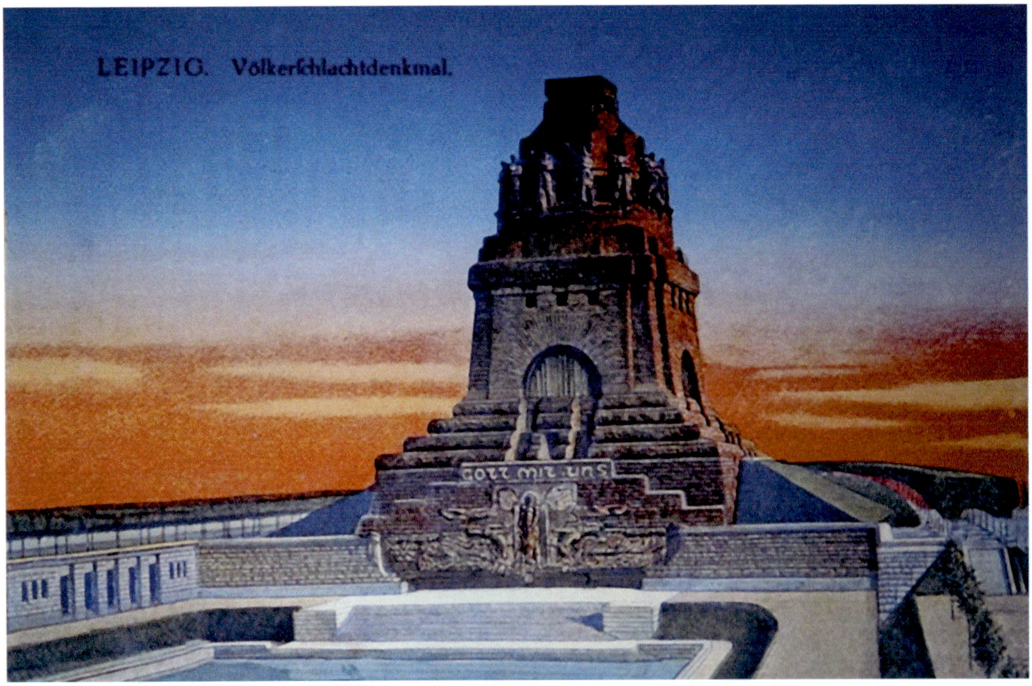

Bruno Schmitz, Völkerschlachtdenkmal (1900–1913), historische Postkarte

» Der »*Deutsche, der sich schwer in einen Kampf auf Tod und Leben einlässt, wird ein Bergstrom, dem nichts widersteht, wenn er einmal zum Kampfe losbricht, weil er aufs äußerste gebracht ist*«. Bogumil Goltz (1801–1870), naiv ahnungsloser Patriot

Im Leipziger Stadtplan kann man noch die ca. 2,5 Kilometer lange Sichtachse vom *Bayerischen Bahnhof* zum *Völkerschlachtdenkmal* entdecken, die im Stadtbild heute aber, weil unterbrochen und zum Teil zugebaut, nicht mehr wahrzunehmen ist. Gleich dem Sehstrahl eines Giganten durchschnitt sie Stadt und Land. Im Grunde ein Trauerweg, eher aber ein Symbol für ein großspuriges Deutschland, das sich anmaßte (am Vorabend des 1. Weltkriegs, 1913), seine Feinde zu zerschmettern.

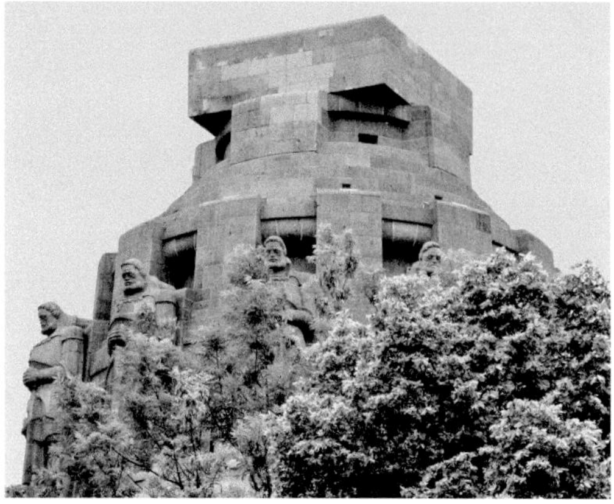

Wie ein gepanzertes Kriegsschiff

Der obere Teil des Denkmals (91 Meter hoch) überragt den mittlerweile herangewachsenen Laubwald. Ob das Gehölz ›deutsche Eichen‹ enthält, entging mir vor Ort. Obwohl das Monument ein Betonbau ist, verkleidet mit massiven Granitporphyr-Quadern, gleicht es von weitem, dank der zum Teil rostbraunen Färbung des Steins, dem von Soldaten umstellten Aufbau eines gepanzerten Kriegsschiffes oder auch dem monolithischen Block eines Bunkers aus dem 2. Weltkrieg. Denn fragwürdig ist die Bildsprache: Demonstriert es den martialischen Vorsatz, die Welt zu erobern? Geht es im Grunde doch um ein Totengedächtnis, ein Gedenken an das Abschlachten von zigtausend Menschen im Jahr 1813. Der Schriftsteller Guntram Vesper, offenbar bemüht, dem großspurigen Gehabe entgegen zu steuern, interpretiert das anders:

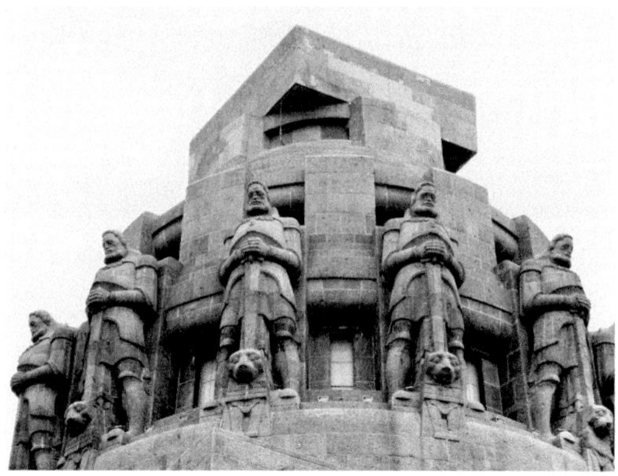

Soldatische Wächterfiguren auf der Denkmalskrone

»*Es sieht aus wie eine überdimensionale Glocke, die an einem blutroten Himmel gehangen, den Tod von 300 Schweden, 12 000 Österreichern, 16 000 Preußen, 22 000 Russen eingeläutet hat und dann herabgestürzt ist.*«[1] Ergänzend sei hinzugefügt, dass auf französischer Seite 38 000 Mann fielen oder verwundet wurden.

Das Denkmal behauptet, dass es nicht nur in Urzeiten ein archaisch heroisches Sterben gab, sondern dass auch in der Neuzeit ein heldenhafter Tod, dem ›Vaterland‹ dienend, eine Gemeinschaft

1 Guntram Vesper, Nachhall, In: Wallfahrtsstätten der Nation, S. 58

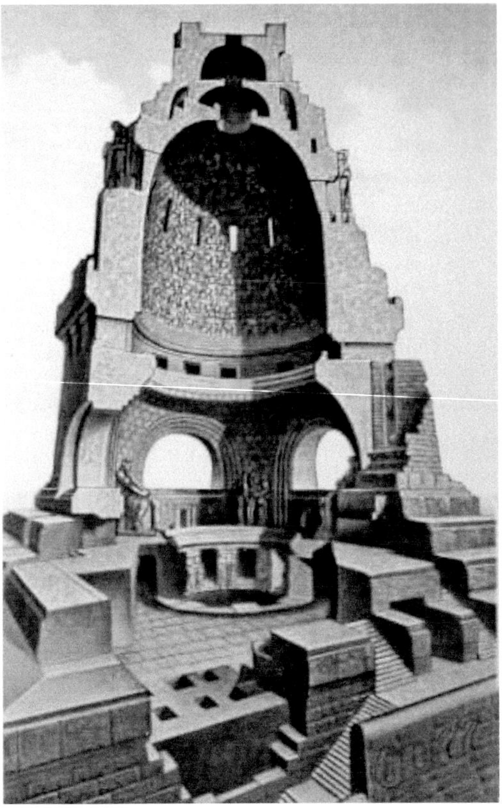

Perspektivischer Schnitt, »wie eine überdimensionale Glocke«

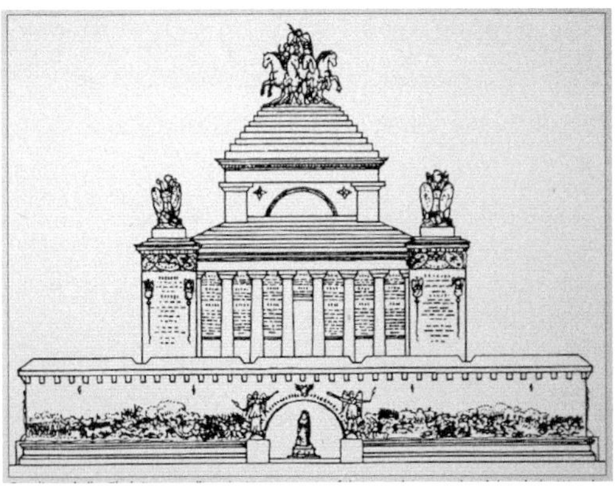

Wettbewerbsbeitrag Friedrich Weinbrenner

stiftende Angelegenheit sei. Die skulptural mannhafte Haltung der heldenhaften Wächter, die in Porphyr gehauenen strotzenden Muskeln der gefallenen Krieger, ihre kantig vorgeschobenen Kinnpartien behaupten eine archaische Herkunft und verkünden den Stolz auf einen vorgeblichen Opferdienst, der doch nur ein ochsenhaftes Nicht-Begreifen war.

Dem Sieg auf dem Schlachtfeld folgte die patriotische Auseinandersetzung um die rechte Würdigung des Triumphs über Napoleons Armee. Ein Streit, der dann das gesamte19. Jahrhundert über im Hintergrund des politischen Geschehens schwelte. Wettbewerbe für ein Denkmal an die Schlacht wurden ausgeschrieben und ihre Ergebnisse negiert. Schließlich erhielt der Berliner Architekt Bruno Schmitz den Auftrag. 1898 legte er die endgültigen Baupläne vor.

Schon kurz nach dem Schlachten hatte Ernst Moritz Arndt, Dichter und Patriot, »*teutsche Festtage*« und die Errichtung eines 200 Fuß hohen Erdhügels, gekrönt von einem Gipfelkreuz und umgeben von einem Eichenwald, gefordert.

»*Soll es gesehen werden, so muß es groß und herrlich sein, wie ein Koloss, eine Pyramide, ein Dom in Köln.*«[2]

Nicht nur für Arndt, auch für andere Befürworter des Denkmals war nationales Pathos das Entscheidende. Der dunkle Inhalt des Monuments, Appell zur Einheit der Deutschen, blieb allerdings vage und zwiespältig. Ein oberflächlicher Erregungsäther umwabert bis heute atmosphärisch den Koloss, ein Gemenge aus Säbelrasseln, Überheblichkeit, Nationalstolz und Empfindlichkeit, Todesverachtung und Triumph. Augenfällig und schlicht, mit dem Anspruch zu überwältigen, ist die kunstvoll geschichtete Steinmasse (26 500 Granitblöcke, 120 000 Kubikmeter Beton), ein massives Sinnbild eines phantasierten ewigen Bestehens.

Ein Sinnbild auch für das Misstrauen gegenüber den Nachbarstaaten. Das Standbild einer Festung auf erhöhtem Grund, umgeben von bewaffneten Wächtern (Rittergestalten), denen Unnachgiebigkeit ins Gesicht gemeißelt ist. Dem heroischen Ausdruck von Figuren und Bau entspricht die geometrische Vereinfachung, schwellend, scharfkantig und

2 Zit. n. Steffen Poser, Völkerschlachtdenkmal, Kurzführer, S. 6

knorrig. Grobe Details, die wegen ihrer Einförmigkeit umso eindringlicher wirken. Individuelle Gesichtszüge sind vermieden. Im Gegenteil: Das Monument bewachen geklonte Krieger: im Inneren der großen Halle von der Baumasse umschlossen, und außen mit der Steinmasse verwachsen. Trauer um die Opfer der Völkerschlacht wird verdrängt angesichts aggressiver Selbstbehauptung (Bildhauer Franz Metzner).

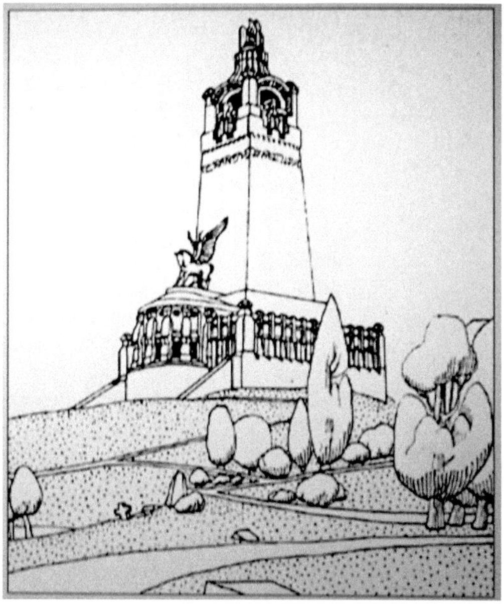

Wettbewerbsbeitrag im 19. Jahrhundert

Kunst des Denkmals

Nun steht das *Völkerschlachtdenkmal* in seiner Monstrosität nicht einzigartig in seiner Zeit. Da es nach 1871 wiederholt Wettbewerbe gab, den ehemaligen Reichskanzler Bismarck als ›Architekten‹ des deutschen Kaiserreichs zu würdigen, sind eine Anzahl Standbilder und noch mehr Pläne erhalten. Das sicher bedeutendste dieser Monumente steht in Hamburg (Wettbewerb 1902, Fertigstellung 1906, Bildhauer H. Lederer, J.E. Architekt Schaudt). Auch dies Denkmal, über 34 Meter hoch, ehemals eine Beteuerung nationaler Größe, heute ein Zeichen für ein aufgeblasenes, aber leicht zu irritierendes kollektives Selbstbewusstsein, ist dennoch eine eindringliche Symbiose von Architektur und Skulptur.

Offensichtlich äußerte sich um 1900 die Kunst des Denkmals immer mehr geometrisch vereinfacht, kantig oder geschliffen im Detail, fast schon formale Tendenzen der Neuen Sachlichkeit vorwegnehmend. Wettbewerbsteilnehmer Bruno Schmitz schlug eine am *Völkerschlachtdenkmal* erprobte Figurenkonstellation vor: Ein von einem Steinkreis umgebener obeliskenhafter Fels, aus dem Bismarck in Gestalt eines Ritters hervortritt.

Den monströsen Denkmälern in Leipzig und Hamburg gelang es zweifellos, manchen Betrachter zum überwältigten Bewunderer zu (ver)formen. Denn wahrgenommen wird gemeinhin, worauf man schon im Vorhinein festgelegt war. Anschauung wird nachhaltig.

Das *Völkerschlachtdenkmal* ist ein Monstrum, nur begreiflich aus der Zeit, einer Zeit wilhelminischer Selbstüberhebung und dem Begehr nach Einfluss im Konzert der Völker. Es war aber auch eine Zeit kollektiver Unsicherheit und des Bedürfnisses

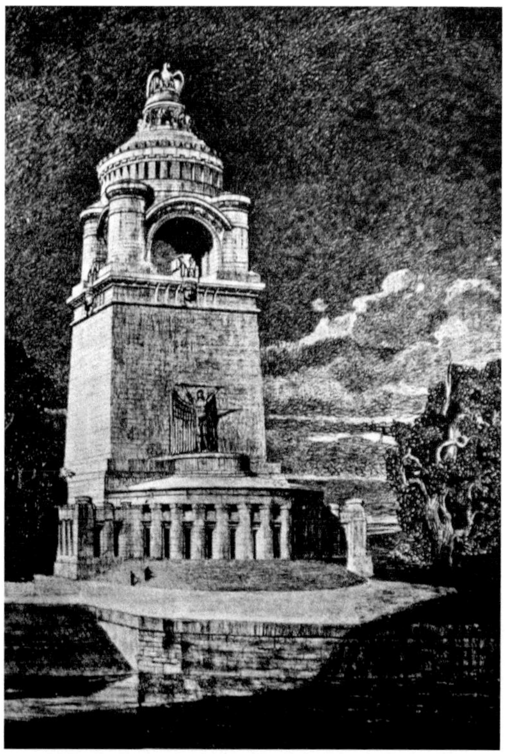

Wettbewerbsbeitrag Wilhelm Kreis

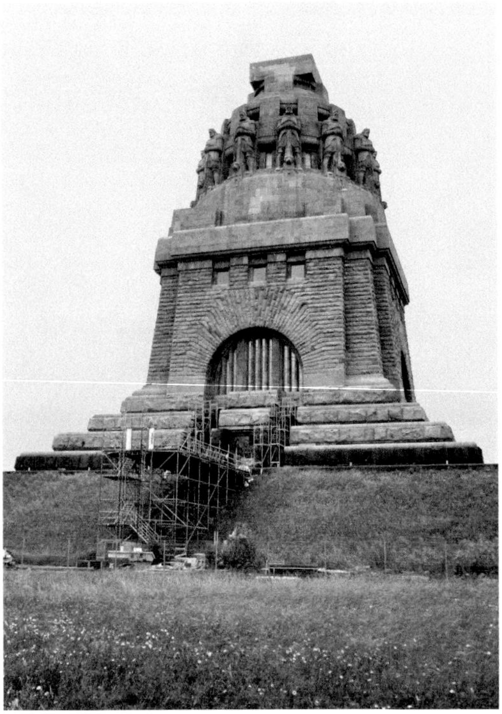

Das Denkmal, 91 Meter hoch

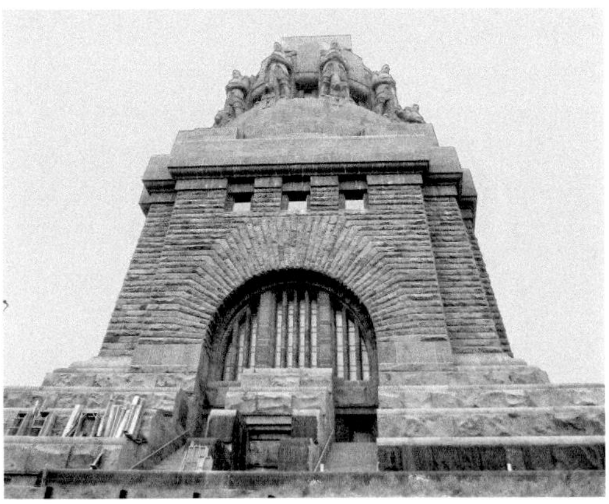

Von unten wie ein Moloch, erinnernd an das kannibalische Maschinenmonster in Fritz Langs Film *Metropolis*

nach Selbstfindung. Umso feierlicher man seine Ansicht verlautbarte, umso glaubwürdiger hoffte man zu sein. Da wirkt Fritz Schumachers Deutung des Monuments geradezu sachlich:

»*Der Weg, den Bruno Schmitz kühn und sicher gebahnt, indem er aus der Steinmasse heraus seine Monumente türmte und sie verwachsen ließ mit ihrer Umgebung, ist in Deutschland sonst nur wenig betreten worden.*«[3]

Eine Betrachtungsweise, die so gar nicht dem zeitgeistigen Pathos entsprach, sondern eher auf leidenschaftsloser Wahrnehmung beruhte. Obwohl auch Schumacher die Monumentalität dieser Erinnerungsmale nicht in Zweifel zog.

3 Fritz Schumacher, Im Kampfe um die Kunst. Beiträge zu architektonischen Zeitfragen, S. 41

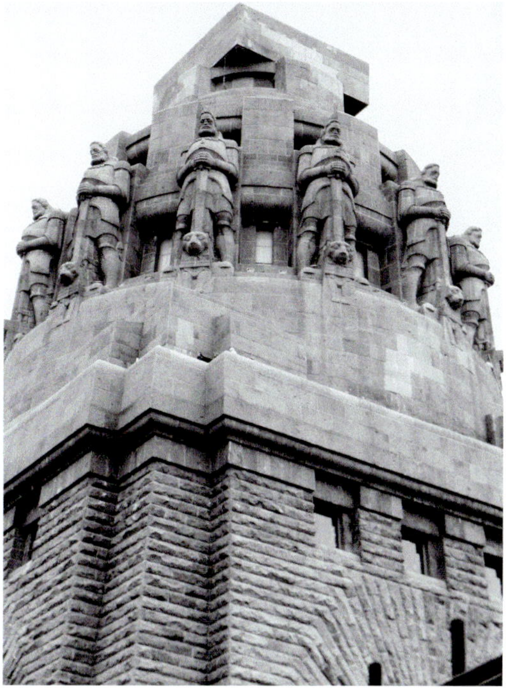

Ewig wehrhafte Helden

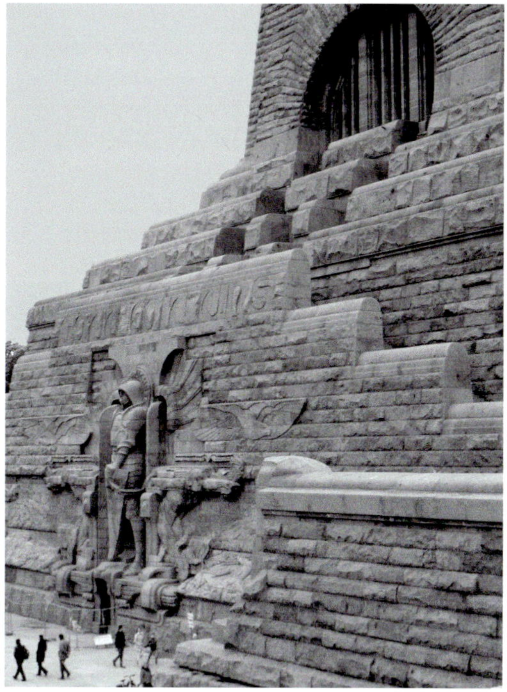

Ein martialischer Erzengel Michael, die Pforte zur Totengruft bewachend

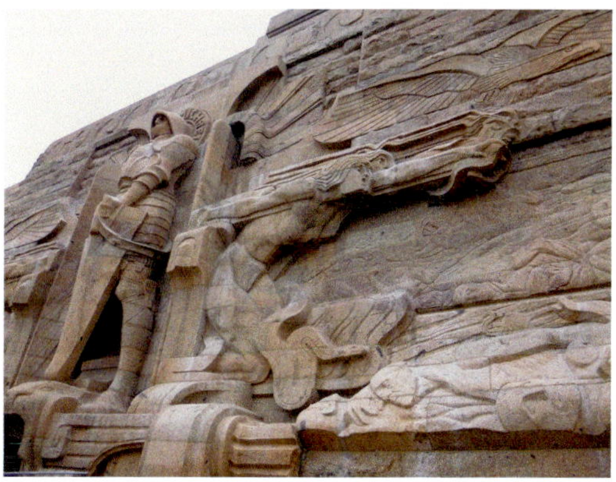

Der Engel, standhaft inmitten des Schlachtgetümmels

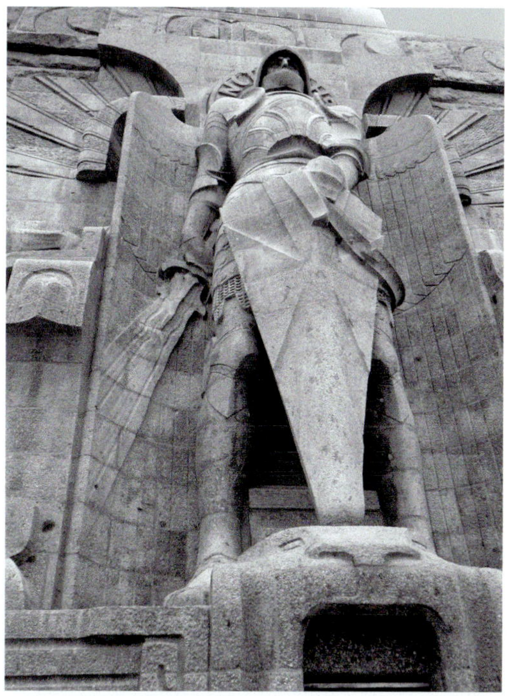

Hoch gerüstet und mit Flammenschwert

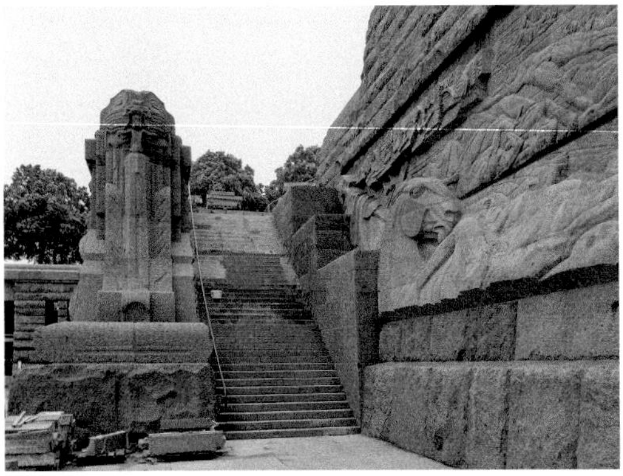

Barbarossakopf am seitlichen Treppenaufgang

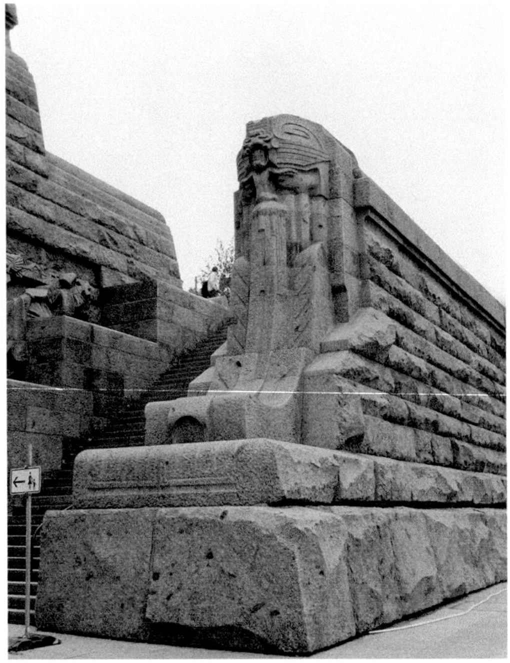

Barbarossakopf am seitlichen Treppenaufgang

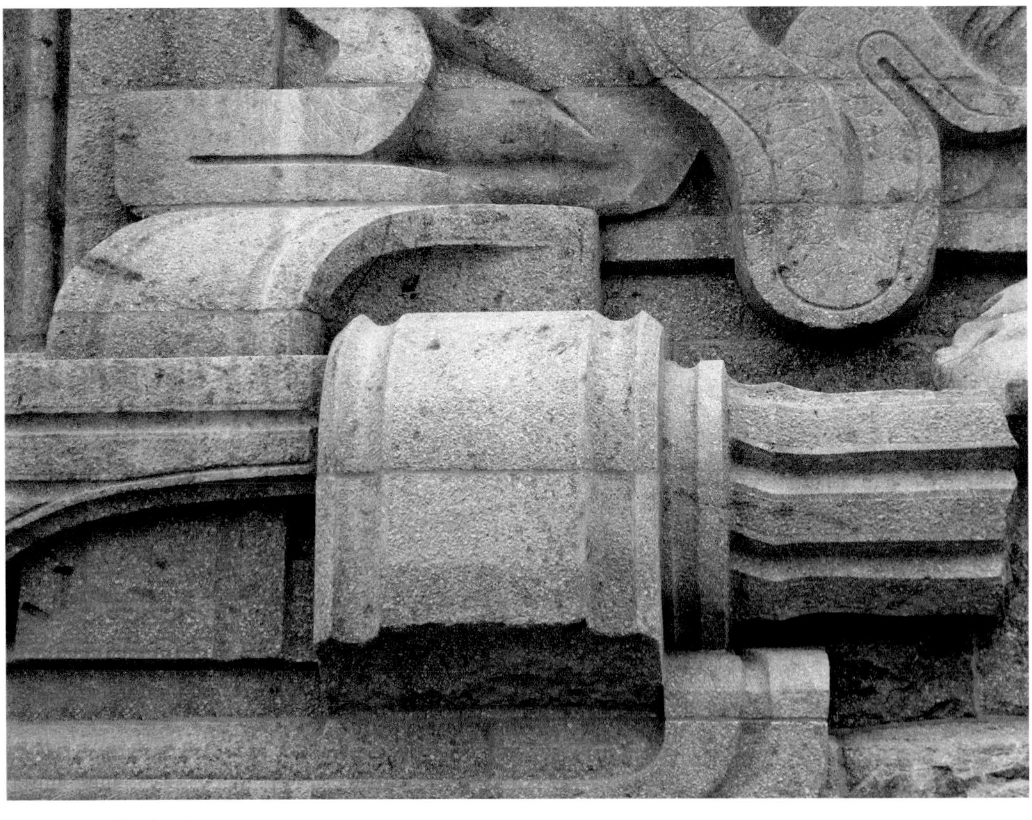

Maschinenästhetik in Stein

8. Kapitel Erinnerter Raum

U. Jonak, *Architekturwahrnehmung*, https://doi.org/10.1007/978-3-658-26262-4_11

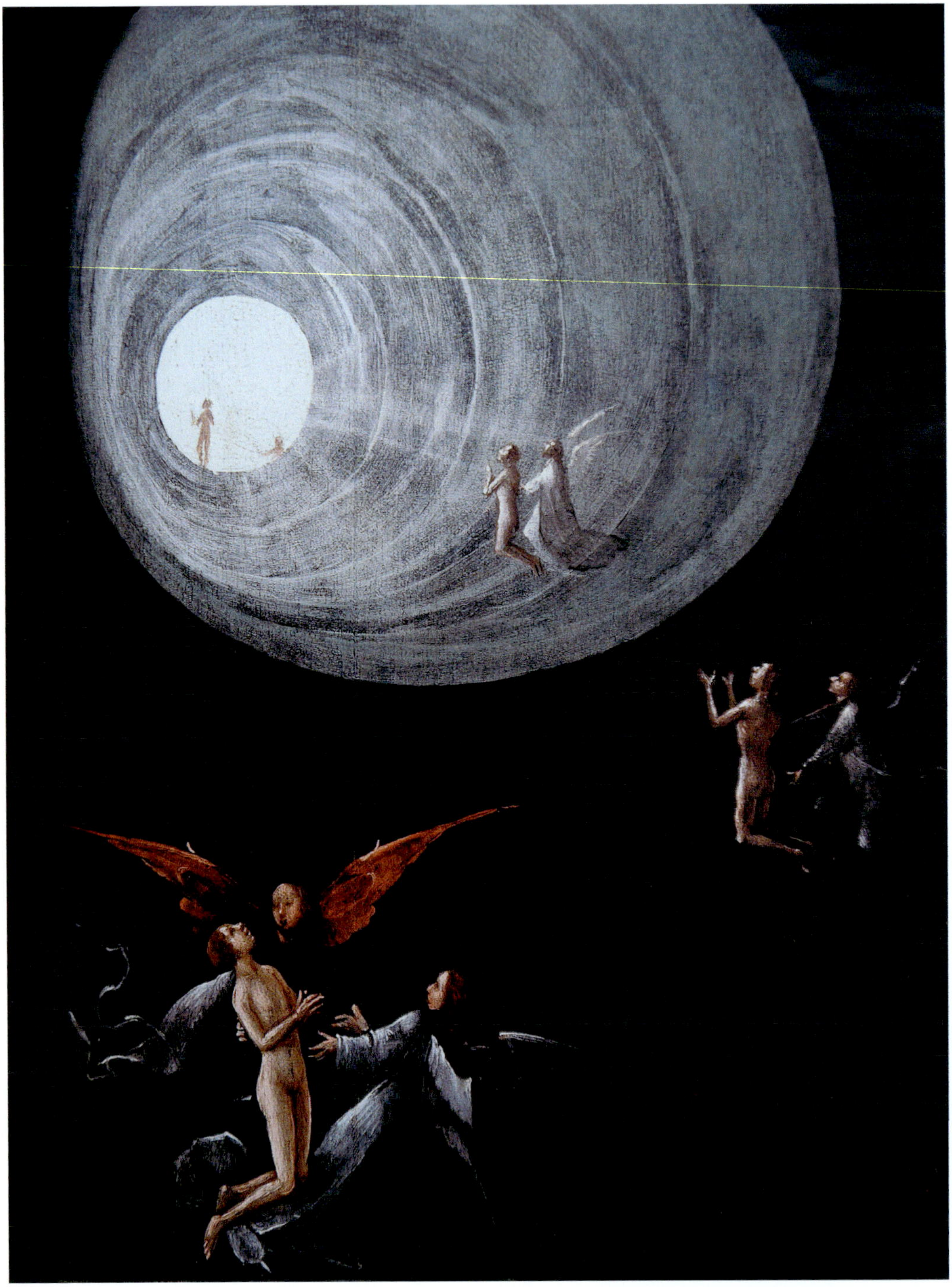

Hieronymus Bosch (ca. 1450–1516), Der Garten der Lüste, linker Seitenflügel (Ausschnitt)

» *Die Umgebung als Innenwand einer Röhre, die mich tunnelartig umschloss?«*

Brigitte Kronauer

Wahrnehmung ist ohne Erinnerungen nicht denkbar und Erinnerungen sind ohne Wahrnehmung nicht denkbar. Wir nehmen nur das wahr, an das wir uns als schon irgendwann einmal Wahrgenommenes erinnern. Historie hingegen, ein abstraktes Erinnern, das nicht empfunden wird, sondern erlernt werden muss (auch Wahrnehmen muss erlernt werden), bleibt blass und wird vom Ansturm subjektiver Lebensgeschichten zurückgedrängt. Subjektivität muss anderen einleuchtend erscheinen und gibt erst so der Historie Farbe und Form. Subjektivität: Immer interpretiert sie, mitunter verfälscht sie. Mitunter aber enthüllt sie Erstaunliches. Das Duftwölkchen des Proust'schen Gebäcks, in eine Tasse Tee getaucht, jene *Madeleine*, hauchzart und unscheinbar, bläht sich auf zum Panorama eines gelebten Daseins.

»Und wie in den Spielen, bei denen die Japaner in eine mit Wasser gefüllte Porzellanschale kleine, zunächst ganz unscheinbare Papierstückchen werfen, die, sobald sie sich vollgesogen haben, auseinandergehen, sich winden, Farbe annehmen und deutliche Einzelheiten aufweisen, zu Blumen, Häusern [...] werden, ebenso stiegen jetzt alle Blumen unseres Gartens und die aus dem Park von Monsieur Swann, die Seerosen auf der Vivonne, die Leutchen aus dem Dorfe und ihre kleinen Häuser und die Kirche und ganz Combray und seine Umgebung, alles deutlich und greifbar, die Stadt und die Gärten auf aus meiner Tasse Tee.«[1]

Wahrnehmung wird verfärbt von vergangenem Erleben, das nie vergessen, wenn auch selten bewusst geworden ist. Ein unbedeutendes Ereignis kann aus dem Unbewussten etwas hervorkramen, das der eigentlich verstandenen Gegenwart neue Lichter aufsetzt. Wir sollten uns dessen bewusst sein, dass wir mit Augen und Gehirn zugleich sehen, dass wir folglich Erinnerungen und Wahrnehmungen schwerlich voneinander trennen können.

Bei Jean Baudrillard findet sich folgende Textstelle, die sehr willkommen ist in diesem Kontext:

»Es ist unglaublich, dass nichts von dem, was man geschichtlich für überholt hält, wirklich verschwunden ist, alles ist da, bereit zur Wiederauferstehung, alle archaischen Formen sind unversehrt und zeitlos vorhanden wie Viren im Innern des Körpers.«[2]

Höhlengleichnis

Lassen wir uns auf ein Gedankenexperiment ein, das ein wenig von Platons Höhlengleichnis inspiriert ist, sich aber mit weniger zufrieden gibt – das heißt, nicht das große Ganze, sondern lediglich unser Raumempfinden zu ergründen sucht:

Stellen wir uns vor, wir seien allein, gefesselt, im Dunklen. Unsere Wahrnehmungen sind: Kälte oder Wärme, stickige oder zugige Luft, Härte, Trockenheit oder Feuchtigkeit, Stille oder Rascheln, Herzpochen, vielleicht ein Wadenzwicken. Woher mag dies Zwicken rühren? Plagt dort eine Ameise, Spinne, Kellerassel oder bloße Hysterie? Wir wägen ab, wir können uns nicht entscheiden. In Gedanken spielen wir Möglichkeiten durch. Vorstellungen lösen sich ab. Keller, Speicher, Halle, Gang. Absolutes Dunkel – nichts zu sehen. Noch zaudern wir, wir räuspern uns, Geräuschechos verstärken den Eindruck. Der Raum muss schmal sein – Gang, Flur, Tunnel – denn wir spüren Wind von vorne, Zug von hinten. Der nahen Wände wegen vertiefen sich seitliche Temperaturempfindungen. Wir spüren vielleicht Wärme, vielleicht Feuchte, gar Nässe.

Unmerklich entsteht eine Vorstellung. Sind wir allein im Durchzug? Die Intensität der Raumempfindung steigert sich allmählich. Die Empfindung wäre gestört oder gar zerstört, wenn plötzlich Helligkeit einfiele. Die Wahrnehmung zersplitterte, ein Hin und Her von Geistesfunken, Blitze eines anderen Daseins, Bilder, die das Fremdsein verstärken. Wir sähen nun die Mauern, die Schranken und wüssten nicht, was dahinter ist und vermuteten und grübelten und fürchteten uns anders als vorher. Denn was wir als Tunnel interpretierten, wäre – nun sichtbar – womöglich nur ein Zwischenraum von mächtigen, mit Ereignissen gefüllten Volumen.

Der Tunneleffekt könnte als Gleichnis dienen für die Gestalt unserer Raumwahrnehmung. Raum

1 Marcel Proust, Auf der Suche nach der verlorenen Zeit, Frankfurt 1964, Band 1, S. 67

2 Jean Baudrillard, Die Illusion des Endes, S.17

wird von mir erfahren, indem ich mich bewege. Raum erfahre ich in allmählich sich verändernden, sichtbaren und tastbaren Segmenten längs meiner Bewegung. Was ich mit den Augen sehe, verleitet mich zu Spekulationen, bis hin zur Täuschung. Um den Raum zu erfahren, muss ich das Sehen einschränken, lediglich als Navigationshilfe beim Gehen benutzen. Die Folge der Segmente ergibt längs meiner Bewegung einen röhrenartigen Raum, mal geweitet, mal verengt – im Einklang mit meinem Gefühl. Ein ähnliches und ihm Sicherheit verleihendes Erleben beschreibt Joseph Brodsky anlässlich eines Nebeltags in Venedig:

»*Der Nebel ist dicht, sichtberaubend und unbeweglich. Letzteres ist jedoch von Vorteil, wenn du zu einer kurzen Besorgung hinausgehst, […] denn du findest den Weg zurück, und zwar durch den Tunnel, den dein eigener Körper in den Nebel gegraben hat; der Tunnel bleibt wohl eine halbe Stunde lang erhalten.*«[3]

Bewegung erfolgt in der Zeit. Der Raum, als Strecke von A nach B erfahren als verrinnende Zeit, erscheint subjektiv geradlinig. Ich erinnere mich an den Bericht von einer Vaporettofahrt auf dem venezianischen Canale Grande, der bekanntlich s-förmig gebogen ist, als Wiedergabe einer zeilengeraden Palastfrontfolge.

Lebenslauf – Lebensraum

Dagegen: Die Erkenntnis der gitterartigen Vernetzung in alle Richtungen ist rational, hat nicht mit dem Empfinden, sondern mit dem Hirn und mit unseren Erfahrungen zu tun. Umwege, Kehrtwendungen und Irritationen im Lebenslauf sind für den Betroffenen keine Umwege, keine Kehrtwendungen, keine Irritationen, keine Fehlhandlungen, sondern sind subjektiv folgerichtig und somit geradlinig. Nur wenn der Verstand zum Zweifeln kommt, werden Krümmungen oder Schlimmeres vermutet. Rückwärts betrachtet kann die als Strecke gesehene Lebenszeit (= Lebensraum) nicht verlassen werden. Das Leben erscheint konsequent auf das Ziel der Gegenwart gerichtet.

Das Leben erscheint in gleichförmige Etappen gegliedert, Zeiten der Zufriedenheit oder vergangenes Unglück werden allmählich zu farblosen Bausteinen verformt, die allerdings den konsequenten Untergrund augenblicklicher Heiterkeit oder des gerade eintreffenden Ungemachs bilden. *Es musste ja so kommen*, heißt dann der gewohnte Kommentar. Also verläuft auch meine Geschichte bis zu diesem Moment, wo ich hier am PC sitze, in einem imaginären Tunnel. Sie kann von mir nicht verlassen werden. Dass gerade diese Gedanken und keine anderen mich behelligen: *Es musste ja so kommen.*«

Wenn ich mich allerdings außerhalb von mir stellen könnte, könnte ich Brüche, Rückschritte, Schwenks feststellen, die nur bei unterdrückten Reflektionen nicht krumm, sondern geradlinig erschienen.

Ein Ortswechsel wirkt, im Freundeskreis erzählt, mitunter krass, heftig und kontrastierend. Die Orte A und B fesseln das Bewusstsein, aber die Wegstrecke zwischen A und B ist von Vorwärts- und Rückwärtsdenken überlagert, blass, unscheinbar und faktisch zu vernachlässigen. Hingegen vom Reisenden selbst erfahren ist die Bahnreise von A nach B ein Stück Lebensreise, folglich dem Bewusstsein zugehörig. Es gibt dann kein weniger oder mehr Wichtig-Sein. Von innen betrachtet ist alles ein gleichmäßiger Fluss. Eventuelles Überstehen von Gefahren oder Aufregungen laufen so panikhaft und halbbewusst ab, dass ich mich überrascht im Nachhinein frage: *Wie bin ich dem entronnen, wie habe ich das gemacht?*

Lebenslauf und Verhängnis

Wenn ich mich außerhalb von mir stelle, gerate ich in fremde Geschichten. Ich nehme Geschichte nicht als Etappenfolge meines Lebenslaufs, sondern als aus allen Himmelsrichtungen auf mich zustoßend wahr, als Schicksal, als Überfall, als Verhängnis. Als Verhängnis nehme ich die Geschosse eines Hauses wahr, wenn ich sie komplex und analysierend wahrnehmen will, etwas, das außer mir ist, etwas, das über mich kommt. Ich begreife das Haus von außen nur und muss mich mit Vermutungen abfinden, wenn ich in Gedanken Mauern durchdringe, ein

3 Joseph Brodsky, Ufer der Verlorenen, S. 44

neugieriges, imaginäres Auge durch die Raumkästen fliegen lasse. Es gibt ein traumähnliches Wahrnehmen, das dem Wachen nachempfunden ist.

»Wir träumen, wenn wir sehen. Wir sehen, wenn wir träumen. Stehen wir nicht immer im selben Zwielicht?«[4]

So steht es in einem Essay von Botho Strauß.

Normalerweise befinde ich mich wandumstellt in einem Raum, einer Kammer. Von allen zusätzlichen Räumen weiß ich nur, dass es sie vermutlich gibt. Sie sind erst da, wenn ich sie betrete. Wenn ich aber von ihnen weiß, dann habe ich bereits Nachrichten über sie. Erinnerte Vergangenheit kommt ins Spiel. Erinnerung ist ein Vorgang in der Zeit. Nur was erinnernswert ist, tritt an die Oberfläche und wird gegenwärtig, wird zur Schaumkrone einer Geschichte. Geschichtselemente, die sich wiederholen, sind zwischenzeitlich verschwunden, aber im notwendigen Moment, wie auf Mausklick abrufbar, wieder präsent. Wem ist nicht schon geschehen, dass aber, als er zum zweiten Mal zu einer Adresse reiste, an deren Lage er sich kaum noch erinnern konnte, sodass er das Nicht-Wiederfinden fürchtete, beim Gehen oder Fahren das nächste Wegzeichen jeweils im rechten Moment vor dem inneren Auge auftauchte.

Jetztraum und Gesternraum

Mein Gang durchs erinnerte Haus errichtet alle im Gedächtnis verschütteten Räume aufs Neue. Beim Gehen hindurch entsteht hinter mir wie ein Rauchschwaden jenes Gebilde, das ich den Jetztraum nennen möchte, der weder mit dem Gesternraum noch mit dem Vorgesternraum identisch ist, deren ich mich aber beim Gehen erinnere. Der Jetztraum vom Gesternraum gequert, überkreuzt sich mit dem Vorgesternraum: Im Laufe der Zeit entsteht ein Geflecht von sich verdichtenden Sphären, nach und nach ein Schwamm, der mich in die Lage versetzt, umso feiner die Poren werden, auch im Dunklen jede Mauerkante, jede Türklinke, jede Bodendiele, jede Unebenheit als fixierten Knoten im dreidimensionalen Raumgitter zu erkennen, als Bewusstseinsknoten, der, weil im Vergangenen erfahren, dann gespeichert im Hirn, auf das zu Erwartende hinweist. So finde ich meinen Weg.

Anders ist es hingegen im fremden Gehäuse: Nicht die Raumschleppe hinter mir, sondern das sich unbekannt vor mir Aufbauende füllt mein Bewusstsein. Ich zögere, ich muss mich überwinden. Noch habe ich keine Bewusstseinsknoten. Der Jetztraum wird noch nicht vom Gesternraum (usw.) gekreuzt. Noch ist es dann fast unmöglich, wenn ich mich nacheinander in zwei Geschossen bewege, übereinanderliegende Räume einander zuzuordnen.

Aber wenn ich mich auskenne, ein Gehäuse, eine Stadt mir zur Gewohnheit geworden sind, begehe ich sie alsbald schlafwandlerisch. Wie der Pawlow‹sche Hund nehme ich nur Reize wahr, die der Wegfindung oder der Bedürfnisbefriedigung dienen. Elektrisiert fixiert mein Auge lediglich Unvertrautes oder Veränderungen. Prominente Bauwerke, Wandschmuck, liebevoll ausgetüftelte Kleinereignisse wie Portale oder Schwellen werden im Laufe der Zeit selbst von architektonisch Geschulten nicht mehr wahrgenommen. In sich gekehrt, umschlossen von Gedankengespinsten und dem Raumdepartment, in dem man gerade sein Wesen treibt, hängt man der Vergangenheit nach, imaginiert die nahe Zukunft und transportiert sich selbst bewusstlos über die Distanz zwischen Start und angepeiltem Ziel. Das entspricht dem scheinbaren Blackout auf Routinestrecken, einer Autobahn zum Beispiel, der dazu führt, dass man gedankenschwer nicht weiß, ob man die letzten zehn Minuten Auto gefahren ist oder ob womöglich eine unbekannte Macht einen von Ort zu Ort gebeamt hat.

Reize erschlaffen zu simplen Signalen, werden zur magischen Wegsteuerung. Eine phantastische Welt im Kopf betäubt uns denkend. Die sperrige Realität stößt nur noch bei wichtigen Wegmarken auf und an. Das Haus, die Straße, die Stadt werden eigenschaftslos zwischen Start und Ziel, zwischen Morgen und Abend, zwischen Gestern und Morgen, zwischen Jugend und Alter. Private Ereignisse formen die Stadt, die persönliche Stadt: der Besuch, der Geburtstag, der Unfall, das Sommerfest, das Begräbnis usw. Das sind die Ereignisse, die kreuz und quer ihre Positionslichter in der Stadt aufleuchten lassen, die aber im Bewusstsein eine schnurgerade Kette bilden – den Tageslauf, den Jahreslauf, den Lebenslauf des Einzelnen.

4 Botho Strauß, Fragmente der Undeutlichkeit, S. 49

Nostalgie

So hat die Stadt kein eindeutiges Zentrum für Bewohner, nur für Touristen. Hingegen hat sie Orte, wo man Chancen hat, jemanden zu treffen, Orte, wo man sich intuitiv verhalten und dem Konsum frönen darf. Ab und zu verschieben sich die Positionslichter, dann wird die Kette der Zielpunkte anders ausgelegt. So ist das historische Zentrum der Stadt eine gesellschaftspolitische Fata Morgana, ein Ort, an dem gefälschte Erinnerungen (wie bei dem Neubau des *Berliner Schlosses* oder dem neu/alten *Römerberg* in Frankfurt am Main) zelebriert werden, ein Ort, wo gemeinschaftsstiftende Feste, Kundgebungen oder nur das Gedenken daran inszeniert werden.

Geschichtliche Zentren werden zur »*Mausefalle*«, sagt Rem Koolhaas in seinem fünf Pfund schweren Buch S, M, L, XL (1996). Auch er meint, dass das identitätsstiftende und tourismusfördernde Stadtzentrum in seiner denkmalgeschützten Starrheit jeglichen Wandel verhindere, ja, durch Anziehung gleichzeitig sein Anschwellen und damit gleichzeitig seine Schwächung fördere. Dem Sinne nach meint Koolhaas, dass wir so allmählich unsere Zukunft verhindern. Identität schnürt ein, stemmt sich gegen Interpretation, gegen Erneuerung und Widerspruch.

Hingegen sei »*die eigenschaftslose Stadt [...] die Stadt, die dem Würgegriff des Zentrums, der Zwangsjacke der Identität, entkommen*«[5] sei, stellt Rem Koolhaas fest.

Im allzu starren Bestand des Stadtzentrums werden durch Gewohnheit keine Einzelheiten, ja, auch selbst das Gesamte nicht mehr wahrgenommen. Um unseren Geschäften nachzugehen, durchqueren wir sie wie Schlafwandler, wie von unbewussten Zielen angezogen. Dagegen können wir in der eigenschaftslosen Stadt, im ständigen Wandel begriffen, uns ungezwungener positionieren, das heißt unsere Aufmerksamkeit von Zeit zu Zeit, von Ort zu Ort modifizieren.

5 Rem Koolhaas, The Generic City'. In: S, M, L, XL, S. 1249

Röhrenhafter Käfig

Die anfängliche Zumutung einer quälenden Fesselungsphantasie geschah in der Hoffnung, verständlich zu machen, dass zumindest unsere räumlichen Erlebnisse weniger einem Flanieren zwischen den cartesianischen Koordinaten als einer in einer Art Löwenkäfig fortschreitenden Zwangshandlung entsprechen. Dennoch haben wir die Freiheit, den Löwenkäfig selbst zu konstruieren, aber ihn auch zu verlassen, um den nächsten aufzubauen und zu benutzen. Wir können uns aber nicht außerhalb der Käfige aufhalten. Wir können jedoch vergessen, dass sie da sind und dann ist es schon fast dasselbe.

Dieser röhrenhafte Käfig: Immer gibt es ein Vorne und ein Hinten, etwas, was wir kennen, unter Umständen neu bewerten, und etwas, was wir kennen lernen möchten. Also geht es vorwärts, manchmal stockend, aber nicht rückwärts. Doch wir tun gut, unserer Wahrnehmung zu misstrauen, es sind oft Fiktionen, falsche Geschichten, auf denen wir bauen.

Deshalb: »*Hand aufs Herz, das Auge hört mehr als es sieht*«, vermutet K. H. Hödicke, der Maler, und paraphrasiert damit einen Nietzsche-Satz: »*Man hat auch die Augen um zu hören.*«[6]

Ein Gedanke, den Peter Sloterdijk aufgreift:

»*Die Haut kann hören, die Augen vermögen zu sehen, und die Augen unterscheiden warm und kalt. Der physiognomische Sinn achtet auf die Spannungen der Formen und belauscht, als Nachbar der Dinge, ihr expressives Flüstern.*«[7]

6 Friedrich Nietzsche, Die fröhliche Wissenschaft, Kap. 6, Werke, S. 223

7 Sloterdijk, Kritik der zynischen Vernunft, S. 268

Exkurs 2 Fata Morgana

U. Jonak, *Architekturwahrnehmung*, https://doi.org/10.1007/978-3-658-26262-4_12

Denken wir uns Folgendes aus: In einer vermeintlich endlosen Weite, in der voran zu kommen unser Anliegen ist, regt sich nichts. Es ist heiß. Endlich zeigt sich in der Ferne, im Flimmerlicht, die erwartete Oase. Wir sind nicht sicher, wir sind vor Fata Morganen gewarnt worden, wir wollen nicht die falsche Richtung einschlagen. Schon manche haben sich täuschen lassen und sind, in die Irre laufend, verdurstet, obwohl ihr Ziel noch erreichbar gewesen wäre. Ein scheinbar zuverlässiger Test, die Realität der Wüsteninsel zu bestimmen, fällt uns ein: Wir fotografieren, was wir fernab sehen.

Wäre es Geisterspuk, so denken wir, wäre wohl auf dem Display unserer Kamera nichts zu entdecken, dem wir zueilen könnten. Doch eindeutig sind Palmen und flache Bauten auf dem kleinen Bildschirm zu erkennen. Wünschen wir uns aber, dass nicht eine Fata Morgana an unseren Nerven zerrt, dass uns das Phänomen doch vertrauter ist als gedacht und dass wir wissen, dass Fata Morganen fotografierbar sind und wir deshalb nicht an unserem Verstand zweifeln müssen, auch nicht verzweifeln müssen und dass wir die Physik des Phänomens verstanden haben. Denn die Naturerscheinung ist physikalisch zu erklären. Kalte und warme Luftschichten sind in größerer Höhe übereinander gelagert. Wenn ein Lichtstrahl durch die kalte Schicht dringt und dann in flachem Winkel durch die warme Schicht, dann wird er zwischen beiden gebrochen. Es entsteht eine Luftspiegelung, jene Fata Morgana. Allerdings nur, falls es windstill ist.

Eine Luftspiegelung. Ein Spiegel spiegelt das sich Spiegelnde – mehr oder weniger deutlich, jedoch immer als Realität. Eine Fata Morgana ist demnach keine Täuschung, weder Illusion, noch Sinnesverwirrung. Sie ist auch kein Luftschloss, sondern sie spiegelt eine reale Situation. Illusionär ist allerdings die Stätte, an der sie sich scheinbar befindet. Ich nehme wahr, was sich tatsächlich irgendwo befindet – an einem unbekannten, aber trügerisch woanders hin versetzten Ort.

Als nur eine Entdeckerelite in die noch unerforschten Weltteile reiste und der Normalbürger die Fata Morgana nur gerüchteweise kannte, schien sie ein zauberhaftes Märchen zu sein, vergleichbar mit des Wahrsagers hellseherischer Kristallkugel. Naiv und unwissend über die optischen Fakten dichtete Eichendorff:

»*Du Pilger im Wüstensande / ich spiegle Wälder und Kluft / Der Heimat blühende Lande / Dir wunderbar in der Luft. / Wer hielte in dieser Wüste / das einsame Wandern aus / Wenn ich barmherzig nicht grüßte / Mit Frühlingsdüften von zu Haus?*«[1]

Bevor sie physikalisch verstanden wurde, gab die Fata Morgana ein wundersames Thema ab, über das sich herrlich spekulieren ließ. Unbedarfter als Eichendorff kann man diese Wundererscheinung kaum beschreiben. Es sei hier zugegeben, dass das zitierte Gedicht nicht sein bestes ist, aber es soll als Beispiel angeführt werden, wie in Gehirnen phantasierte Luftspiegelungen aufleuchten können, die erscheinen und vergehen und sich wie Wolken ohne materielle Grundlage im visuellen Cortex des Gehirns ausdehnen. Aber auch echte Fata Morganen werden mitunter als Wolkengebirge gedeutet und werden deshalb unauffällig. Nur wenn sie sich als kubische Architekturformen offenbaren, werden sie rätselhaft und sind nicht mehr als Wettererscheinungen zu erklären.

Beeindruckt von psychedelischen Experimenten und im Vorgriff auf die Metamorphosen, der Architekturprojekte mittlerweile durch Computerprogramme unterworfen sind, schrieb Warren Chalk (Mitglied der englischen Architektengruppe *archigram*) 1966:

»*Wahrscheinlich ist Architektur nur eine Fata Morgana, eine Phantasiewelt, die wir uns ersonnen haben mit dem Wunsch, die Furcht vor der uns alltäglich umgebenden Welt zu orten, zu bannen oder zu integrieren. Ein hoffnungsloser Versuch, das Irrationale zu rationalisieren.*«[2]

Für Chalk ist eine Fata Morgana ein geisterhafter Spuk. Aber eine Fata Morgana als visuelle Erscheinung ist keine Täuschung, denn sie spiegelt ein konkretes Geschehen; ebenso wie Fotos oder Spiel- und Dokumentationsfilme zwar nicht real sind, aber auf Vorhandenheiten beruhen. Auch wenn das Reale ein Statist ist wie jener, der in Antonionis Film *Blow up* einen Leichnam darstellen muss. Der Blick auf ihn, im Gebüsch verborgen, wird von flirrendem Blattwerk abgelenkt. Erst im Entwicklerbad

1 Joseph von Eichendorff, Werke, S. 401

2 Warren Chalk, Brief an David Greene, In: Peter Cook u. a. (Hg.), Archigram, S. 85

des Fotografen taucht wie Zauberei das Tatortbild auf. Ein Foto Morgana.

Immer handelt es sich um Abbildungen von wirklichen Ereignissen, um Situationen, Menschen oder Schauspieler aus Fleisch und Blut und Kulissen aus Gips, Holz und Leinwand. Die Fata Morgana ist keine Transzendentalerscheinung, kein Menetekel, keine Täuschung, aber wir empfinden sie mitunter als solche. Die Luftspiegelung steht vor uns wie ein fernes Hologramm, ein befremdendes, ja erschreckendes Zeichen dafür, wie tief unsere Wahrnehmung sich ins Bodenlose oder in unermessliche Weiten verlieren kann.

Oder sie ist ein Symbol für das allmähliche Verblassen der Gewissheiten, denn die Tendenz zur Verhübschung und Festivalisierung unserer Stadtzentren macht diese immer unauthentischer und unwirklicher.

»*Das Zentrum ist auch nicht mehr das wirkliche Zentrum, sondern eine pompöse, kurz vor der Implosion stehende Schimäre*«, schreibt Rem Koolhaas in seinem Essay *Die Stadt ohne Eigenschaften*.[3]

Wir wissen, was einmal war und tun so, als ob es noch da sei. Wir fürchten, dass etwas verloren ging, was uns lieb geworden war. So schaffen wir uns mit einem Abklatsch Ersatz. Trotzdem sind wir uns der Unerreichbarkeit des Originals bewusst. Die Fata Morgana simuliert Erquickung. Wir raffen uns auf.

3 Rem Koolhaas, Arch+ Nr.132, S.18

9. Kapitel Einsteinturm

U. Jonak, *Architekturwahrnehmung*, https://doi.org/10.1007/978-3-658-26262-4_13

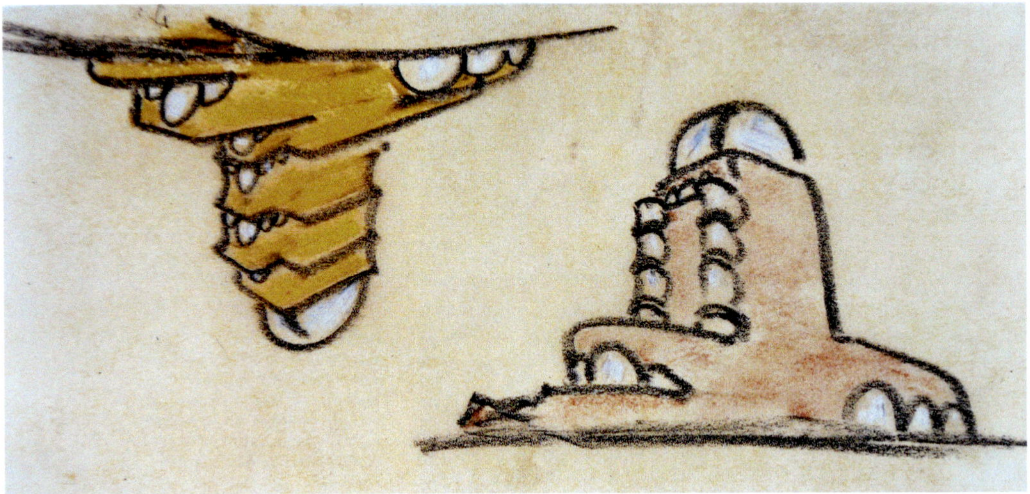

Erich Mendelsohn, Perspektivische Skizzen zum Einsteinturm 1920

> » *Jener Turm, der die Einbildungskraft kommender Generationen aufstören soll und zum Kenotaph des Gelehrten wird.* Paul Virilio

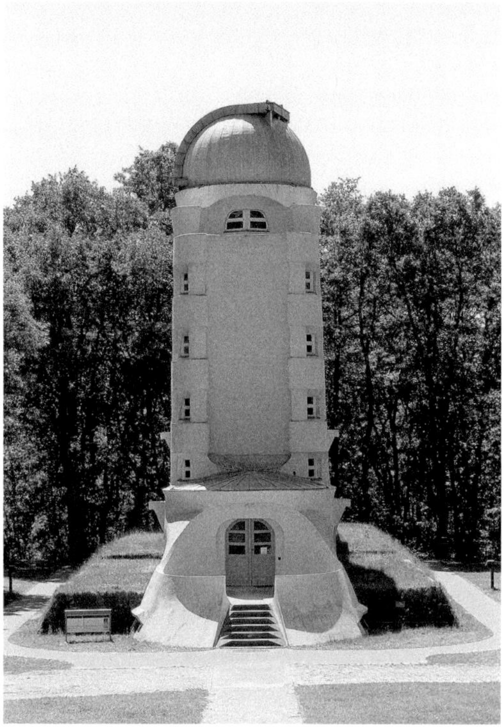

Ein überraschend zierliches Monument

Oskar Beyer schreibt zur »*plastischen Dynamik*« des Einsteinturms, dass Mendelsohn »*später die Vollendung seiner damaligen Absichten in jenen Bauten gesehen [habe], die in den fünfziger Jahren eine neue Wendung der Architektur heraufführten, in den späten Bauten von Frank Lloyd Wright, von Nervi, Niemeyer, Torroja, Candela und Bruce Goff, mit dem er befreundet war. [...] In seiner Kapelle von Ronchamp hat auch Le Corbusier dieser neuen Richtung [...] ein weithin sichtbares Zeichen gesetzt.*«[1]

An der Berliner S-Bahn-Endhaltestelle in Potsdam angekommen, läuft man eine melancholisch stimmende Wohnstraße hinauf zum *Telegrafenberg*, auf dessen Anhöhe und parkartigen Lichtung Erich Mendelsohns *Einsteinturm* am Rande einer Gruppe von Observatorien steht. Im Anstieg hat man noch einen lichten Wald passiert, hat der Verlockung eines Rasthauses widerstanden. Der Verführungswiderstand gegenüber der Gastlichkeit, der Erholungsverzicht und die auf dem öffentlichen Weg peripathetische Prüfung des eigenen Wegs verlangen nach Belohnung und erheben das schon vorher gefühlte Erlebnis zum außerordentlichen Ereignis. Fast schon ungeduldig möchte man von den skulptural geformten Oberflächen des im Augenblick noch unsichtbaren Baus verzaubert werden. Eine objektive Wahrnehmung scheint so kaum noch möglich. Die Gedankenschwere während des Aufstiegs verzerrt vorab jegliches ausgewogene Urteil, mindert das Kritikvermögen.

Man steht am Ende dem überraschend zierlichen Monument gegenüber, dem »Kenotaph eines Gelehrten« oder dem »Irrealen Monument«, wie Paul Virilio es sah. Friedlich und totenstill liegt es zwischen welken Grasflächen. Virilio bildet, dem angemessen, auch die Abbildung einer Totenkirche innerhalb eines französischen Soldatenfriedhofs ab, die formal verblüffende Ähnlichkeit mit dem Einsteinturm hat.

Obwohl als friedlich im arglosen Überblick wahrgenommen, lässt sich doch auch eine nahezu

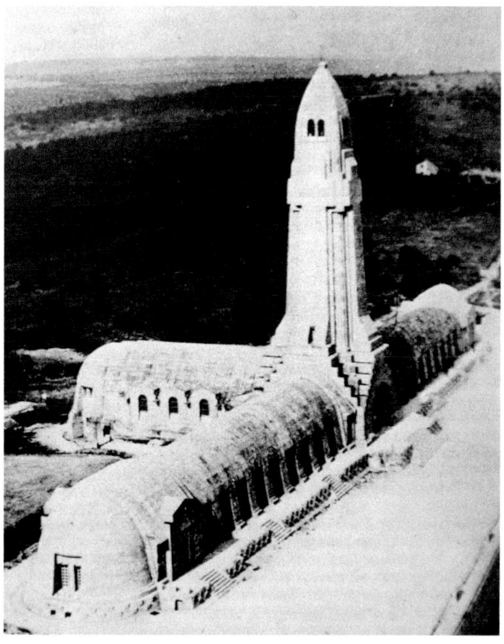

Totenkirche in Verdun

1 Einführung zu Erich Mendelsohn, Briefe eines Architekten, S. 11

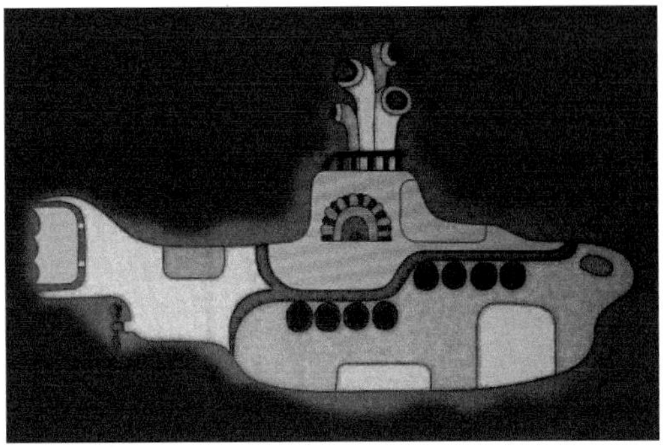

Heinz Edelmann, Entwurf für *The Yellow Submarine*, den Beatles-Film

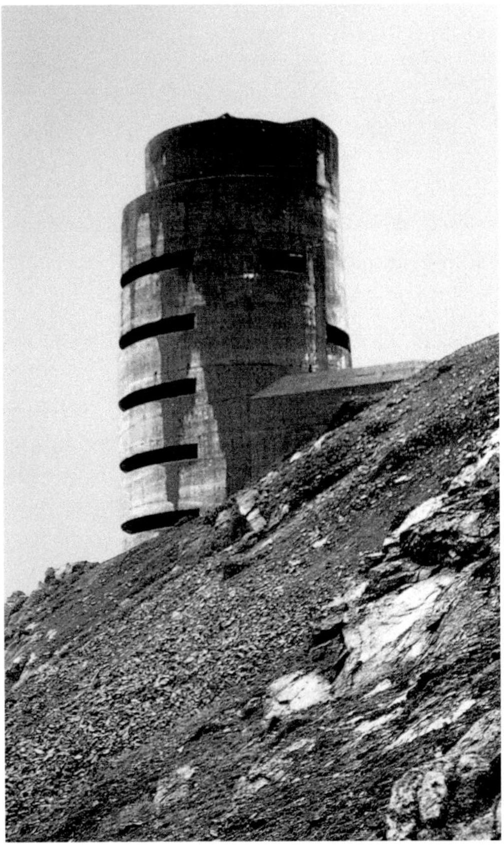

Virilios Bunkerarchäologie. Deutscher Bunker an der Normandieküste

kriegerische Anmutung nicht übersehen. Nicht ein spaßiges *Yellow Submarine*, wie es Heinz Edelmann für einen Beatles-Film kreierte (ein Kriegsgerät als harmloses Spielzeug dargestellt), sondern ein nahtlos, makellos, hell ockerfarbenes U-Boot aus bald hundertjähriger Vergangenheit stellt sich dem Ankömmling mit seinem Bug entgegen. Die Eingangstreppe stößt frontal als zickzackförmige Bugwelle ins Gelände.

U-Boot-Metapher

Die Metaphorik ist augenfällig. Paul Virilio schreibt dazu:

»*Für Mendelsohn war im Jahre 1919 das Unterseeboot ausschlaggebendes Mobilitätsmodell, jenes neue Gefährt, das in der Lage war, dem enormen Druck der Meerestiefen standzuhalten, dank seines Periskops seine Bemannung zu dirigieren und seine Positionen zu bestimmen, aber auch einen eventuellen Gegner anzuvisieren; dieser Freund-Feind ist für Einstein das Sonnengestirn, dessen Bild dank eines ausgeklügelten Systems von Linsen und Spiegeln von der obersten Plattform des Observatoriums ins unterirdische Laboratorium übermittelt wird, genau wie beim Tauchboot.*«[2]

Wiewohl die U-Boot-Metapher überzeugt, wären auch andere Vergleiche denkbar: zum Beispiel Leuchtturm, Wachtturm, Stiefel, Schwan, Sphinx oder Venturis *Ente* (s. a. Kapitel 12). Seltsamerweise hat Virilio die Ähnlichkeit der vertikalen Gliederung des Turms mit der der Gliederung eines Atlantikbunkers vielleicht gesehen, aber nicht erwähnt. Obschon ihn doch die Dokumentation der Verteidigungsanlagen des Atlantikwalls jahrelang beschäftigt hat und er seine fotografische Ausbeute 1991 publizierte, fasziniert von den Betonskulpturen der deutschen Bunker. Fasziniert aber auch von den Anklängen an die Architektur der Moderne. Als sei damals der Bunkerbau (ebenso wie der Industriebau) für technokratisch gesinnte und von der Moderne infizierte Planer ein Ausweg aus dem Anpassungszwang der nationalsozialistischen Blut-und-Boden-Architektur gewesen.

2 Paul Virilio, Das irreale Monument. Der Einstein-Turm, S. 26 f.

»Der Bunker […] seine Modernität resultierte weniger aus der Originalität seines Profils als vielmehr aus der extremen Einfachheit der ihn umgebenden architektonischen Formen. Das geschwungene Profil führte so etwas wie eine Spur der Wölbung der Dünen und der naheliegenden Hügel […] ein, und vor allem diese Natürlichkeit war es, die Anstoß erregte.«[3]

Virilio bekennt, dass sein Vorhaben »*rein archäologischer Natur*« war: »*Ich jagte diese grauen Formen, damit sie mir einen Teil ihres Geheimnisses preisgäben.*«[4]

Der architektonische Expressionismus in Deutschland lebte nur kurz auf und lebte hauptsächlich vom Dekor. Der Einsteinturm in seiner schmucklosen, aber skulptural gekneteten Gestalt war eine Ausnahme. Die Architekten der »*Gläsernen Kette*« dagegen, Finsterlin zum Beispiel, blieben auftragslos im Zeichnerischen hängen, solange sie sich nicht der neuen Sachlichkeit zuwendeten. Die Außenseiterposition Mendelsohns, dessen Erfolge jahrzehntelang verschwiegen oder nicht wahrgenommen wurden, wird später von Bruno Zevi noch einmal hervorgehoben. Er zitiert Lewis Mumford:

»Dieser Architekt war ungerechterweise drei Jahrzehnte lang vergessen. Er war wie Wright ein arroganter Mann und – was in den zwanziger Jahren für noch schlimmer galt – er hatte beruflichen Erfolg«[5].

Während Mumford von Mendelsohns Schicksal erzählt, analysiert Zevi das Werk und lenkt unsere Wahrnehmung:

»Die Eloquenz der Mendelsohnschen Kunst lässt Zielsetzungen aufleben, welche Borromini und Gaudi ebenfalls gekannt hatten: das Gebäude als einheitliche Masse verstanden, fast wie aus einer Terrakottaform gewonnen, in lavaartiger Materie schwellend, in einem Wurf geformt.«

Und seine Leser fast beschwörend fügt Zevi hinzu: »*Eine solche Auffassung steht nicht im Widerspruch zum Sinn des Bauens.*«[6]

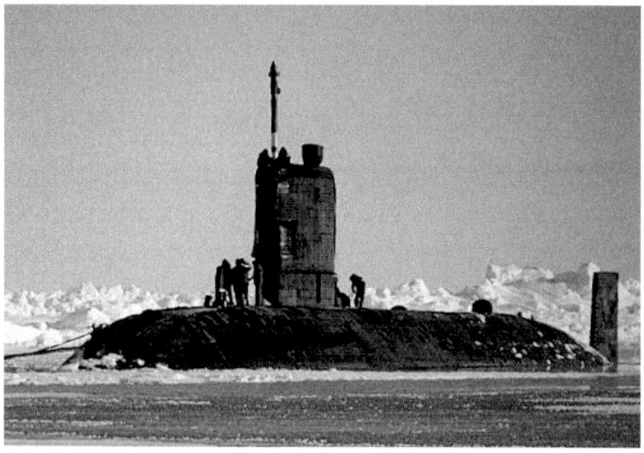

»Das für Mendelsohn ausschlaggebende Mobilitätsmodell« (Virilio)

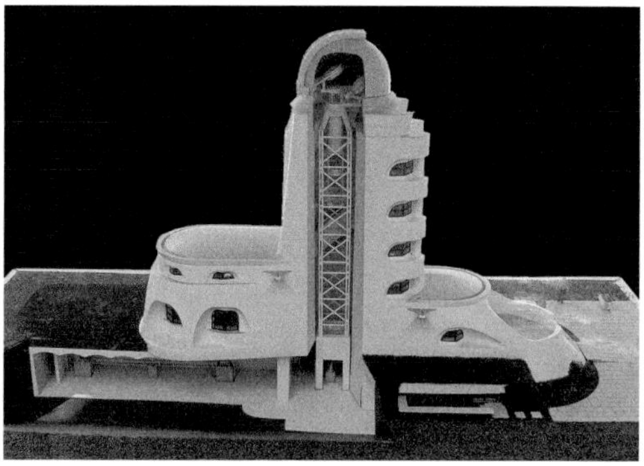

Modell des Einsteinturms (ein »ausgeklügeltes System von Linsen und Spiegeln«)

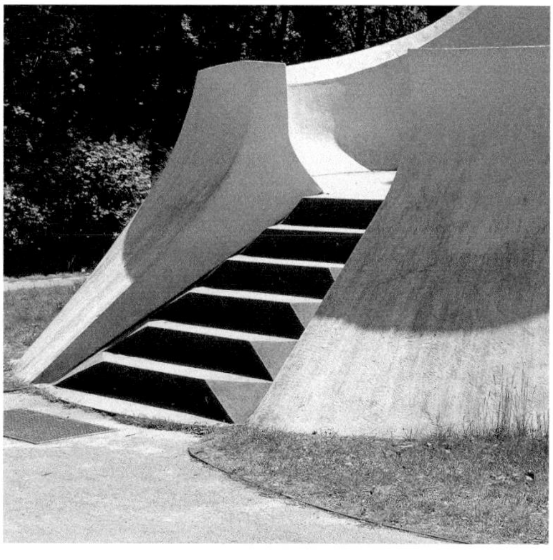

Expressionismus der Eingangstreppe

3 Paul Virilio, Bunker-Archäologie, S. 13
4 Ebd. S. 11
5 Bruno Zevi, In: Erich Mendelsohn, Katalog, Akademie der Künste, S. 8
6 Ebd. S. 9

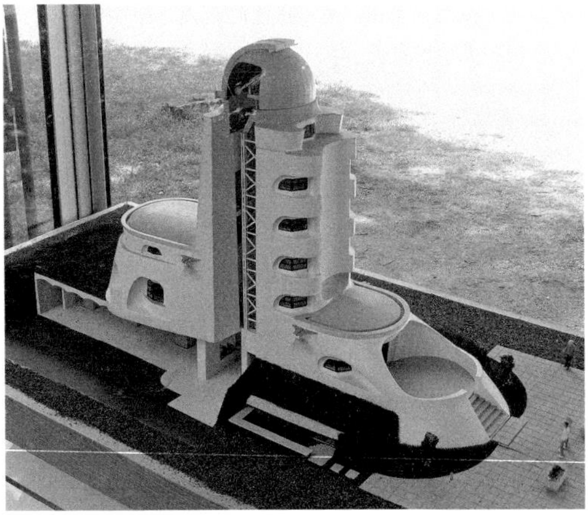

Der Turm wie ein Periskop (Modell)

Mendelsohn selbst definiert seinen Turm: »*Aber man kann ihm, scheint mir, nicht einen Teil fortnehmen, ohne das Ganze zu zerstören, weder an der Masse, an der Bewegung, noch an seinem logischen Ablauf.*«[7]

Mendelsohn gibt sich damit als schöpferisches Subjekt zu erkennen, als wahrer Gestalter, als Urheber eines ganzheitlichen Kunstwerks. Er besteht darauf, der Architektur seine Regeln zu geben und sie als geschlossene Form, als harmonisches Zusammenwirken aller Einzelheiten innerhalb des Gesamten zu deuten. Im Denken bleibt er konventionell und problematisiert zum Beispiel nicht die schon damals sich ankündigende Tendenz zum Unabgeschlossenen, zum Fragment, zur Collage oder zum Widersprüchlichen.

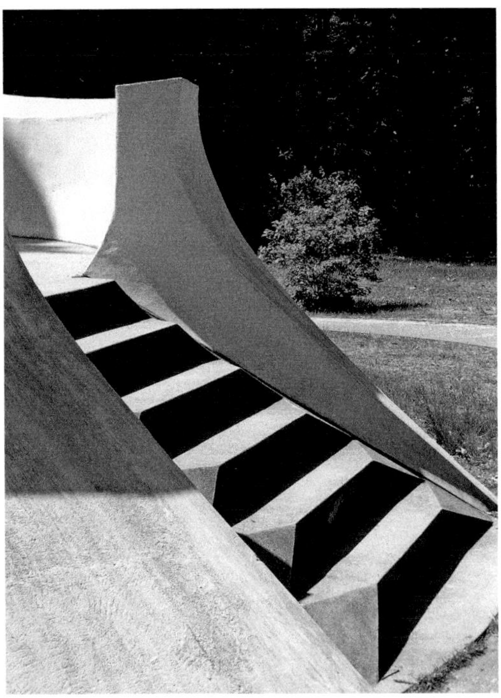

Kristalline Stufen der Eingangstreppe

Baukunst und Rhetorik

»*Das Gebäude als einheitliche Masse verstanden, fast wie aus einer Terrakottaform gewonnen*«: So sahen Mendelsohn und Zevi den Turm. Organisches Kneten schließt aber kontrastierend geometrische Strukturen nicht aus. Horizontale und vertikale Parallelen, Staffelungen des Immergleichen sind oft funktional notwendig und daher vertrauenswürdig, zum Beispiel von Treppe, Leiter (nur so unfallfrei zu betreten) und Gitter. Als archaische, immer und ewig wiederkehrende Bauelemente gehören sie zum Zeichenbestand aller Kulturen. Ihre Bedeutungen werden im Laufe der Zeit symbolisch aufgeladen: Treppengiebel, Himmelsleiter, »hinter Gittern sitzen« usw.

Horizontale und vertikale Staffelungen des Immergleichen sind ein rhetorisches Motiv. Wenn Cato seine Reden und Anträge im römischen Senat stereotyp mit dem Satz beendete »*Carthago delenda est*«, so weist das auf die beeinflussende Macht des konstant wiederholten Worts hin, denn Karthago wurde schließlich zerstört. Werbeagenturen haben sich dies längst zunutze gemacht: die gleiche Wahlwerbung an jedem Laternenmast oder die Phrase »*Rauchen gefährdet die Gesundheit*« auf jeder Zigarettenpackung. Wiederholung indoktriniert, wird zur unbemerkten Falle, derartig, dass

7 Erich Mendelsohn, a. a. O., Briefe, S. 33

man sich endlich der vorgegebenen Meinung anschließt.

Auch Architekten bedienen sich rhetorischer Elemente. Flächenausschmückungen, Eckbetonungen, gestaffelte Bauteile, fermatenhafte Lücken im Gleichmaß der Fassadengliederungen, zeilenartige flächenteilende Friese usw. All dies zielt darauf, Wahrnehmung zu steuern, mit einem besonderen Effekt unter vielen Bauwerken zu überzeugen. Die angemessene Wiederholung des gleichen Elements wird zum einprägsamen, aber auch eindrucksvollen Motiv.

Wenn Mendelsohn die vertikale Folge der Fenstereinschnitte des *Einsteinturms* mit umgreifenden Scheinbrüstungen versieht, so erreicht er in der Höhenstaffelung eine Wirkung, die gestaltpsychologisch zu erklären ist. Der Turm erscheint schlanker und höher als er ist. Ein Effekt, den auch Modedesigner gerne anwenden: Ein senkrecht gestreiftes Gewand lässt dessen Trägerin drall erscheinen, ein waagrecht gestreiftes hat eine verschlankende Wirkung. Walter Gropius hat das in seinem Buch *Architektur. Wege zu einer optischen Kultur* (dort Abb.15/16) erläutert: am Beispiel des Doms von Siena und im Vergleich dazu einer Badeschönheit im quer- und längsgestreiften Badeanzug.

Der *Einsteinturm* ist Schutzhülle für Teleskop und Spektrograph, dem Instrumentarium zur Sonnenbeobachtung, und dient der Beweisführung von Einsteins Relativitätstheorie. Die äußerst sensiblen Instrumente sind auf und in einem schlanken Innenturm untergebracht, der berührungsfrei innerhalb der Außenhülle steht. In Anbetracht der Maxime moderner Architektur ›*außen sollte sich das Innere andeuten*‹, versuchte Mendelsohn den Kontrast *Fragilität im Inneren – aber massiv schützende Ummantelung* kraft einer horizontal gestaffelten Außenhaut zu entschärfen.

So belehrt uns dies Beispiel, dass wir das von außen Wahrgenommene nur dann erschöpfend aufnehmen und interpretieren, wenn wir um innere Zusammenhänge wissen. Anthropomorphe oder (wie in diesem Fall) militärische Konnotationen sowohl des Erbauers als auch des Betrachters sind allerdings zulässig. Sie sind probeweise Annäherungen, die assoziativ das Umfeld beackern und vage Mehrdeutigkeiten eröffnen. Solange es um den Blick auf das Bauwerk geht, inmitten seines Genius

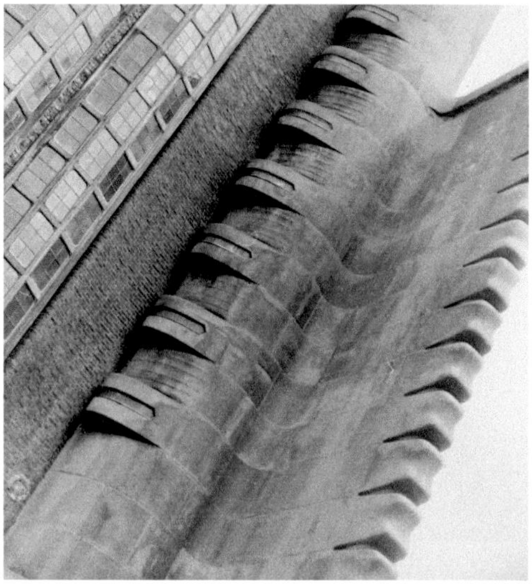

Horizontale Staffelung des Immergleichen. Holländischer Expressionismus, Pieter Lodwijk Kramer. Warenhaus Bijenkorf in Den Haag, 1924–1926

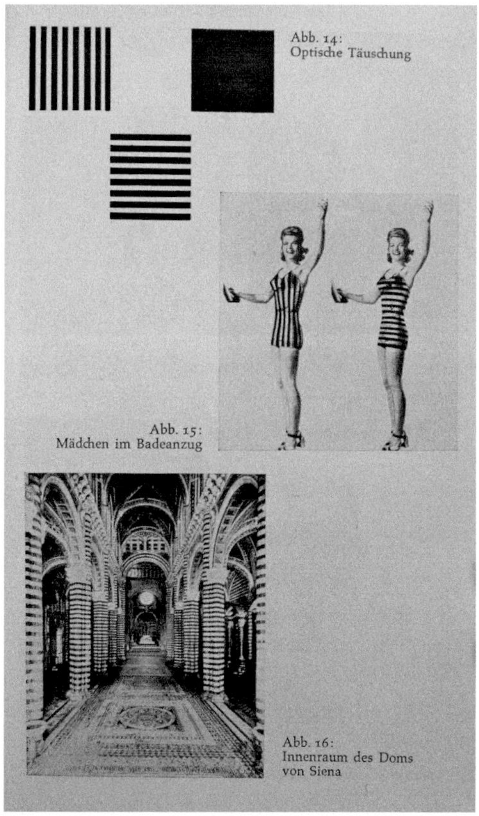

Optische Täuschung, eine Seite aus Gropius' Buch von 1956 »*Wege zu einer optischen Kultur*«

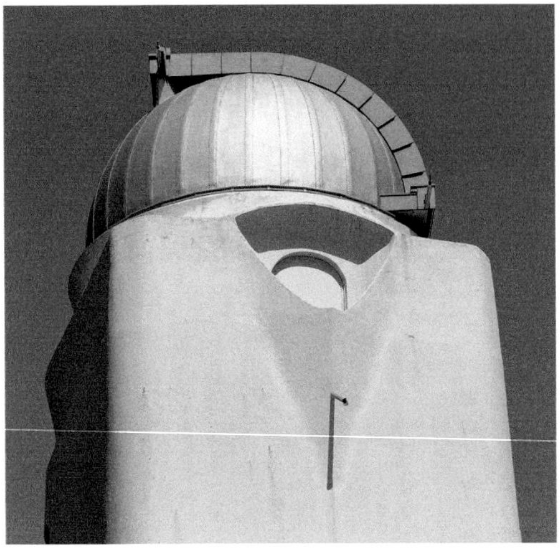

Der Einsteinturm, ein Musterfall expressionistischer Architektur

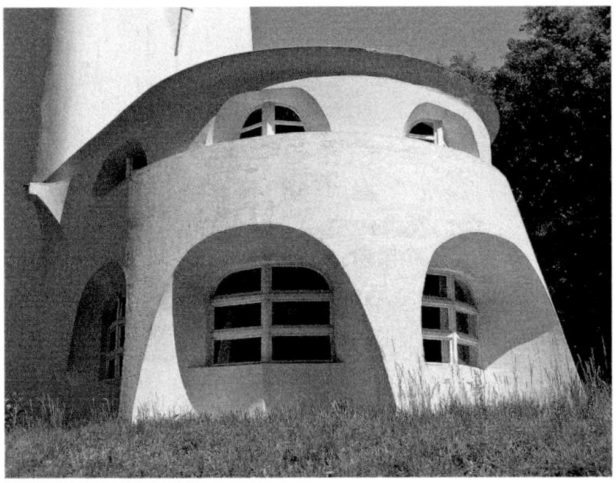

»Wie aus einer Terrakottaform gewonnen«

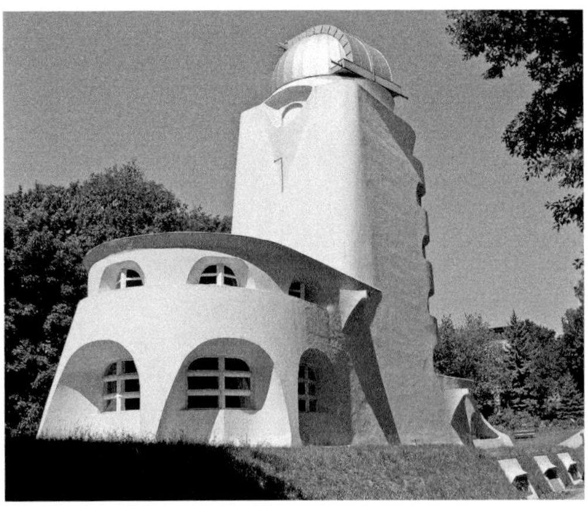

Der Backsteinbau wie aus Beton

Loci, dient die Fülle der phantasievollen Interpretationen des Gehäuses zur Stärkung seiner Präsenz.

Zweierlei Anschauungen gestattet uns ein Bauwerk: Es mutet an oder es erschließt sich. Wem es gelingt, tiefer einzudringen – das heißt, beide Anschauungen als Pole eines gemeinsamen Guts zu sehen, mag das *Oder* durch ein *Und* ersetzen.

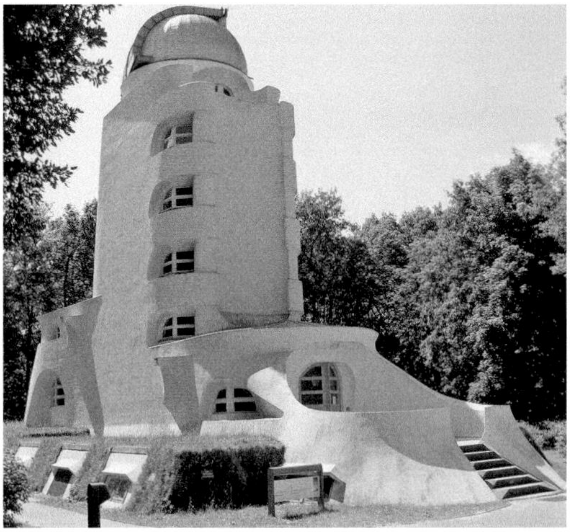

Horizontale Staffelung als Gestaltungsregel am Einsteinturm

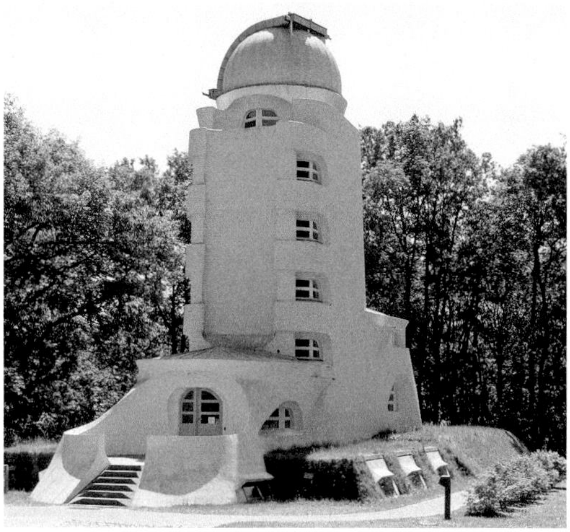

Massiv schützende Ummantelung eines fragilen Inneren

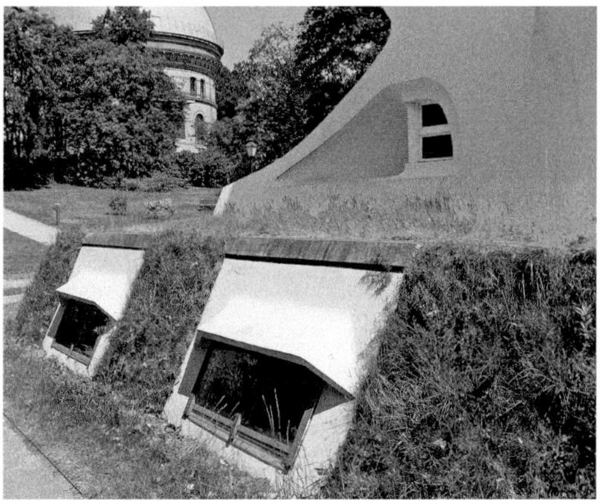

Der Einsteinturm, aus dem Erdboden herauswachsend

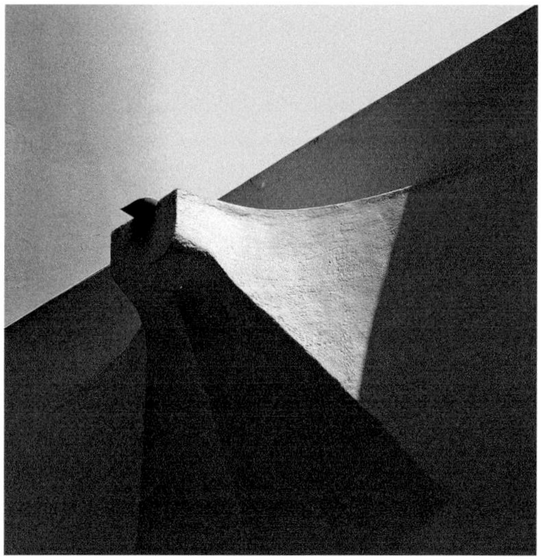

Wasserspeier im Flachbau des Turms

Zwischenbilanz II

U. Jonak, *Architekturwahrnehmung*, https://doi.org/10.1007/978-3-658-26262-4_14

» *Alles verschwindet. Man muss sich beeilen, wenn man noch etwas sehen will.*

Paul Cézanne

Im Allgemeinen drängt es wohl jedermann, das Außergewöhnliche, das er gerade wahrnahm, mitzuteilen. Ist etwas ausgesprochen, bleibt es länger haften. Man hat etwas gesehen und will es erörtern. Beiläufige Wahrnehmung, das spätere Erinnern daran und die vernehmliche Wiedergabe sind isolierte Sektoren desselben Feldes, aber passen nur bedingt zueinander. Zwar soll die Verknüpfung vertrauenerweckend wirken, aber ein auffälliges Knirschen zwischen ihren Rändern schwächt ihre Glaubwürdigkeit. Ein heikler Vorgang ist die Wahrnehmungsübermittlung. Umso eindringlicher, aber fahriger man sie betreibt, desto kritischer wird ihr Wahrheitsgehalt gesehen.

Man sieht nur das, was man weiß. Wahrnehmung stützt sich auf vergangene und im Unbewussten angesammelte Lebenszeit. Ein im Augenblick geschehendes Schlüsselereignis öffnet den Speicher, befreit die passende Erinnerung und dekoriert mit ihr die erlebte Gegenwart. Wahrnehmung ist undenkbar, ohne dass gleichzeitig früher Erlebtes aus der Schatzkiste des Gehirns hervorquillt. Man muss sich dessen bewusst sein, dass, während unsere Augen sehen, synchron dazu unser Gehirn produktiv ist, ehemalige Erfahrungen aufpoliert, damit die Anlass gebende Wahrnehmung entmachtet und dann das Ganze ins Zwischenmenschliche entlässt. Unser Gehirn muss tätig sein, unser Verstand muss tätig werden, um sehen zu können, was uns im Durcheinander visueller Eindrücke wichtig ist. Peter Sloterdijk vermutet:

»*Warum sind wir nicht alle schon verrückt? [...] Weil wir zu unserem Vorteil fast nichts von dem sehen, was gleichzeitig geschieht. [...] Sieht man zu viel, rückt der Wahnsinn näher.*«[1]

Die Oberflächen, sogar die Substanz der Objekte, die wir in Augenschein nehmen, sieht jeder von uns auf andere Weise verfärbt und verzerrt, ohne dass wir es merken. Gedankenlos nehmen die meisten die Entstellung (unterhalb ihrer Wahrnehmungsschwelle) hin als dem Objekt innewohnend und nicht als subjektiven Schatten ihrer selbst. Spuk-, Traum-, Fabelhaftes schleicht sich hinzu. Wer Stein auf Stein türmen lässt, will aber kein Blendwerk, sondern Stoffliches oder Gegenständliches aufbauen. Das Entstandene ›sieht aus‹ und wird schließlich bedeutend. Trotzdem ist es vor aufgeschäumten Oberflächenbagatellen nicht gefeit.

Atmosphären

Der Erbauer hat Ambitionen, der Betrachter ist beeindruckt. Ob ein Haus prächtig oder bescheiden, offen oder verriegelt, metaphorisch oder sachlich sich darstellt, ist sowohl dem Charakter des Erbauers, seiner Ausbildung, als auch seinen Ambitionen zu verdanken. Das Atmosphärische aber (abweisend oder anziehend, unheimlich oder verlockend usw.) entsteht größtenteils in den Köpfen der Betrachter. Denn zweierlei Anschauungen gestattet ein Bauwerk: Während wir ein Bauwerk betrachten, bemühen wir uns, es zu verstehen, oder wir lassen es mit dem Gefallen bewenden. Ist das der Grund, warum Architekt und Bauherr so oft aneinander vorbeireden?

Werden Architekturklischees (Blumenerker, Rundbögen usw.) vom Bauherrn gefordert oder vom Architekten angeboten, gibt es folglich nichts zu deuten und nur Abgedroschenes zu sehen. Dann wird Architekturwahrnehmung sich nur in phrasenhafter Zustimmung oder Ablehnung äußern. Man einigt sich auf die Floskel »*Über Geschmack lässt sich nicht streiten*«.

Die Wahrnehmung eines Bauherrn ist oft beeinträchtigt von Vorurteilen, von familiären Formzwängen und gehorcht allzu oft angelesenen, fragwürdigen Empfehlungen von Publikumszeitschriften. Dann hat ein Architekt es schwer, sich zu behaupten und seinen Standpunkt zu vertreten, der sicherlich im anderen Rhythmus aber womöglich nicht minder wackelt als der seines Auftraggebers. Das Verhältnis von Architekt und Bauherr wird jedoch enger im Verlauf der Zusammenarbeit. Ein sich gegenseitig beeinflussender Prozess. Man weist sich auf publizierte Musterbauten hin, man besucht diese gemeinsam: Präzedenzfälle für die ersehnte Lebensweise. Im Geheimen aber ein Wettstreit unter Einflusssuchenden.

1 Peter Sloterdijk, Zeilen und Tage. Notizen 2008–2011, S. 122

Beide reiten ihr Steckenpferd. Unterschiedliche Schichtenzugehörigkeit, Traditionen und Gemütslagen wirken auf ihr Wahrnehmungsprofil ein. Niemand ist jedoch in seiner Wahrnehmung selbstständig, denn ein anderer steuert beiläufig die anfängliche Sicht der Dinge, bisweilen bedient sich ein Dritter an der sekundären Anschauung und ein Vierter verzerrt den tertiären Augenschein usw. Es entstehen konstant sich verändernde Wahrnehmungskompromisse. Letztlich weiß dann keiner der Beteiligten, mit welch geborgter Subjektivität er das Objekt nun betrachtet.

10. Kapitel Rietveld-Haus

U. Jonak, *Architekturwahrnehmung*, https://doi.org/10.1007/978-3-658-26262-4_15

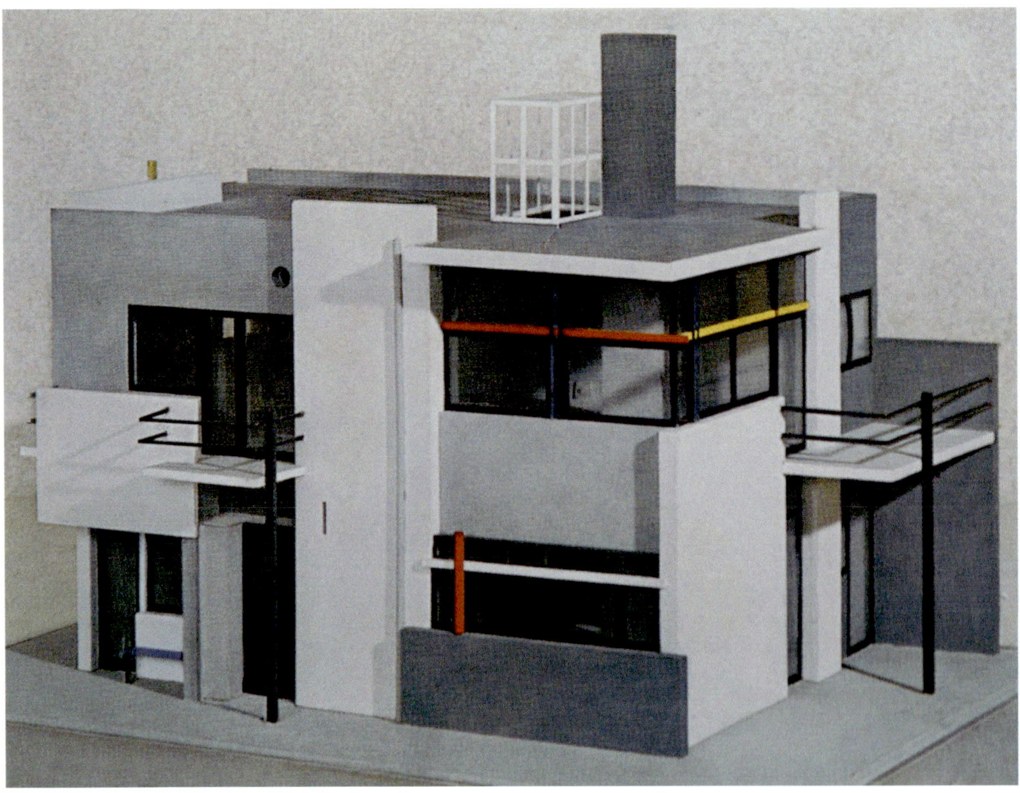

Lehrmodell (Universität Siegen, Department Architektur)

» *Ein Bauwerk ist nicht mehr ein Baudenkmal, es ist eine Zusammenstellung von Flächen.*
Victor Hugo

Die Prins Hendriklaan in Utrecht, in südwestlicher Richtung von der Peripherie zum Stadtzentrum verlaufend, ist eine der nicht sonderlich aufregenden niederländischen Mittelschichtstraßen: dreigeschossige, aneinander gereihte Wohnbauten des frühen 20. Jahrhunderts, Ziegelsteinbauten, von bescheidenem, sparsamen, mitunter missglücktem Prunk geprägt. Dunkelbraune Backsteinflächen, ornamentale, diagonal herausgedrehte Vertikalstreifen des gleichen Materials. Kontrast und Auflockerung bieten über die Flächen verteilte weiß gerahmte Fenster. Puritanischer Übermut, wenn es ihn denn geben sollte, ließe sich in derartigen Fassaden erahnen. Auf der nordöstlichen Straßenseite, an die Brandwand des letzten Hauses ist (gleich dem aparten Rucksack des Metropolenbewohners) die weiße, zerklüftete Kiste des *Rietveld-Schröder-Hauses* gehängt. Ein zurückhaltendes, fast verstecktes Meisterwerk des *De Stijl.*

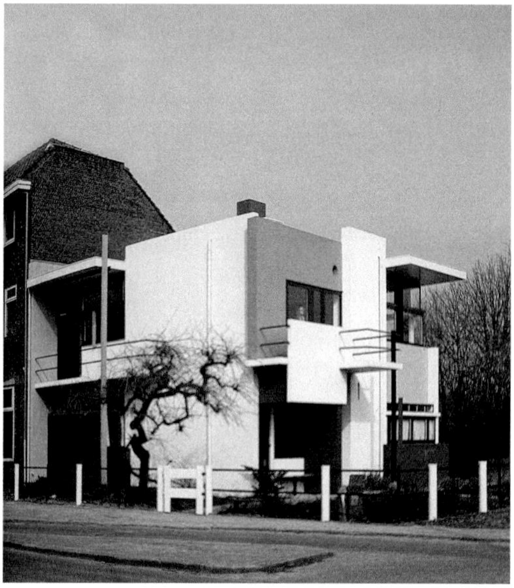

Das restaurierte Haus als Museum. Der Eingang ins Museum liegt im Erdgeschoss des Nachbarhauses

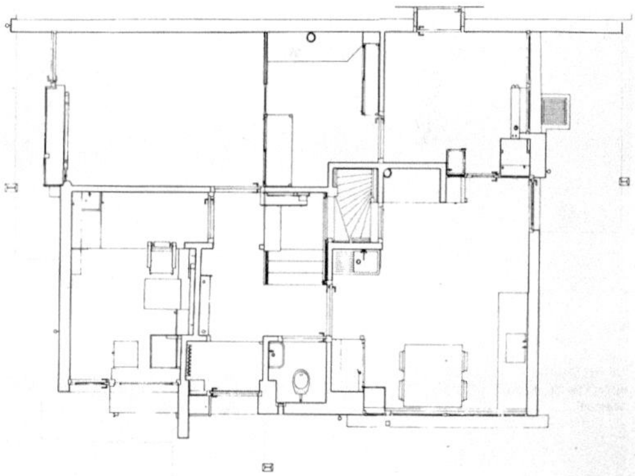

Erdgeschossgrundriss

Was nimmt der Passant während des Näherkommens wahr? Ein überraschend zierliches Gebilde, ein Modell für ein größeres Projekt (?), ein Kartenhaus, zusammengesteckt aus weißen und grauen Flächen, unregelmäßig gegliedert von roten, blauen, gelben Horizontal- und Vertikalstäben, ein aufgeblähtes Kinderspielhaus, ein Minimalhaus für die Avantgardeexistenz, ein museales Musterhaus oder ein Komposit-Bildwerk?

Wer sich in diese Straße begibt, der weiß wahrscheinlich, was er unter der Hausnummer 50 vorfinden wird. Er wird nicht rätseln. Immerhin handelt es sich um ein von vielen besuchtes Museum. All die hier vorgeschlagenen Definitionen gehören eher zu dem Spiel: Was könnte ein völlig Ahnungsloser sich unter diesem so fremdartigen Hausgebilde vorstellen. Jede Erwartung gebiert vor Ort schließlich ihre eigene Wahrnehmung.

Gerrit Rietveld (1888–1964, Tischler, Möbeldesigner, Architekt) hatte das Haus unter planerischer Mithilfe der Bauherrin und späteren Partnerin Truus Schröder - Schräder (1889–1985, Innenarchitektin) 1924 entworfen. Im gleichen Jahr wurde es fertig gestellt und bezogen. Nach dem Tode von Frau Schröder-Schräder wurde es auf-

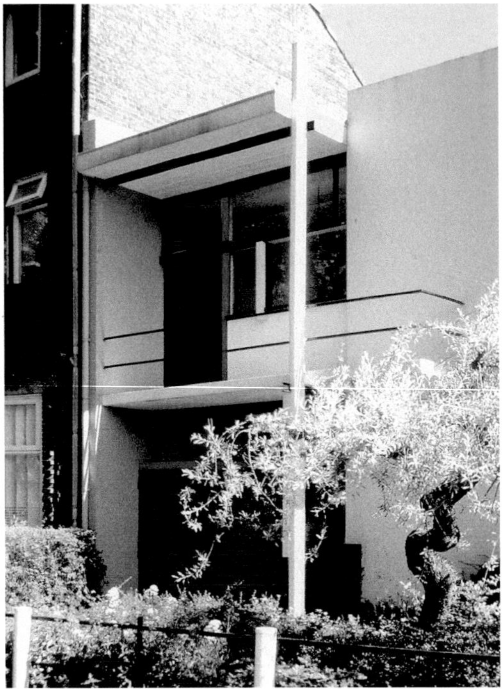

Fassade an der Prins Hendriklaan, Utrecht

wändig restauriert, als Museum eingerichtet und 2000 zum *Unesco*-Weltkulturerbe erklärt.

Das Bauwerk weckt den Eindruck eines Fertighauses. Platten, Träger und Balken sind scheinbar angeliefert und auf der Baustelle auf eine nicht erkennbare Weise zusammen gesteckt worden. Dafür spräche die relativ kurze Bauzeit. In Wirklichkeit aber handelt es sich im Wesentlichen um einen verputzten Backsteinbau, der aber wie viele Bauten der zwanziger Jahre abstrakt und irreal wirkt. Es scheint, als ob der Architekt ein Geheimnis um die Materialität und die Fügung seines Gebäudes machen wollte. Ausgetüftelte Details (auf die Architekten gemeinhin stolz sind), Stofflichkeit, die Fähigkeit, nobel zu altern und auf ansehnliche Weise Patina anzusetzen, spielen im Entwurf offenbar kein Rolle.

Eintrittskarte in die Zukunft

Der Beginn der zwanziger Jahre war eine zukunftsgewisse Zeit. Erwartet wurden der »*Neue Mensch*« und neue von der Fron der Arbeit befreiende Techniken. So ist dieser Bau eher ein Eintrittskartenhaus in die Zukunft als eine Heimstätte der Zwischenkriegszeit. Auch die Farbgebung demonstriert ein Futur, in der per Fernsprecher Quantitäten und Qualitäten des Materials von der Bauleitung ohne die Hilfsmittel Bauplan und Farbkarte geordert werden könnten. Die Nichtfarben Weiß, Grau und Schwarz und die Primärfarben Rot, Blau und Gelb sind daher die einzig zugelassenen, weil sie im Gegensatz zu Mischfarben per gesprochenem Wort zu übermitteln sind. Noch etwas anderes fällt dem Berufsflaneur in der Prins Hendriklaan an den drei Schauseiten des Hauses auf.

Die Kanten und Schnittlinien der einzelnen Flächen, jede Horizontale oder Vertikale schießen ein wenig über das erforderliche Maß hinaus. Ein Effekt, den man mit einem trockenen, mörtellosen Zusammenstecken der Flächen erklären könnte. Wir wissen aber, dass es sich um einen konventionellen Mauerwerksbau handelt, der ›Überschuss‹ daher eigentlich unnötig wäre, aber bedeutungsvoll auf die Besucher wirkt. Welchen Reim soll man sich darauf machen?

Allein dank dieses Effekts kann ein Betrachter erkennen, »*dass der Bau mehr ist als die Summe seiner Teile, dass der Hinweis auf Funktionalität das Haus nicht erklärt. Demonstrativ wird betont, dass jede Fläche ein beinahe zufällig herausgeschnittenes Fragment aus einer größeren ist. Jede Überschneidung markiert im Außenraum bereits die Erweiterung [des Hauses], eine künftige neue Raumecke. Damit ist das Haus sowohl in der Waagerechten als auch in der Senkrechten ein kleiner, exemplarischer Ausschnitt aus einem denkbaren Stadt-, Land-, letztlich sich universal ausdehnenden Raumgerüst. Folgerichtig fehlen dem Haus auch Sockel- und Dachgesims.«*[1]

Auf Initiative von Theo van Doesburg hatte sich 1918 in den Niederlanden die Künstlergruppe *de Stijl* formiert, in deren fünftem Manifest 1923 Rietveld zusammen mit van Doesburg und van Eesteren forderte:

»Durch die Sprengung der Geschlossenheit (Mauern usw.) haben wir die Dualität zwischen Innen und Außen aufgehoben.«[2]

Raumstadtmodell

Damit wird erkennbar, warum das *Rietveld-Schröder-Haus* als Kern einer denkbaren Raumstadt, als Ausschnitt aus einem kommunikativen Stadtraum interpretiert werden kann. Im gleichen Jahr 1923 hatten van Eesteren und van Doesburg ihr nicht ausgeführtes Projekt der *Maison Particulière* ausgestellt. Es war zwar kein sich ›öffnendes‹ Bauwerk wie im Manifest verlangt, aber in seiner geometrischen Zersprengung konnte es doch als Knotenpunkt in einem endlosen Stadtgefüge verstanden werden. Im sechsten Jahrgang der Zeitschrift *de Stijl* (1925) hatte dann van Doesburg die zugehörige Erklärung nachgeliefert:

»Die Einteilung der funktionellen Räume wird streng von rechtwinkligen Flächen bestimmt, die an sich keine individuelle Form haben, da sie [...] als ins Unendliche ausgedehnt gedacht werden können.«[3]

Doesburg, neben Mondrian der wichtigste Theoretiker des *de Stijl*, hatte in der zugehörigen

1 Ulf Jonak, Sturz und Riss, S. 83
2 zit. n. Conrads (Hg.), Programme und Manifeste, S. 62
3 van Doesburg, Auf dem Weg zu einer gestaltenden Architektur. In: Hans L.C. Jaffé, Mondrian und de Stijl, S. 190

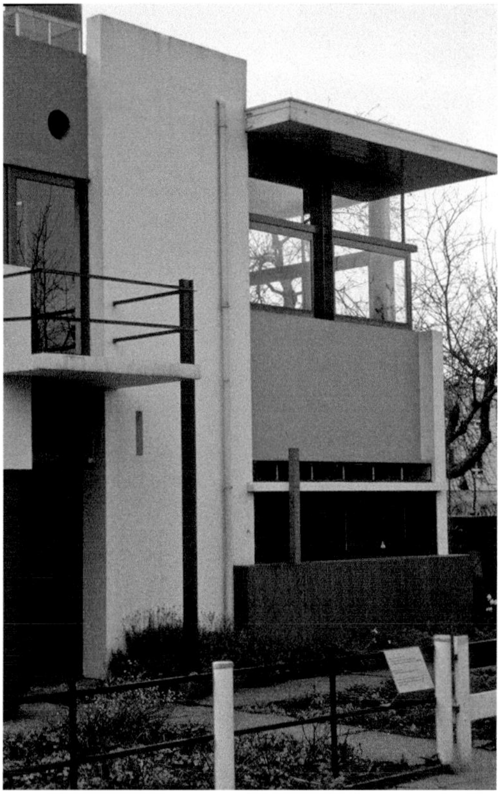

Südostfassade

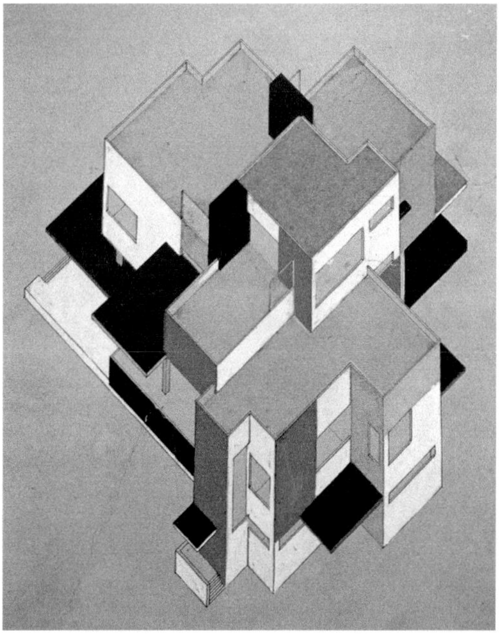

Van Eesteren/van Doesburg, Maison Particulière 1923

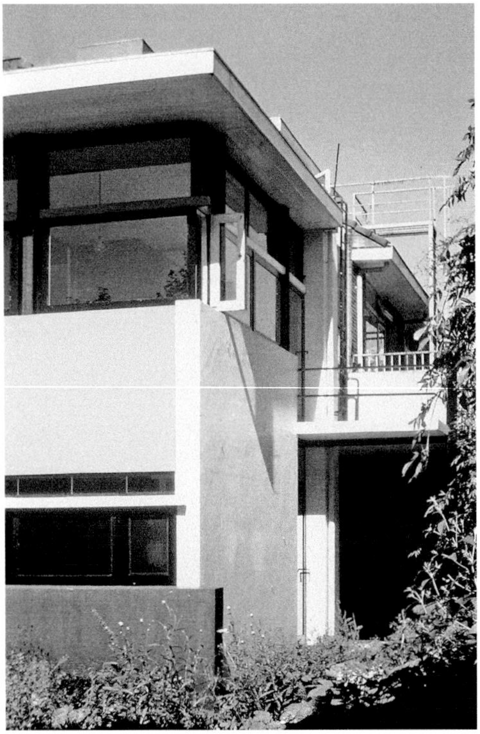

Südecke

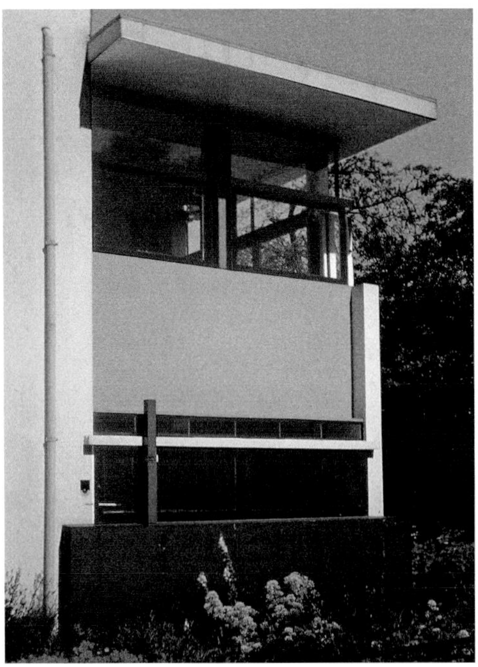

Ausschnitt der Südostfassade

programmatischen Zeitschrift gleichen Namens die Grundsätze einer neuen Baukunst und eines neuen Designs formuliert, denen der Praktiker Rietveld im Großen und Ganzen beipflichtete.

Man kann es selbstverständlich nur vermuten, aber alle späteren *Raumstadtmodelle*, zum Beispiel jene von Frederick Kiesler, Constant, Yona Friedman oder auch den japanischen *Metabolisten*, könnten auf einem Aha-Erlebnis beruhen angesichts dieser architektonischen Inkunabel, dem *Rietveld-Schröder-Haus*, das trotz seines abstrakten Scheins ganz konkret zu lokalisieren ist.

Hat man das Haus betreten, fühlt man sich in eine verflossene Zeit versetzt. Aufgeräumte Räume, unverfälscht wie am Tag vor dem Einzug seiner Bewohner und dennoch das Museum eines lange vergangenen Alltags. Das Haus wurde restauriert. Dank der frisch gewonnenen Makellosigkeit des Interieurs gibt es keine Spur, keine Lebenszeichen früherer Bewohner; an Stelle dessen die Melancholie des Stillstands, des endgültig erstarrten Daseins. Doch vielleicht ist das nicht ganz richtig, denn den Einbauschränken und dem Mobiliar sieht man trotz Renovierung der Unikate noch ein wenig die Handschrift des ›Tischlers‹ Rietveld an.

So kann man sich hineindenken in eine Lebensweise, die trotz räumlicher Enge von gestalterischer Rigorosität, von Geräumigkeit, Großzügigkeit, Geradlinigkeit (im doppelten Sinne), Transparenz und Variabilität geprägt ist. Variabel insofern, als die meisten Zwischenwände zu verschieben sind, wodurch tagsüber ein durchgängiger, großer Innenraum innerhalb des beschränkten Gesamten zur Verfügung steht, nachts aber für Eltern und Kinder die Intimität gewahrt bleibt. Fenster lassen sich nach außen ausstellen, rechtwinklig zur Außenwand. So entsteht ein wenig der Eindruck, als strecke das Haus Tentakeln in die Umgebung aus. Eine Gebärde ins »*Unendliche*«, wie sie van Doesburg beschrieb.

Transparenz, der unmerkliche Übergang von innen nach außen, das scheinbare Verschwinden der Außenwände, gehörte zu den maßgeblichen Geboten des ›Neuen Bauens‹ der zwanziger Jahre. Mies van der Rohes Entwurf einer Backsteinvilla stellt das Prinzip am schönsten dar: Kaum wäre dort festzustellen, wo wir noch im Haus und wo wir schon in freier Umgebung uns aufhielten. Nähern wir uns dagegen Rietvelds Haus, so nehmen wir eine *»zerstörte Schachtel«* (Frank Lloyd Wright, siehe Anmerkung unten) wahr, eine Folge von im Prinzip unverbundenen Wandscheiben oder Abschirmungen gegen vorbeigehende Unzumutbarkeiten. Eine undeutliche und vorsichtige Demonstration dessen, was in dieser dicht bebauten Vorstadtstraße zwar alles nicht möglich ist, was man aber alles machen könnte, wenn nur genügend Fläche, Raum und Reichtum zur Verfügung stünde. Man kann,

»um den Innenraum versammelt und ihn einfriedigend, verschiedene freie, miteinander verwandte Einzelteile statt einschließender Wände sehen« (Frank Lloyd Wright).[4]

Da verblasst auch der einladende Effekt der lockenden, sommerlich ausgestellten Fenster. Im Gegenteil, der Passant könnte sich aus dem Hausinneren beobachtet fühlen, wenn er nicht dessen ›Geradlinigkeit‹ mit Arglosigkeit gleichsetzte. Transparenz geht hier tagsüber einspurig vonstatten, denn Glasscheiben mit dunklerem Hintergrund wirken wie Spiegel undurchlässig. Was die Bewohner wahrnehmen, wird eingesogen und nicht wieder herausgerückt. Gerade durch seine nur scheinbare Durchsichtigkeit wird das Haus zur Sammelstelle von Blicken, Gesten und freimütigen Äußerungen Vorübergehender. Das *Rietveld-Haus*, ein gebautes Manifest und zugleich real zu bewohnen, ein Störenfried und Blickfänger: Die einen haben es bereits wahrgenommen, bevor sie es sahen, die anderen verschließen die Augen, weil sie nicht sehen wollen.

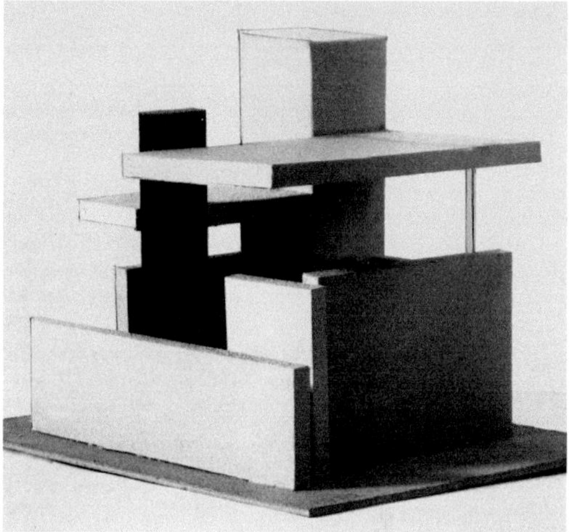

W. van Leusden, Entwurf eines öffentlichen Urinals 1922

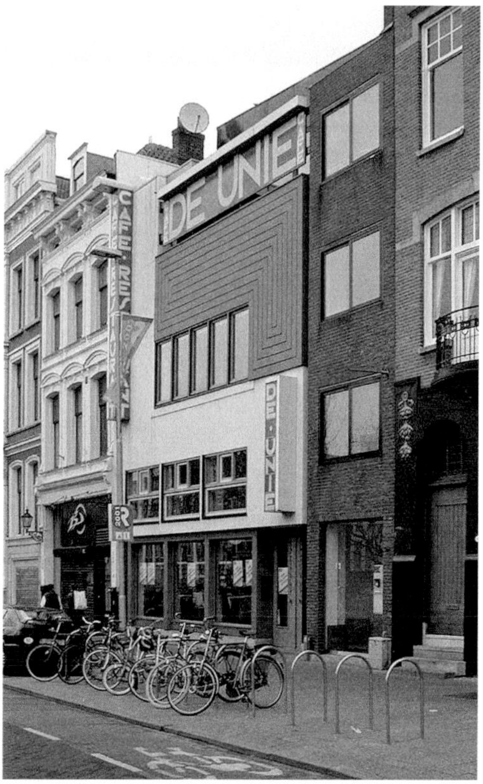

Johannes Jacobus Pieter Oud, Café De Unie in Rotterdam 1924 (kriegszerstört, Rekonstruktion nach 1980)

4 Frank Lloyd Wright, Die Zerstörung der Schachtel, In: Schriften und Bauten, S. 228

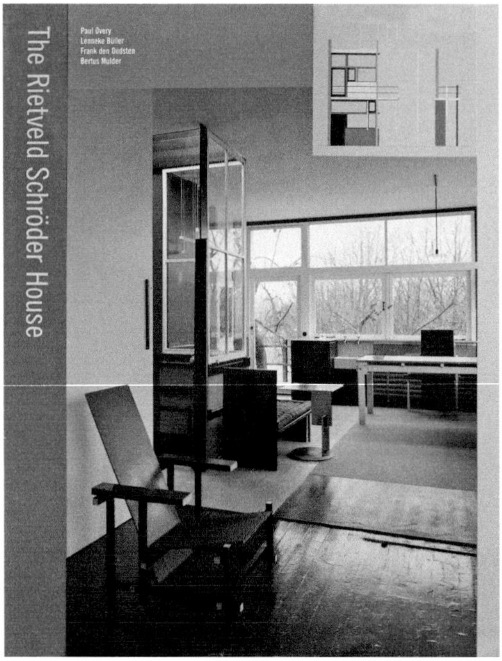

Schutzumschlag der Publikation zum Rietveld-Schröder-Haus (Paul Overy u.a.)

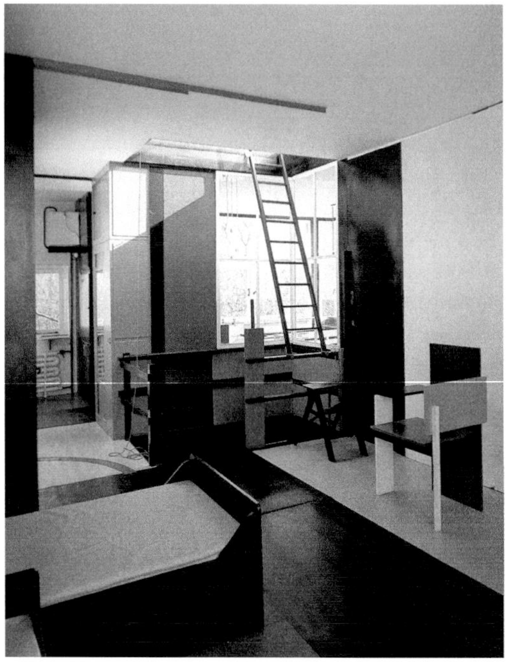

Blick in das erste Obergeschoss

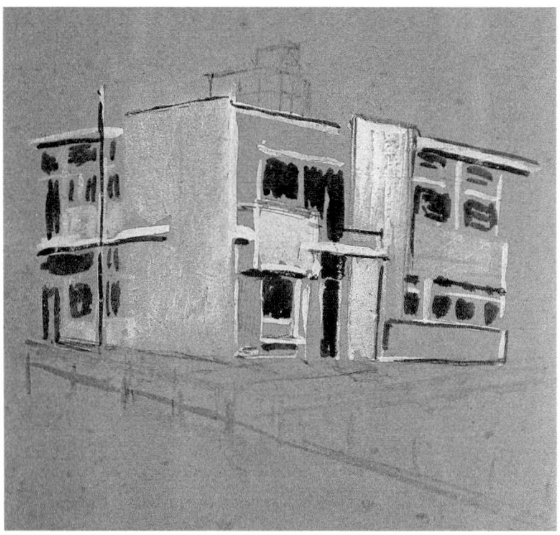

Erste Skizze für das Rietveld-Schröder-Haus 1924

Exkurs 3 Rechter Winkel

U. Jonak, *Architekturwahrnehmung*, https://doi.org/10.1007/978-3-658-26262-4_16

Was erkannt ist, wird bald benannt. Was benannt ist, wird irgendwann Allgemeingut, Allgemeinsicht. Der rechte Winkel musste erst als Besonderheit, als verborgenes Rückgrat innerhalb unterschiedlichster, vergleichbarer Beobachtungen wahrgenommen werden, um auf seine Qualität, seine Symbolkraft oder seinen Nutzen im Hausbau aufmerksam zu werden. Seine Außerordentlichkeit im zufälligen Durcheinander der Positionen weckte den technischen Geist. Seine Entdeckung wurde zur Grundlage geometrischer Konstruktionen.

Pflanzenwuchs, ein Pfahl in der Ebene, die vom Baum fallende Frucht, der aufrecht auf dem Erdboden stehende Mensch – die Senkrechte und die Waagrechte. Ein steinzeitlicher Weiser entdeckte womöglich als erster das abstrakte Horizontal/Vertikal-Prinzip in der Banalität des Alltags. Als steinzeitliche Wahrnehmung erklärte unter dem ungläubigen Gelächter seiner Zuhörer Adolf Loos den Ursprung des so symbolträchtigen Kreuzes:

»*Ein horizontaler strich: das liegende weib. Ein vertikaler strich: der sie durchdringende mann.*«[1]

Was sich frontal vor uns aufbaut, im rechten Winkel zu unserer Blickrichtung, versperrt unter Umständen die Sicht. Wir bleiben stehen, wir verrenken uns, um zu sehen. Ein schräger, ein flacher Winkel dagegen lenkt den Blick. Der Blick rutscht zur Seite, haltlos. Wir schielen ein wenig und sind sogleich verführt, den begonnenen Weg fortzusetzen. Eine im flachen Winkel vor uns positionierte Wand dient der Wegführung. Sie wird zur Leitwand. Wir gleiten daran entlang. Wir fühlen uns beruhigend angewiesen, wie wir zum Ziel gelangen. Jede weiterführende neue Leitwand oder auch erkennbare Wegspur erscheint wie selbstverständlich zielgerichtet. Erst eine rechtwinklige Kreuzung macht uns aufmerksamer, aber auch unsicher, wohin denn wir uns wenden sollen.

Der flache Winkel ist auf Anhieb nicht bestimmbar, ist Teil der gewohnten Unordnung, wird als solcher im Alltag zwar zur Kenntnis genommen, jedoch kaum präzisiert. Der 90-Grad-Winkel aber ist der Spezialfall, ein Fall von eindeutiger Rigorosität. Mit ihm lässt sich die Welt definieren: Nord/Süd – West/Ost. So lässt die Welt sich ordnen. Sie lässt sich rastern: Längs- und Breitengrade, in der flächigen Projektion jeweils parallel gezogen, im stets gleichen Abstand, ein Netz, das den Erdball einfängt. Werden die Maschen des Netzes verkleinert, können wir unsere Umgebung vermessen. Um Flächen- oder Raummaße zu erhalten, gebrauchen wir Messbänder, Messlatten oder Zollstöcke, jeweils überkreuz gehandhabt. Jeder Punkt im Umkreis kann damit eindeutig bestimmt werden. Ja selbst in das Weltall wird ein dreidimensionales Raumgitter hineingedacht, um die Position eines Himmelskörpers oder Satelliten angeben zu können.

Perspektive

Im Laufe der Zeit wurde der Gebrauch des rechten Winkels derart verinnerlicht, dass im Wissen um die wahre Struktur von Stadt und Haus, die perspektivische Verzerrung der Winkel im Auge des Betrachters übersehen wurde. Mittelalterliche Architekturdarstellungen zum Beispiel lassen uns die Welt in rechten Winkeln erscheinen, nicht anders als in Gemälden von Kindern oder zeichnerisch ungeübten Erwachsenen. Das Wissen um die Realität verzerrt die Wahrnehmung. Der visuelle Cortex des Gehirns korrigiert das Auge.

Äußerst selten begegnet uns ein rechter Winkel unverzerrt, denn fast immer ist er perspektivisch entstellt. Ja, ständig scheint er im Wandel begriffen zu sein und spreizt oder presst seine Schenkel. Je nachdem wir (uns bewegend) unsere Position zu ihm verändern. Dennoch zweifeln wir nicht an seinem exakten 90-Grad-Auseinanderklaffen. Aus erlerntem Wissen, aus Gewohnheit, aus Erfahrung. Aber wir dürfen unserer Wahrnehmung nicht allzu sicher sein.

Ein Schloss zum Beispiel im nördlichen Burgund, *Maulnes* (1566–1573) in der Nähe von Tonnerre: Im Anstieg auf den Hügel, auf dem es gelegen ist, taucht es am Ende eines Waldstücks allmählich zwischen den Wiesen auf, streng geometrisch und nahezu abweisend. Ein würfelartiger, dreigeschossiger Bau. Wir nähern uns einer Ecke, schauen auf die Steinmasse und auf die beiden sichtbaren, rechtwinklig zueinander stehenden Fassaden. Ein klarer Kubus, meinen wir und müssen uns berichtigen. Denn unbestreitbar zählen wir im Umrunden des

1 Adolf Loos, Ornament und Verbrechen, In: Ulrich Conrads, Programme, S. 15

Gebäudes fünf nahezu gleichartige Fassaden. Fünf statt vier. Das Schloss ist, anders als wir dachten, über einem Pentagon-Grundriss errichtet. Wieder einmal haben wir die Realität verkannt. Dabei schien unsere Sicht anfangs so eindeutig zu sein! Erst das Zählergebnis »Fünf-statt-Vier« machte uns stutzig.

Ist unsere Weltsicht fehlerhaft, weil sie so oft gedankenlos ist? Dürfen wir unserer Wahrnehmung überhaupt trauen? Am Ende aber können wir uns dank unserer Fähigkeit, Indizien zu lesen, korrigieren.

Der rechte Winkel ist eine einfache, aber effiziente Konstruktionshilfe. Mit ihm lässt sich einteilen. Mit ihm lassen sich Abweichungen feststellen. Wahrnehmung ohne zeitgleiche Beurteilung ist ein Widerspruch in sich selbst (wahrnehmen bedeutet *für wahr halten*). Unser Gehirn muss tätig werden, um nachhaltig zu sehen und sich dessen zu entsinnen. Man kann es sich auch konstruktivistischer erklären, wie es der Kognitionswissenschaftler Donald Hoffman tut:

»Sehen ist nicht nur ein Vorgang passiver Wahrnehmung, sondern ein Prozess aktiver Konstruktion. Sie sehen immer nur das, was ihre visuelle Intelligenz konstruiert.«[2]

Wir sehen, wir beurteilen, wir gleichen ab mit erinnertem Gesehenem, wir ergänzen das Erinnerte, wir halten es für glaubwürdig, wir halten es für wirklich – aber wir tun besser daran, uns dessen nicht allzu sicher zu sein. In unserem Inneren sieht manches anders aus als außen.

Wie der Hütehund zur Schafherde gehört der rechte Winkel zur Konstruktion. Er hält zusammen, er ordnet, er erfasst das ansonsten Unübersichtliche. Seine strukturierende Anwendung im Gitternetz macht technisches Planen erst möglich, lässt passgenaue Vergrößerungen und Verkleinerungen zu. Auch bildende Künstler nutzen das Raster, um Vorzeichnungen auf große Flächen zu übertragen. Der rechte Winkel diszipliniert formlose Natur. Der rechte Winkel wurde zum Sinnbild der Zivilisation, ja, der Moderne im 20. Jahrhundert.

Prototypisch dafür können wir Piet Mondrian verstehen. Vom Naturhaften zur Abstraktion verlief für ihn der Weg. Vom schlicht Geschauten zum Durchdachten, vom Durchdachten zur Reduktion und von dort zum unwiderruflich Eindeutigen, zur strengen Moralität. Eindeutig waren ihm die gerade Linie (›Geradlinigkeit‹), die puren Primärfarben Rot-Blau-Gelb (›Reinheit‹) und der gerade Winkel (›Gerechtigkeit‹). Aufgewachsen in einer kalvinistischen Umgebung, hatte er ein disziplinierendes Regelwerk verinnerlicht. Wer Mondrians geometrische Gemälde nur als ornamentalen Wandschmuck begreift, angenehm in rationale Architektur zu integrieren, nimmt nicht deren abgründigen Reichtum wahr. Wahrnehmung braucht nicht unbedingt den offensichtlichen Augenschein, sie kann auch die hinter dem Anschein schlummernde Idee erfassen, ist dann aber umso flüchtiger und nur jäh als plausibel zu erkennen.

Im Bauprozess spielt der rechte Winkel seine vorläufig noch unangefochtene Rolle, denn er erleichtert Fügungen und Reihungen. Dank ihm ist der Zuschnitt der Werkstoffe materialsparend. Der Transport von entsprechendem Baumaterial (Holz und Steine) wird vereinfacht, Stapelung wird komprimiert. Erst die digital generierten Projekte, die eine massenhafte Produktion von unbegrenzt variablen Einzelstücken zu produzieren erlauben, beginnen die Dominanz des rechten Winkels in der Architektur zu verändern.

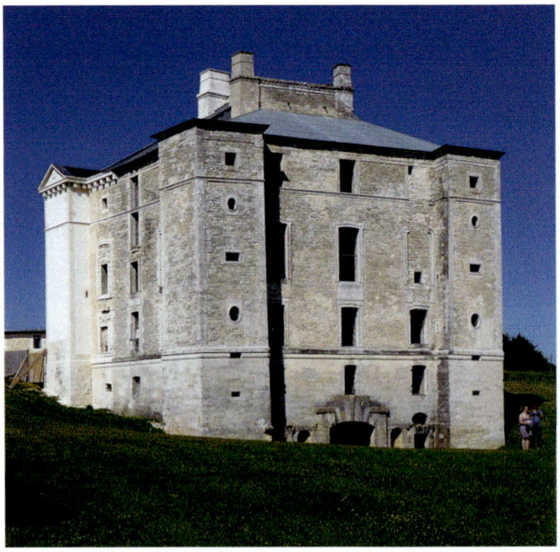

Château de Maulnes, 16. Jahrhundert

2 Donald Hoffman, Visuelle Intelligenz, S. 10

11. Kapitel I.G.-Farben-Verwaltungsgebäude

U. Jonak, *Architekturwahrnehmung,* https://doi.org/10.1007/978-3-658-26262-4_17

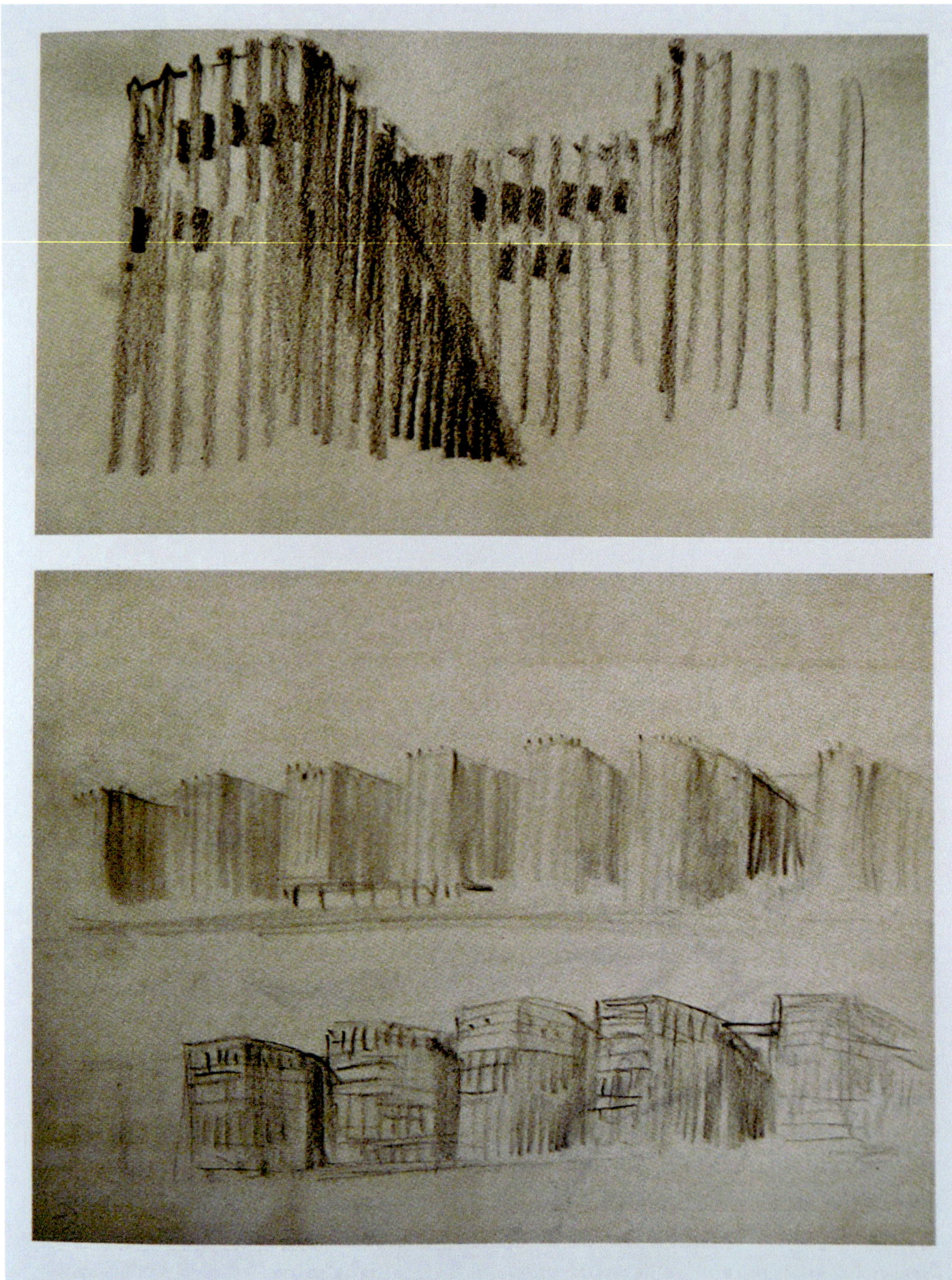

Hans Poelzig, Entwurfsskizzen IG-Farben Verwaltungsgebäude, ca. 1928

» *[...] 1942 bis 1945 unterhielt die IG Farben zusammen mit der SS das Konzentrationslager Buna-Monowitz neben ihren Werken in Auschwitz. Von den Zehntausenden KZ-Häftlingen, die für den Konzern dort arbeiten mussten, wurden die meisten ermordet. Mit dem Gas Zyklon B, das eine mit der IG Farben verbundene Gesellschaft vertrieb, wurden in den nationalsozialistischen Vernichtungslagern viele Hunderttausende von Menschen, vor allem Juden, umgebracht. Ab 1945 war das Gebäude Sitz der amerikanischen Militärregierung [...]. Am 19. September 1945 wurde hier die Gründung des Landes Groß-Hessen proklamiert. Von 1952 bis 1995 befand sich in dem Haus das Hauptquartier des V.Corps der US Army. Im Bewusstsein der Geschichte des Hauses hat es das Land Hessen 1996 für die Johann Wolfgang Goethe-Universität erworben. Künftig dient es der Lehre und Forschung.*

Gedenktafel vor dem Haupteingang

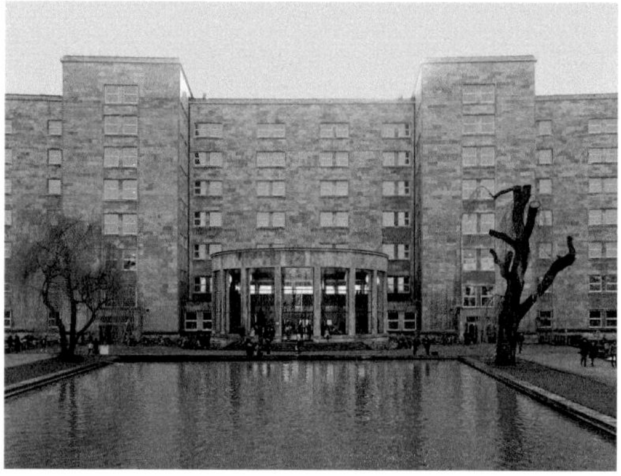

Hervorgehobene Symmetrieachse

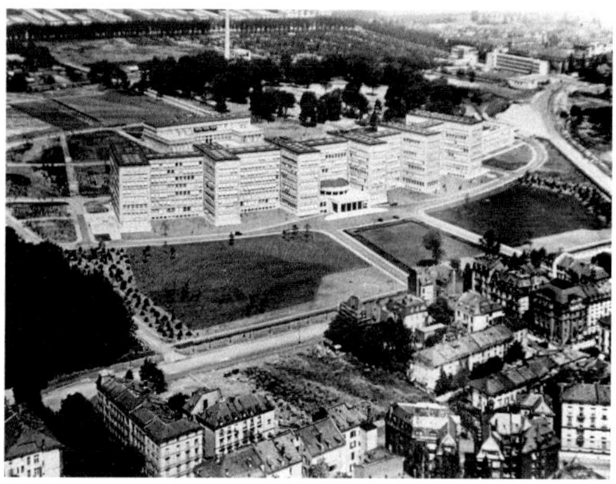

Luftaufnahme, IG-Farbenhaus am Nordrand der Stadt, Dreißiger Jahre

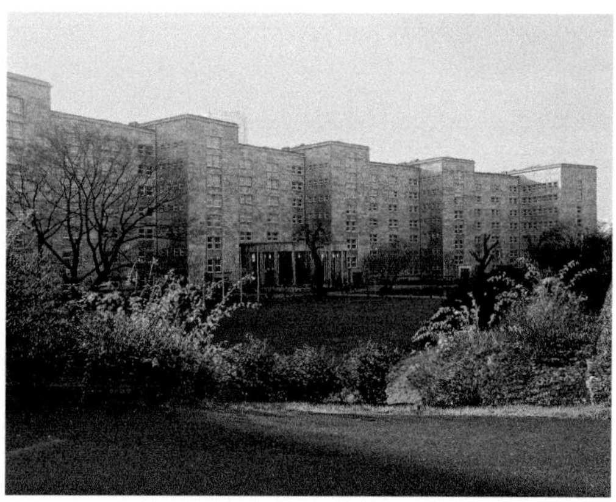

Krümmung des langgestreckten Bauwerks, Nordseite

Ein Wettbewerb war 1928 ausgeschrieben worden. Hans Poelzig hatte ihn gewonnen. Ein Grundstück war erworben und die Zustimmung des Direktoriums war erlangt worden, weil das Bauwerk als Stadtkrone gesehen werden und damit ideellen Wert und Würde zusätzlich zum praktischen Nutzen beanspruchen konnte.

Im Gegensatz zum dritten Preis von Ernst May und Martin Elsaesser, welche dem Doesburg'schen Prinzip des »*kontrastbedingten Gleichgewichts*« folgten und einen asymmetrischen Entwurf vorlegten, vertraute Hans Poelzig seinem konservativen Instinkt und präsentierte ein zwar konsequent symmetrisches, aber bewusst auch vom funktionalistischen Zeitgeist geprägtes Projekt. Poelzig hatte das Ideal der Konzerndirektoren begriffen: ›gemäßigte, zeitgemäße Moderne‹, die zudem den ›Machtwillen ihres Weltkonzerns‹ ausdrücken konnte.

Erfreute oder befremdete Stimmen kurz nach Fertigstellung eines Gebäudes sind zweifellos die authentischsten, weil sie spontane Reaktionen der Kritiker wiedergeben, weil sie vergleichend und auf der Höhe mit dem Dialog über den zeitgenössischen Baubestand zu hören sind und weil sie noch nichts von späteren Architekturmoden, Richtungswechseln oder konstruktiven Neuigkeiten wissen können – alles nachträgliche Kriterien, mit denen besser

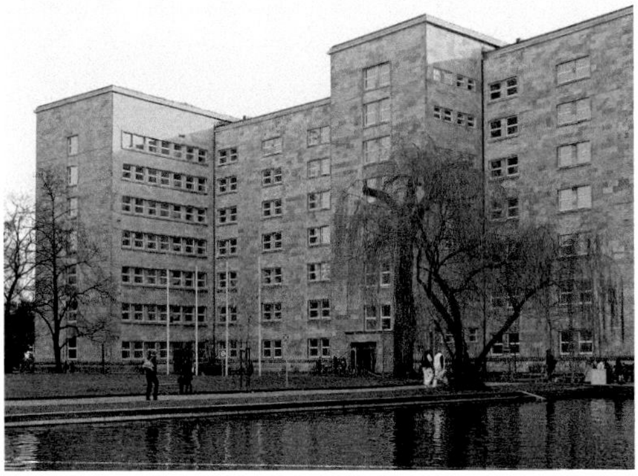

Krümmung des langgestreckten Bauwerks, Nordseite

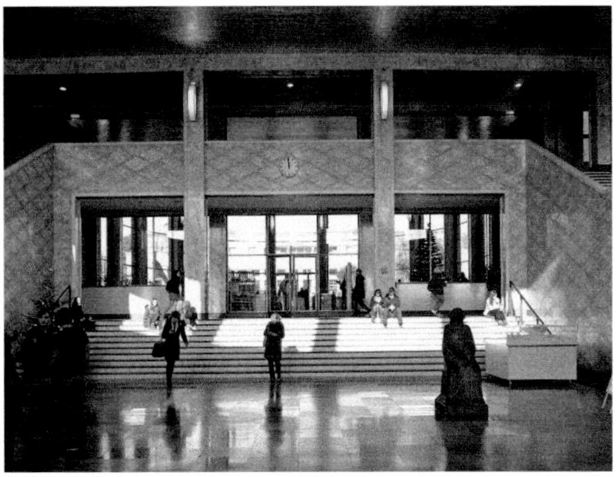

Eingangshalle nach Norden, heutiger Blick in die universitäre Cafeteria

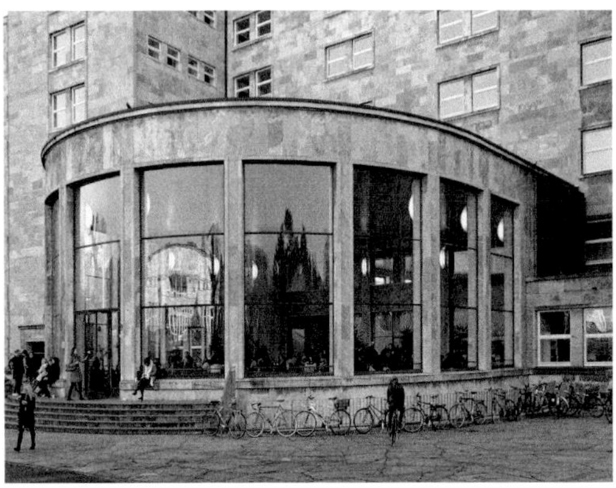

Akzentuierte Position der Cafeteria

wissend, aber oft in Unkenntnis des gruppendynamischen Umfeldes geurteilt wird. Anders ist es mit den archetypischen Standards: leicht-schwer, blassfarbig, schwach-kräftig, symmetrisch-asymmetrisch usw. Sie sind zeitlos gültig, aber nicht prägnant genug, um das Zeittypische herauszustellen. Es sind Kriterien, die für die Bauhistorie im Ganzen gelten.

Symmetrische Architektur wurde schon immer als Herrschaftsarchitektur wahrgenommen. Symmetrisch erscheint das Gesicht des Hauses wie das des Menschen. Ein Hausgesicht mit der Eintrittsöffnung in der Mitte wendet sich direkt dem Gegenüber zu. Wie auf dem menschlichen Antlitz malen sich symbolisch Konfrontationslust, Unbeugsamkeit und Abwehr darauf ab. Es verzichtet scheinbar selbstsicher auf Heimlichkeiten oder Hinterhalte, weswegen Ganoven sich bevorzugt an Hintereingängen zu schaffen machen.

Der Mensch nimmt aufrecht in seiner vorderen Symmetriefläche die widerstandsfähigste, freimütigste und umsichtigste Haltung ein. Warum sollte dann seine ›dritte Haut‹, das Haus, nicht ebenso gestaltet sein? Verrufen ist das Prinzip dennoch, weil Gebäudesymmetrie gemeinhin als Angabe und Herrschaftsattitüde verstanden wird. Joseph Gantner, Herausgeber der rühmenswerten Zeitschrift *Das neue Frankfurt* schreibt 1931 im Heft 1:

»*Poelzig [...] ging die Symmetrie seines schlossartigen Baues über alles, obschon dieser Symmetrie weder vorne gegen die Stadt noch hinten gegen den Park irgendeine verständliche Achse entspricht.*«

Verfärbungen des Fremdkörpers

So wurde die *I.G-Farben*-Stadtkrone von Hans Poelzig, als sie dann 1931 fertiggestellt war und solange sie Konzern-Zentrale war, einerseits von den Einheimischen ihrer einmaligen Ausdehnung wegen im Wettstreit der Städte stolz wahrgenommen, andererseits wie ein ungeliebter, beherrschender Fremdkörper am Rande der Bürgerstadt von manchen nicht gerade wohlwollend beäugt. Anlässlich Poelzigs 60. Geburtstag erklärt sich W.C. Behrendt in der *Frankfurter Zeitung* (30.4.1929) das Missbehagen wie folgt:

»*Die barocke Phantasie hat heute keine Konjunktur. Die Freiheit des persönlichen Schaffens steht im*

Konflikt mit der heutigen Enge und Strenge einer zweckgebundenen Wirklichkeit.«

Obwohl es am Ende der zwanziger Jahren noch unbekannt war, dass die *I.G.-Farben*-Industrie im Begriff war, das tödliche Gas ›*Zyklon B*‹ zu produzieren, das ein Jahrzehnt später in den nationalsozialistischen Konzentrationslagern der massenhaften Tötung dienen würde, nahm das Projekt für die Hellsichtigeren bereits den Geruch der Skrupellosigkeit an, den Dunst

»*des Machtbewusstseins organisierter gesellschaftlicher Massenkräfte*«[1].

Dies Verwaltungsgebäude ist ein Beispiel dafür, wie das Wissen um seine im Geschichtsverlauf unterschiedlichen Benutzer (siehe auch den Text der Gedenktafel zu Beginn dieses Kapitels) von mal zu mal sein Erscheinungsbild verfärbte: heute als Universitätsgebäude eher solide und würdevoll, in der Nachkriegszeit als Militärverwaltungsbau unzugänglich wie schleierhaft und während des *dritten Reichs* unheimlich und nebulös, da sein Sinn und Zweck undurchsichtig blieben.

Für jedermann zugänglich und damit wahrnehmbar ist das Gebäude erst, seitdem es universitär genutzt wird. Vorher konnte man nur die Großform interpretieren, mehr aber nicht. Die Wettbewerbspläne waren gerade mal publiziert, da applaudierten die konservativen *Frankfurter Nachrichten* bereits vor Baubeginn 1928 dem Vorhaben:

»*Aus den Fluren, über die einst der Fuß Goethes schritt, der von hier aus den schönen Blick auf das Gebirge rühmt, wächst der der gewaltige Bau eines wirtschaftlichen Organismus empor, der das neue großartige Symbol der Handelsstadt wird.* [...] *Wer möchte nicht gern für diese neue, schaffende Leben, das unsere Zukunft bedeutet, das Stückchen Romantik hingeben, das doch nur ein Scheinleben führte* [...]«.[2]

Als der Bau dann nach relativ kurzer Bauzeit beendet war, wanderte der Redakteur der *Frankfurter Nachrichten* durch das »*Haus der Farben, ein Meisterwerk deutscher Wirtschaftstüchtigkeit und vorbildlicher Organisation*«:

Es »*ist von einer inneren Harmonie, von einer Ausgeglichenheit und Raumrhythmus, dass das*

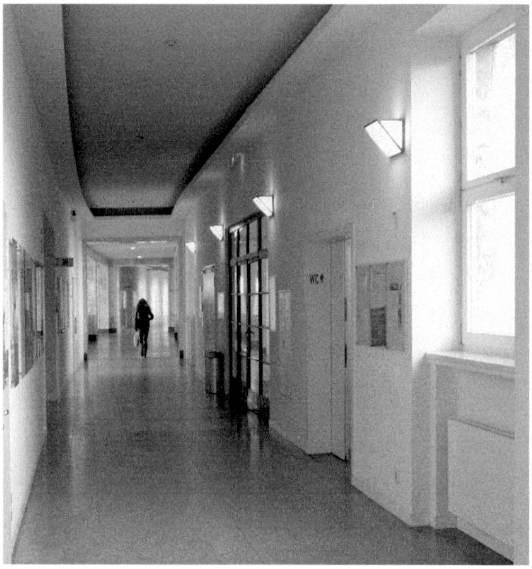

Blick in die Biegung des langen Gangs im 1. OG. Die Biegung erzeugt die Illusion kurzer Teilstücke

1 Volksstimme, 27.10.1930
2 am 4.3.1928

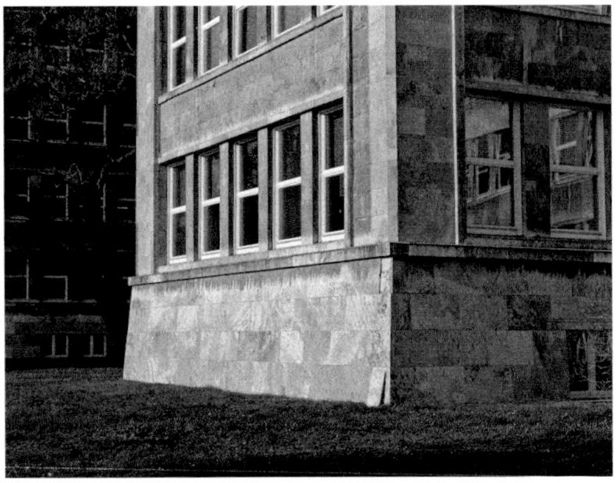

Geböschte Sockelmauern suggerieren erhebliche Standfestigkeit

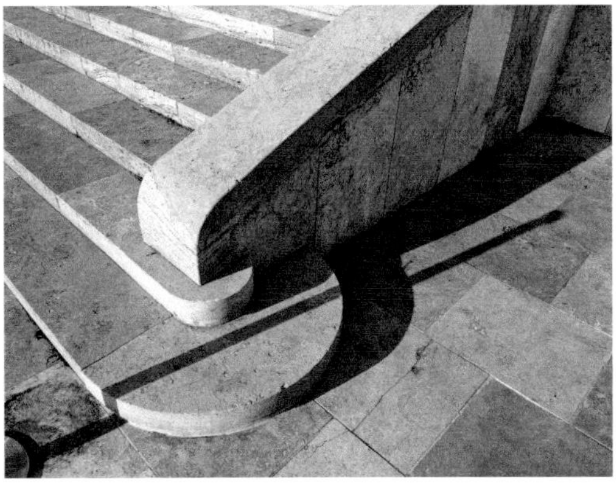

Skulptural geformte Wange der Außentreppe

Wesentliche der Eindrücke, die man empfängt, der Geist einer künstlerischen Schöpfung ist. [...] Diese Baumasse ist nicht eklektisch, sie ist kein stilistisches Surrogat, sie ist aus einem wesensbewussten Schöpferwillen entstanden.«[3]

Klischees

Der Verfasser unterliegt seiner eingeübten Denkweise, seinem psychischen Tunnelblick, ist blockiert in seiner Wahrnehmung und ergeht sich in Pauschalitäten. Wir als Besucher heutzutage können freilich nur eine gleichförmige Folge von Baukörpern und im Inneren eine Kette von Büroräumen (nun zum Teil zu Seminarräumen verbunden) erkennen. Er aber spricht vom »*Raumrhythmus als Geist künstlerischer Schöpfung*«. Er fährt dann damit fort, ein Klischee an das andere zu setzen. Er attestiert dem Architekten ein sicheres

»*Gefühl für Modernität, die Ausdruck ihrer Zeit, aber nicht Ausdruck einer überspannten, radikalistischen Sachlichkeitsmanie ist.*« [...Hier] »*klingt alles in einer schönen modernen Harmonie zusammen: Maße, Formen, Räume, Nutzzweck, Repräsentation, Technik, Farbe [...]. Überall ist Luft und Licht und nirgends sind die Mätzchen eines Bauhausstils, der sich so oft in neuen Sachlichkeitskitsch wandelt.*«[4]

Er schaut und schaut doch nicht, sondern öffnet so großzügig wie selbstgewiss die Schublade seiner Dutzendwaren. Dabei fällt ihm Material seiner Konkurrenz in die Hände, das er ebenso großzügig schmäht.

Sind denn lange abgespeicherte visuelle Eindrücke noch Wahrnehmungen? Nein, es sind Erinnerungen wie die eines Erblindeten, die nur noch anekdotenhaft übermittelt werden. Eine Wahrnehmung geschieht im Augenblick ihres Erscheinens. Der Sehsinn reagiert sofort oder gar nicht. Eine Wahrnehmung, die aus dem Gedächtnis gefischt wird, hat sich verändert. Ihr ist nur eingeschränkt zu trauen. Eine erzählte Wahrnehmung ist keine, sondern etwas anderes. Wird sie zur Sprache gebracht, verändert sie sich zum Rohstoff für ge-

3 Frankfurter Nachrichten vom 26.10.1930
4 Ebd.

meinschaftliche Erwägungen, die vermutlich mehr einem Potpourri als einem Sinneseindruck gleichen.

Der *Poelzigbau* wurde wohl mit Recht als bedeutungsvoll im Kontext zeitgenössischer Bauwerke gesehen, schon auf Grund seiner Ausdehnung, aber auch der Geltung des *I.G. Farbenkonzerns*, obwohl er in der Fachliteratur nur eine marginale Rolle spielte. In der Fachwelt Furore machten Ende der zwanziger und Anfang der dreißiger Jahre andere Bauten.

Als Gegengewicht zur Stadt Frankfurt, dem kleinflächigen süddeutschen Wirtschaftszentrum, konzipiert, schiebt sich das Bauwerk wie eine in gebogener Schlachtordnung formierte Phalanx mit weitem Schwung den nördlichen Stadtteilen entgegen. Macht demonstrierend biegt sich der Grundriss über einem Kreisausschnitt, ein relativ schmaler Trakt in Ost-West-Richtung, an dem sechs breitere Flügel aufgefädelt sind.

Der Architekturtheoretiker Dieter Bartetzko stellte fest: »*Was man wahrnimmt, ist [...] eine asketische Palastarchitektur zwischen Alt-Ägypten und Klassizismus. Die überwältigende Höhe und Wucht der Fassaden, noch gesteigert durch die leicht geböschten, mächtigen Sockelmauern und hoch-breite fensterlose Wandfelder längs der Dachzone, lässt die Transparenz der durchlaufenden Fensterbänder vergessen.*«[5]

Wahrnehmungen sind subjektiv, also auch diese. Wer sich dessen bewusst ist, wird sich mit anderen vergleichen und so vielleicht zu einem allgemeingültigeren Ergebnis kommen, was unter Umständen aber auch Banalisierung bedeutet. Flau wirkt dann der Querschnitt der Meinungen.

Kammgrundriss

Amerika war damals in den zwanziger/dreißiger Jahren der Sehnsuchtsort der Industriellen. Deshalb verwundert es nicht, dass das Direktorium der *I.G. Farben* nach Wettbewerbsentscheid eine Besichtigungsreise in die USA unternahm, um zu erkunden ob wirklich für das »*Haus der Farben*« ein in Detroit für *General Motors* entwickelter Verwaltungsbau

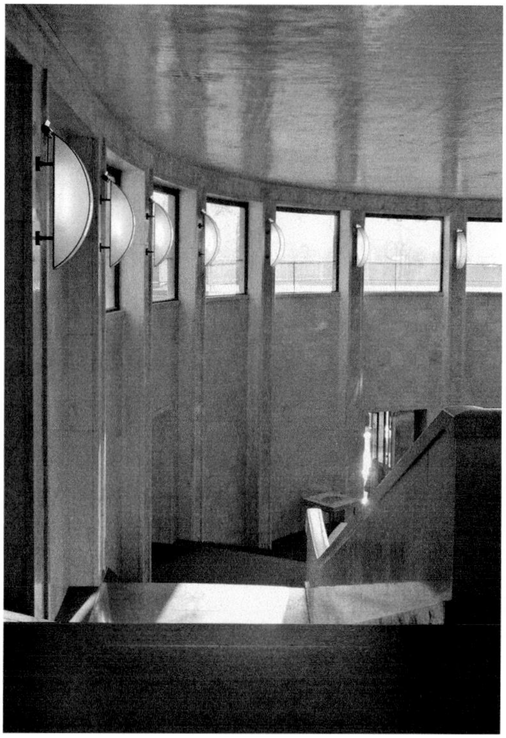

Eine der beiden flankierenden Hallentreppen in das 1. OG

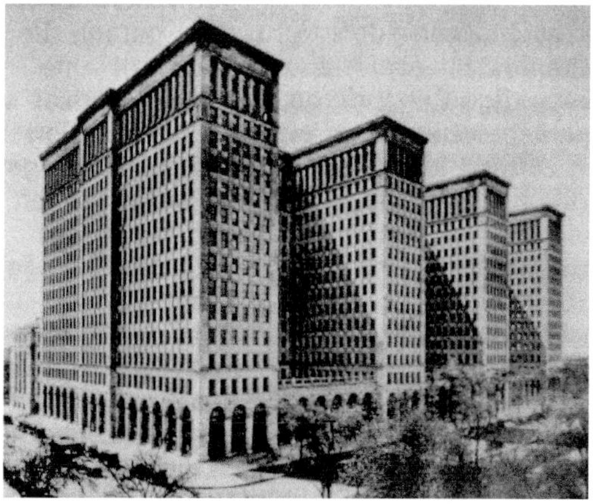

Albert Kahn, General Motors Building, Detroit 1917/1921

5 Dieter Bartetzko, In: Matthias Schirren (Hg.), Katalog Poelzig 1989, S. 27

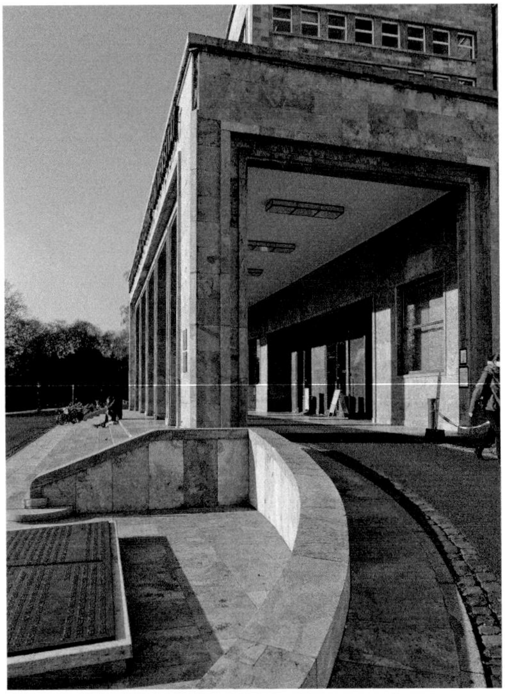

Die in der Symmetrieachse gelegene Vorhalle des Haupteingangs von Südosten

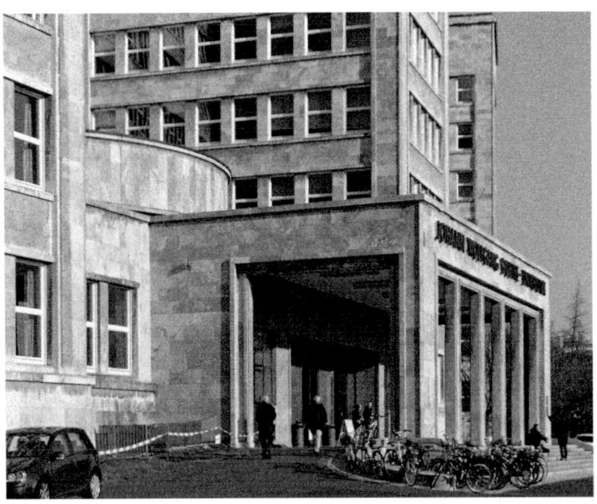

Vorhalle von Südwesten

vorbildlich geeignet wäre. Sein Kammgrundriss, der den Vorteil des Kompakten und der guten natürlichen Belichtung hat, war von Poelzig übernommen worden.

Was dem Machtbewusstsein der Bauherren schmeichelte, war, dass der Zugang für Direktoren und Besucher mittig auf der Symmetrieachse lag, so dass demjenigen, der der konvexen Form sich nähert, die Fluchtpunkte und somit die Perspektive sich verschieben und scheinbar ins Überdimensionale verzerren. Die über 250 Meter langen Flure, deren Endpunkte dank der Krümmung nur in ihrer Nähe wahrgenommen werden können, reduzieren sich demzufolge auf scheinbar angenehm verkürzte Maße.

Was imponiert, ist die ausgefeilte Gediegenheit des Gebäudes, das wie eine Zitadelle oberhalb der Stadt in angemessener Distanz sich ausbreitet. Es ist kein massiver Steinbau, anders als oberflächlich angenommen, sondern eine Stahlkonstruktion, deren Errichtung die Bauzeit deutlich verkürzte und deren Vorhandensein allein der Fachmann hinter der Travertinfassade vermutet. Der Anschein der Massivität wird durch den hohen, geböschten Sockel erzeugt. Dagegen ein Indiz für Stahl und Steinplatten sind dem Baukundigen horizontale, dünne Fenstersimse und eine ebenso zarte Umrahmung der Baukörper aus dem gleichen Stein. Noch deutlicher erklärt sich die Konstruktion als Skelettbau durch die diagonale (offensichtlich nur schmückende) Anordnung der Travertinplatten in der Fassade des zum Bauwerk gehörenden Kasinobaus. Trotz Termindruck und Verpflichtung zur Wirtschaftlichkeit sind Ausstattung und Baudetails sorgsam ausgewogen, seien es die *Art-Déco*-Leuchten in der Eingangshalle oder die skulptural geformten Wangen der Außentreppe. Diese münden und verknüpfen sich prätentiös mit den beiden Antrittsstufen, so dass eine imaginäre Schwelle zwischen öffentlichem und offiziellem Raum, zwischen legerem und steifem Verhalten des Besuchers entsteht.

Was aber täuscht und weshalb der ankommende Besucher irrige Rückschlüsse auf das gesamte Bauwerk zieht, ist die offene Vorhalle des Haupteingangs, die wegen ihrer klassizistischen Formensprache wie von Albert Speer, also auch im Sinne der nationalsozialistischen Ruinenwerttheorie (die besagt, dass ein Gebäude auch noch als Ruine, auch noch nach Jahrtausenden, würdevoll und erhaben zu bestehen habe) entworfen zu sein scheint. Theodor Heuss, Verfasser des ersten Werkverzeichnisses von Poelzig (1939) und später erster Bundespräsident unserer Republik, allerdings meinte:

»*Die Achse des Frankfurter Farbenhauses nun ist eine entzückende Lösung geworden: die Vorhalle hat eine saubere und feste Eleganz. Man hatte dort das Pathos einer Säulenordnung gewünscht – Poelzig lehnt sie ab, und gestaltet die Halle in einer kantigen Rechteckform.*« Heuss begründet nachvollziehbar Poelzigs Entscheidung: »*Säulen haben ein Gewicht zu tragen, in diesem Bau aber trägt nicht der Stein, sondern der Stahl.*«[6]

Heuss' milde Beurteilung mag in der unaufhebbaren Distanz, gar Unfähigkeit, jegliches Pathos oder klassizistische Attitüde zu erkennen, gelegen haben. Unvorstellbar war ihm, dem gemütlichen Schwaben, womöglich jede Art von gestelztem Überschwang oder zwanghafter Feierlichkeit. Poelzig selbst aber meinte zur Baukunst, sie sei »*Produkt der seelischen Grundstimmung eines Volkes*«[7]. Anderes und schon im Sinne Speers lesen wir dagegen woanders, im rechtslastigen Feuilleton:

»*Das Gebäude soll seine Schatten in die kommenden Jahrhunderte werfen und von der Macht und Größe des Unternehmens unablässig reden, wenn seine Zeit längst vorbei ist*«[8], schrieb ein Journalist der Zeitschrift »*Die neue Zeit*« 1931.

Der I.G.-Farbenkonzern ist zerschlagen. Das Verwaltungsgebäude hat überlebt und steht unter Denkmalschutz, aber seine Geschichte und ihre Rezeption sind völlig anders verlaufen als erwartet.

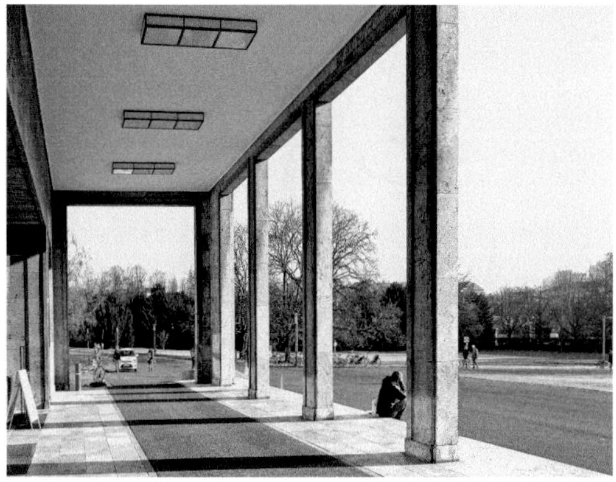

Blick in die Vorhalle

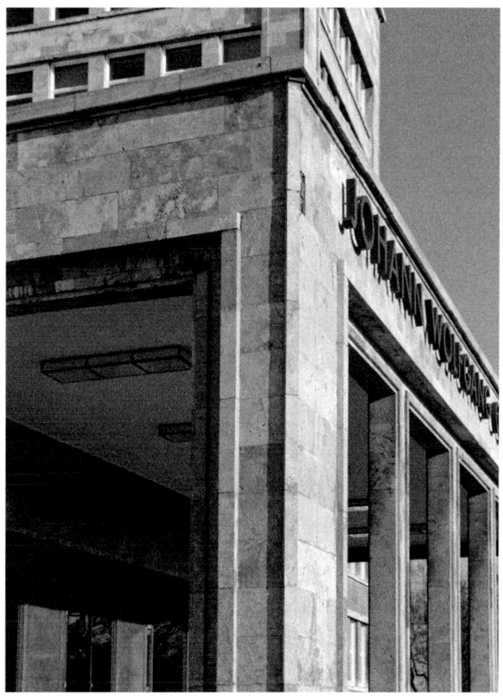

Profilierung der Travertinfassade vor der Haupthalle

6 Theodor Heuss, Hans Poelzig, S. 90
7 Dieter Bartetzko, a. a. O., S. 31
8 zit. n. Schmal/Voigt, Katalog Poelzig 2007, S. 112

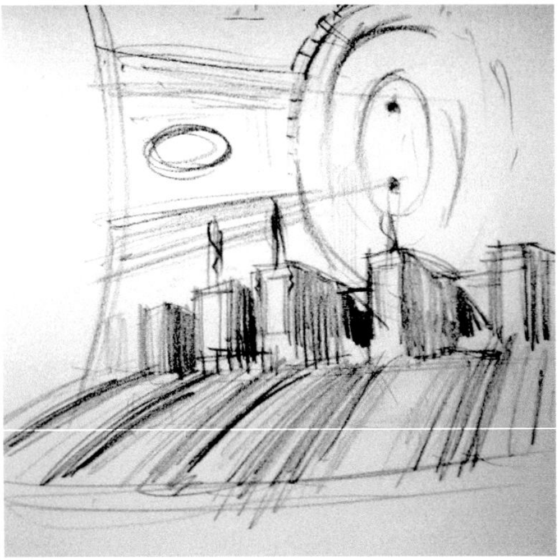

Entwurfsskizze Poelzigs

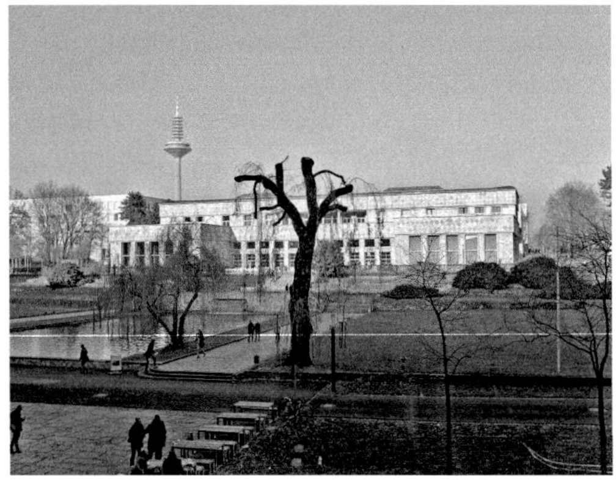

Gesondertes Kasinogebäude im Norden des Hauptgebäudes

12. Kapitel Ronchamp

U. Jonak, *Architekturwahrnehmung*, https://doi.org/10.1007/978-3-658-26262-4_18

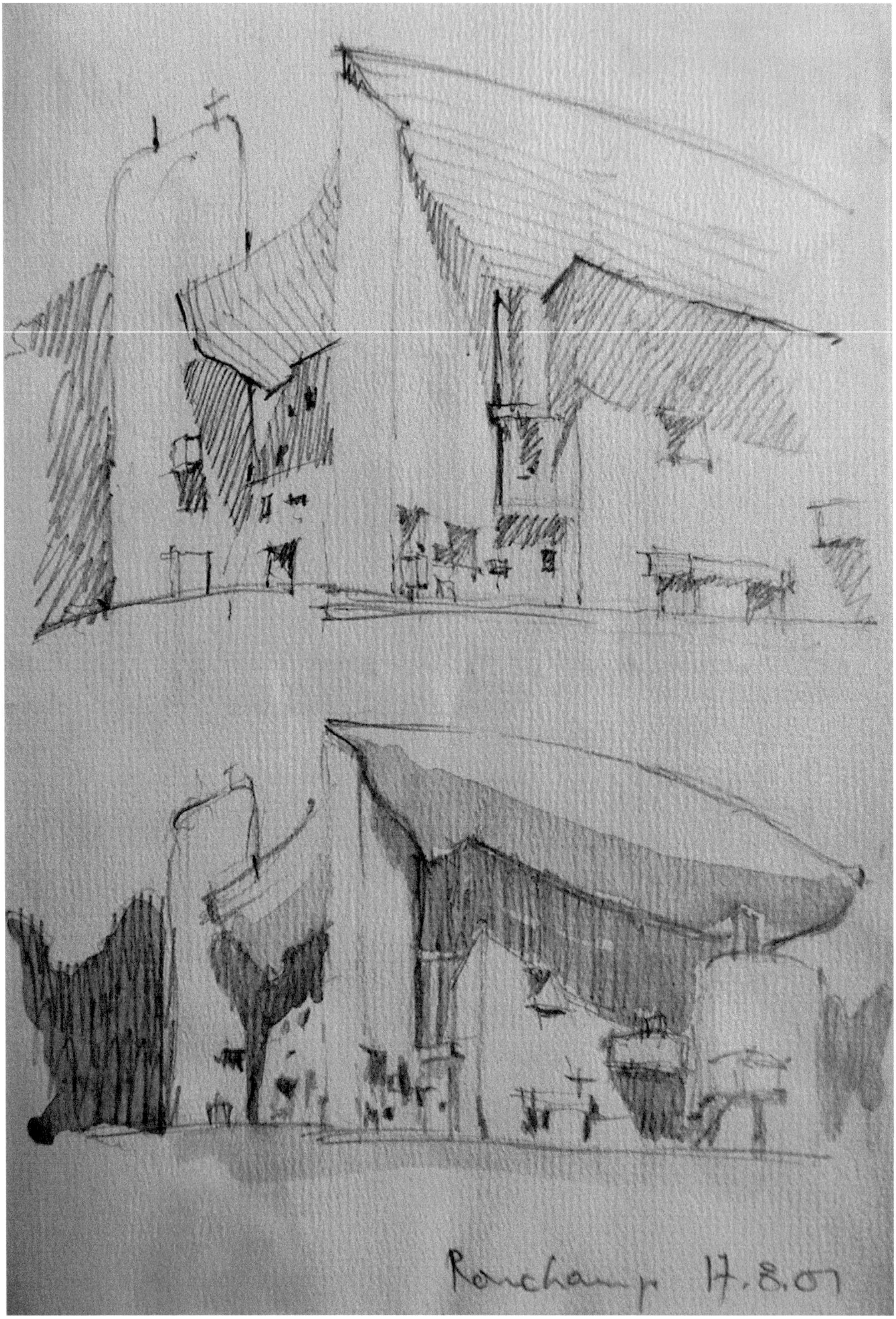

Wallfahrtskapelle Ronchamp, Skizzen U.J.

» *Wie ein Vulkan, so scheint mir, bricht das Genie Le Corbusiers heute hervor, steigt donnernd aus brodelnden Tiefen zum strahlenden Licht empor und überschüttet die Welt mit dem Feuerregen zündender Ideen. [...] Die von ihm seit jeher mit der Autorität der totalen Künstlerpersönlichkeit postulierte Synthese von Architektur, Malerei und Plastik hat er zum ersten Mal in [...] Ronchamp konsequent realisiert.*«[1]

Alfred Roth, 1958

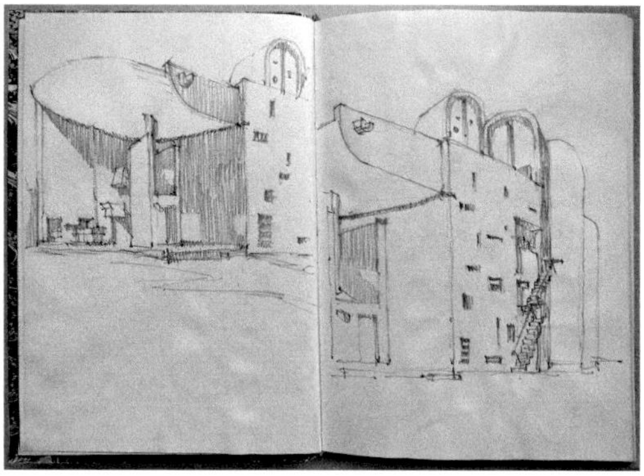

Skizzen U.J.

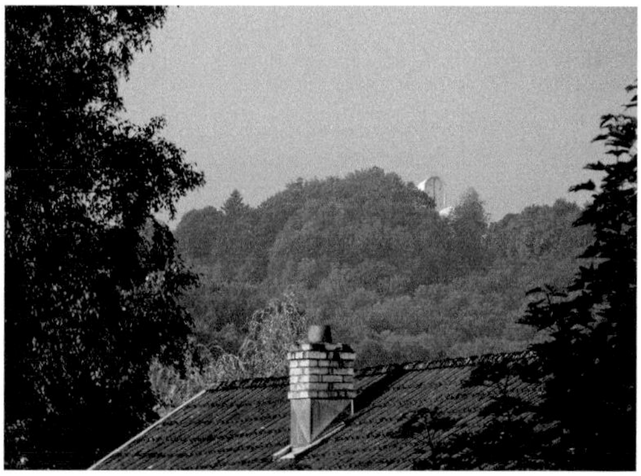

Notre Dame du Haut, der korrekte Name der Kapelle, hoch über dem Dorf Ronchamp

Für Alfred Roth war Le Corbusier zeitlebens Vaterfigur gewesen. Als junger Mann war er im Pariser und später im Stuttgarter Büro des schon damals (in den zwanziger Jahren) berühmten Architekten beschäftigt; ausgenützt und schlecht bezahlt, wie er selbst erzählte. Wohl als späte Kompensation jugendlicher Hassanwandlungen eines Ausgebeuteten ist die groteske Verherrlichung im Zitat oben erklärbar. Fast könnte es uns scheinen, als hätte der sich allzu gerne selbst verklärende Meister die beurteilende Aufsicht über Roths Sinneswahrnehmungen ergriffen.

Mancher neutralisiert die Ursache seiner längst verkrusteten, aber immer noch vorhandenen Verletzungen, indem er sie durch Beweihräucherung eben des Urhebers dieser Verwundungen aufweicht. Auf bizarren Umwegen erwirbt er sich im Geheimen so eine einigermaßen tolerante Wahrnehmung des realen Sachverhalts. Visuelle Wahrnehmung hat wohl nicht immer nur mit Beobachtungsgabe zu tun.

Wie zum *Parthenon*, wie zum *Einsteinturm* wandern wir aus dem im Tale liegenden Dorf den beschwerlichen Weg hügelan zur Wallfahrtskapelle. Die an- und abschwellende Hügellandschaft ringsum, der ihr Profil abtastende Blick des Wanderers verlangten, wie Le Corbusier forderte, »*eine visuelle Akustik im Reich der Formen*«, eine Antwort durch ein plastisch geformtes Haus. Ob viele Ankömmlinge die ›Antwort‹ bewusst wahrnehmen? Die Kapelle mit ihren Konvex- und Konkavformen, mit ihren schützenden, sich biegenden Mauern und zugleich planvoll platzierten Durchlässen wirkt wie eine steingeformte Überhöhung des Grashügels. Viele jedoch mögen sie nur als irritierenden Fremd-

1 Le Corbusier, Katalog 1958, S.13

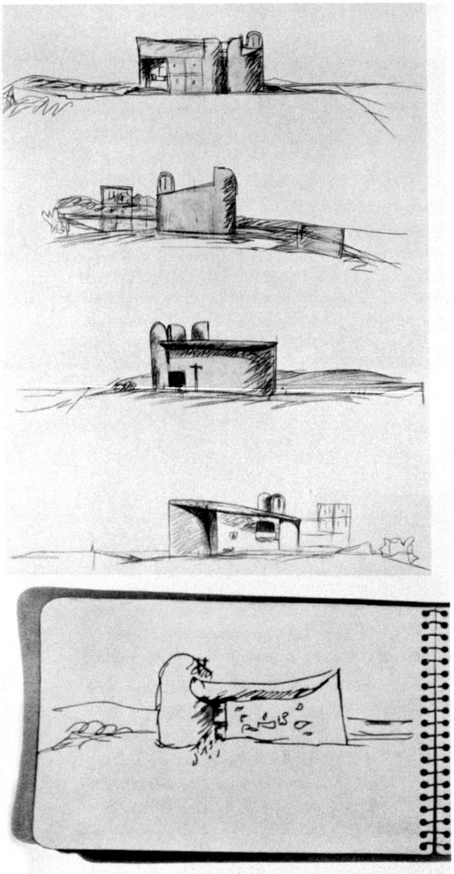

Skizzen, die Fernsicht prüfend, von Le Corbusier

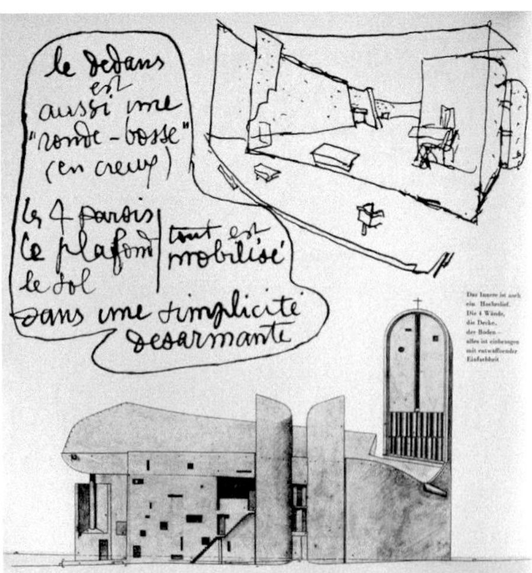

Entwurfszeichnung und Skizze von Le Corbusier, die Schlichtheit des Projekts betonend

körper inmitten von Bewuchs und Erdhügeln wahrnehmen. *Ronchamp* ist Ortsname, die Kapelle aber heißt *Notre Dame du Haut*, ein Hinweis auf die Lage oberhalb des Dorfes, vielleicht auch auf den himmlischen Aufenthaltsort der Mutter Christi.

»*Dem Näherkommenden erscheint es wie ein Wolkenschiff und dann wie eine Haube oder ein Zelt, das einen Hügel überhöht. Es steht fremd in der Landschaft. Dennoch ist es ihr in merkwürdiger Weise verwandt; seine Formen scheinen den geologischen Strukturen zu antworten.*«[2]

Der Kunsthistoriker Anton Henze zeigte mithin schon früh, kurz nach der Einweihung der Kapelle, dass das Bauwerk, mehr als jeder andere Bau Le Corbusiers, eine Fülle von Metaphern provoziert.

Metaphernfülle

Die Formensprache dieser Kapelle erschien derart ungewohnt, gar schockierend, dass sie in den fünfziger Jahren (als der Funktionalismus noch in Blüte stand) weltweit sowohl von Fachjournalisten als auch in der Tagespresse disputabel erörtert wurde. Le Corbusier selbst hatte von einer *Arche* gesprochen. Wer weniger zugetan war, fand andere Vergleiche: *Bunker, Höhle, Katakombe, Schiff, U-Boot* usw. James Stirling sprach anlässlich der Kapelle von »der Krise des Rationalismus«.

Später (1978) hat Charles Jencks in seinem Buch *Die Sprache der postmodernen Architektur* Ronchamp ebenfalls als Beispiel für eine Vielzahl angedeuteter Metaphern dargestellt und mehrere persiflierende Zeichnungen dazu publiziert. Da taucht dann auch die Karikatur des Baus als ›*Ente*‹ auf, womit Robert Venturi skulptural geformte Architektur im Gegensatz zum nur ›*Dekorierten Schuppen*‹ bezeichnet hatte (*Learning from Las Vegas*, s. a. Kapitel 5) und damit die Welt der Architektur in zwei unterschiedliche Lager schied.

Das Grasdach eines Pilgerheims liegt oben als Wall quer zum Anstieg, bis endlich über einem Grashang der scharf geschnittene Bug (gleich dem eines Dampfers) des Bauwerks emporsteigt. Die schmale, weiße Stirnseite der Außenwand, sich biegend, im Hintergrund sich neigend, sich meter-

2 Anton Henze, Ronchamp, o. S.

dick verbreiternd, aber auch ihre Gebäudeecke öffnend für Licht- und Schattenstreifen, darüber der Wulst des Daches, ein aufgeblähtes Kissen, ein gestrandeter Wal. Die Wand: einerseits eine Schutzmauer mit schießschartenartigen, wie zufällig verstreuten Öffnungen, andererseits sich krümmend, um hoch und breit ein Einlasstor für die mehr oder minder strahlende Helligkeit des Sonnenlichts zu sein.

Le Corbusier erinnert sich an ein Fundstück. Die Form des scheinbar schwergewichtigen Betondachs (es ist hohl) begründet er so:

»*Auf dem Zeichentisch liegt eine Krebskrabbenschale, die ich 1946 auf Long Island bei New York aufgelesen hatte. Sie wird zum Dach der Kapelle: zwei zusammenhängende Betonhäute, sechs Zentmeter dick, dazwischen ein Abstand von 2,26 m. Diese Schale wird auf Mauern aus alten Abbruchsteinen ruhen.*«[3]

Der Längsschnitt durch das Dach erinnert allerdings eher an die Konstruktion eines Flugzeugflügels. An anderer Stelle im Text schreibt er:

»*Die Muschel sitzt auf dicken, simplen, aber nützlichen Mauern; Mauern, in die Eisenbetonstützen eingelassen sind. Die Schale liegt hie und da auf diesen Stützen auf, sie berührt die Mauern jedoch nicht: ein zehn Zentimeter breiter waagrechter Lichtstreifen wird Erstaunen hervorrufen.*«[4]

Wir sollen demnach die Dachmuschel, als flöge sie über den Außenwänden, wahrnehmen. Der gesamte Bau ist eine Inszenierung, eine Feier des Sonnenlichts, als sei er einem heidnischen Lichtkult gewidmet und ist nur mühsam in der christlichen Ikonographie zu verankern. Die kleinen, farbigen Fensterscheiben, die die Kirche in ein mystisches Licht tauchen, wurden von Le Corbusier handschriftlich, krakelschriftlich mit religiösen Maximen beschriftet. War dies notwendig, weil der Raum zu fremdartig, zu ungewohnt erschien, um ihn als katholischen Wallfahrtsort zu erkennen? Außen, im Freien, ist das eindeutig. Bis zu 12 000 Pilger erscheinen dort zweimal im Jahr zum Gottesdienst. Aber innen, im Halbdunkel, von farbigen Lichtern gestreift, können sich lediglich 200 Betende aufhalten.

3 Le Corbusier, Ronchamp, Carnet Nr. 2, S. 90

4 Ebd. S. 95

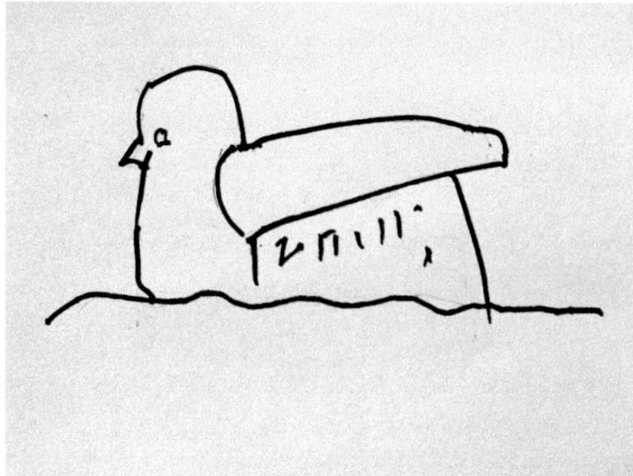

Metaphorisches Gebäude (Venturis Ente)

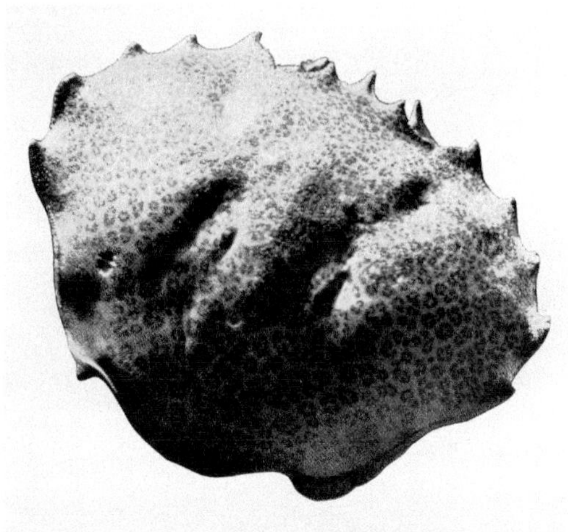

Vorbild Panzer einer Krebskrabbe

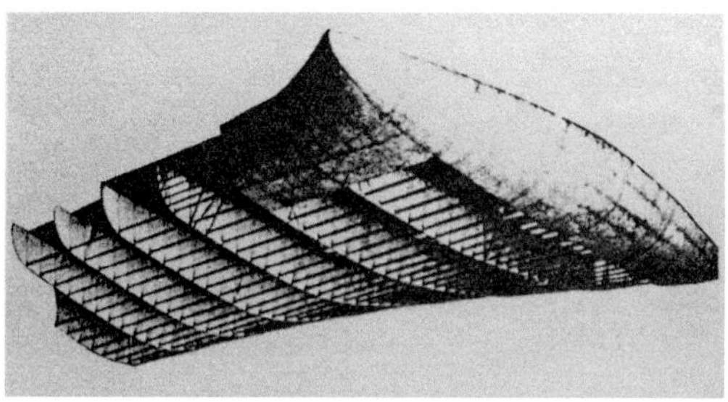

Dachkonstruktion analog eines Flugzeugflügels

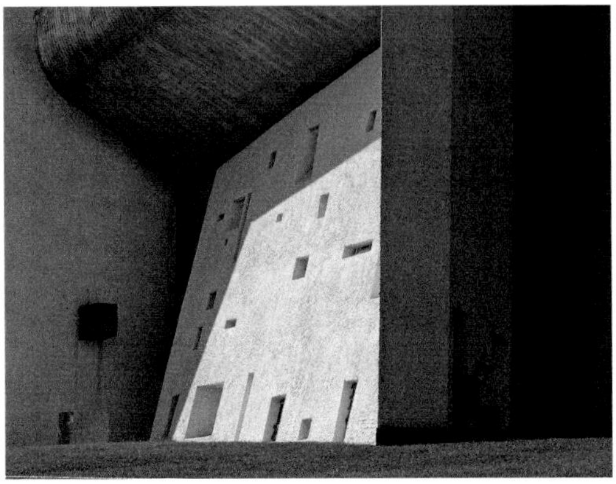

Schießschartenartige Öffnungen

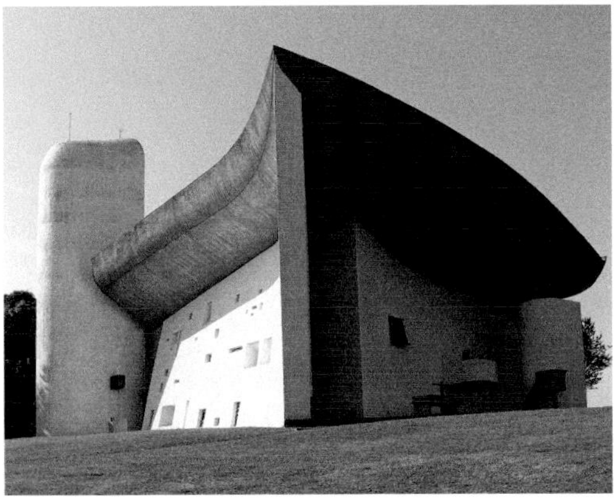

Das Dach schwebt über den Mauern

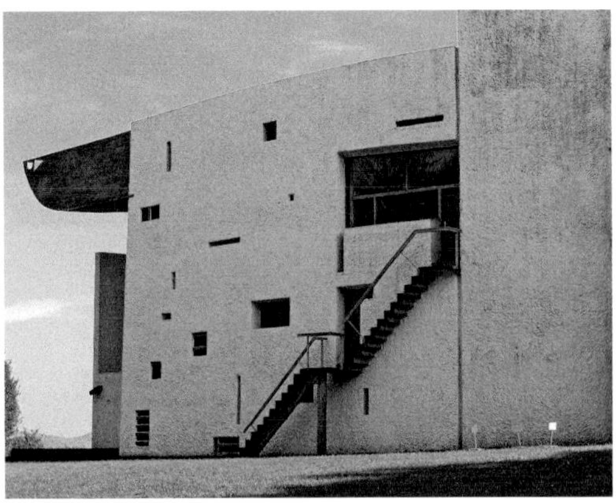

Seitenansicht, hier hat das überkragende Dach den Anschein eines Wasserspeiers, der es aber nicht ist

Formen unter dem Licht

Aber sind nicht »*unsere Augen geschaffen, die Formen unter dem Licht zu sehen*«?[5] Heißt so nicht das viel zitierte Schlagwort Le Corbusiers von 1922? Anders als außen dient im Inneren der Kirche von Ronchamp jedoch das Licht-Schatten-Spiel eher der Schaffung einer magischen Atmosphäre als der Hervorhebung plastischer Formen. Hugo Kükelhaus (1900–1984), Tischler und einflussreicher Kunstpädagoge, war ein Gegner des Funktionalismus (*Unmenschliche Architektur*, 1973) und Propagandist eines *Organlogischen Bauens*. Nicht verwunderlich ist daher, dass er zu Le Corbusier zwiespältige Gefühle entwickelte. Zu Rochamp und zur Lichtführung im Inneren indes fand er in einem längeren Artikel nur positive Worte:

»*In der Kirche von Ronchamp ist das Licht so geführt, dass der Sehprozess gemäß seiner Gesetzlichkeit in Anspruch genommen wird. Das Licht bricht aus kleinen und tiefen Trichtern und stellt ein physiologisches Potentialgefälle mit der Dunkelheit her.*«[6]

Am Ende des Artikels zitiert er C.G. Jung:

»*Was nützt es, dass wir den Leuten etwas von der Schönheit des Sichtbaren erzählen, wenn sie nicht sehen können. Man sollte endlich damit beginnen, den Menschen das Sehen beizubringen.*«

Der Architekturtourist, der hoffentlich bereit war, das Sehen zu intensivieren, nimmt, in das Innere der Kapelle eintretend, vor allem einen geheimnisvoll dunklen, von farbigen Lichtflecken und Streifen durchwirkten höhlenartigen Raum wahr. Umso unergründlicher verbergen Schatten die Winkel und Kanten des Kirchenschiffs. Lediglich brennende Kerzen und einige still Betende fallen im Andrang der Besucher auf und machen auf die vornehmliche Bestimmung dieser so archaisch wirkenden Kapelle aufmerksam. Man könnte auch behaupten, wie geschehen, dies sei gar »*kein Gebäude, sondern ein Gegenstand, innen ausgehöhlt zur Erzeugung einer Katakomben-Romantik*« (Ulrich Conrads). Trotz seiner insgesamt positiven Kritik sprach Conrads von »*künstlicher Pseudomystik*« und vom »*Missklang der Mache*«[7].

5 Le Corbusier, a. a. O., Ausblick, S. 36
6 Hugo Kükelhaus, Baukunst und Werkform 1956/6, S. 296
7 Ulrich Conrads, Baukunst und Werkform 1956/1, S. 14 f.

Rudolf Schwarz, der bedeutende Kirchenbaumeister, meinte:

»*Corbusiers Bau ist ziemlich unsensationell, wenn man ihn in diese große [expressionistische] Überlieferungslinie stellt, sensationell ist nur, dass er gerade von Corbusier stammt, denn der Übergang zu solchen Formen bedeutet ja auch die Anerkennung irrationaler Wirklichkeiten.*«[8]

Einen radikalen Umbruch im Denken Corbusiers vermutete Schwarz, denn Irrationalität sei man von Le Corbusier nicht gewohnt, der angeblich ein Vertreter der Rationalität und Meister der Maschinenästhetik gewesen sei.

Eine abstruse Verschwörungstheorie aus der Ferne vertrat ein Kritiker aus der damaligen DDR:

»*Wissen Sie, was ich glaube? Das ist gar keine Kapelle, das ist ein Bunker für den nächsten Krieg – ›Europa verteidigt sich gegen den Osten‹. – Nicht wahr, so müsste das doch eigentlich heißen. Dann hätte alles mit einem Schlage einen Sinn. […] Man wird fragen, wie LC darauf gekommen sei. […] Er ist einfach alt und er weiß vielleicht noch gar nicht, dass der letzte Krieg auch schon wieder längst zu Ende ist: Er kann einfach von den Bunkern nicht mehr los.*«[9]

Wahrnehmung, von der der Wahrnehmende glaubt, sie sei authentisch. Wahrnehmung, die ein Beispiel dafür ist, dass sie von gesellschaftlichen Konventionen, aber auch von ideologischer, religiöser oder politischer Erziehung verbogen werden kann. Wenn hingegen eine einigermaßen vielschichtige und glaubhafte Wahrnehmungsbilanz entstanden sein sollte, dann hat Wahrnehmung mit offenen Augen und nicht kraft zwangsneurotischer Gedankengänge stattgefunden.

Le Corbusier, der oft genug bewiesen hatte, dass er sich poetisch auszudrücken wusste, geriet mitunter doch ins wolkig Unverbindliche, als stünde er begriffsstutzig vor seinem eigenen Werk:

»*Die abstrakte Kunst, die heutzutage nur zu Recht hitzige Gefechte entfacht, ist die Ursache, dass Ronchamp existiert: architektonische Sprache, plastische Gleichungen, Symphonie, Musik oder Zahl (jedoch bar aller Metaphysik) – in gültiger, strenger Regel den unfassbaren Raum entbindend.*«[10]

8 Rudolf Schwarz, Baukunst und Werkform 1956/3, S. 118
9 Baukunst und Werkform 1956/6, S. 297
10 Le Corbusier, a. a. O., Ronchamp, S. 123

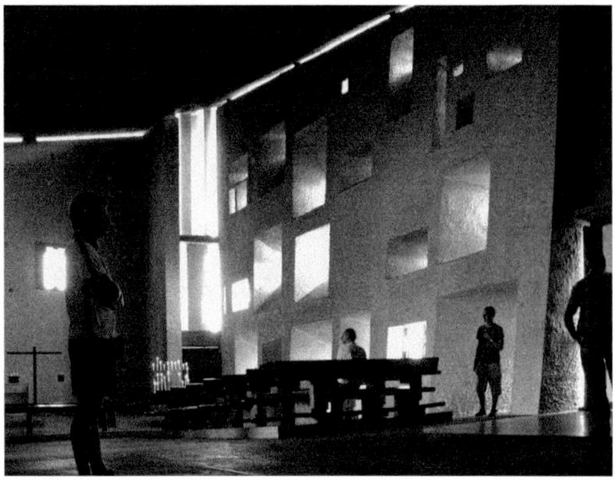

Höhlenartiger Innenraum

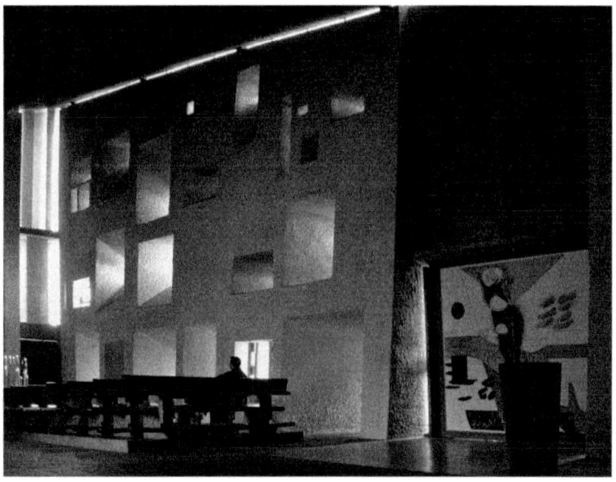

„Irrationale Wirklichkeit", Rudolf Schwarz

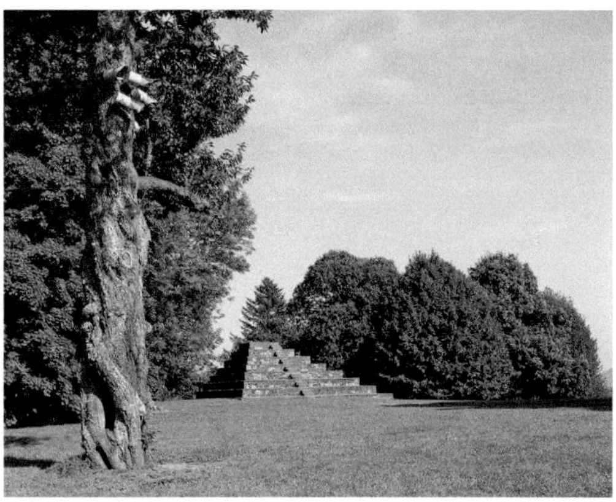

Pyramide aus Abbruchsteinen der zerstörten Vorgängerkapelle

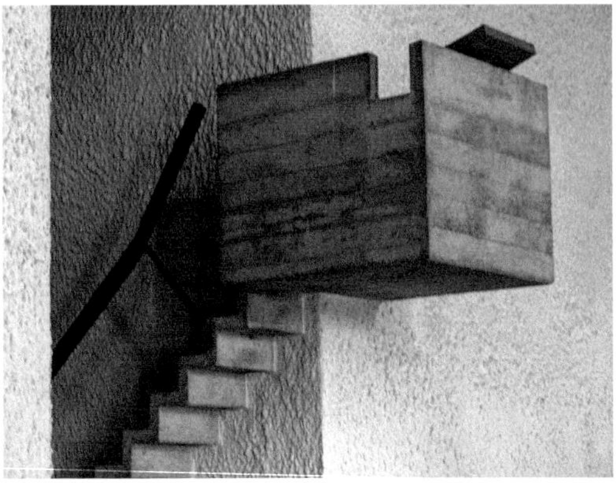

Außenkanzel für Gottesdienste im Freien

»Die primären Formen sind die schönen Formen, denn sie sind klar zu lesen« (Le Corbusier)

Etwas bedeutungsvoll Nichtssagendes? Der kritische Geist, der klug das Werk eines anderen beurteilt, ist sich selbst gegenüber ahnungslos, hilflos, behauptend, gar engstirnig oder rettet sich wie Le Corbusier in verrätselte Plattitüden (wie »*in gültiger, strenger Regel den unfassbaren Raum entbindend*«). Es ist die Folge eines autoerotischen, narzisstischen Erlebens. Narziss leidet darunter, sich selbst nicht wahrnehmen zu können – erst in der Selbstbespiegelung gelingt ihm eine Ahnung seines Vorhandenseins. Mehr aber nicht. Falsche Farben, falsche Töne, falsche Gefühle entstellen unbewusst das Selbstbild oder die gerechte Wahrnehmung seiner eigenen Schöpfungen.

Es kommt die Zeit, da wir nicht mehr unterscheiden können oder wollen, ob wir wahrnehmen oder tagträumen oder beides zugleich.

13. Kapitel Wildes Bauen

U. Jonak, *Architekturwahrnehmung,* https://doi.org/10.1007/978-3-658-26262-4_19

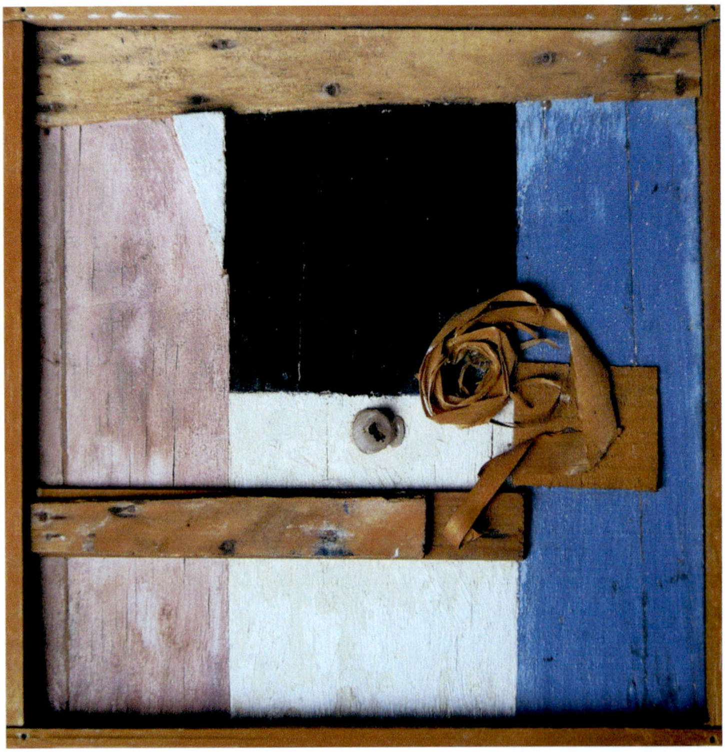

Kurt Schwitters, Merzbild mit Kerze, ca. 1925–28

» *Ich suche mich, aber ich finde mich nicht.*
Fernando Pessoa

Spiegelt dieser leicht kokette Satz die Verzweiflung seines Urhebers darüber, dass er womöglich ein Nichts sei, ein nicht Vorhandener? Welch Gegensatz zur breitbeinigen Selbstgewissheit eines anderen:

Dass ihm die Rohstoffe seiner Bildwerke zufällig begegneten, behauptete bekanntlich Picasso. Wie alle Gestalter argwöhnisch, es könne einer seinen Fund vorzeitig ausschlachten, bewahrte er ihn im Geheimen, bis er endgültige Gestalt angenommen hatte. Misstrauisch gegenüber Gedankendieben verschloss er sich und öffnete sein Atelier nur den Auserwählten, die dann in der Welt den Beweis antraten, dass Picasso längst und zwar als erster neue Wege beschritt.

Der Streit zwischen Picasso und Braque, wer von beiden den Kubismus erfunden habe, ist ein deutliches Indiz für gegenseitiges Misstrauen und ehrgeiziges Sich-nicht-auf-die-Finger-gucken-lassen-wollen. Dass Picassos Funde einem Wahrnehmungsraster zu verdanken waren, das nicht jeden Fund zuließ, ist anzunehmen.

Architekten und Designer wehren sich im Allgemeinen nicht gegen eine zufällige Entdeckung, doch verstecken sie sie verschämt so schnell wie möglich und behaupten, der Fund sei das Ergebnis tagelanger Mühen oder wenigstens langer, verträumter Gedankenspiele. Sie haben berufsbedingt ein sie kennzeichnendes visuelles Repertoire im Kopf, mit dem sie das in ihr Blickfeld Geratene abgleichen. Ein Wahrnehmungsraster, das manches ungesehen lässt oder als nicht tauglich verwirft. Was für ihre Vorhaben als unbedeutend erachtet wird und nicht in das Raster passt, fällt ungesehen durch das Netz, aber das scheinbar Auffällige wird sondiert und gegebenenfalls gespeichert. Architekten haben gelernt, ständig auf der Suche nach frischen Entwurfsvorlagen zu sein. Wie ihre Gefährten, die Designer, schlachten sie hemmungslos aktuelle Novitäten aus, die die Gedankenlosen oder die schlichten und geistesabwesenden Weltbetrachter bisher noch nicht wahrnahmen. Das, was unter der Oberfläche pochend, wie das Küken im Ei, schon geraume Zeit sich bemerkbar machen wollte, wird schlagartig augenfällig, wird sofort beschlagnahmt

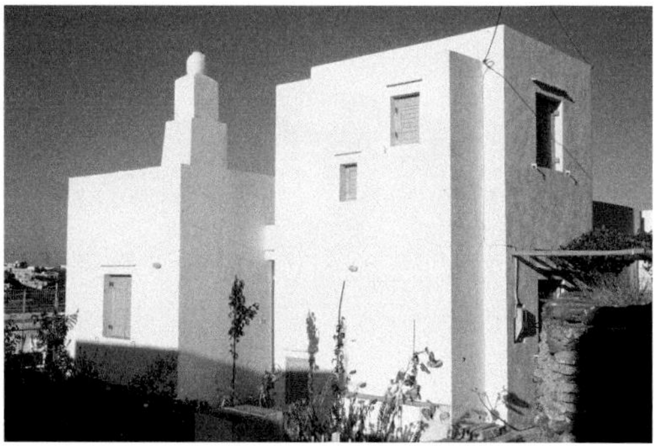

Wohnhaus, das Werk eines unbekannten Maurers auf Siphnos

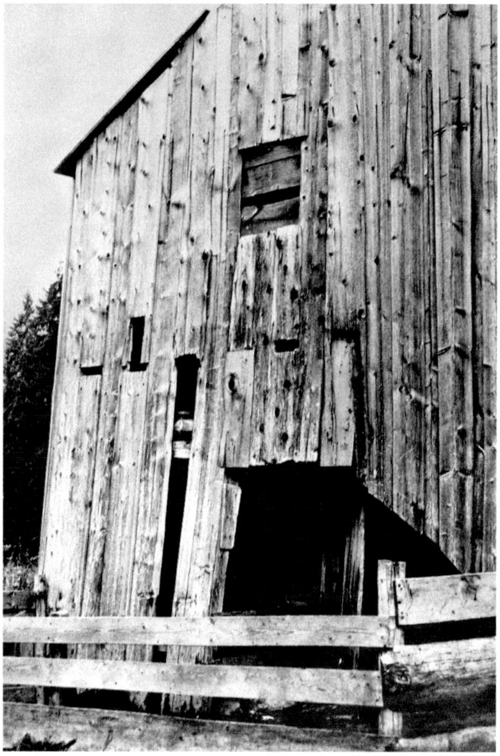

Heustadel in den Alpen

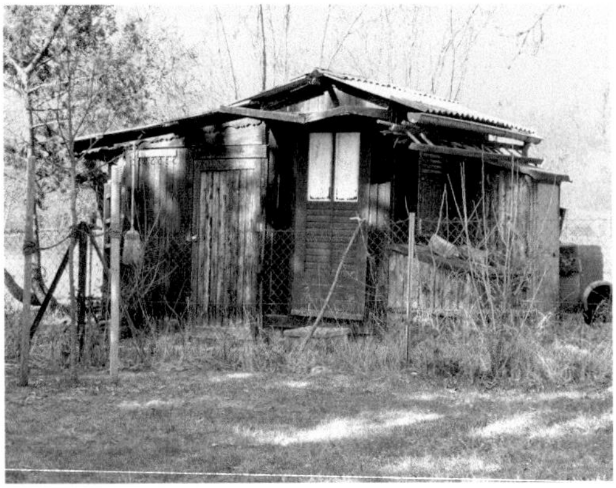

Schrebergartenhütte, ergibt vielleicht die Idee für einen *dekorierten Schuppen*

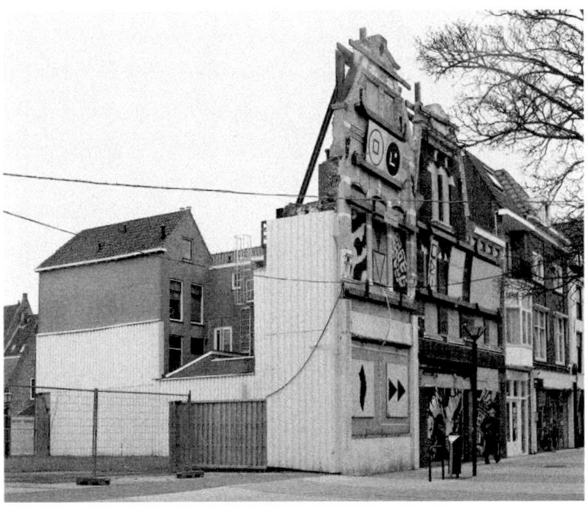

Abbruchhaus in Vlissingen (NL)

und im laufenden Projekt verwertet. Glücklich ist, wer als Erster die Zeichen erkannte.

Auch Sehen ist ein gemeinschaftliches Tun. Meine Blicke und mein innerer Vorrat an Bildern werden von Menschen beeinflusst, die mir nahe sind. Manch anderer aber fischt aus dem von allen Gesehenen das scheinbar Unauffälligste heraus und wird es dann mit mehr oder weniger Chuzpe als Originalität anbieten. Ein Findiger macht Proselyten.

Scheinbar wertlos

Die Kunstavantgarde im frühen 20. Jahrhundert, einer Zeit von Not und Erschütterungen (Krieg und Revolutionen), entdeckte im scheinbar Wertlosen, Armseligen, Unsauberen, Naiven oder Dilettantischen Material für eine neue zeitgemäße Weltsicht. Abfallhaufen, Schrott und Sperrmüll riefen anregende Assoziationen hervor. Verwertbarer Rohstoff, der die Phantasie zum Sprudeln bringt.

Die Kunst der Dadaisten, die Collagen von Kurt Schwitters, die Readymades von Marcel Duchamp, die Assemblagen von Daniel Spoerri oder Arman und anderen, aber auch manche Architekturtendenz (*Garbage Housing* zum Beispiel) wären nicht denkbar ohne diese augenöffnenden Hinweise auf bislang Unbeachtetes. Es schien so, als lohne es sich nicht mehr, Unfertiges zu Ende zu bringen oder zu denken. Unfertiges ermunterte jedoch auch zum Weitermachen. Fragmente kündigten Menetekel an und forderten zugleich zur Initiative und zum Bearbeiten auf.

Eine neue Welt brach an, hoffnungsvoll, doch vielleicht, wie wir heute wissen, nicht unbedingt zum Guten. Tatkraft indes, wenn auch im Bewusstsein menschlicher Unzulänglichkeit, wurde zum Gebot der Stunde – Resignation keinesfalls. Lenin war der Mann der Stunde, Karl Marx erst recht (und mit Recht).

»Die Philosophen haben die Welt nur verschieden interpretiert; es kömmt drauf an, sie zu verändern«, hatte Marx (1845) in der letzten seiner elf *Thesen über Feuerbach* gefordert. Theorie unterläge der Praxis. Im Gegensatz dazu soll hier aber ihre notwendige Gleichstellung behauptet werden.

Angesichts des Durcheinanders

Der Heustadel im Gebirge oder Nachbars Hasenstall, anspruchslose, von Laien gezimmerte Hütten. Im Laufe der Jahre hatten sich Bretter gelockert. Lücken entstanden, wurden ausgebessert oder nicht. Das anfänglich übersichtliche Gehäuse verwandelt sich nach und nach in ein ruinöses oder, anders gesehen, in ein unergründliches, mehrdeutiges Gebilde. Hintergründig wie das runzlige Antlitz eines alten Bergbauern. Anlass für Phantastereien von all jenen, die auf der Suche nach gestalterischen Anregungen sind. Auf der Suche nach Unverwechselbarkeit brauchen Architekten mitunter den Anstoß des Befremdlichen.Sie lassen sich verführen von der scheinbaren Ästhetik eines ursprünglich formlosen Vorhandenseins, von der unbeabsichtigten Komposition eines verrutschten Bretterstapels.

Die scheinbare ›Komposition eines verrutschten Bretterstapels‹, die eindeutig keine Komposition ist, sondern ein wie von Frevlerhand verursachtes Durcheinander. Die Komposition allerdings wird dann wie zwanghaft hineingedacht werden. Das visuelle Repertoire im Kopf des Architekten überlagert das, was er sieht, denn im Laufe vieler Jahre haben sich ihm bestimmte Muster (Typologien und Grundformen) eingeschliffen.

Das Ungeordnete wird dabei im Geiste sortiert und im Einzelfall wieder abgerufen:

- Achsen wie Horizontalen, Vertikalen, Diagonalen oder Kurven,
- Raster, Parallelen, besondere Winkel (90,45,60,30 Grad),
- Reihen, Fächer, Staffagen (Vorder-, Mittel-, Hintergrund),
- Primär- (Rot, Blau, Gelb) und Komplementärfarben (Grün, Orange, Violett),
- Gewichtungen, Harmonien und Disharmonien, oder
- Räumliche Gestalten wie Kugel, Würfel, Kegel, Zylinder und deren flächige Pendants usw.

Mit diesem Repertoire erkämpft sich der Architekt seinen Plan, einen Teil der chaotisch wirkenden Welt zu strukturieren. Die Struktur allerdings existiert nicht in der Realität, sie ist der Einbildungskraft, der Verführbarkeit sowie dem Wahrnehmungsraster des Wahrnehmenden zu verdanken.

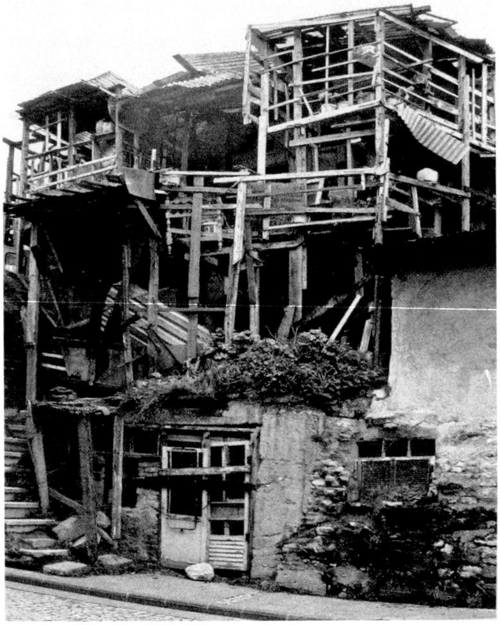

Gecekondu-Hütte in Istanbul, Foto © Uli Exner

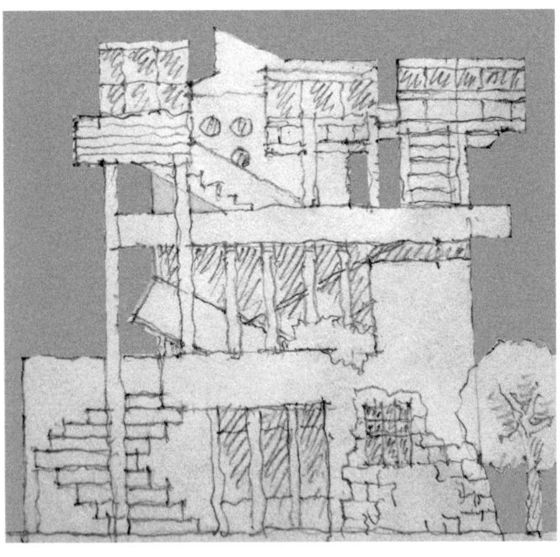

Gecekondu-Hütte als Vorlage für einen Architekturentwurf

Er konstruiert sich seine Wirklichkeit mit dem zusätzlichen Gewinn kreativer Originalität.

Der Steinstapel, die Bretterbude, die Schrebergartenhütte, die Gecekondu- oder Slum-Wohnstatt, all diese beliebigen oder einfallsreichen Anhäufungen von mehr oder weniger zufälligen Fundstücken werden in Zwangslagen zu brauchbaren Unterkünften. Die Bedrängnis der Ärmsten, deren Bric-a-Brac, der mehrfache Gebrauch des Abgenutzten und Verschlissenen, die fast surreale Verbindung von ursprünglich nicht Zusammengehörigem erzeugt einen Anschein von Phantasie, die in Wahrheit von Leid, Mangel und Ängsten bestimmt ist. Aber dennoch wird das ersichtliche Elend kaltschnäuzig ausgebeutet, die Findigkeit und der Einfallsreichtum der Bretterbudenbauer geplündert.

Elend und Ästhetik

Schon der Architekt, der in der Peripherie Istanbuls jene ›primitive‹ Unterkunft (s. Abbildung) fotografierte, war zwar von der Trostlosigkeit, dem sichtbaren Elend berührt (auch uns mag die Abbildung verstören), bewahrte sich jedoch seine mitfühlende Empörung für anderntags und betrachtete die räumliche und konstruktive Vielfalt des Konglomerats aus Steinen, Brettern und auf Schrottplätzen Aufgelesenem als Studienmaterial. Kühl blickte er aufs Gehäuse, kalt hielt er die Vielgestaltigkeit fest. An räumlichen Schichtungen, an kühnen Fügungen interessiert, verdrängte er vorerst die verborgene Armseligkeit, die ihm peinlich war. Er fühlte sich unsicher und fehlplatziert am befremdlichen Ort. Mit starrem Auge verengte er sein Sichtfeld und achtete vorrangig nur auf das Pittoreske.

Dem kulturell Beflissenen gelingt es, noch aus der elendsten Heimsuchung anderer ästhetischen Gewinn zu ziehen. Das genau meinte Walter Benjamin, als er feststellte:

»*Es ist ihr* [der Photographie] *nämlich gelungen, auch noch das Elend, indem sie es auf modisch-perfektionierte Weise auffasste, zum Gegenstand des Genusses zu machen.*«[1]

1 texturen-online.net/methodik/benjamin/autor-als-produzent, S. 140

Ein blitzschneller Schnappschuss: Die notdürftig gestückelte Bauweise erscheint dem fotografierenden Architekten als Ausdruck von Ideenreichtum. Indem er angesichts einer *Gecekondu*-Hütte seine in ihm keimende Idee als kreativen Spleen des Hüttenerbauers interpretiert, distanziert er sich von der ihn scheinbar bedrängenden Not. Das Foto dient als zynische Vorlage für die Skizze einer Villenfassade. Wahrnehmung entfernt sich damit Schritt für Schritt von der Realität. Die geöffneten Augen des Entwerfers sehen gefühlloser, aber auch darüber hinaus eindringlicher und assoziativer als die des Laien. Aber sie verschließen sich unwillkürlich vor einer ihn bedrängenden Wirklichkeit. Um Abstand zu wahren, bedeutet Wahrnehmen für ihn, sich manches vom Leib zu halten und jedes den erwünschten Eindruck Beeinträchtigende auszuschalten.

Ein Fotograf schießt das Foto einer ›Bretterbude‹, ein Architekt sieht das Foto und entwirft assoziativ auf dieser Grundlage das Konzept eines Herrenhauses. Er kann die Vorlage oder Lebensumstände nicht verbessern. Nein. Er ist nur animiert. Sein Motor springt an, seine Kreativität entfaltet sich: Ein Loch wird zum Fenster, ein Spalt wird Fuge, eine schief montierte Bohle wird Treppe, ein Dachprovisorium wird zum Altan, ein Zwischenraum bleibt Zwischenraum, wird aber breiter. Bei einem Wäscheseil wird Reling assoziiert; Blech wird Beton, Brett wird Ziegelstein. Vom Ursprünglichen ist eine Folge von Volumen und deren räumliche Ordnung geblieben, ihre Gewichtung und ein Wechsel von Offenheit und Geschlossenheit. Der Architekt ist glücklich, zufrieden mit sich selbst. Seinem Inneren ist ein Werk entsprungen. Dass er ursprünglich den Ausschnitt eines sozialen Brennpunkts wahrnahm, ist ihm kaum noch bewusst. Wahrnehmung ist mitunter unbegreiflichen Kapriolen unterworfen.

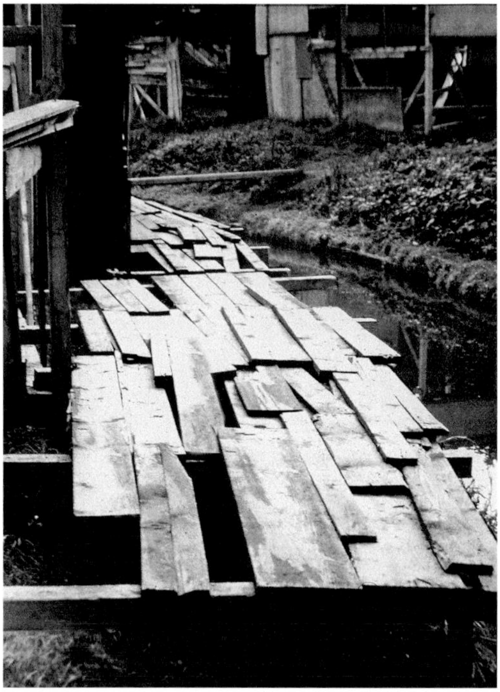

Tadashi Kawamata, »People's Garden«, Documenta 9 in Kassel 1992

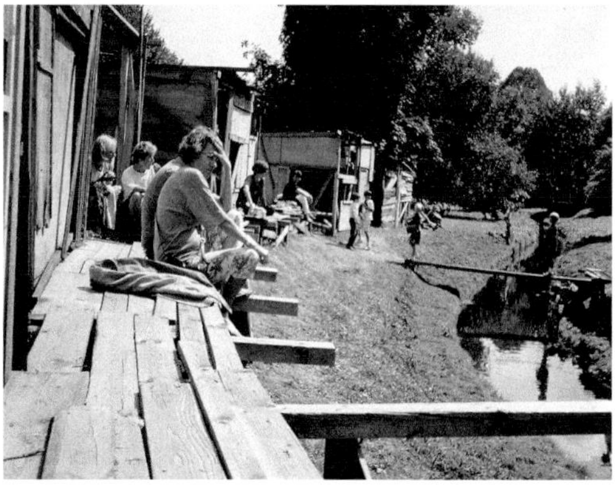

Tadashi Kawamata, »People's Garden«, Installation in der Kasseler Karlsaue

Beutesucher

Architekten sind Generalisten und zugleich Beobachter, Voyeure und Ideensammler. Deshalb gehört zu ihren unerlässlichen Eigenschaften Neugier und der Hang zur fachlichen Grenzüberschreitung. Was geschieht jenseits ihrer Profession? Wie denken und

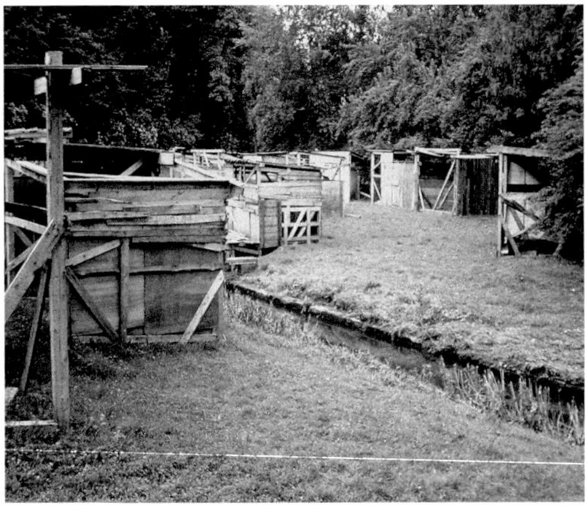

Tadashi Kawamata, »People's Garden«, Documenta 9 in Kassel 1992, Garbage Housing

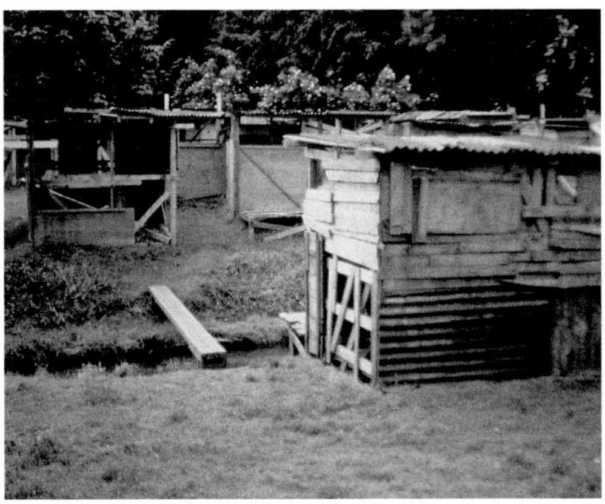

Tadashi Kawamata, »People's Garden«

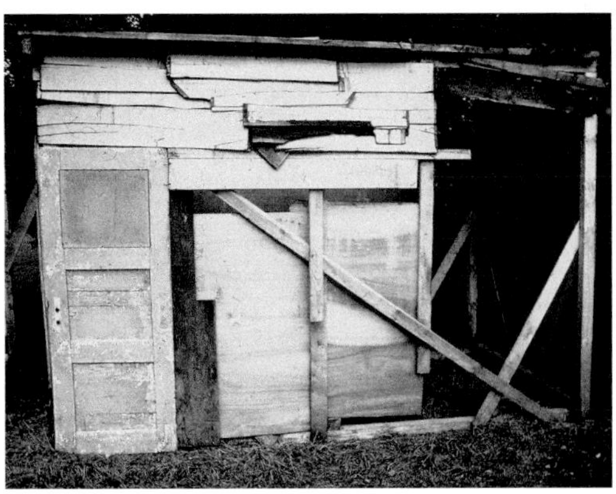

Tadashi Kawamata, »People's Garden«

leben andere? An welch abseitigen Orten finden sich Lösungen für gestalterische Fragen? Beute suchend mit weit geöffneten Augen und forschendem Blick entdecken Architekten Gestaltungsmöglichkeiten, die die eingefahrenen Geleise verlassen, unerwartete Verquickungen zulassen, die Aufnahmefähigkeit erweitern und unerwartete Neuerungen denkbar machen.

Der Bildhauer Tadashi Kawamata stellte 1992 anlässlich der *Documenta 9* in Kassel Bretterbuden in eine paradiesische Parklandschaft (Karlsaue). »*People's Garden*« nannte er seine Kunstinstallation, an der er mit Hammer-Zange-Säge noch während der Eröffnung arbeitete. Kawamata ist dafür bekannt, dass er aus Bauholz und Abfallbrettern komplizierte, begehbare, provisorisch und ärmlich anmutende Architekturskulpturen zusammennagelt, die irgendwie an die erhoffte Aufhebung prekärer Zustände in der Welt mahnen.

Jene Kunsthütten in ihrer idyllischen Umgebung und im Umfeld der *Documenta*, erforscht von etwas ratlos schauenden Intellektuellen, ließen an der eigenen behaglichen Weltsicht zweifeln und zumindest ahnen, dass es beengende, elende Parallelwelten gibt. Diese Gartenhütten tun dar, dass wir in unserer Wahrnehmung nicht frei sind, sondern dass der eine produktiv des Betrachters Wahrnehmung steuert und ein anderer dessen Interpretation konsumierend in sich aufnimmt.

Auf der Kunst- und Verkaufsausstellung *Art Basel* 2013 errichtete Kawamata ein bewusst ärmliches Arrangement von Favelahütten, die jedoch als Verkaufsstände für teure Getränke und Snacks dienten. Auf den ersten Blick wird Armut wahrgenommen und der zweite Blick belehrt, dass man mal wieder einer Mystifikation aufgesessen ist. Elend dient zynischerweise als Kontrastmittel, als legere Demonstration von Unkonventionalität. Manchmal wird Wahrnehmung des Erschreckens stimuliert, um damit die beruhigende Wahrnehmung des kultivierten Konsums hervorzurufen. Meinte man 1992 noch Bescheid zu wissen über die himmelschreienden Zustände, wie sie Kawamata andeutete, so hat sich im Laufe von 20 Jahren die damals ernsthafte, aber doch auch schon schnöde Beobachtung in Snobismus verkehrt.

Im Hamburger *Stadion am Millerntor* kokettiert eine temporäre Loge aus dem Jahr 2011mit der Anmutung von Armseligkeit. Die ständige Finanznot des Fußballvereins *St. Pauli*, seine häufigen Spielverluste, seine anarchischen Fans führten zur trotzigen, geradezu kultischen Verehrung der Mannschaft weit über Hamburg hinaus, was sich im Logengebäude bewusst als symbiotische Konfrontation von Abgerissenheit und Wohlleben äußert.

Ein Baustellengerüst: Da hinein ließ die Architektengruppe »*Interpol+-*« Sitzstufen und drei abgewrackte Polizeicontainer stapeln, deren Fassaden mit Wellblechen, alten Fenstern und ähnlichem (sorgfältig ›gefundenem‹) Sperrmüll geschlossen wurden. Aus jedem Sitz ragt zum Wohlsein des dahinter sitzenden Zuschauers ein messingener Bierzapfhahn und auf der Tribünenbrüstung zockelt an den vorne Sitzenden eine elektrische Spielzeugeisenbahn vorbei, in deren offenen Güterwaggons Currywürste transportiert werden. Um den Hedonismus noch auf die Spitze zu treiben, sind für jeden Fan Bildschirme in der Sitzvorderlehne installiert, eingedenk der zynischen Weisheit, dass nur das als wahrhaftig und glaubwürdig aufgenommen wird, das wir auf dem Bildschirm beobachten. Transportiert wird so das Bild einer alternativen, antibürgerlichen und spaßigen Lebensweise, der sich eine bürgerliche Jugend frivol hingibt, allerdings so temporär und ortsbezogen, so alltagsverliebt und zugleich fernab von allem Alltag, wie es die aufgemöbelte Tribüne vorspiegelt.

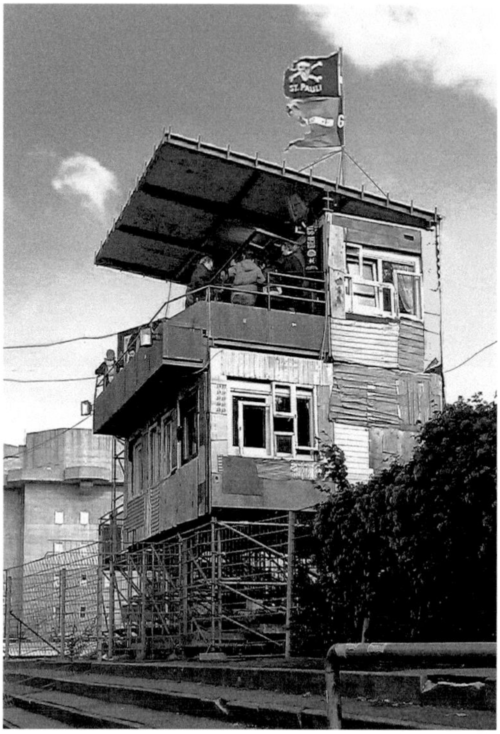

Interpol+- Architekten, Loge im Hamburger Stadion am Millerntor

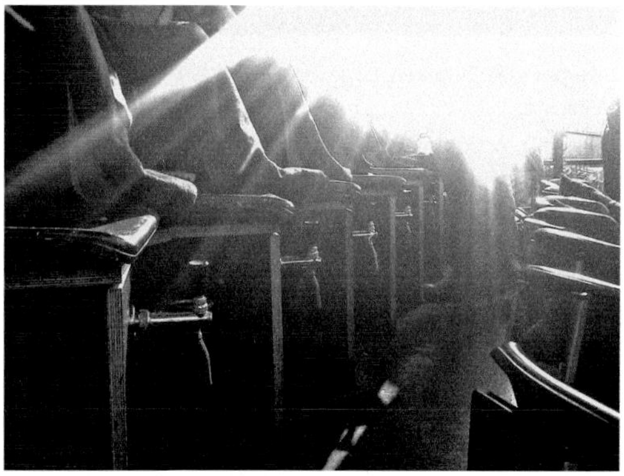

Bierzapfhähne unter den Sitzen

Adhoc

Hier scheint der Begriff ›*Adhocismus*‹ angebracht (den Charles Jencks erfand, s. a. Kapitel 17). Man könnte ihn als intuitive Wahrnehmung einer intelligenten, originellen und kokett missbräuchlichen Verwertung eines vorgefundenen Gegenstandes definieren, vergleichbar der Assemblage in der zeitgenössischen Kunst.

Die Wahrnehmung des Einzelnen wird hier im *Stadion am Millerntor* manipuliert. Er wird in das Fahrwasser einer frohsinnigen Crew gezogen, denn zumindest hier an diesem Ort herrscht ein gedeihlicher Ausnahmezustand: ›*Wir können es uns leisten, auf vollendete Architektur und Design zu verzichten, wenn das Milieu stimmt. Denn wir treiben unbeschadet und sorglos, ja wohlversorgt durch unser*

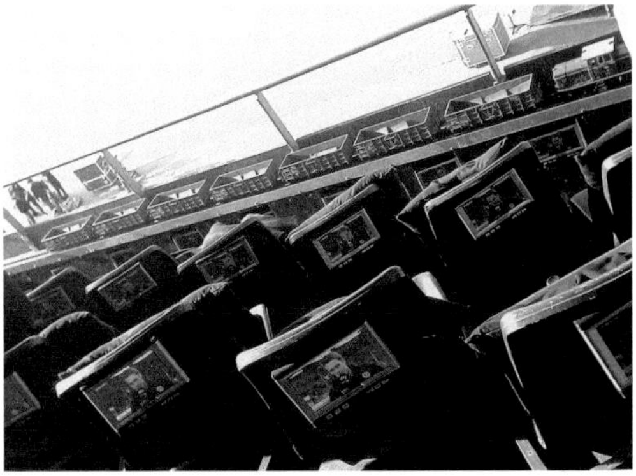

Bildschirme in den Sitzlehnen

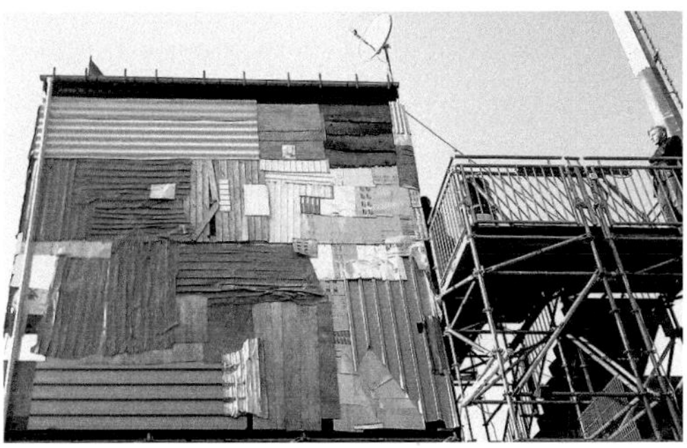

Interpol+- Architekten, Loge im Hamburger Stadion am Millerntor

Leben inmitten einer heillos geschädigten Welt. Wir genießen unsere Kumpanei in der familiären Fantruppe, demonstrieren aber zugleich unsere Volksnähe. Wir sind hochstapelnde Tiefstapler, wir sind lässig und fühlen uns exquisit.‹

Abgerissenheit als elitäre Haltung. Tatsächlich abgerissen wurde die Tribüne aber nach wenigen Jahren und durch eine *seriösere* ersetzt.

Eine Lebensweise demonstrativ ausstellen soll heißen, dass man aktuelle Strömungen rechtzeitig wahrnahm und mithalf, diese zu verbreiten, dass man als Teilhaber oder gar Initiator dieser Entwicklungen wahrgenommen werden möchte. Der Soziologe David Riesman hat (in seinem Buch *Die einsame Masse*, deutsch 1956) den innen- oder außengeleiteten Menschen definiert, bzw. die introvertierte oder die posierende Person. Verkürzt gesagt: Der Innengeleitete nimmt im Verborgenen wahr, der Außengeleitete möchte folgenreich wahrgenommen werden.

Exkurs 4 Blicke

U. Jonak, *Architekturwahrnehmung*, https://doi.org/10.1007/978-3-658-26262-4_20

> »...*sodass er den Blick der Fenster, wie den eines vernachlässigten Haustiers, als Vorwurf empfand.*
>
> John Updike, Landleben

Ich bin verunsichert. Ich nehme wahr, dass mich jemand wahrnimmt. Das heißt: Ich vermute, dass mich jemand aus den Augenwinkeln heraus beobachtet. Meine Gewissheit, umso anonymer zu bleiben, desto unüberschaubarer die mich umgebende Menschenmenge ist, ist verloren gegangen. Wohin und wo hinein ich auch gehe, dort vermute und wittere ich: Irgendein menschliches oder technisches Auge registriert mein Verhalten.

Ich bemerke oft nur das, was andere schon längst bemerkten. Auch Blicke sind gesellschaftlicher Übereinkunft, deren Einfluss und deren Geist, vor allem aber deren unmerklichen Richtungswechseln unterworfen. Ich betrete eine Kirche aus kunsthistorischer Wissbegierde. Ich nehme ein Gehäuse wahr, das als »Haus Gottes« bezeichnet wird; eine Macht, von der behauptet wird, dass sie anwesend, obwohl nicht sichtbar sei, der aber dort sich all meine Handlungen und Gedanken offenbaren. Obwohl vielleicht nicht gläubig, erfasst mich eine Atmosphäre, auf die ich mit vorsichtigem Auftreten reagiere, mit gedämpfter Stimme und derartig maßvollen Gesten, wie ich mir ehrfürchtiges Verhalten vorstelle.

So funktioniert Disziplinierung. Stellvertretend für die göttliche, unsichtbare Kraft ergreift mich ein überhöhter Raum, der abgedunkelt, doch von lichten Zonen durchwachsen, irgendwie undurchschaubar ist und seine physischen Grenzen im Unwirklichen verloren hat. Mich fröstelt, denn draußen war es warm und hier drinnen ist es kalt. Mein Blick, auf den zentralen Altarbereich gerichtet, wird zu bestimmten Zeiten von Weihrauchschwaden verschleiert. Je nach Intensität des Glaubens bin ich ein Gebeugter, ein Untertäniger oder keines von beiden. Ich spiele den Botmäßigen, solange ich mich im Blickfeld (von Andächtigen und zufälligen Besuchern) befinde. Es hat für mich als vielleicht Gläubigen den Anschein, als ob das Auge Gottes den umgebenden Raum kontrolliere. Das muss nicht unangenehm sein, denn jeweilig (bin ich gläubig oder nicht?) fühle ich mich behütet wie ein Kind von seiner Mutter oder belästigt von der Ummantelung.

Spähende Augen

Dies Gefühl des Behütet-, aber auch des Ausgeliefertseins vermitteln nicht nur Kirchen, sondern auch manche Häuser, als lugten durch ihre Fenster und Spalten scharfsichtige Gläser. Das Fenster als Auge. Im Geiste verlebendigen wir das unbekannte Haus. Warnend scheint es uns die Annäherung zu verwehren, golemhaft scheint es uns zu bedrohen. Vermeintlich fixiert uns das Gebäude. Unser abschätzender Blick wird zurückgeworfen. Zwei einander Anstarrende: Wer greift zuerst an?

»*Das Auge ist das autonomste unserer Organe. Das liegt daran, dass sich die Gegenstände seiner Aufmerksamkeit im Äußeren befinden. Außer in einem Spiegel sieht das Auge niemals sich selbst*«[1],

sagt Joseph Brodsky, aber anders weiß es Peter Sloterdijk:

»*Die Augen* [...] – *ihr Rätsel ist, dass sie nicht nur sehen können, sondern auch imstande sind, sich beim Sehen zu sehen*«[2]. Vielleicht ist es kein Rätsel, sondern eine Belastung für jeden, der nach innen schaut.

Palladios kreuzsymmetrische *Villa Rotonda* mag ein Beispiel sein für die nicht erkennbare, aber argwöhnisch von den im Freien Arbeitenden vermutete Überwachung. Wie Gesslers Hut in Schillers Drama *Wilhelm Tell* wird die Villa zum Stellvertreter der Autorität. Noch einmal sei hier auf Jeremy Benthams *Panopticon* aus dem 18. Jahrhundert hingewiesen (siehe Kapitel 5), in dessen Zentrum ein Überwachungsbau steht, der wegen seiner Undurchschaubarkeit die Zelleninsassen im Zweifel lässt, ob denn Bewacher anwesend seien oder nicht?[3]

Das *Panopticon*prinzip verbreitet sich in den Großstädten, in den Straßen, in den Behörden: Auch in Kaufhäusern lauern dem Kunden unsichtbare Beobachter auf, dem Kundigen auffällig durch nur schlecht zu verbergende Überwachungskameras. Mich hartnäckigen Blicken ausgesetzt fühlend, übertreibe ich dort ein wenig meine im Grunde unnötig zur Schau gestellte Arglosigkeit oder gerate in ein angespannt unauffälliges Benehmen meiner

1 Joseph Brodsky, Ufer der Verlorenen, S. 76
2 Peter Sloterdijk, Kritik der zynischen Vernunft, S. 277 f.
3 s. a. Ulf Jonak, Arche_tektur, S.18 ff.

mitgeführten Taschen wegen, in denen, obwohl ich meine Biederkeit allerdeutlichst darstelle, einer der überwachenden Detektive Diebesgut wähnen könnte, was dann nur peinliche Situationen herbeiführen würde. So wird das Kaufhaus zum ungemütlichen Aufenthaltsort, den ich nur meiner Kauflust halber betrete. Ungemütlichkeit allerorten in der Stadt. Spionage wird zum durchgängigen Regelfall des Miteinanderlebens. Der *NSA*-Abhörskandal 2013 hat die Allgegenwart geheimdienstlicher Kontrolle und die verborgene Präsenz des »*Großen Bruders*« aufgezeigt.

Hat ein Haus Fenster, erscheinen sie uns unter Umständen wie Augen. Steht das Haus als Solitär im Gelände und sind seine Öffnungen erleuchtet, dann fühlen wir uns im Näherkommen unbehaglich. Halb bewusst vermuten wir: Hat ein Haus Augen, dann hat es auch ein Gehirn, dann ist es wohl handlungsfähig und letztlich bedrohlich. Umso bitterer unsere Lage ist, desto unwohler fühlen wir uns und desto geneigter sind wir, dank innerer Vorstellungskraft die Objekte unserer Umwelt zu anthropomorphisieren.

Tückischer schien es, als die Menschheit noch annahm, dass Augen Sehstrahlen aussenden. Wusste man damals denn, ob diese nicht wie Blitze verletzen könnten? In vielen Kulturen gab und gibt es immer noch das angebliche Phänomen des »bösen Blicks«. In manchen Regionen hält sich stur der Aberglaube, dass der aggressive Blick eines anderen uns erkranken oder sogar sterben lasse. Dagegen helfe allein ein dunkler Abwehrzauber.

»*Wenn Blicke töten könnten*«, sagt jemand, wenn er beobachtet, wie ein anderer sein Gegenüber mit ›vernichtendem‹ Blick durchbohrt. Man müsste sich verhüllen, um vom Anstarren anderer sich nicht bedrängt zu fühlen. Offenbar sind wir ständig, ohne es selbst immer wahrzunehmen, mit Musterungen und den daraus folgenden Wertungen beschäftigt, seien es Menschen oder Gebäude oder sei es unsere Welt.

Manche Häuser gewinnen ihr Ansehen daraus, dass sie uns offenbar mit Blicken verfolgen. Wir mutmaßen vielleicht eingebaute Fallen oder attraktive Verlockungen, erschauern vor Hilflosigkeit oder fühlen uns mehr oder weniger angenehm berührt und sehen kritiklos über Schwächen der Ausführung oder Ungereimtheiten des Plans hinweg. Als passive Wahrnehmung, widerstandsloses Phlegma oder ein etwas schläfriges Einverständnis mit den Gegebenheiten ließe sich dies charakterisieren. Aktive Wahrnehmung dagegen tastet mit Blicken Oberflächen ab und versucht, hinter das Geheimnis von Wohlgefallen oder Abneigung zu kommen. Aktive Wahrnehmung ist der Regelfall, wenn wir ein Gebäude betrachten, von passiver Wahrnehmung kann man dagegen sprechen, wenn wir wider besseres Wissen argwöhnen, dass ein Objekt – ein Haus – zurückschaut. Wir wissen, dass dem nicht sein kann, aber kraftlos und erschöpft vom Alltag lassen wir kindliche Trugschlüsse zu.

Passiver Empfang, aktive Sendung

Obwohl letzteres nicht der Realität entspricht, müssen wir bedenken, ob nicht jede visuelle Wahrnehmung als ›*passiv empfangen*‹ zu deuten wäre, da unser Gehirn zwar auch Ideen empfängt, unsere Augen aber nur Lichtreflektionen der gegenständlichen Welt einlassen. Dennoch ist erwägenswert, ob uns nicht die Unterscheidung ›*aktiv-passiv*‹ eine genauere Differenzierung des Phänomens Architektur-Wahrnehmung erlaubt. Werde ich von einem Bau emotional angerührt, positiv oder negativ, dann wird mein Hirn aktiv, es bemächtigt sich des Baus, als sendeten meine Augen ihn erobernde Pfeile aus. Als sei die Welt nur Schein und von meinem Hirn konstruiert und zu modellieren. In diesem Fall wäre auf absonderliche Weise wieder die antike Sehstrahlenvermutung aktiviert, obwohl die Wissenschaft diese doch längst widerlegt hat. Es empfängt und sammelt das Auge wie ein Fotoapparat die einfallenden Lichtstrahlen der äußeren Welt. Lichtpfeile aber gehören zur inneren Welt, werden scheinbar von innen abgeschossen und erzeugen dort jene Scheinwelten, denen wir nicht entgehen können oder wollen.

Auch Peter Eisenman befasst sich mit Blick und Gegenblick, im Falle von Architektur mit der Schimäre »*eines den Blick erwidernden, zurückblickenden Objekts*«:

»*Dieses Zurückblicken bewirkt zweierlei: Es ändert das Verhältnis von Subjekt und Objekt in der Architektur, indem es das Subjekt dezentriert und dadurch die Gültigkeit der klassischen Organisations-*

formen des Perspektivraumes, wie zum Beispiel Achsen, Symmetrie etc., entscheidend einschränkt. [...] Diese Geste des Zurückblickens erfordert eine mehr fragmentarische Auffassung von Raum«.[4]

Das Auge ist mein wichtigstes Wahrnehmungsorgan. Damit überstehe ich in meiner Welt, aber es wird von meiner Psyche behindert und seine Befunde werden womöglich verfälscht. Daher baue ich auf meine (Lebens-)Erfahrung, ungewiss, ob ich meinen Wahrnehmungen trauen kann oder nicht. Ständig korrigiere ich das Gesehene, akzeptiere oder vernachlässige es. Meine Augen kommen nicht zur Ruhe, sie durchstreifen mein Gesichtsfeld. Tag und Nacht, hin und her, bemüht, Blicke in Einblicke zu verwandeln.

Einblick, Einsicht, Erkenntnis, Scharfblick: Vier Worte, die in die gleiche Richtung weisen und sich zugleich voneinander unterscheiden, unbestreitbar aber darauf hindeuten, wie das Visuelle weite Bereiche unserer Sprache formt. Nicht nur dies: Da wir in einer stark visuell geprägten Kultur leben, dominiert der eine Sinn alle anderen.

4 Peter Eisenman, Der Affekt des Autors: Leidenschaft und der Moment der Architektur, zit. n. Gerd de Bruyn u. a., architektur_theorie.doc, S. 217

14. Kapitel
Zimmermanns Traum

U. Jonak, *Architekturwahrnehmung*, https://doi.org/10.1007/978-3-658-26262-4_21

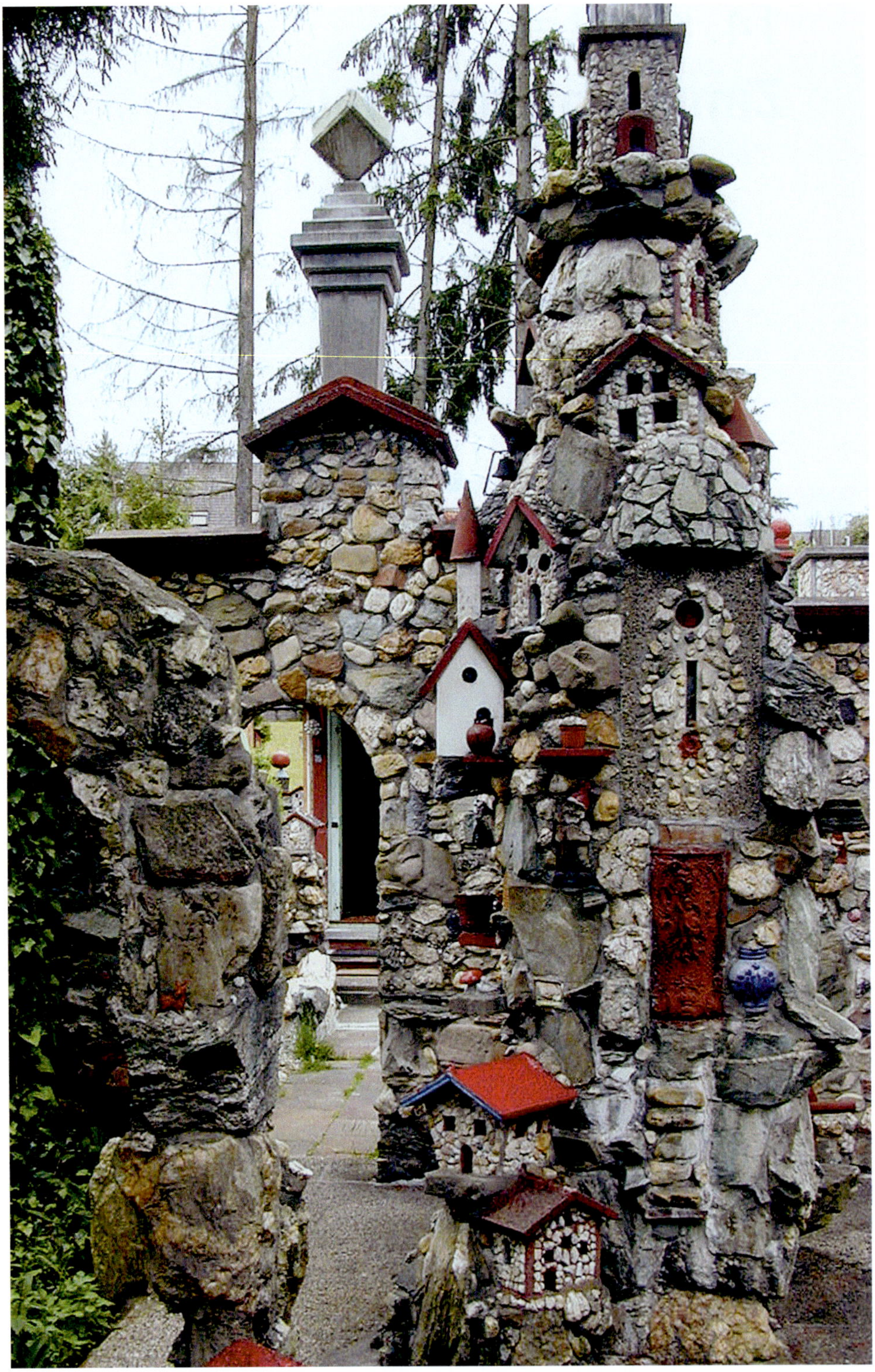

Ein Traum vom Paradies: Buntes Gartenreich eines Handwerkers

» *Und schön ist für immer schön!*

Peter Kurzeck

Am Rande des Taunusdorfs, oberhalb der Landstraße: Ein bäuerliches Wiesengrundstück – versteckt hinter Zaun, Hecke, dicht gestellten Fichten – war unserer mehrfachen, flüchtigen Wahrnehmung nicht entgangen und veranlasste uns eines Tages, den Zugang zu suchen. Ein buntes Ensemble vielgestaltiger Hütten, Bildsäulen, Reliefs, Pfeilern und Figuren aller Art entdeckte sich als unser Ziel. So oft nebenbei schon gewahrt und nie enträtselt.

Der ›Grundherr‹, ehemaliger Zimmermann, seit längerem Rentner, erst reserviert, aber bald aufgeschlossen, unser Interesse schätzend, führte uns von Einzelheit zu Einzelheit seines selbstgeschaffenen Traumbereichs.

Unwissend über seine ›*Brüder im Geiste*‹ in aller Welt mauerte, zimmerte, collagierte, bemalte und trug er zusammen (und tut es noch immer), was er schön und brauchbar fand, was er an Hölzern, Steinen, Keramikscherben und ausgedienten Töpfen, Tellern, Rahmen auflas, früher am Arbeitsplatz erbeten, jetzt in der Nachbarschaft. Sein Beruf kommt ihm zugute, all sein Werk ist perfekt gearbeitet, doch gerade dies muss man ein wenig bedauern. Der naive, innere Geheimnisse aufdeckende, auf sich selbst nicht achtende Charme eines *Briefträgers Cheval* in Hauterives/Frankreich (siehe Kapitel 18) äußert sich hier nur vergleichbar rudimentär. Eines Zimmermanns eingeübte professionelle Perfektion verschleiert, was an Innenleben nach außen drängt. Dennoch kann er Gedanken, Bilder, Träume nicht bändigen. Träume aus der Kindheit, von paradiesischen Gärten, von friedlicher Selbstbestimmung, von niemals endendem schöpferischem Tun. Inmitten ihn vorwärts treibenden Daseins schafft er sich ein stilles Widerstandsnest.

Und wirklich haben seine Schöpfungen etwas Spielerisches, von auf Erwachsenenformat vergrößertem Spielzeug. Seine Hütten, Lauben oder Häuschen sind wie mit der Laubsäge bearbeitet, mit kräftigen Farben bemalt, monochrom die Details betonend. Die Kindheit war bäuerlich, nicht ärmlich, aber auf das Lebensnotwendige beschränkt. Die Spielsachen waren ererbt oder vom Großvater angefertigt. Wenn er mal in die Stadt kam, stand er

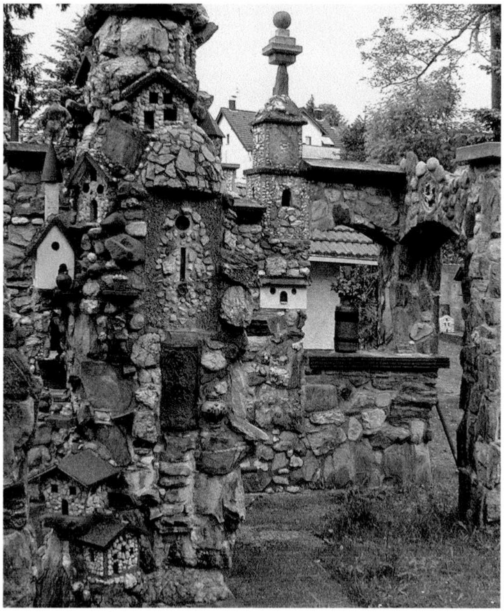

Ein Traum vom Paradies

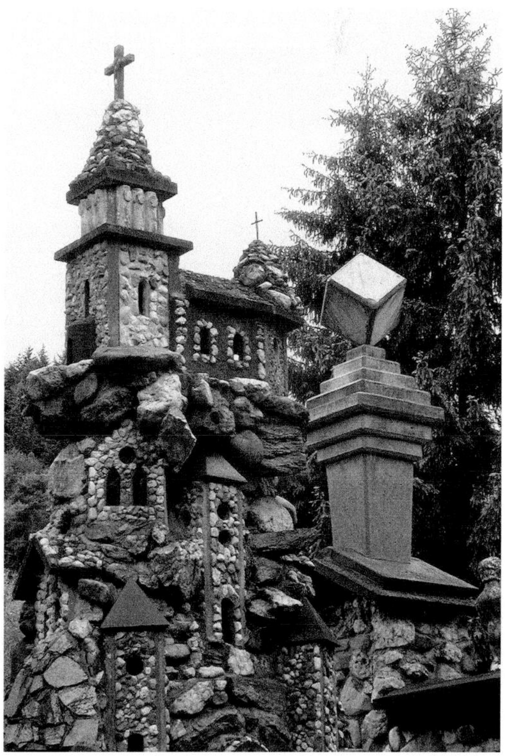

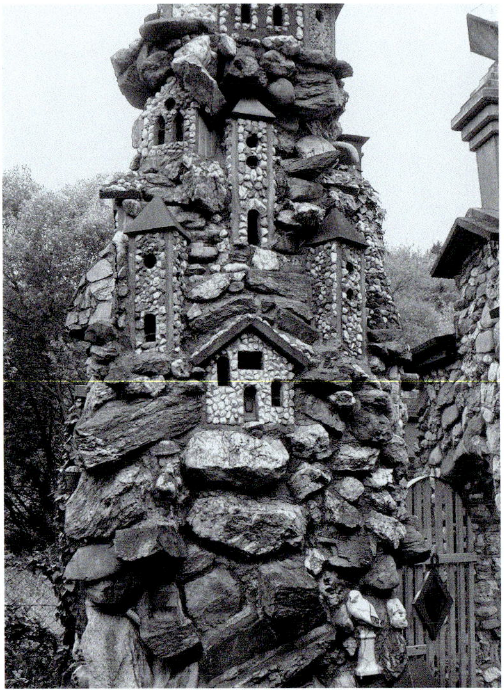

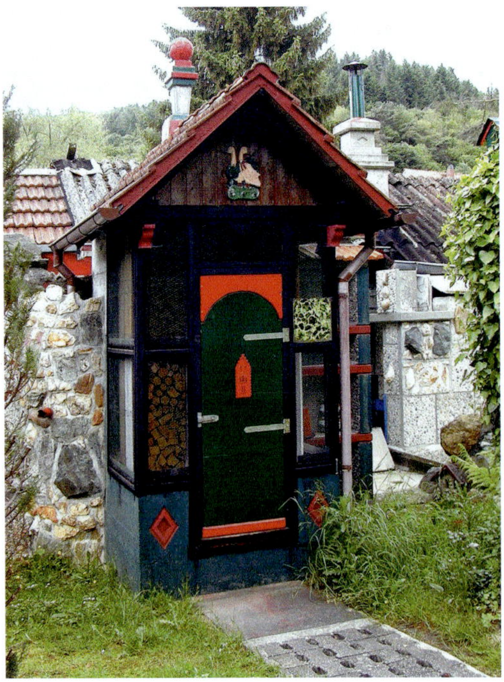

staunend, hoffnungslos wünschend vor dem bunten Kram im Ladenfenster. Aber die verdrängten, längst untergegangenen Wünsche schwammen im Alter wieder zur Oberfläche. Vielleicht bleiben sie dort ein wenig unterhalb, kolorieren aber seine Pläne.

Es scheint, dass er sein langes Arbeitsleben zwischen Balken, Brettern und später auf Schaltafeln und mit Schalungen von Stützen und Wänden verbrachte. Immer war Holz zu fügen oder zu nageln. Kaum war Zeit aufzuschauen. Immer der Nahblick auf gesägte Oberflächen. Erholung, Augenlust und Weitblick kam nur im eigenen Garten zustande. Hier kamen die Rückblicke, die Wahrnehmung seines ereignislosen Daseins und seiner wuchernden Formideen, deren Ausführung er von Jahr zu Jahr mehr Zeit widmete.

Von Zeit zu Zeit erweitert er sein sommerliches Wohnzimmer: eine überdachte Bank für nachbarliche Gäste, eine Hütte für sein Werkzeug, ein Gartenhaus, um im Regen zu träumen, eine Ruhebank für sich selbst, geschützt in einer Laubennische, ein Häuschen, nur aus der Lust am Bauen entstanden. Er setzt Blumen und Ziersträucher in sein Sommerzimmer, er hängt gerahmte Bilder außen an die Hüttenwände, er pflastert einen Bereich und sät im anderen Rasen, er verteilt Nippes. Dem nicht genug, mauert er aus Findlingen, aus gefundenen Feldsteinen, Kieseln und Ziegeln Gesteinsbilder, Minimonumente voller Höhlungen und Ausstülpungen, Schauregale für Figürchen und bizarre Gerätschaften. Er gießt Puppenhäuser in Beton.

Er gräbt in seinem Inneren nach vergangenen Wahrnehmungen, nach Augenblicken kindlichen Glücks, nach unerfüllten Wunschbildern. Wenn er meint, sie gefunden zu haben, werden sie in seinem Märchenreich zur eigenen Anschauung platziert. Er braucht keine Besucher, keine Bewunderer. Was er tut, tut er für sich allein. Mit seiner Schöpfung eines mirakulösen Gartens vergewissert er sich seiner Originalität, seiner Langlebigkeit über den Tod hinaus.

Während des Vorüberfahrens, hinter dem Zaun, zwischen Tannen und Gesträuch, hatten wir mehrfach blitzartig dieses bunte Gartenreich wahrgenommen. Manchmal braucht Wahrnehmung Zeit, um unsere Wissbegier anzufachen. Eines Tages war es so weit. Wir standen vor dem Tor.

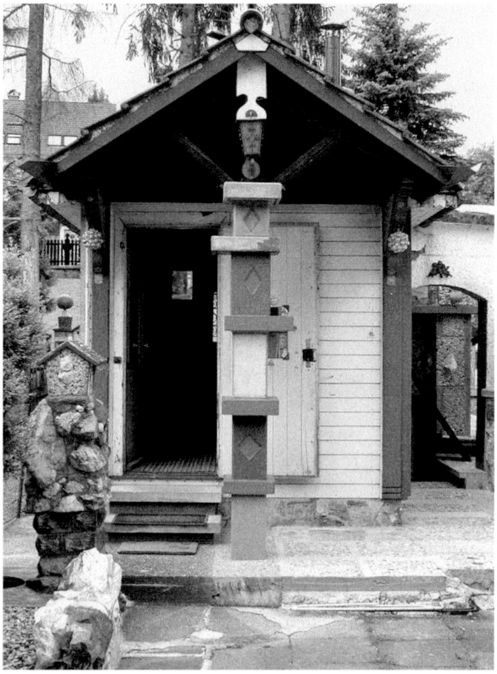

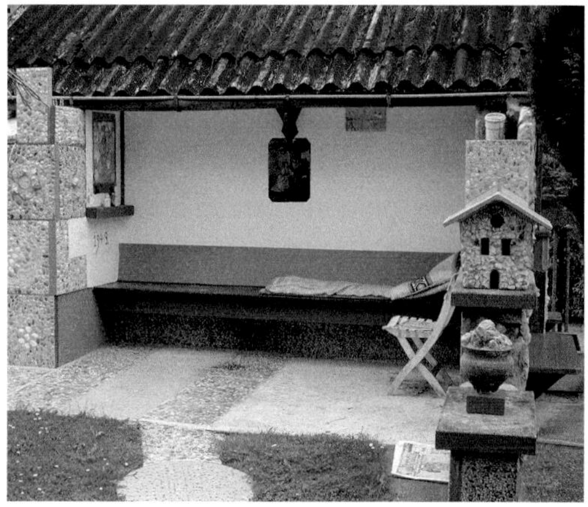

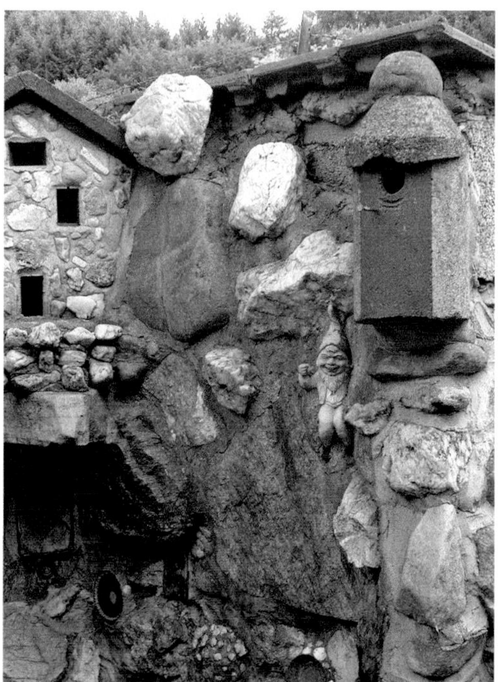

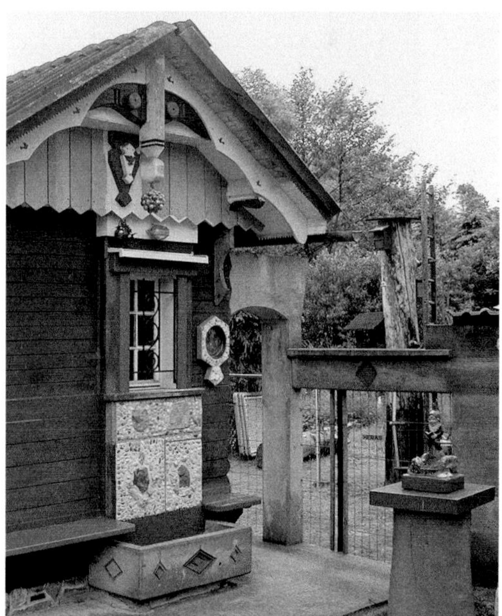

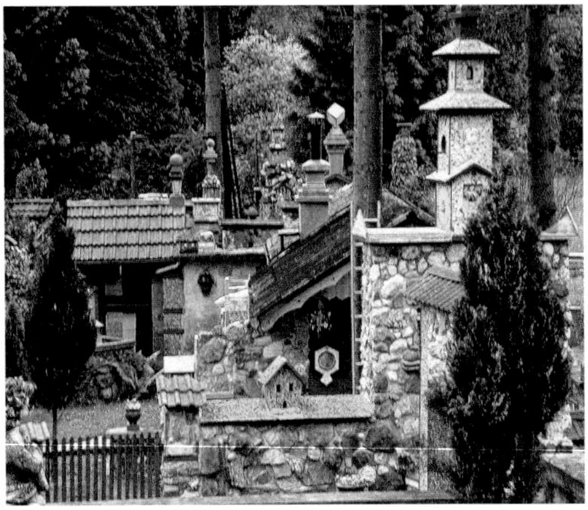

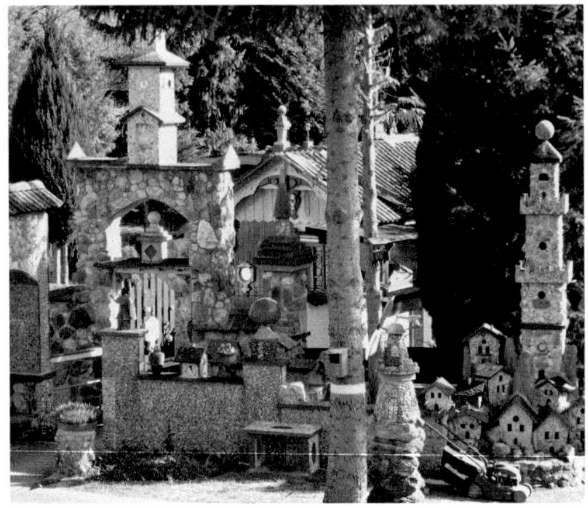

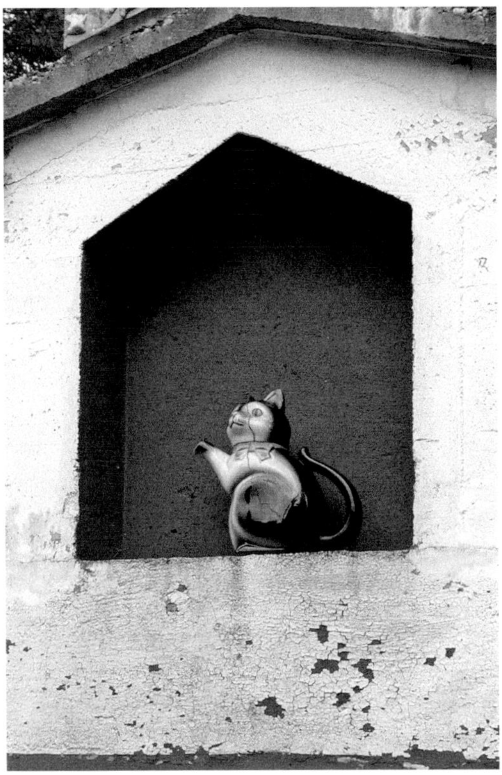

Ein Traum vom Paradies: Buntes Gartenreich eines Handwerkers

15. Kapitel Philharmonie

U. Jonak, *Architekturwahrnehmung*, https://doi.org/10.1007/978-3-658-26262-4_22

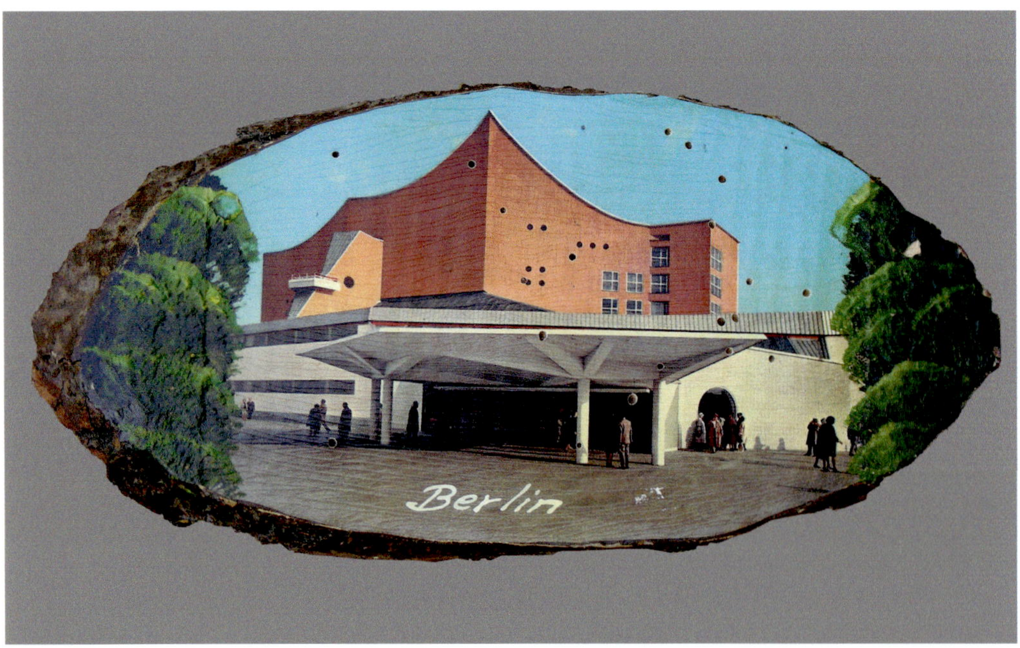

Berliner Souvenir

> *Architektur und Musik, euch beide grüß ich als Schwestern, die ihr die zwingende Kraft ewiger Maße bewährt.*
>
> Emanuel Geibel

Oft lässt sich der angeblich treffsichere Witz des Volksmunds zurückführen auf den glücklich gefundenen Einfall eines Journalisten. Vielleicht war es so mit dem Spottnamen für die *Neue Philharmonie* in Berlin: »*Zirkus Karajani*«. Der Witz bezieht sich auf Herbert von Karajan, Dirigent der Berliner Philharmoniker, eine das Genialische zelebrierende Persönlichkeit. Die scheinbar zeltförmige Gesamtgestalt und die ›Manege‹ des großen Konzertsaals muten zudem zirkusartig an. Wahrnehmung gerät mitunter auf eine höhere Ebene, auf der sie literarisch oder scharfsinnig oder beides wird.

Heinrich Klotz, Kunsthistoriker und Gründungsdirektor des Deutschen Architekturmuseums, meinte zum Bau der Berliner *Philharmonie*: »*Hier wurde […] in höchstem Maße ein auf zwanglose Form gerichtetes Gestaltungspotential mobilisiert*«. Es gelte »*Abschied zu nehmen von solchen Dinosauriern, die in der Stadtlandschaft herumliegen.*«[1]

Mit dem Begriff »*zwanglose Form*« betonte Klotz den scheinbar naturhaften Wuchs des Baus, eine Behauptung, die bewusst die kunstvolle Verknüpfung von Funktion und Konstruktion vernachlässigt. Und mit dem Wort »*Dinosaurier*« verwies er zugleich den Saalbau in eine monströse Riege, die längst ausgestorben sein müsste.

Er täuschte sich, denn die Jahrzehnte später entstandene Hamburger *Elbphilharmonie*, die die geschwungene Zeltkontur des Berliner Daches zitiert, ist noch voluminöser, mit seiner drachenartig gesträubten Nackenlinie noch saurierartiger, noch kostspieliger als der philharmonische Präzedenzbau. Die Elbphilharmonie wirkt gleichwohl so lebendig und zugleich immateriell wie eine Filmanimation, wie ein »*Jurassic Park*« – Saurier, augenscheinlich – das heißt, vermeintlich – nicht ausgestorben. Sie erscheint aus der Ferne eher unglaubhaft, fata-morganahaft oder utopisch und entspricht damit dem Zeitgeist, der mit Sensationsarchitektur verblüfft und angriffslustig Stadtmarketing im globalen Wettbewerb der Städte betreibt.

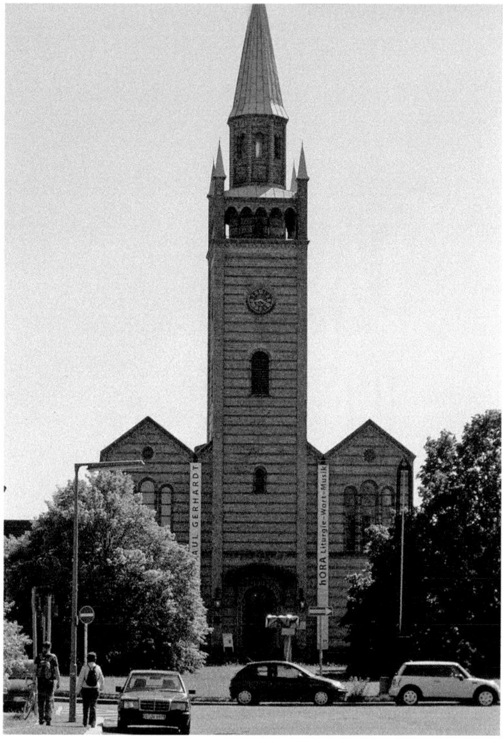

Friedrich August Stüler, Matthäikirche 1845

---

1 Heinrich Klotz, Architektur in der Bundesrepublik, S. 9f.

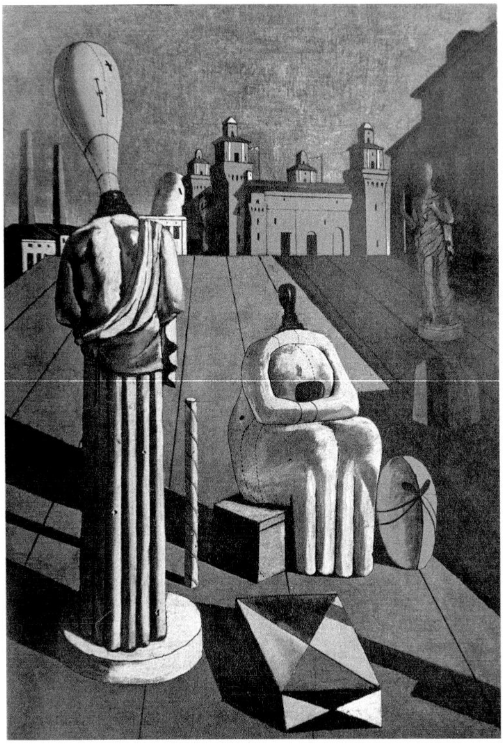

Giorgio de Chirico, »Die beunruhigenden Musen« 1918

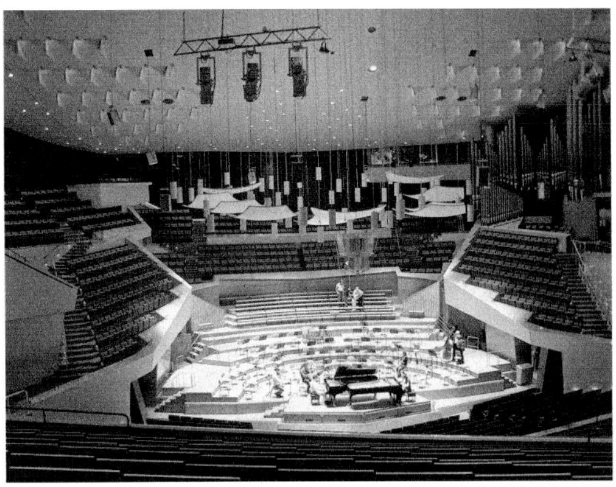

Philharmonie, der Saal als Landschaft

Eine Stadtbrache im zerstörten und geteilten Berlin, vom Senat während des *Kalten Krieges* als »Kulturforum« zum Gegenpol der im Ostteil gelegenen Museumsinsel geplant. Auf der öden planierten Fläche erhob sich nur noch ein magerer, jedoch schutzwürdiger Rest: die Matthäikirche (von Kriegsschäden bereits befreit), im Stile oberitalienischer Romanik 1845 erbaut von Friedrich August Stüler, dem Schinkelschüler.

Solitäre Bauten

1958 wurde der Grundstein für die Philharmonie gelegt, ein solitärer Bau, der am entleerten Ort auf keinen Genius Loci antworten konnte. Erst 1962 wurde mit Mies van der Rohes asketisch anmutender Nationalgalerie am anderen Ende der Fläche begonnen. So standen dann Ende der sechziger Jahre zwei mächtige Kulturbauten einander gegenüber, zusammen mit dem Ausrufezeichen der zierlichen Matthäikirche. Drei unterschiedlicher nicht zu denkende Gebilde: ein zurückhaltend zartes Relikt aus einer vergangenen Zeit, eine dunkle, stählerne Kiste, auf ausgedehnten Glasflächen balancierend, und ein wie mit Messer und Modellierschlinge geschnitztes ockerfarbenes, übergroßes ›Tonmodell‹. Keines der Objekte schien mit den anderen sprechen zu wollen. Beziehungslos standen sie sich gegenüber, als stünden sie Modell für ein Gemälde der *Pittura metafisica* von Giorgio de Chirico, wie sein Ölbild *»Die beunruhigenden Musen«* (1918). Nehmen wir mal an, Wieland Schmied könnte auch die Berliner Situation im Kopf gehabt haben, als er über eine Andy Warhol'sche Replik des Gemäldes sagte:

»Aber auch diese neue Metamorphose, die die Musen im Herbst des Industriezeitalters erfahren, hat ihnen nichts von ihrem Geheimnis genommen. Und nichts von der Unruhe, die von ihnen ausgeht…«[2]

Scharoun hatte, um die kulissenlose Bühne für den Auftritt seines Projekts zu umfassen, eine zweidreigeschossige Platzrandbebauung geplant, die sowohl die Kirche umklammerte, als auch die Philharmonie an den nun entstehenden Platz anschließen sollte. Diese Planung wurde später ver-

2 Wieland Schmied, Giorgio de Chirico. Die beunruhigenden Musen, Frankfurt 1993

worfen. Hingegen gewann Scharoun anschließend (1964) auch den Wettbewerb für die Gesamtplanung des Kulturforums. Dies brachte ihm die Planung und Ausführung der Staatsbibliothek (1964–1778), des im Volksmund so genannten »*Bücherschiffs*«, am Ostrand des Geländes ein. Erst ab den achtziger Jahren wurde dann die Fläche ergänzend gefüllt (der gemeinhin geschmähte Bau des Kunstgewerbemuseums von Rolf Gutbrod und später dessen gnädige ›Ummantelung‹ mit der Gemäldegalerie der Architekten Hilmer & Sattler).

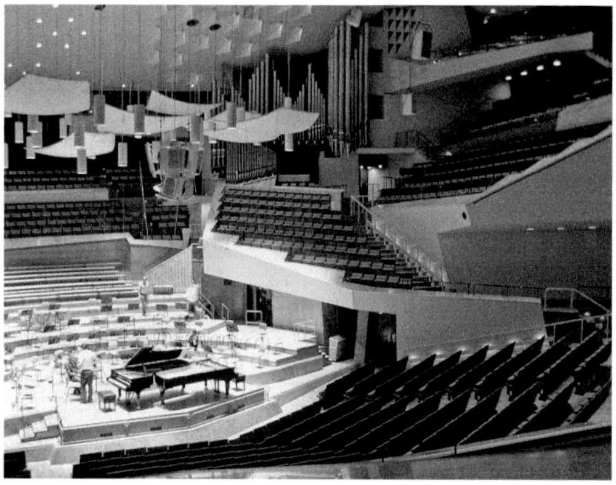

Philharmonie, der Saal als Landschaft

Interpretationen

Wer Visuelles in Sprache übersetzen will, kann nicht umhin, zu interpretieren und annähernd analoge Bilder zu suchen: »*Es erinnert an*« oder »*es sieht aus wie*« oder »*man kann es vergleichen mit*« usw. Man schildert seine Wahrnehmungen in der Hoffnung, genug Verständnis zu finden. Ebenso handelt der Architekt, der sich mit Bauherren, Kritikern und einem gemischten Publikum auseinander setzen muss. Er erläutert sein Projekt gerne mit bildhaften Sätzen. Oft sind die Vergleiche der Baugeschichte entnommen, hoffend, dass die Fachwelt sich aus einem ausreichenden inneren Bildervorrat bedienen kann, öfter jedoch stammen sie aus der Natur, vermutend, dass diese oder ähnliche Bilder jedermann problemlos im Kopf aufrufen kann. Scharoun stellte den Konzertsaal der Philharmonie dementsprechend und laiengerecht vor:

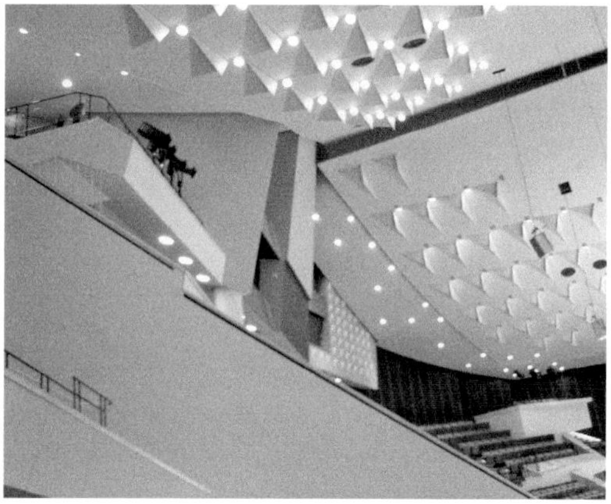

Die Decke als »Himmelschaft«

»*Der Saal ist wie ein Tal gedacht, auf dessen Sohle sich das Orchester befindet, umringt von den ansteigenden Weinbergen. Die Decke entgegnet dieser Landschaft wie eine ›Himmelschaft‹; vom Formalen her wirkt sie wie ein Zelt.*«[3]

Tal, Sohle, Weinberg, Landschaft, Zelt, dazu der einleuchtende, inspirierende, gefundene Begriff *Himmelschaft* (ein später Nachhall seiner kosmisch-expressionistischen jungen Jahre?): Scharoun war offensichtlich daran gelegen, kein architektonisch konstruktives, sondern einen naturhaften, wie selbstverständlich gewachsenen Eindruck zu vermitteln. Die metaphorischen Bezüge in diesem Bau

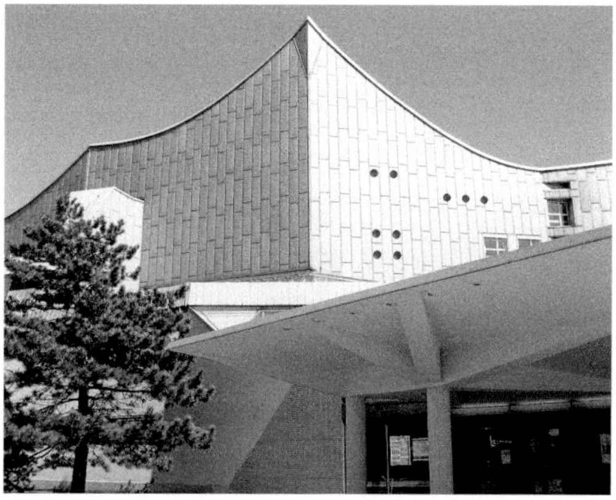

Messerscharfe Kanten des Baukörpers

3 Edgar Wisniewski (enger Mitarbeiter Scharouns), Hans Scharoun, Bauten, Entwürfe, Texte, S. 292

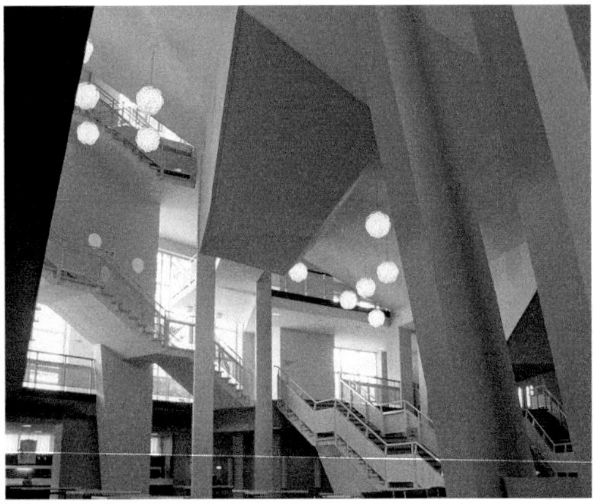

Das Foyer, einem Wald vergleichbar

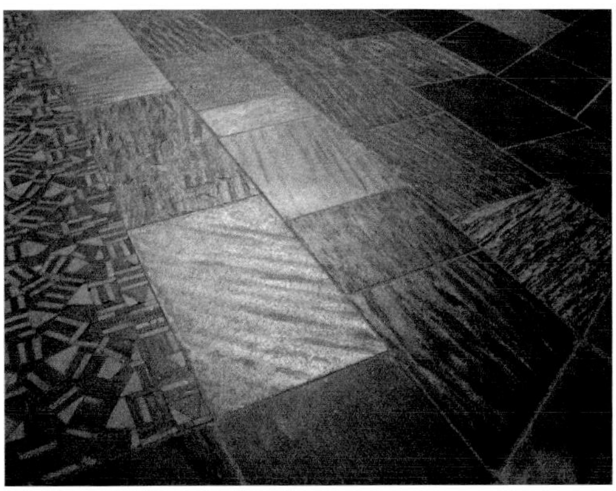

Fußboden, mosaikartig gefügt

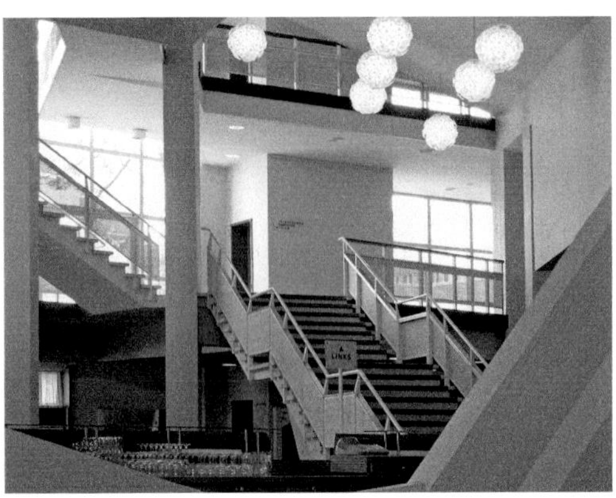

Strahlendes Weiß

sind dermaßen stark und eindeutig, dass wir keine Chance haben, diese mit eigenen Bildern zu überlagern. Als ob wir gezwungen seien, mit den Augen des Baumeisters zu schauen.

Ist von außen gesehen der Baukörper unscheinbar und schmucklos, nur dank seiner geschwungenen, aber ebenso messerscharfen Kontur und seiner enormen Ausmaße auffällig, so ändert sich der Eindruck jäh beim Eintritt in das Foyer. Ein Wald aus senkrecht und schräg gestellten Stützen tut sich auf (eine komplizierte konstruktive Struktur). Dazwischen wie im Gebirge mäandernde Anstiege, Treppenläufe, deren Podeste die Aufwärtsbewegung umleiten oder verschwenken. Der Fußboden ist aus scheinbar willkürlich verlegten Steinplatten, aber erkennbar als abstrahierte Weg- und Gras- oder Kräuterfläche, mosaikartig gefügt. Unweigerlich werde ich an die Bodenplatten im Aufstieg zur Athener *Akropolis* erinnert (s. Kapitel 1) Wie in einem herbstlichen Wald scheint Licht in den Raum, vielfarbig und mild durch in Beton gefasste Butzen (Flaschenböden?), oder beleuchtet großflächig und hell die Raumtiefe in strahlendem Weiß.

Dies fast urtümlich wirkende Gelände, zusammen mit der »Kulturlandschaft« des Konzertsaals, versucht Scharoun in bündige Worte zu fassen. Anlässlich der Verleihung der Ehrendoktorwürde durch die Universität Rom (1965) bemerkt er:

»Der Bau der Philharmonie ordnet – wie in einer Landschaft – Musik in ihrer Wesenheit«[4].

Als Teilnehmer am Briefwechsel der *Gläsernen Kette*, einer mit Rundschreiben und Zeichnungskopien kommunizierenden Architektenvereinigung nach dem ersten Weltkrieg, war ihm ein weitgefasster, die Architektur einbindender Naturbegriff vertraut und wohl auch von ihm verinnerlicht. Hans Luckhardt zum Beispiel schrieb in einem Rundbrief (1920):

»Die Architektur darf nicht Natur nachahmen, sondern muss selbst Natur sein. [...] Ich kann mir denken, dass der Architekt auch mal zu Formen kommt, die direkt in der Natur zu finden sind, sie brauchen deswegen durchaus nicht von der Natur abmodelliert zu sein.«[5]

4 Ebd. S. 140

5 Iain Boyd Whyte/Romana Schneider (Hg), Die Briefe der Gläsernen Kette, S. 81

Und sein Bruder Wassili, ebenfalls Architekt, schrieb im gleichen Jahr:

»*[...] als der Wind über Millionen reifer Ähren ging, die sich unter seinem Drucke neigend, in leisem Zittern aneinander schlugen, schien sich mir in diesem Wogen ein Stück Unendlichkeit zu verkünden. [...] Das Ergreifende solcher Naturerscheinungen scheint mir das Bewusstsein jener großen Einheit in der Natur zu sein, die sich dem Auge als Summe unendlich vieler Einzelmotive von wesensgleicher oder ähnlicher Beschaffenheit offenbart [...]*«[6].

»Wesensgleiche oder ähnliche Beschaffenheit« von Natur und Architektur forderten die Brüder Luckhardt und sicher auch der ›Bruder im Geiste‹ Scharoun. Verständlicher gesagt: Baumeister der *Gläsernen Kette* wollten sich an Naturformen orientieren. Scharoun blieb diesem Grundsatz bis in die sechziger Jahre treu. Die *Gläserne Kette* jedoch zerbrach nach wenigen Jahren – in den zwanziger Jahren, als Planungsaufträge die Nachkriegsflaute in den Architekturbüros beendeten.

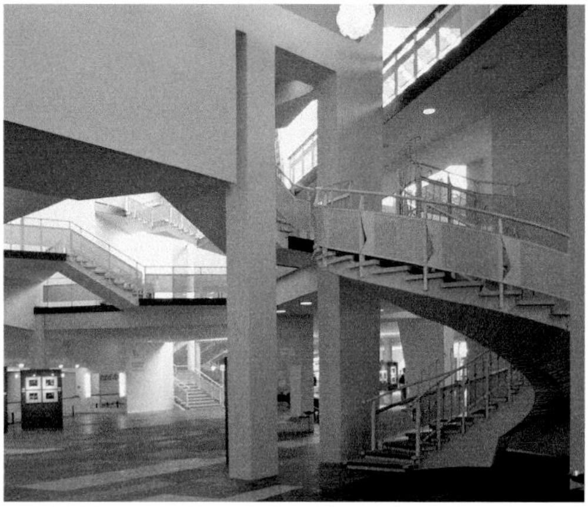

Das Foyer, einem Wald vergleichbar

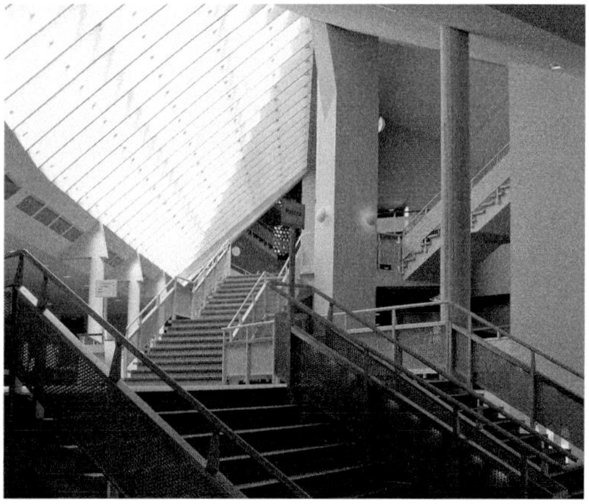

Mäandernde Anstiege

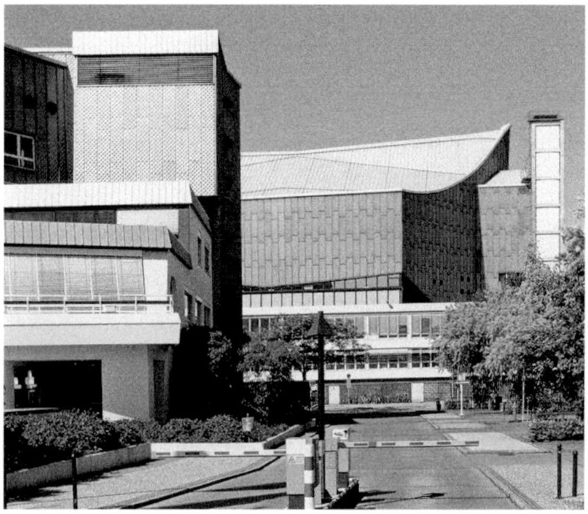

Im Außenraum sparsam und trocken anmutend

6 Ebd. S. 30

16. Kapitel Ferropolis

U. Jonak, *Architekturwahrnehmung*, https://doi.org/10.1007/978-3-658-26262-4_23

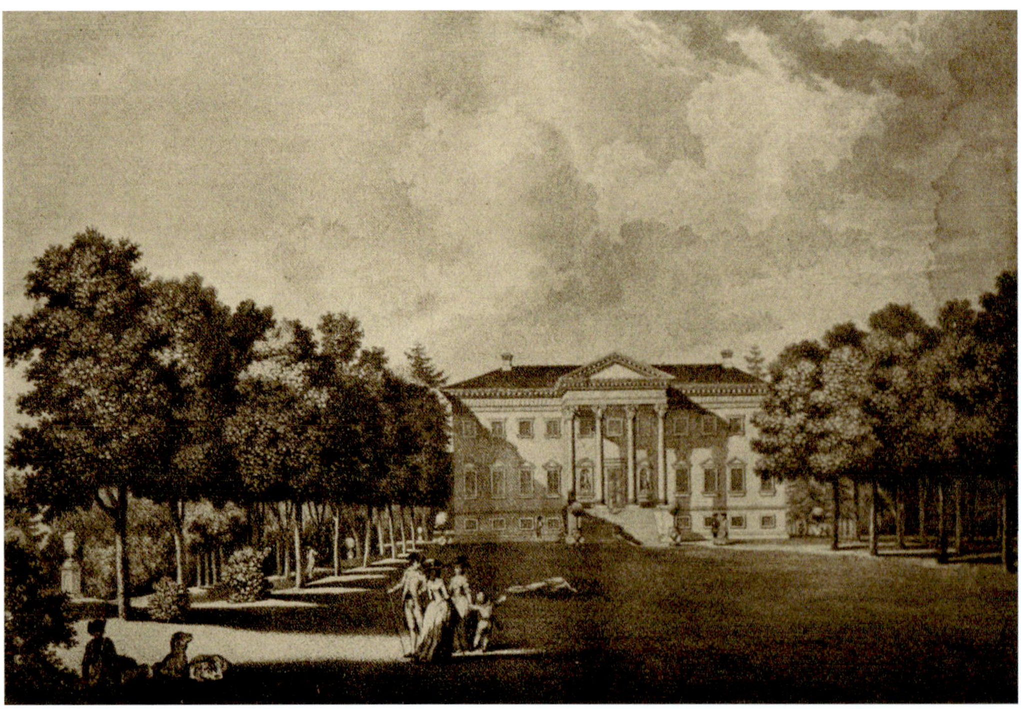

Friedrich Wilhelm von Erdmannsdorff, Wörlitzer Schloss

» *Plug-in Cities mit schwebenden Kränen, Städte auf großen Füßen, Städte auf riesigen Trägern über gigantischen dorischen Säulen, Städte, auf dem Luftweg mitten in die Landschaft gesetzt.*
Hans Hollein

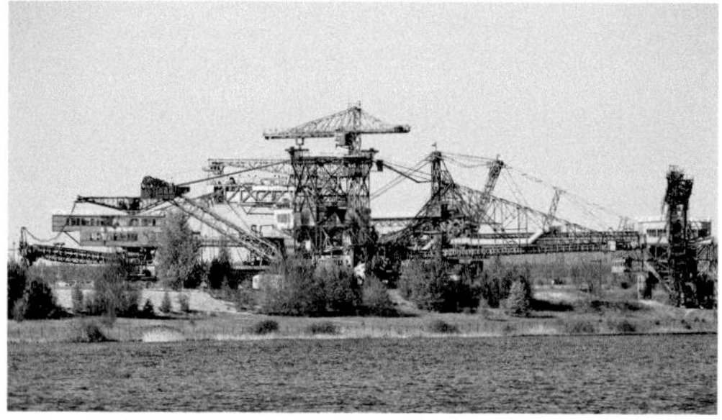

Wie unten

Welch Kontrast: zarte Naturidylle gegen monströsen Mechanismus. Ein Morgen im ›Gartenreich Dessau-Wörlitz‹, noch bevor allmählich Besucher um Besucher aus den Schatten der idyllischen Parklandschaft hervortreten. Noch allein, noch eingestimmt in die friedliche Stille, noch verstrickt in das unendliche Flirren der Natureindrücke, den verwaschenen Spiegelungen im Wörlitzer See, laufen wir ein architektonisches Denkmal (sogenannte *Folies*) nach dem anderen ab, kantige Festpunkte im zitternden Verwirrspiel von Wasser und Blattwerk – bis wir endlich wieder den Rasen vor dem weißen und hellockerfarbenen klassizistischen Schloss des Architekten Friedrich Wilhelm von Erdmannsdorff betreten, wo unser Rundgang begann. Der Park muss als Gesamtkunstwerk des 18. Jahrhunderts gesehen werden, nach dem Vorbild englischer Landschaftsgärten gestaltet, eine »*pädagogische Provinz*« (Goethe) im Zeitalter der Aufklärung.

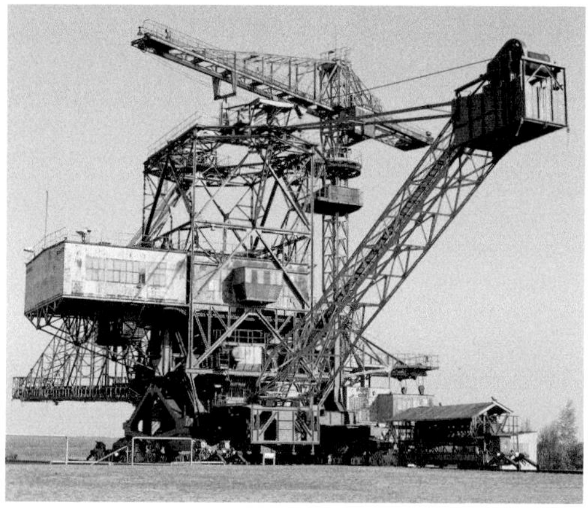

Wie unten

Größer kann der Gegensatz nicht sein als der, der uns circa 15 Kilometer südlich erwartet: eine ehemalige Braunkohle-Tagebau-Landschaft, die nun rekultiviert wurde. Im Abseits der Landstraße entfaltet sich ein ausgedehntes, neu entstandenes Freizeitgebiet, dort inmitten ruht der Gemminer See und an dessen Rand wiederum das Freilichtmuseum »*Ferropolis*« (seit 1995). Wir fühlen uns gnomenhaft angesichts der Kolosse, die dort zusammengestellt wurden. Wir fühlen uns erinnert an die grauenhaften, zerstörerischen Mars-Roboter aus dem Science-Fiction-Film *Krieg der Welten*. In der Tat waren es einmal zerstörerische Maschinen, die hier Bodenschatzraubbau betrieben, raumgreifende, landzerstörende, haushohe Geräte, die unseren naiven Begriff von den Ausmaßen eines Baggers korrigieren. Dem angemessen sind es auch ausgedehnte Wortungetüme, die sie voneinander unterscheiden: *Schaufelradbagger, Raupensäulenschwenkbagger, Eimerkettenschwenkbagger*.

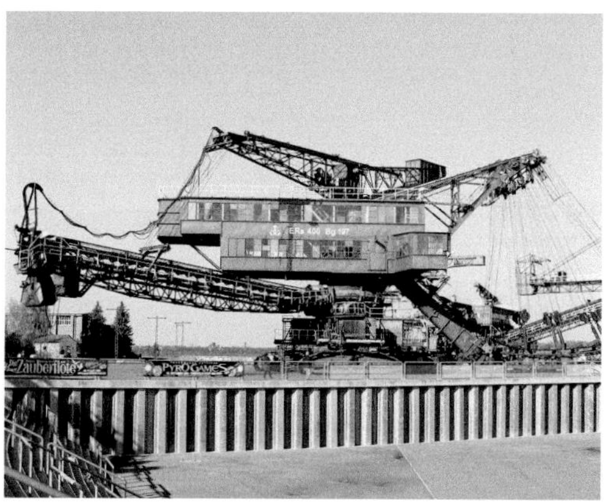

Ferropolis, Schaufelradbagger zur Braunkohlengewinnung

Man lässt sich beeindrucken von der schieren Größe, von diesen Relikten des Maschinenzeitalters. Dinosaurier, deren Untergang auf Grund

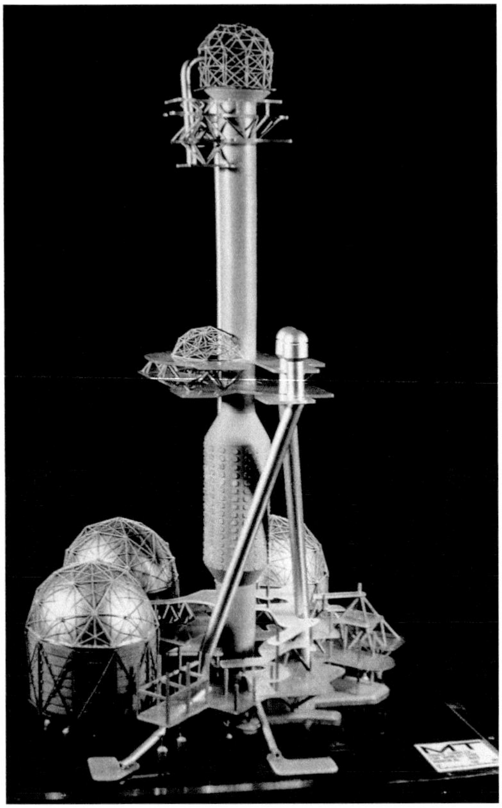

Peter Cook, Montreal Tower, Projekt 1966

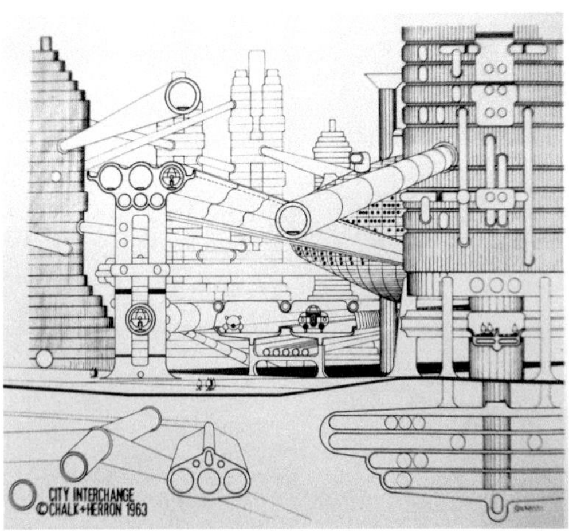

Archigram, Ron Herron und Warren Chalk, Interchange-Projekt 1963

ihrer Ausmaße absehbar zu sein scheint. Zukunftsneugierig waren Architekten der vergangenen anderthalb Jahrhunderte, empfänglich für Projekte und Utopien, die die Grenzen des Machbaren ausloten.

»*Wir müssen unsere Stadt der Moderne ex novo erfinden und aufbauen wie eine ungeheure, vor Erregung glühende Schiffwerft, aktiv, voller Bewegung und rundherum dynamisch, und jedes Bauwerk der Moderne muss wie eine gigantische Maschine sein.*«[1]

So formulierte es Sant'Elia 1914 im *Manifest der futuristischen Architektur.* 1920 postulierte Le Corbusier: »*Das Haus ist eine Wohnmaschine*« und 1928 stellten Hans Schmidt und Mart Stam in Ihrer Zeitschrift *ABC – Beiträge zum Bauen* fest:

»*Die Maschine ist nichts weiter als der unerbittliche Diktator unserer gemeinsamen Lebensmöglichkeiten und Lebensaufgaben.*«[2]

Megastrukturen

Fast war es Allgemeingut. Geleitet von Maschineneuphorie erwarteten nicht nur kritische Architekten der ersten Hälfte des 20. Jahrhunderts eine Lösung der zunehmenden Probleme. Auch zum Ende des Saeculums, als die Besiedelung der Erde zunehmend problematischer zu werden schien, haben sich Architektengruppen wie die japanischen Metabolisten und in Europa Archigram oder Archizoom intensiv mit Megastrukturen als Zukunft der Stadt auseinandergesetzt. Sie stimmten überein in unbekümmerten Glorifikationen von Raffinerien, Ölbohrplattformen oder Megamaschinen des Berg- und Tunnelbaus. Formal sahen sie in den technoiden Kolossen Symbole für Energieflüsse und Konstruktions- und Kommunikationsnetze. Sie sahen assoziativ darin Muster für Stadtgründungen in einer übervölkerten Welt. Eine »*Neue Welt*«, eine Welt, wie sie noch nie gewesen war. Warren Chalk, Partner von Archigram, notierte:

»*Archigram* [hat sich] *mit trunkenem Herzen in diese Technologie verliebt, hat Unter-Wasser-Städte, Lebenskapseln und all dies entworfen.*« [Wir] »*sind*

1 Sant'Elia, In: Reyner Banham, Die Revolution der Architektur, S. 104

2 Ulrich Conrads (Hg.), Programme und Manifeste, S.108

geradezu in Ekstase geraten über die Abschussrampen in Cape Kennedy.«[3]

Fünf dieser Stahlgiganten wurden zusammengestellt im Halbrund um ein neu geschaffenes Amphitheater für Konzerte, Opern- und Musicalaufführungen. *Ferropolis* (Eisenstadt) müssen wir wahrnehmen als hochragenden, dreidimensionalen Kulissenbau, als beispielhaften Entwurf eines komprimierten Stadtorganismus, nicht unbedingt als wünschenswerte Utopie. Eher eine Dystopie, ein Menetekel, ein unheildrohendes Vorzeichen. Das schließt Faszination nicht aus, ein Nicht- sich-sattsehen-können an diesen Stahlgerippen, ihren Auskragungen, ihren rostigen Diagonal-, Horizontal- und Vertikalstreben, den in der Höhe schwebenden Lauf- und Förderbändern, den bauwerksähnlichen Befehlsständen und Maschinenhäusern, den piranesihaft sich windenden Treppenläufen, den sich kreuzenden metallischen Gitterträgern und Fachwerksbindern, den Kranaufbauten, den ungeheuren Zahnrädern, den gefräßigen Schaufeln und Eisenkübeln, den Zugseilen und Kabelsträngen, den Raupen zur Fortbewegung der Ungetüme.

Darüber hinaus die Vielfalt der Färbungen des Metalls: rostrote, stahlblaue, rotzgelbe, kackbraune, kohlschwarze Schattierungen, Abblätterungen, Schlieren, Trübungen und Verblichenheiten. Nicht nur das erinnert an Ron Herrons (oder Herron hat sich an Megamaschinen erinnert) »*Walking City*«, ein Käfergigant, ein mechanischer Dinosaurier, eine Stadtmaschine, die über Kontinente wandern und über Ozeane schwimmen kann.

Architekturutopien

Alle sieben Jahre wird der Eiffelturm gestrichen, er ebenso ein Stahlungetüm, aber aus vergangener Zukunftszeit. Anstrich als Kosmetik gegen das Altern, gegen das Altwerden eines Symbols des unendlichen technisch-wirtschaftlichen Fortschritts. Langsam und unaufhaltsam zerfällt der Stahl unter der Farbe, mühsam ist der Kampf gegen den Niedergang des greisenhaften Turms, mühsam der Kampf, damit er nicht zum Symbol des Untergangs werde. Der Niedergang von Ferropolis ist noch

3 Peter Cook (Hg.), Archigram, S. 32

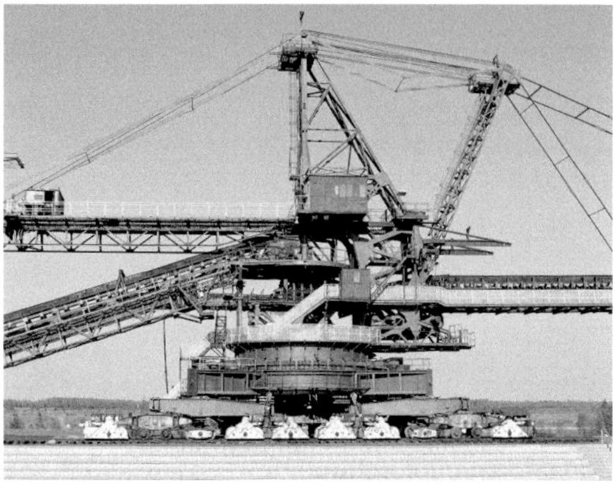

Wie unten

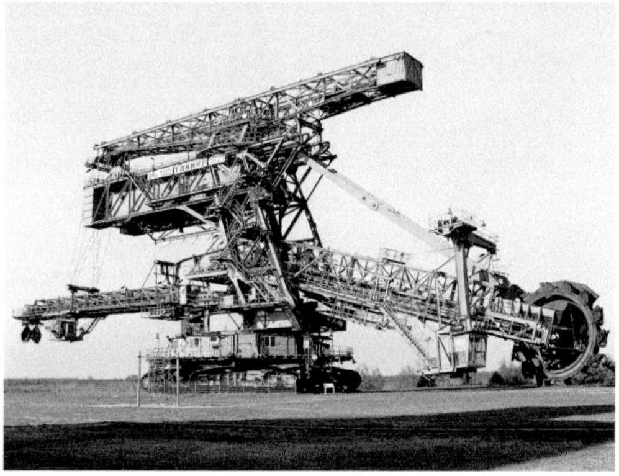

Wie unten

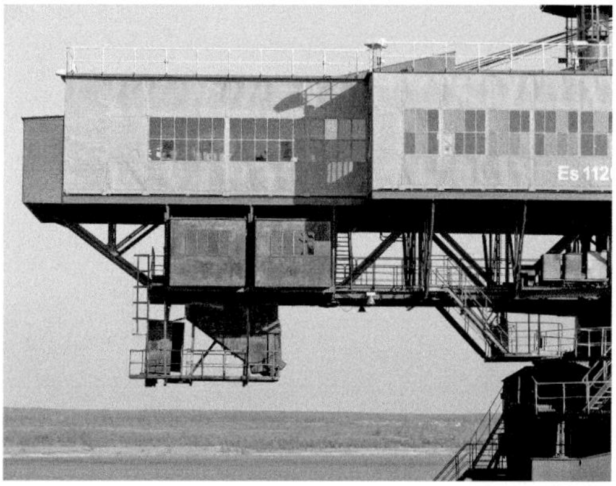

Ferropolis, Schaufelradbagger zur Braunkohlengewinnung

nicht abzusehen, noch ist dem Zusammenhalt der Stahlstäbe, Träger, Schaufeln und Nieten zu vertrauen, aber der Einsturz irgendwann wird nicht ausbleiben.

Worin liegt die Faszination? Nicht darin, dass wir aufgetürmten Stahl sehen, nicht darin, dass wir dessen Schrott- und Memento-Mori-Charakter wahrnehmen, sondern darin, dass wir hier bestimmten Urbildern begegnen, Bildern, die wir bereits aus Comics (zum Beispiel »*Blame*« von *Tsutomi Nihei*), aus Science-Fiction-Erzählungen und -filmen (*Metropolis, Blade Runner*) oder von Architekturutopien (*Archigram, Lebbeus Woods usw.*) kennen. Dennoch könnte man sich uninspiriert abwenden von dieser riesigen Anhäufung Altmetall. Was lockt, ist die Inszenierung. Man sieht Idee und Bedeutung, die Realität jedoch erst im Nachhinein. Sie erinnert uns an die Publikationen utopischer/dystopischer Projekte. Der myzelhaft unser Hirn bewohnende Archivar, der in jedem unserer Köpfe spukt, der das Archiv detektivisch nach dem gerade Bemerkten durchstöbert, sortiert und offenlegt, versorgt uns mit den passenden Assoziationen.

Neurologen erläutern das vermöge ihrer fachlich unwiderlegbaren Autorität: Die bewusste Intelligenz, angesiedelt im Hypocampus des Gehirns (im Stirnbereich über den Augen), hat unsere maßgeblichen Erinnerungen gespeichert. So werden mitunter schon innerhalb von sieben Sekunden von unserem Gehirn Entscheidungen getroffen, bevor dann unser Verstand einsetzt und nur scheinbar eine Wahl unter den Möglichkeiten trifft. Unser Unterbewusstsein hat seinen Entschluss bereits getroffen, oft, ohne dass wir es bemerkten. Wir können nicht wissen, wie häufig unser Gehirn (unabhängig von unserem Willen) unser Bewusstsein lenkt, aber wir wissen heute, dass wir oft von ihm per »Autopilot« gesteuert werden. Alan Snyder, Professor an der Universität Sydney, sagt mit spitzer Zunge:

> *»Bewusstsein ist nur eine PR-Aktion Ihres Gehirns, damit Sie denken, Sie hätten auch noch etwas zu sagen.«*[4]

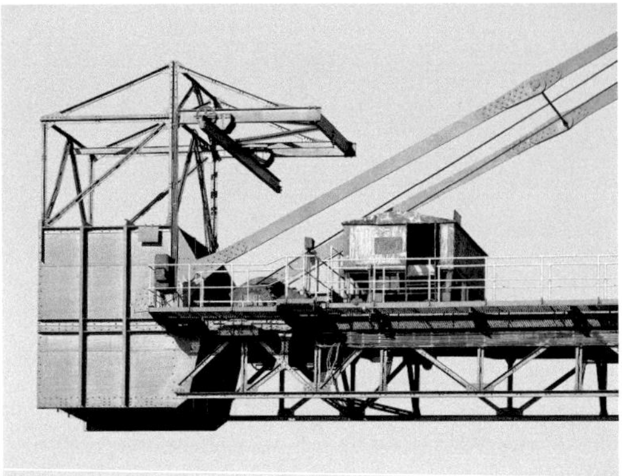

Wie unten

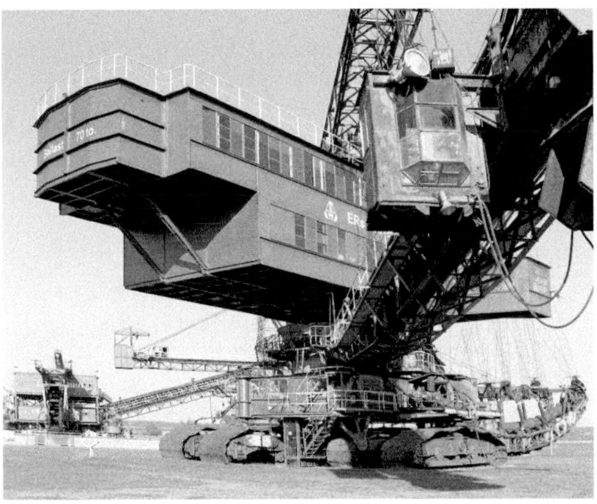

Wie unten

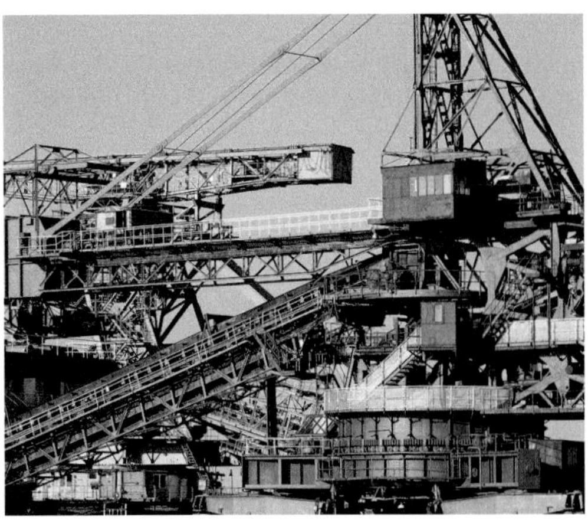

Ferropolis, Schaufelradbagger zur Braunkohlengewinnung

4 Feature im TV-Sender arte: »*Das automatische Gehirn*« am 9.12.2011, 21,45 Uhr

Schönheit des Ingeniösen

Ferropolis beschäftigt uns nachhaltig, weil wir Constants *New Babylon* und Yona Friedmans oder Archigrams Stadtvisionen kennen gelernt haben, weil wir die Projekte der japanischen Metabolisten oder Lebbeus Woods *Centricity* vor Augen haben, weil wir mit den Augen dieser Architekten sehen lernten und die Designqualitäten der Raffinerien, Stahlwerke, Hochöfen und Fördertürme erkannten.

So wird uns die anfangs unverstandene Anziehungskraft dieser Stahlgerippe verständlich. Wir fühlen uns präsent im Architekturgeschehen. Es fügt sich eines ins andere, gegenwärtige Metallstrukturen und futuristische Großprojekte. Das Eine bliebe undeutlich ohne das Andere, würde falsch interpretiert und bliebe letztlich unauffindbar in der Beispielsammlung unseres Hirns.

Die Ingenieure des 19. Jahrhunderts schufen die ersten Stahlmonstren des modernen Zeitalters – schufen die unglaublichen Dimensionen der ›Galerie des Machines‹ oder des Eiffelturms (beide anlässlich der Pariser Weltausstellung 1889 errichtet). Die von ihnen an den Rand der Innenstädte platzierten, ebenso monströsen Kopfbahnhöfe wurden zu Mittelpunkten neuer Stadtteile, interessant für den Kulturtourismus, wenn sie auch ihren einzigartigen Status an den umgebenden städtischen Moloch abgeben mussten. Das folgende Kapitel setzt sich mit dem »*Museumsgebirge*« in der Nähe des Metzer Bahnhofs auseinander.

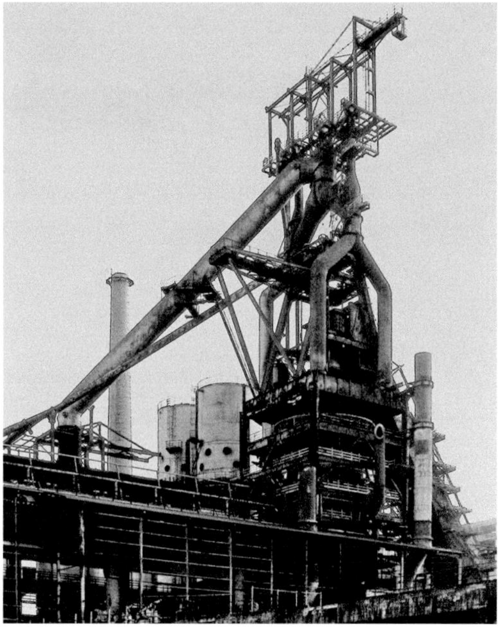

Luxemburg, Esch an der Sauer, Eisenhüttenwerk

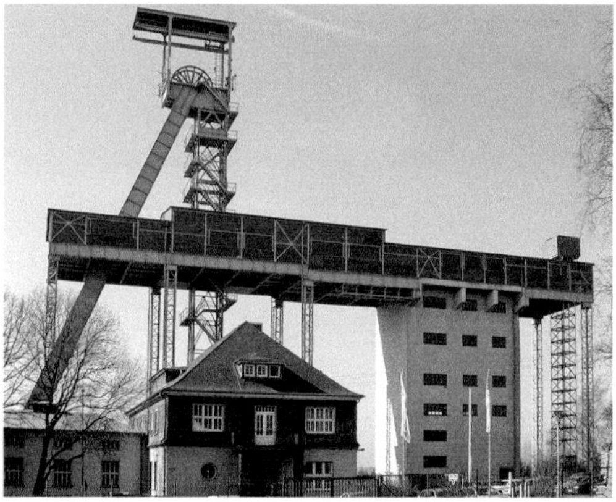

Industriedenkmal, Hängebank und Förderturm der Grube Georg in Willroth

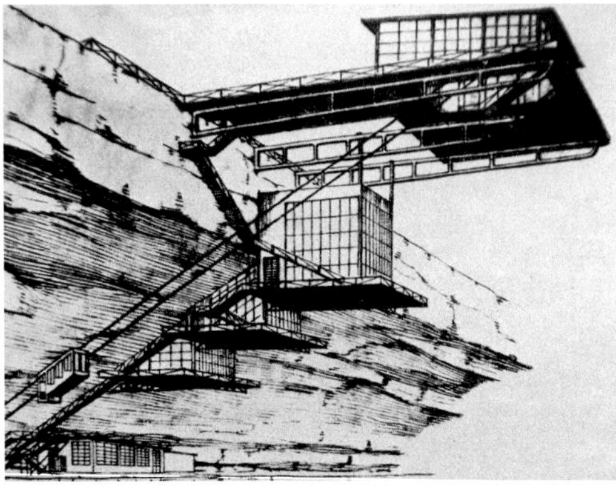

W. Simbirzew, Studienprojekt 1922, Anlegestelle mit Restaurant am Meeresabhang

17. Kapitel
Shigeru Ban in Metz

U. Jonak, *Architekturwahrnehmung*, https://doi.org/10.1007/978-3-658-26262-4_24

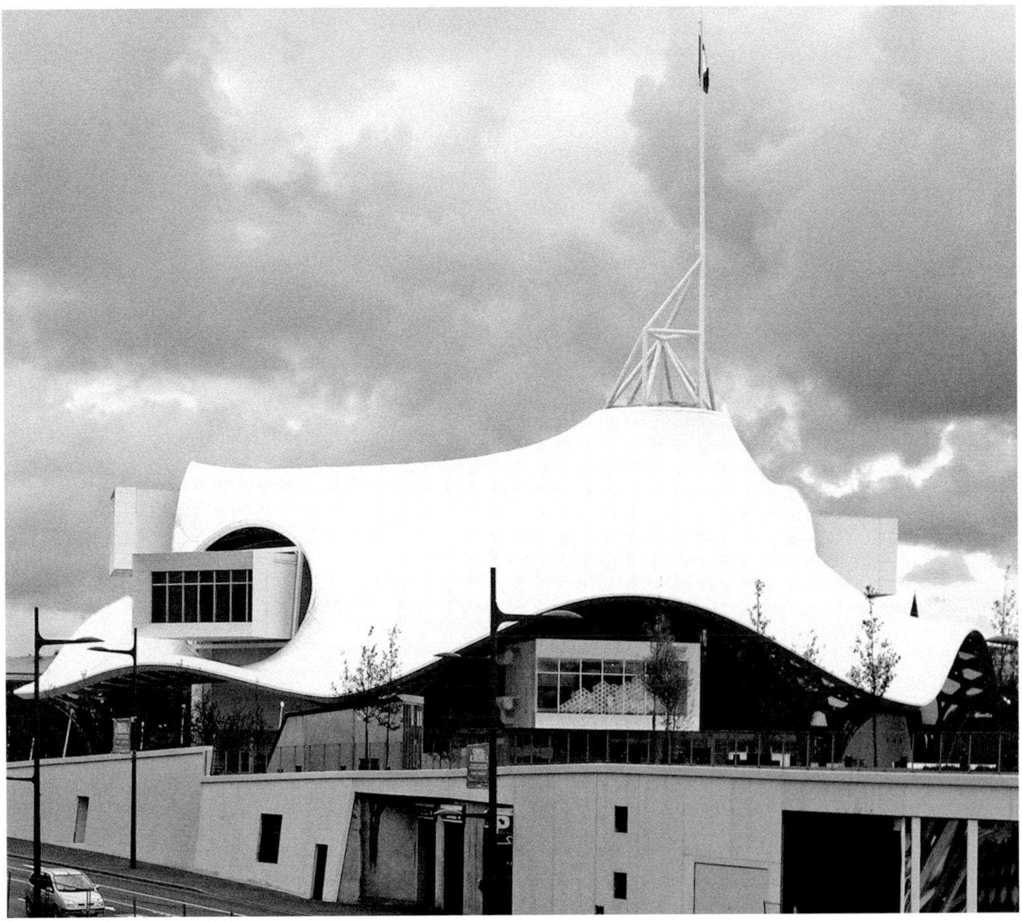

Zelt über geometrischen Baukörpern

» *Eine neue Architektur muss kommen mit Räumen und Formen, die die Regeln der »Moderne« zurückzuweisen scheinen, um sie in Wirklichkeit beizubehalten.*

David Greene

Die am Rande der Städte Ende des 19. Jahrhunderts errichteten großen Bahnhöfe sind längst eingesponnen in die Stadtquartiere des 20. Jahrhunderts. Diese technischen Kathedralen verloren mittlerweile beides: Aufbruchcharakter und Monumentalwirkung. Die wirklichen Kathedralen, wie die in Metz (s. a. die Kapitel zur *Hagia Sophia* oder zum *Kölner Dom*), bewahren ihren mystischen Zauber dagegen bis heute, über Jahrhunderte hinweg, obwohl deren Magie auch mit Nostalgie, Blendwerk und Fehldeutungen durchsetzt ist.

Im Zeitalter des globalen Tourismus sind Kathedralen theatralische Attraktionen geworden, welche Reiseunternehmen nur zu gerne zu Mittelpunkten ihres kulturellen Beiprogramms erklären. Hand in Hand mit der Touristikindustrie von den Städten als regionale Besonderheiten herausgestellt, verlieren die religiösen Bauwerke ihr eigentümliches Flair und werden zu Elementen des Stadtmarketing. Ebenso ergeht es Museen, deren Bildungs- und Forschungsauftrag zum Leidwesen ihrer Direktoren als Nebensache wahrgenommen wird und die nun hauptsächlich zum Zeitvertreib der Reisenden zwischen Frühstück und Mittagessen genutzt werden. Wissensvermittlung ist ein gern, aber nicht immer notwendig gesehener Ertrag des Besuchs.

Das *Centre Pompidou-Metz*, von der Stadtverwaltung mit allen Mitteln unterstützt, hat bislang die Erwartungen nicht erfüllt. Der sogenannte »*Bilbao-Effekt*«[1] ist ausgeblieben. Ein Grund mag das Fehlen einer eigenen Sammlung, ein anderer mögen zu große zeitliche Abstände zwischen den Wechselausstellungen sein. Entscheidender aber ist wohl die Lage am Rande der Altstadt, hinter dem Bahnhofsgelände, ein dienlicher Platz für Zirkuszelte, dies eher als für Kulturbauten, eine Stadtbrache, die erst nach und nach kultiviert werden wird. Aber die schleppend vorangehende Auf-

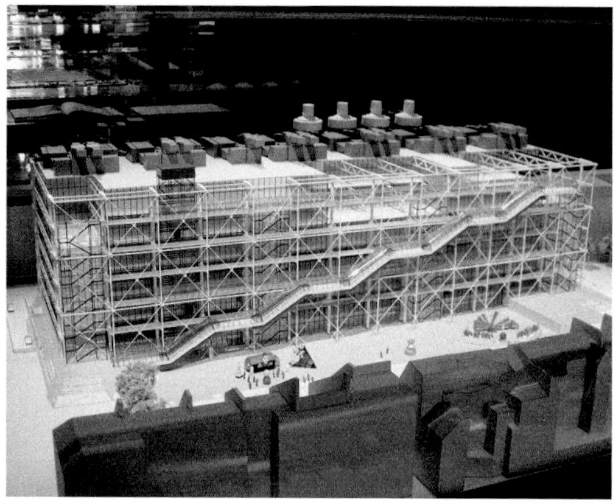

Modell des Centre Pompidou in Paris

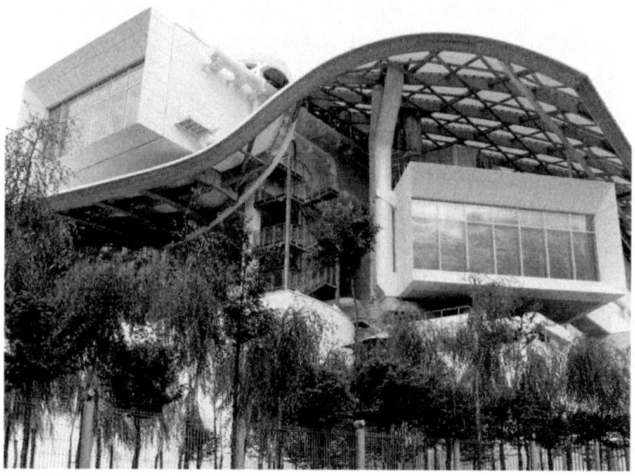

Auskragende Ausstellungskisten

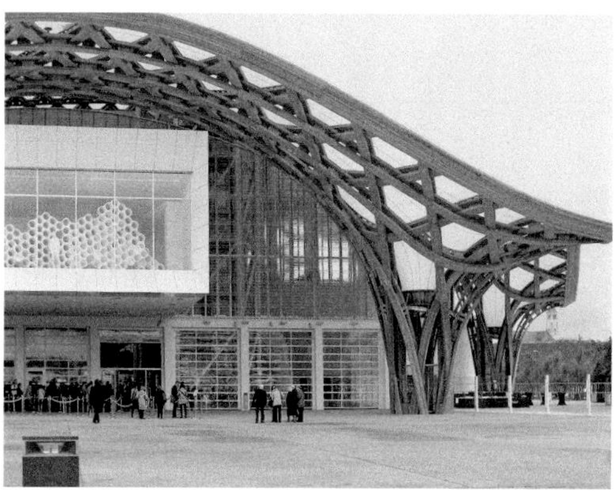

Eingang und Vorplatz

1 Das Guggenheimmuseum in Bilbao von Frank O. Gehry hatte (zumindest in den ersten Jahren) den erhofften ökonomischen Effekt für die Stadt.

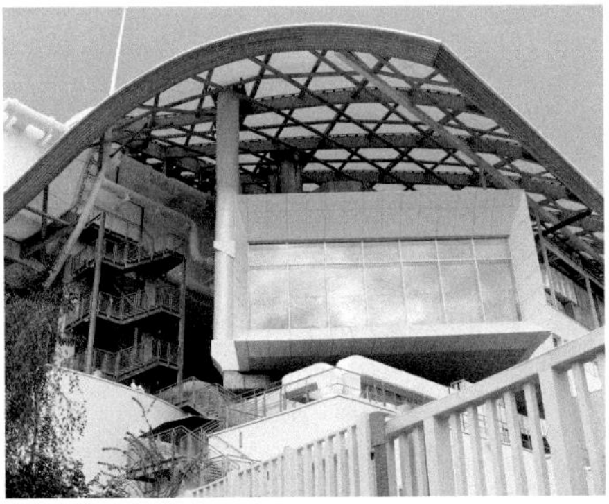

Schützendes Zelt

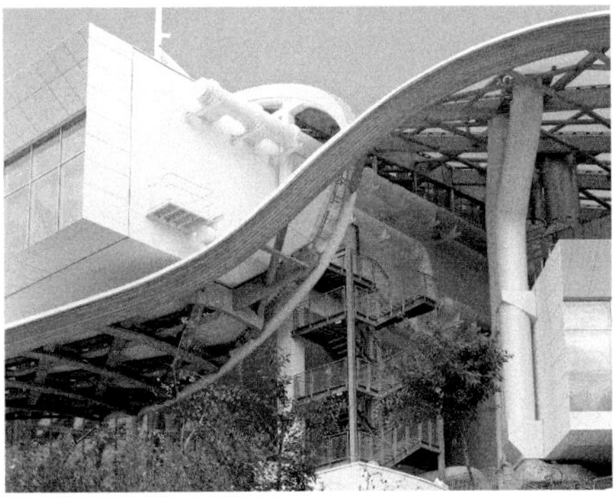

Zusammenspiel oder auch Karambolage von Zelt und quaderförmigen Baukörpern

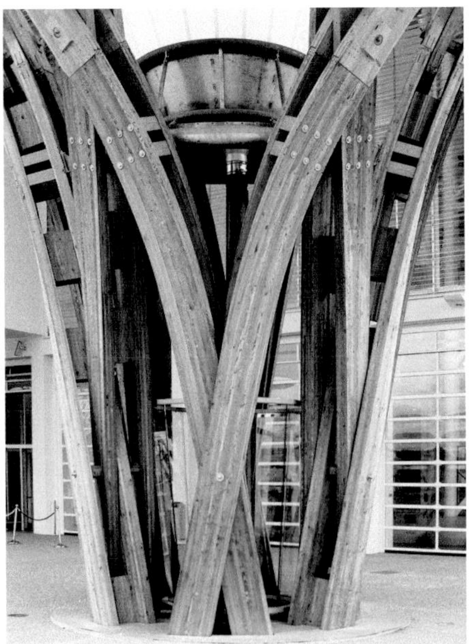

Trichterartige Baumstütze

rüstung oder Bebauung der Nachbarschaft ist womöglich die Hauptursache der Enttäuschung der ›Stadtväter‹.

Ein Wettbewerb war ausgeschrieben. Der japanische Architekt Shigeru Ban (Jahrgang 1957, Pritzker-Preisträger 2014) und sein französischer Partner Jean de Gastines hatten ihn 2003 gewonnen. 2010 wurde dann das Museum als lothringische Filiale des Pariser Centre Pompidou eröffnet.

Faible für Alternativen

Shigeru Ban veredelt Tendenzen der alternativen Szene oder Hippiekultur. Insofern raubt er denjenigen, die mit äußerst geringen Mitteln ihr antibürgerliches Dasein gestalten, die Oberflächen ihrer Ideen und wandelt sie in gediegen aussehende technische Lösungen um. Er ist ebenso ein Meister des kreativen Missbrauchs industrieller Produkte. Ihm sind sicher die oft publizierten Aussteiger-Behausungen (Drop City) in der nordamerikanischen Prärie bekannt: geodätische Kuppeln, die aus Schrottautos herausgeschnittenen Blechen zusammengeschweißt sind.

Er wurde international bekannt mit seinem ›Curtain Wall House‹ in Tokio (1995), ein Einfamilienhaus, dessen Fassaden nur aus Geländern und dahinter wehenden Vorhängen bestehen. Sein Markenzeichen aber wurden Konstruktionen aus Pappröhren, auf welche Textilien oder Teppiche aufgerollt werden und die nach Gebrauch zu Abfall erklärt werden. Er verwendete sie als preiswertes Baumaterial für unterschiedlichste Hausprojekte, exemplarisch veranschaulicht im japanischen Pavillon während der Expo 2000 in Hannover.

Er sagt: »*Vielleicht liegt es daran, wie mich meine Eltern erzogen haben, dass ich es hasse, Dinge wegzuwerfen. Ich muss wohl eine natürliche Veranlagung dafür haben, gebrauchte Dinge wiederzuverwerten.*«[2]

Es geht ihm allerdings nicht um das Prinzip Wiederverwertung allein. Das wäre zu wenig. Der fast surreale Effekt des plötzlichen Erkennens einer potentiell geistreichen Anwendung eines zuerst achtlos wahrgenommenen Materials initiiert ein Feuerwerk von Ideen.

2 Jodidio, Philip, Shigeru Ban, S. 9

Der von Charles Jencks 1968 geprägte Begriff »*Adhocism*« (s. a. Kapitel 13), den dieser als Buch zusammen mit Nathan Silver 1972 publizierte, vermutlich angeregt von den revolutionären Jugendbewegungen in Amerika und Europa, bedeutet, dass Designkonzepte mit dem, was gerade zur Hand ist, entwickelt werden und dabei bewusst auf die perfekt passende Lösung verzichtet wird. Der überraschende Missbrauch eines geläufigen Gebrauchsgegenstandes erzeugt dann heitere Faszination.

Shigeru Ban als gewitzter Planer ist adhocistisch genug, für Behelfsbauten in Katastrophengebieten (in der vom Erdbeben zerstörten Stadt Kobe u. a.) seine »*Paper Tube*«-Strukturen anzuwenden und diese Hütten auf sandgefüllte Bierkästen als Fundamente zu stellen. Unschlagbar preiswert und dennoch menschenwürdig sind so seine Notbehausungen.

Jene Papprollen, zumal wenn sie oberflächenbehandelt sind, sind erstaunlich stabil und über einen längeren Zeitraum haltbar. Für ein Museum allerdings, in dem Millionenwerte ausgestellt und gleichsam gebunkert werden, sind sie wohl nur als temporäres Material für Ausstellungskulissen verwendbar.

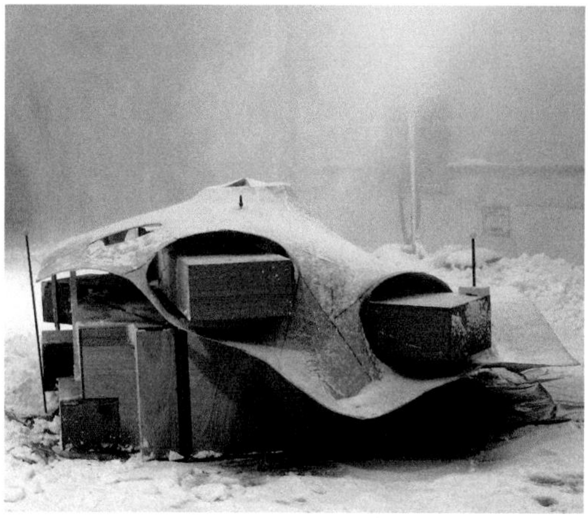

Primäres Konzeptmodell

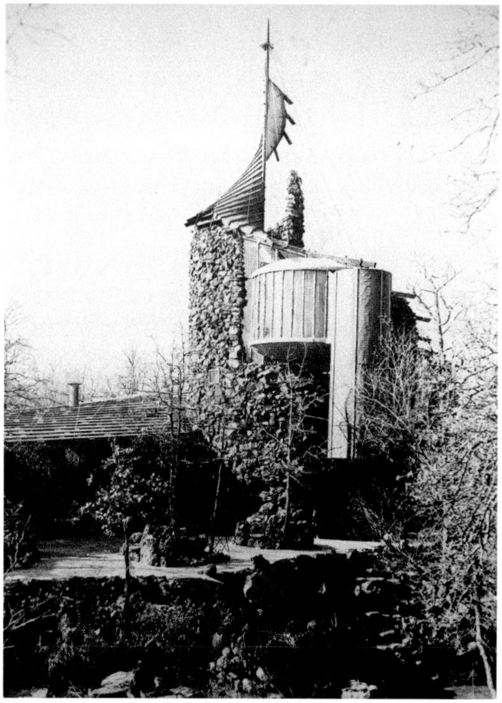

Bruce Goff, Bavinger House (Oklahoma) 1950–1955

Übersehenes sehen

Innovatives Suchen und Finden gehörte zum Kunst- und Architekturverständnis des 20. Jahrhunderts. Anregend für die alternative Hippie-Szene war Bruce Goff (1904–1984). Dieser nonkonformistische Architekt verwandelte Haushaltsfundstücke in Hausdetails, zum Beispiel Backbleche in Wandleuchten. Es gibt kaum einen prominenten Architekten, der nicht wie Goff, scheinbar sparsam, von seinen Kollegen übersehenes oder verachtetes Material in seine Bauten integrierte. Antonio Gaudi dekorierte mit Geschirrscherben Brüstungsmauern, Frei Otto erforschte Naturstrukturen (unter anderem Spinnennetze) als Strukturmuster für Zeltdächer.

Wahrnehmung heißt mitunter auch, Sehgewohnheiten bewusst zu vergessen und auf diese Weise ein vorhandenes Objekt wie einen noch nie gesehenen Fremdkörper zu erforschen, einer daraus

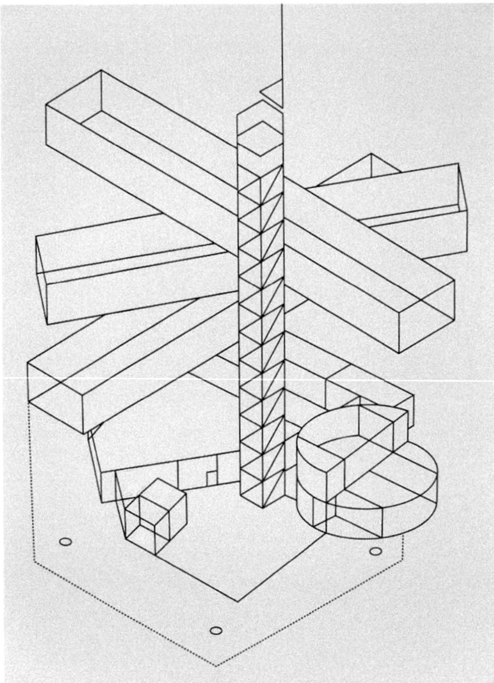

Shigeru Ban, Konzeptzeichnung des Metzer Bauwerks (ohne Zeltdach)

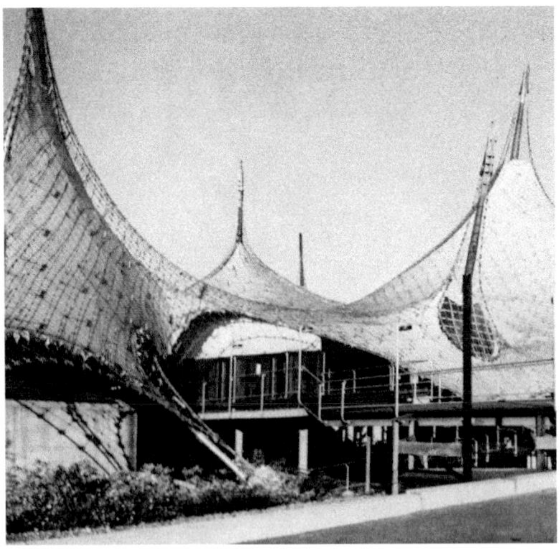

Frei Otto und Rolf Gutbrod, Weltausstellung Montreal 1966, deutscher Pavillon

folgenden blitzartigen Erkenntnis zu vertrauen, sich in einen »Jamais-vu«-Zustand zu versetzen, eine negativ gepolte Imaginationsfähigkeit entwickeln – genau dem Gegenteil eines Déja-vu-Erlebnisses.

Missbräuchlicher Gebrauch wurde Mode. Seit Anfang der neunziger Jahre wurden von Künstlern und Architekten Stahlcontainer, stapelbar wie gigantische Backsteine, als frappierende Fremdverwertungsbausteine entdeckt. So entdeckte, auf der Suche nach verwertbaren Billigprodukten, auch Shigeru Ban Schiffscontainer, deren er sich als verblüffende und kennzeichnende Bauelemente für ein schwimmendes »Nomadic Museum« (2005) an einem Pier in Manhattan bediente. Diese kantigen Stahlkörper mögen ihm Inspiration für die schiefwinklig gestapelten drei Schauquader des Metzer Museumsbaus gewesen sein. Ungewohntes wird vertraut, indem es mit geläufigen Namen ins Behagliche gezogen wird: »*Drei übergroße USB-Sticks, die aus dem Pilzdach herausragen*«, so stand es in der ›Zeit‹ vom 12.05.2010. Drei Stapelkisten also (jede 87 m lang und 15 m breit), übereinander gesetzt, aber fächerförmig ausgerichtet, nehmen die Ausstellungsobjekte auf.

Schützendes Zelt

Darüber ist (sie schützend) ein Zelt gespannt – das heißt eine Holzgitterstruktur mit einer darüber gespannten transluziden, teflonbeschichteten Fiberglashaut. Sie führt das Ensemble unterschiedlichster Funktionen zusammen. Das Zelt wird scheinbar aufrecht und empor gehalten von einem zentralen stählernen Mast. In Wahrheit tragen vor allem die aus der Gitterstruktur des Daches nach unten wachsenden, ebenso gitterförmigen, trichterartigen Baumstützen die Dachlandschaft. In der Untersicht könnte man das hölzerne Gitterwerk als gotisch anmutendes Netzgewölbe interpretieren.

Im Inneren des Hauses, während des Besuchs der vom Pariser Centre Pompidou großzügig bestückten Eröffnungsausstellung), konnten wir einen Modellnachbau des von Wladimir J. Tatlin 1920 projektierten Turms für die III. Internationale betrachten. Eine Inkunabel nichtgebauter utopischer Architektur des 20. Jahrhunderts, ein spiralförmiges Gitterwerk, das einen parallel zur Erdachse geneigten Fachwerkträger und ebenso durchlässige Baukörper umwindet. Augenblicklich kam uns die visuelle Assoziation zu den hölzernen Baumstützen des Zeltdaches. Ob Shigeru Ban an diese Verknüpfung dachte oder selbst im Nachhinein überrascht die formale Nähe wahrnahm, sei im Dunkeln gelassen. Es ist in der Tat nur eine formale Annäherung der konstruktiv zu erklärenden Baumstützen Bans mit dem von Symbolik befrachteten Projekt Tatlins. Aber die These lässt sich vielleicht damit stützen, dass immer alles aktuell Gesehene sofort mit einem bereits Gesehenen halb bewusst verglichen wird.

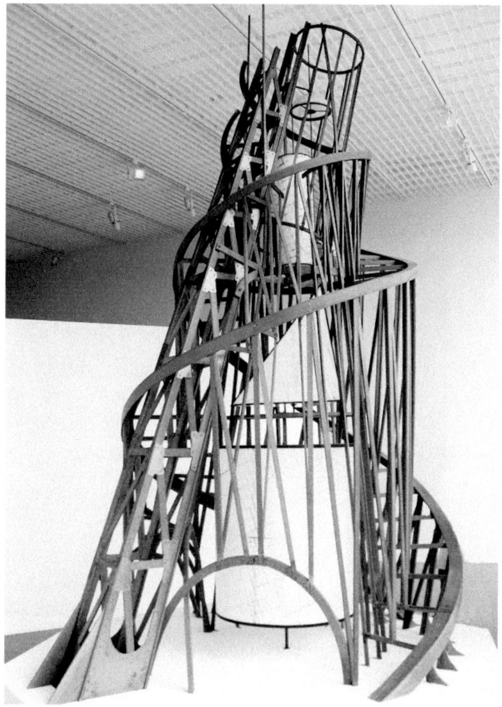

Wladimir E. Tatlin, Turm für die III. Internationale, Modell 1920

Das Verhältnis von Rauminhalt und Nutzfläche zu verbessern, durchstoßen drei ›Kisten‹ das Zelt. Anders gesagt, kubische Körper durchlöchern ein blobartiges, gleich einem Zirkuszelt an- und abschwellendes Gebilde. Was als Verletzung gesehen werden kann, entspricht dem Form- und Kontrastdenken des Architekten, ›scharfe Kanten gegen weichfließende Flächen‹, entspricht aber auch einer Maxime der modernen Baukunst: Außen sollte sichtbar werden, was im Inneren vor sich geht. Außen- und Innenräume sollten zudem ineinander übergehen. Deshalb ließ Ban im Foyer Glasrollläden installieren, die in der warmen Jahreszeit einen fließenden Übergang der Bereiche möglich machen.

Das Centre Pompidou-Metz erweist sich als Ideenpool der modernen Baukunst. Als hybride Konstruktion zeigt sich der Bau, wenn er näher betrachtet wird: Ein vielfach geschwungenes Holzgitterwerk überspannt nicht nur die Stapelkörper, sondern auch ein Foyer aus Beton und Glas, außerdem die notwendigen Nebenräume – und trägt ein bleiches, organisch geformtes Objekt als sei es die Halluzination eines Walfischs, Melvilles weißer *Moby Dick*.

Chinesischer Hut

Jahre zuvor hatte Shigeru Ban einen ländlichen, chinesischen Hut gekauft, der ihn seiner konstruktiv wirkenden Struktur wegen auffiel. Er beschreibt ihn:

»Ich war überrascht, wie architektonisch er wirkte. Die eigentliche Konstruktion besteht aus Bambus, eine Schicht Wachspapier macht sie wasser-

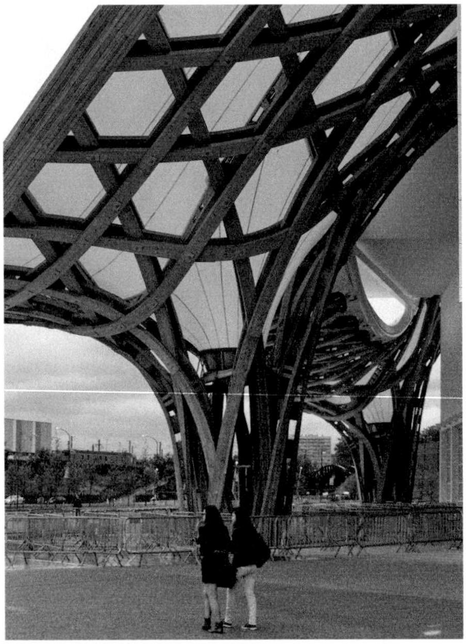

Holzgitterkonstruktion des Zeltes

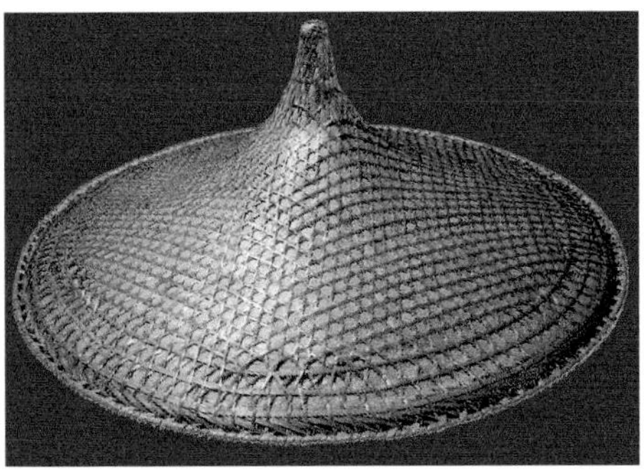

Bans Fundstück, chinesischer Hut

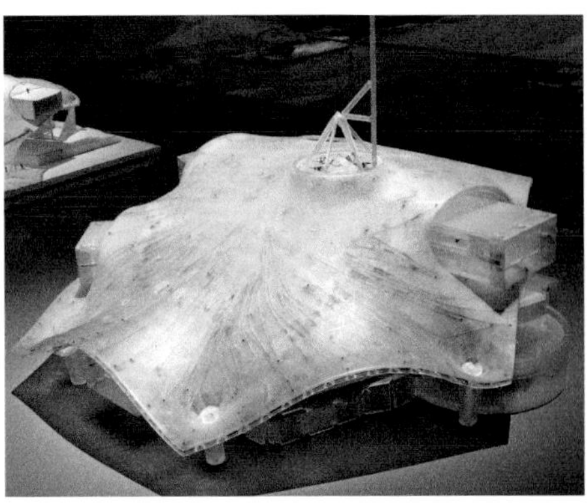

Metamorphose des ›Huts‹

dicht. Es gibt sogar eine Isolierschicht aus getrockneten Blättern. Er ist konstruiert wie ein Gebäude. Seit ich diesen Hut damals gekauft habe, wollte ich ein solches Dach entwerfen.«[3]

Zirkus, Walfisch, chinesischer Hut, Champignon, Tropfen (englisch: blob): Es sind unterschiedlichste Assoziationen, mit denen dies Museum beschrieben wird.

Vom *Wal* ausgespuckt, vermutlich nach stundenlanger Besichtigung, spricht mich im Vorübergehen ein Landsmann an, der anscheinend unbedingt seinen Eindruck teilen möchte, offenbar stolz auf seine biblische Assoziation; er das Haus verlassend, ich es betretend:

»*Unter diesem Dach, zwischen all den unverdauten Sammlungsstücken kam ich mir vor wie der Prophet Jonas im Walfischbauch*«.

Maia de la Baume von der New York Times spricht nicht allzu freundlich von einem »*schneeweißen Giftpilz, der aus einem Ödland herauswächst*«[4], andere sahen etwas verbindlicher einen weißen Champignon. Und der Bürgermeister von Metz meint, es mit einem »*Smurf House*« zu tun zu haben (gemeint sind die Comic-Figuren *Smurfs*, im Deutschen »Schlümpfe«, die bekanntlich Pilze bewohnen).

Wahrnehmung ist nicht zu planen, sie überfällt einen. Wahrnehmung ist nun mal von momentanen, nicht vorhersehbaren Faktoren abhängig: Herkunft, Laune, Gesundheit, Vorbereitung oder Bildung des Betrachters, ebenso von Jahreszeit und Wochentag, von Alltag oder Feiertag, von der Nachbarschaft des Bauwerks, vom Wetter, von Hunger und Durst, von häuslichem oder beruflichem Ärger zuvor – von den die Sicht behindernden, mit unterschiedlicher Toleranz wahrgenommenen anderen Betrachtern, ob Schüler oder Rentner, ob Müßiggänger oder eilig sich Informierende. Gehen wir ins Museum der Kunstwerke wegen? Offenbar auch aus dringlicheren Motiven:

»*Das Museum ist der riesige Spiegel, in dem der Mensch sich letzthin in all seinen Gesichtern betrachtet, sich selbst bewundernswert findet und sich selbst den Ekstasen überlässt, die in allen Kunstzeitschriften*

3 Ebd. S. 81

4 New York Times vom 15.04.2010

ausgedrückt werden«[5], demaskiert Georges Bataille den Museumsbesucher.

Von Le Corbusier wissen wir, dass ein Krebspanzer ihn zum Dach seiner Wahlfahrtskirche in Ronchamp inspirierte[6] (s. a. Kapitel 12). Wie ein Virus dringt das Kleine in die Gedankenwelt ein und wird beherrschend. Ebenso bauscht sich ein kleiner chinesischer Hut in der Vorstellung Shigeru Bans zur überdimensionalen Wölbung.

Zirkus- oder Walmetapher

Warum entwickeln sich schöpferische Ideen der Gestalter vom Kleinen zum Großen (Muschel oder Hut), während der zwar nicht phantasielose, aber doch unproduktive Betrachter eher Großes mit Großem vergleicht (Dampfer oder Katakombe für Ronchamp, Zirkus oder Wal in Metz)? Großes, weil der lediglich Betrachtende schon einmal Ähnliches, aber Anderes gesehen hat mit vergleichbarer Ausdehnung. Kleines, weil der Gebäudeerfinder grübelnd und abwesend in seine allernächste Nähe starrt und sich däumlingshaft in das ihm plötzlich auffallende, minimal große Fundstück versetzt und daraus ein hünenhaftes Gebilde imaginiert.

Um Epigonentum und Afterkunst auszuschalten, versuchen Künstler und Architekten, die Ursprünge ihrer Kunst zurückzuverfolgen, bis sie in ihren frühen Lebensjahren angelangt sind. Paul Klee und Jean Dubuffet waren vielleicht die populärsten Erforscher ihrer eigenen Kindheit. Aber auch Picasso, Chagall und Kandinsky ließen sich von Kinderkunst beeinflussen. In seiner Schrift »*Über das Geistige in der Kunst*« schreibt Kandinsky, Kinder seien »*die größten Phantasten aller Zeiten*«, wenn sie in Ermangelung eines Steckenpferdes »*einen Stock für ein Pferd ansehen*«[7].

Was taten Le Corbusier und Shigeru Ban anderes, wenn sie sich in ihre kindlichen Phantastereien spielerisch zurückversetzten? Dann wird ein Krebspanzer oder ein Kleidungsstück zum Gehäuse. Walter Benjamin analysiert sich selbst, wenn er aufzeigt,

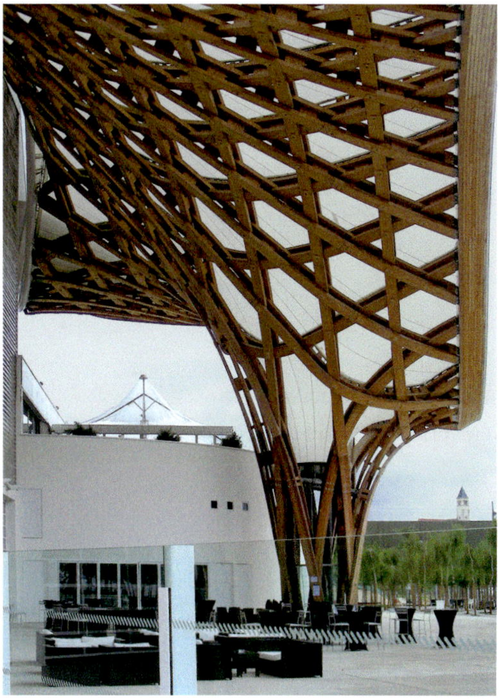

Holzgitterkonstruktion des Zeltes

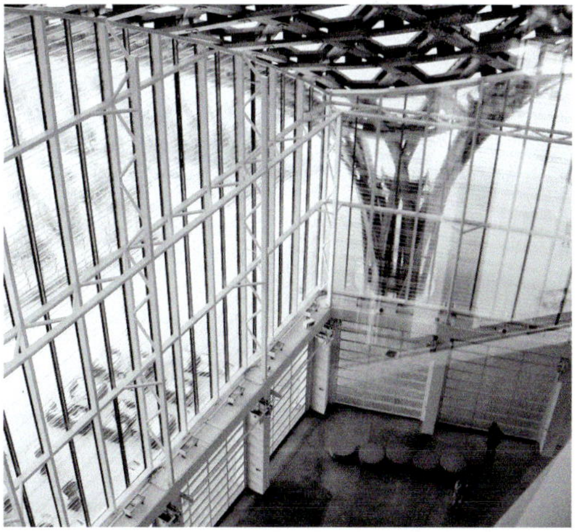

»Im Inneren des Walfischbauchs«

5 Zit. n. Anthony Vidler, unHEIMlich. Über das Unbehagen in der modernen Architektur, S. 117

6 Niklas Maak, Der Architekt am Strand, S. 99 f.

7 Wassily Kandinsky, Über das Geistige in der Kunst, S. 96

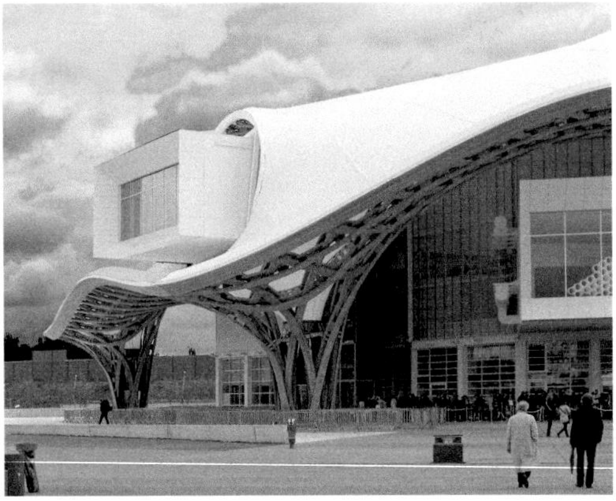

Teilansicht: Zelt, Baumstützen, Quader

wie phantasievoll, farbig und unverbrüchlich Kindheit bis ins Alter erinnert werden:

»*Der Esstisch, unter den es* [das Kind] *sich gekauert hat, lässt es zum hölzernen Idol des Tempels werden, wo die geschnitzten Beine die vier Säulen sind.* [...] *Wer mich entdeckte, konnte mich als Götzen unterm Tisch erstarren machen.*«[8]

Eine Erinnerung wie diese verändert unweigerlich die eigene Sicht auf Architektur. Architekten oder Designer aber bilden sich vergebens ein, dass sie aus freien Stücken erlebte Sichtweisen ihren geplanten Werken überstülpen können. Von freiem Ermessen kann keine Rede sein. Ihr automatisch gewachsenes Archiv im Kopf entscheidet darüber, was gefällt, und bestimmt Ausdruck, Form und Konstruktion.

8 Walter Benjamin, Berliner Kindheit, S. 61

18. Kapitel Märchenschlösser

U. Jonak, *Architekturwahrnehmung*, https://doi.org/10.1007/978-3-658-26262-4_25

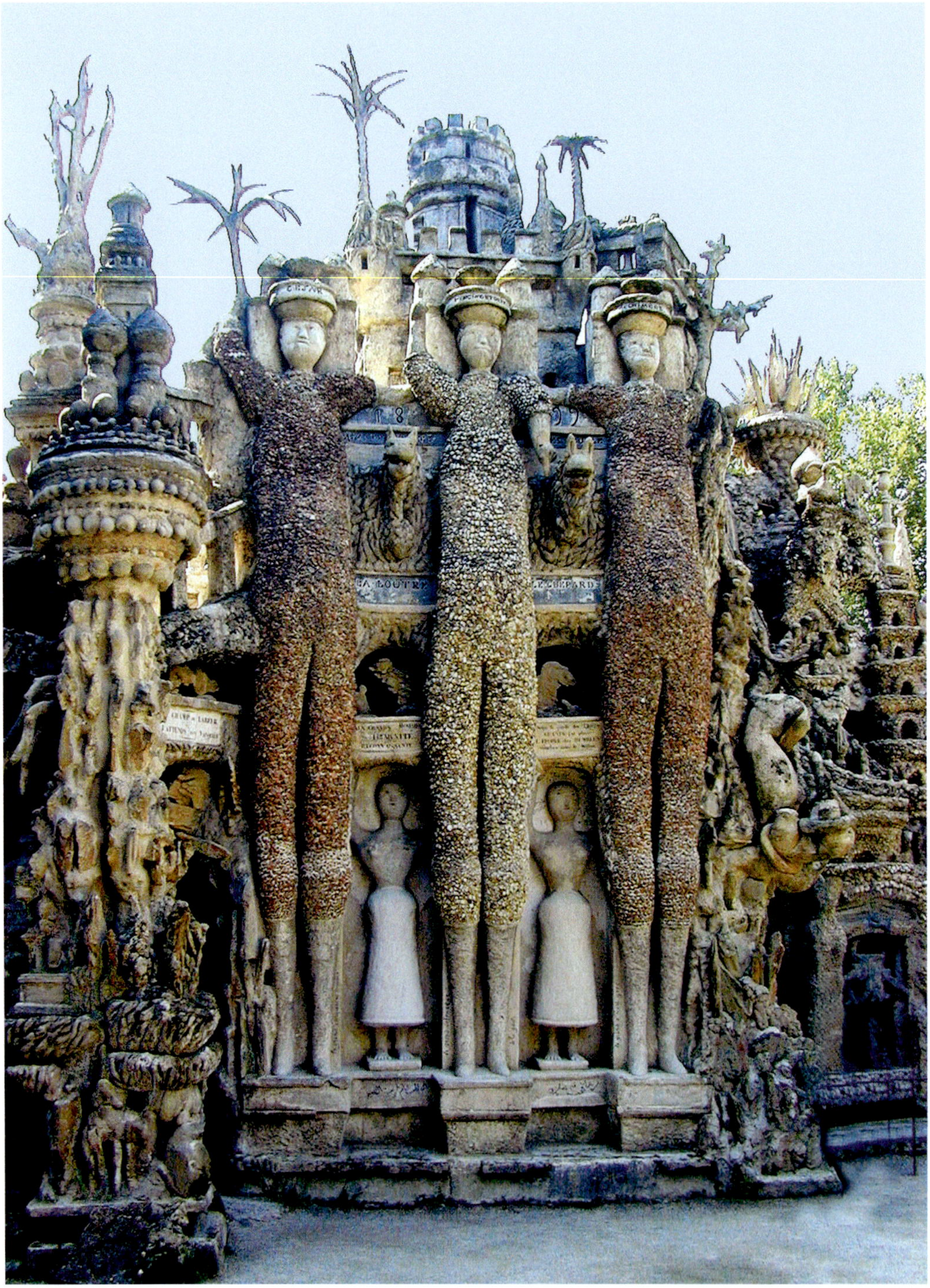

Briefträger Chevals Palais Ideal in Hauterives

» *Sollte uns [...] die Gewalt der Schönheit auch außerhalb unserer Sinne beherrschen? Sieht das Auge, ohne zu sehen? Ist dieser Zauber der Kraft des Bauwerks, dem Verdienste seiner unsterblichen Gegenwart, seiner ruhigen Pracht zuzuschreiben? Das Wunderbare wirkt jenseits der Grenzen des Einzelorgans, wirkt mit Hilfe des Gedächtnisses.«*

Auguste Rodin

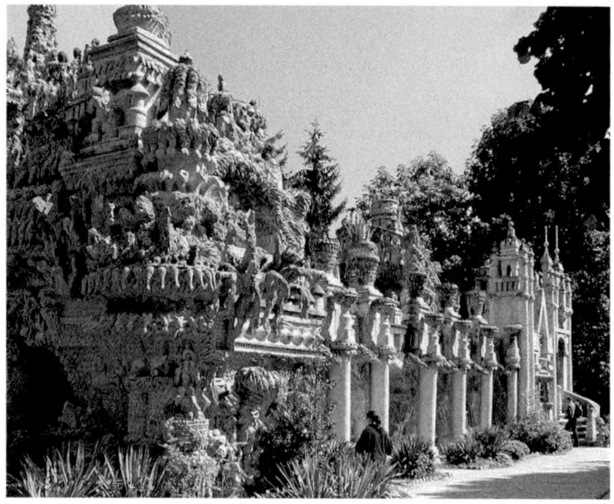

Seitenansicht des Palais

Als prominentester aller Briefträger, falls wir Merkur ignorieren, wird wohl der Provenzale Ferdinand Cheval (1836–1924) zu würdigen sein. Während seiner täglichen Austrägerdienste mit dem Fahrrad sammelte er am Wegesrand Fundstücke, ihm merkwürdig erscheinende Steine, brachte sie nach Hause und erbaute damit im Laufe der Jahrzehnte sein »*Palais Ideal*«. Man kann sich vorstellen, dass er, obwohl er auf holprige Ackerpfade zu achten hatte, sorgfältig die Wegränder ins Auge nahm. Denn er hatte einen Plan. Der Schriftsteller Peter Weiss spricht vom »*großen Traum, dem träumenden Leib des Briefträgers*«. Oft muss er vom Rad gestiegen sein um zu prüfen, ob ein auffälliges Fundstück zu seinem Vorhaben passte. Er war nicht reich, aber ab und zu konnte er sich einen Sack Zement leisten, den er benötigte, um seine Bauobsession voranzutreiben.

Was aber trieb ihn an, 40 Jahre lang, Tag für Tag in seiner Freizeit sich abzumühen für ein ›*nutzloses Gehäuse*‹?

Peter Weiss meint: »*Er errichtet diese Reliefs, diese Skulpturen, um den Augenblick seines Lebens festzuhalten, den Augenblick zwischen Leben und Tod.*« Er »*überwindet hier sein schattenhaft kurzes Leben, hebt es aus Ursprung und Vergehen heraus und überliefert es der Natur, lässt es als monströses Gebilde im Garten der Welt liegen.*«[1]

Aus einer plötzlichen Laune heraus entwickelte sich sein Lebensbalsam, zuerst eine spielerische und in seiner Nachbarschaft spöttisch akzeptierte Beschäftigung, dann eine immer notwendiger werdende und rücksichtsloser gegen das Unverständnis seiner Mitmenschen gesetzte Existenzgrundlage. Eine Gedankenwelt platzt heraus und gibt sich zu erkennen. Ein wild geformtes Ereignis aus naiven

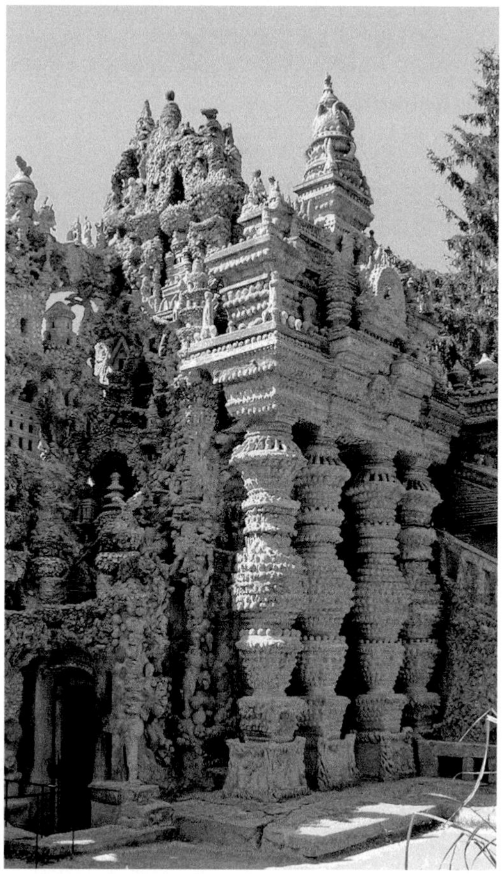

Detailfoto des Palais

1 Peter Weiss, Der große Traum des Briefträgers Cheval, In: Rapporte I, S. 36 ff.

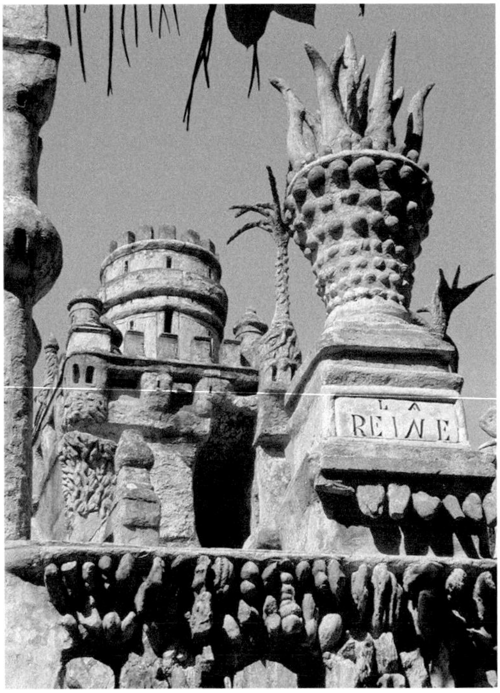

Detailfoto des Palais

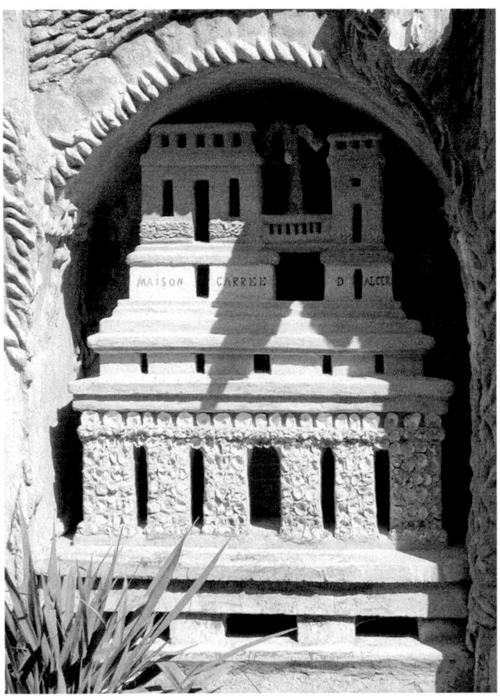

Detailfoto des Palais

Skulpturen, Reliefs, phantastischen Architekturstücken (Höhlen, Buchten, Gänge, Treppen, Säulen, Gebälke, Türmchen, tropfsteinartige, felsartige Einschlüsse) und eingeritzten Schriftzeilen. Manches erinnert an Bildwerke aus Kambodscha oder Indien, auch Florenz oder Rom, Bilder, die er vielleicht aus Zeitungen oder von Briefmarken her kannte.

Briefträgers Funde

Ein Briefträger, der die Augen offen hält, der aufmerksam sein Umfeld abschätzt, der das, was er wahrnimmt innerlich ablagert, der einzelnes aufklaubt und auf dem Heimweg in seine leer gewordene Posttasche packt.

Der Philosoph Bernhard Waldenfels fragt nach der Bedingung »*wie Aufmerksamkeit sich überhaupt als ein Aufmerksamkeitsgeschehen fassen lässt. Braucht Auffälliges, um aufzufallen, nicht den Kontrast eines Unauffälligen, das unbemerkt bleibt? Liegt im Unauffälligen und Unscheinbaren nicht eine Form der Zurückhaltung, die auf ihre lautlose und heimliche Weise aufmerken lässt?*«[2]

Auffälliges muss als Besonderheit erscheinen, Auffälliges in der Reihe von mehreren Auffälligkeiten verliert seine Besonderheit. Gleiches neben Gleichem wirkt ermüdend, als kämen wir mit dem Sehen nicht zurande. Der umgestürzte Baum im Wald fällt uns auf. Alles andere dort wird als wolkiges Allerlei aus Grün- und Brauntönen wahrgenommen. Nicht nur dies: Die Wahrnehmung des Auffälligen ist entstellt, gleichgültig ob die Verzerrung vom wahrgenommenen Objekt oder vom wahrnehmenden Subjekt herrührt. Der auffällige Gegenstand hat sich dank seines Auffälligseins für uns verändert. Maurice Merleau-Ponty meint dazu:

»*Kaum je nehmen wir wirklich einen Gegenstand wahr: so wie wir in einem vertrauten Gesicht nicht die Augen sehen, sondern seinen Blick und seinen Ausdruck. Durch die Landschaft oder die Stadt hin ist auf diffuse Weise ein latenter Sinn gegenwärtig, den wir in einer spezifischen Evidenz zu erfahren vermögen, ohne seiner Definition zu bedürfen.*«[3]

2 Bernhard Waldenfels, Phänomenologie der Aufmerksamkeit, S. 283

3 Merleau-Ponty, Phänomenologie der Wahrnehmung, S. 327

Ein ›Haben-Wollen‹, eine Verwendbarkeit, die er auf ›diffuse Weise‹ wahrnimmt, verlockt Ferdinand Cheval zum Sammeln. Wir kennen Chevals Herkunft, wir kennen seine Umgebung, aber kennen wir die Träume, die auf ihn während des Auffindens der Steine einstürmten; erfassen wir die Dunstbilder, die im Geiste seinen Palais ausschmückten? Notgedrungen im Ungewissen stochernd, sieht jeder der Besucher in Hauterives daher den Bau anders. Anders als sein Erbauer.

Von außen, vom bürgerlichen Standpunkt aus betrachtet sind alle Schlösser Märchenschlösser, selbst dann, wenn Blaubart drinnen wütete, oder heute ein Finanzhai über kriminellen Machenschaften brütete. Wir sehen nicht, wir vermuten nur, was im Hause geschieht und was seine Besitzer mit dem Bau bezweckten – und wir erkennen nicht, wie wir selbst das Bauwerk mit Erinnerungen oder mit unerfüllbaren Wünschen infizieren. Wünsche zu fühlen, geht allemal, allein Wünsche zu formulieren, fällt oft dem einzelnen schwer. Mit Träumen geht es nicht anders. Da behilft der Wunschträumer sich, am geeigneten Ort etwas mitzunehmen, was ihm die Ahnung eines erfüllteren Daseins verschafft. Ein Gegenstand, der stellvertretend auf das Unausgesprochene hinweist. Die Souvenirindustrie lebt davon.

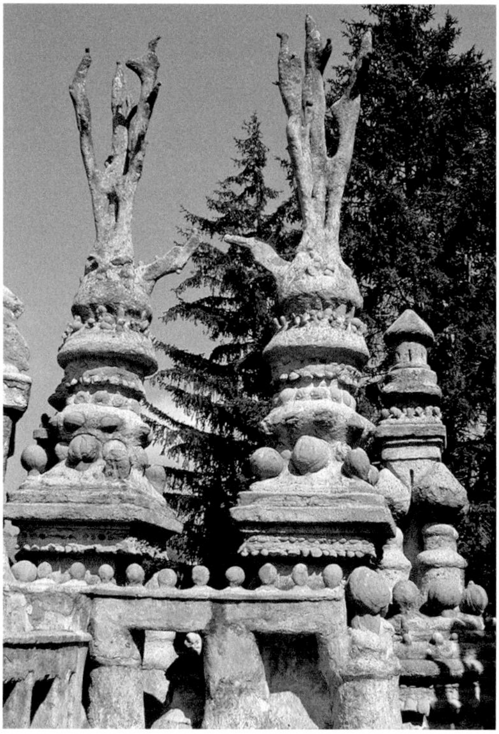

Detailfoto des Palais

Schneekugel

Eine Schneekugel, am *Palais Ideal* gekauft, zeigt miniaturisiert ein noch idealeres ›*Ideal*‹. Die Plastikbanalisierung einer Kristallkugel, ein ins Winzige geschrumpfter Erdball, eine mit Wasser gefüllte Fruchtblase, die nichts anderes als nur eines umschließt – einen Lebensfunken, einen vagen Tagtraum, wie man leben müsste. Doch das bleibt allzu vage, schon halb vergessen: Weiß der Käufer denn zu Hause noch, ob es diese geschwungene Treppe in dieser Form und an dieser Stelle überhaupt gab (im Bild rechts, ja es gibt sie)? Aber darauf kommt es ihm nicht an. Die erlebte Atmosphäre, die Empathie für oder auch der amüsierte Widerstand gegen das gebaute Ensemble ist das einzig Wichtige, um einem traumhaften Ereignis nachzusinnen.

Das ist der Sinn der fetischhaften Schneekugel: Indem ich sie fixiere, erinnere ich das Sehnsuchts-

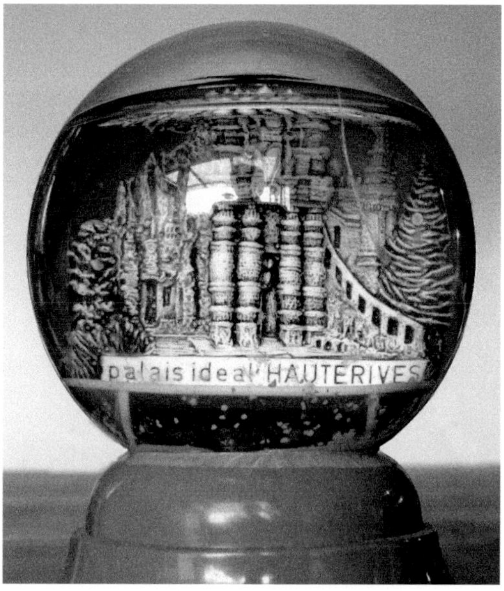

Schneekugel mit miniaturisiertem Palais Ideal

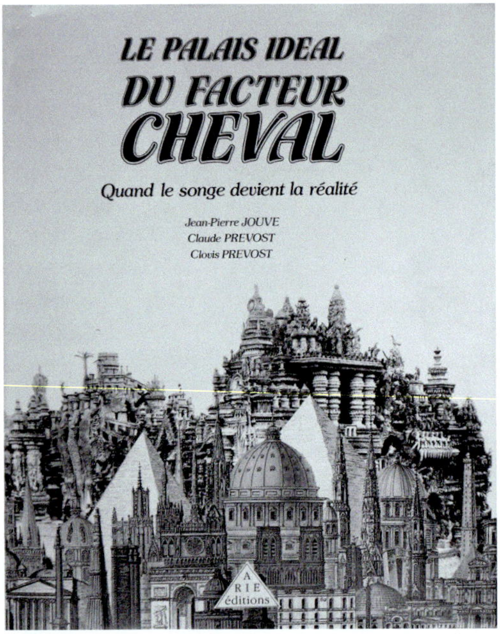

Faktenreiche Publikation des Denkmals

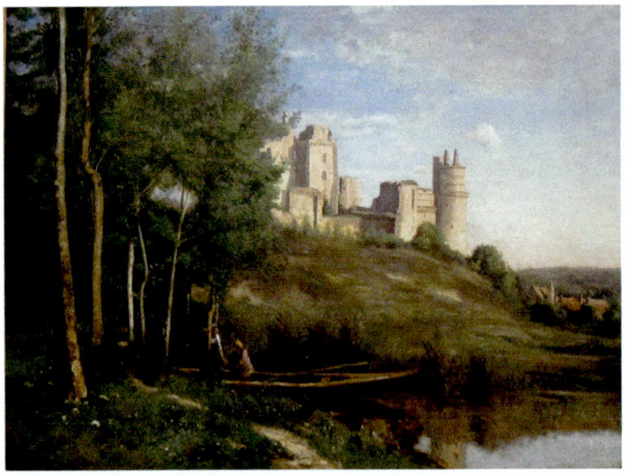

Jean-Baptiste Camille Corot, Gemälde des Schlosses Pierrefonds

objekt, den Palais, das Ganze und seine Teile, seine Atmosphäre, ja, die glücklichen Umstände seiner Wahrnehmung vor Ort. Dieser Fetisch wird zum Stimulus einer sacht sich schärfenden Erinnerung. Das Denkmal eines banalen Erlebens. Die banale Groteske, die Plastikkugel, ein Satyrspiel im Gegensatz zum Heldendrama des riesigen, erhabenen Kugeldenkmals für Newton von Boullée (s. a. Kapitel 6).

Woran liegt es, dass in der Volksgunst pittoreske, aus etlichen Baukörpern komponierte Herrschaftsgebäude den kompakten, eher klassizistischen Bauten den Rang ablaufen? Die auseinanderlaufende Form, die Spielzeuganmutung, der Auftritt überschaubarer Einzelfiguren schafft eher Zutrauen als der militärisch strenge, pompöse. Es könnte ja sein, dass die Zerstückelung eines Hauses in Einzelteile unserem Hang, unsere Umgebung zu vermenschlichen (auf menschliche Maße zu stutzen oder zu verniedlichen), mehr entspricht als das Zugegensein eines voluminösen Monuments. Das Irrationale, weil kompatibel mit unserer Gefühlswelt, liegt uns zumindest in Mußezeiten näher als das Rationale.

Märchenschlösser sind Horte des vermeintlichen Glücks. Der Königssohn führt Schneewittchen heim, ein anderer Aschenputtel. Das Unheil bleibt draußen oder wird ausgefegt. »*Es war einmal*«, so wird es dann jedesmal erzählt. Der Verweis auf frühere Geschehnisse, auf eine fabulierte oder längst vergangene Historie scheint notwendig, um nicht dem Schrecken, sondern nur der Angstlust anheimzufallen. Es mag sein, dass das Überwältigende eines Kastells heutzutage weniger mit demütigem Respekt als mit querköpfigem Missfallen bedacht wird, aber der bittere Zauber von Reichtum und unantastbarer Autorität lässt sich nicht vertreiben.

Schlösser und Kathedralen sind und bleiben Hauptanziehungspunkte für Reisende. Das Bedeutsame verlockt. Das Gewaltige (Attribut des ›*Erhabenen*‹) beeindruckt, bereitet jedoch anfänglich kein Vergnügen, eher Ablehnung. Es ist gut, das Erhabene dann schon aus weiter Entfernung zu erforschen (auch literarische Annäherungen helfen), um – wenn auch anfangs unwillig – einen ästhetischen Reiz in ihm zu entdecken. Schließlich ist das auch die Erfahrung des Urlaubers: Zuerst weit entfernt vom Bauwerk, nähert sich der Reisende allmählich und gewöhnt sich an den Anblick des Erhabenen. Zum Stimulans des Schlossbesuchers wird dann Angstlust – das heißt die kurzweilige Variante der Bangigkeit, die es erlaubt, sich dem scheinbar Ungeheuren angeregt zu nähern.

Pierrefonds

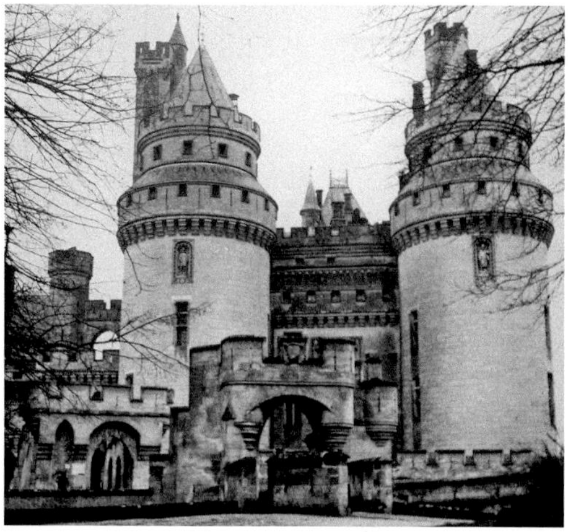

Hauptportal

Schloss *Pierrefonds* vom Ende des 14. Jahrhunderts, am Rande des Waldes von Compiègne auf einem Hügel inmitten des gleichnamigen Orts gelegen, bot Ansichten, die von Weitem den Schrecken des Erhabenen illustrierten. Zu Beginn des 17. Jahrhunderts wurde es zerstört und stand dann lange als romantisch anmutende Ruine da. Fernab gelegen, fand sie dennoch oder gerade deshalb ihre Bewunderer. Camille Corot hat sie gemalt, das Bild ist im Museum zu Quimper zu besichtigen. Als Napoleon III. das Schloss für sich entdeckte, ließ er es von dem einflussreichen Architekten und Theoretiker Eugène Emmanuel Viollet-Le-Duc (1814–1879) restaurieren und zur kaiserlichen Residenz ausbauen, die allerdings nicht fertiggestellt wurde.

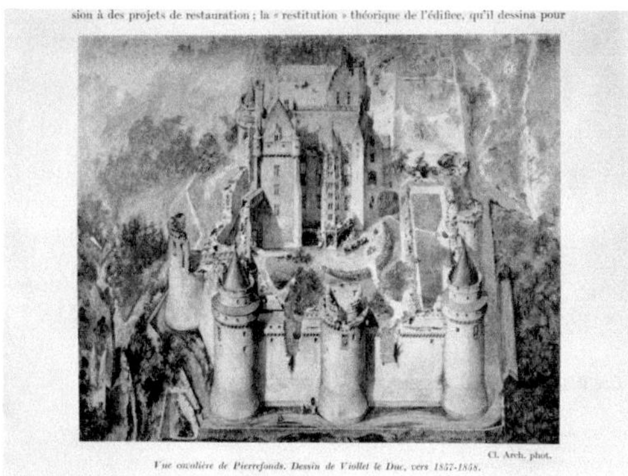

Bauaufnahme Viollet-Le-Duc, Zustandsperspektive vor der Restaurierung

Es war eine Zeit, in der man Vergangenheiten entdeckte und versuchte, deren gebaute Überreste zu bewahren – aber auch in falsch verstandener Perfektion im Sinne eines Historismus zu ergänzen und da zu interpretieren, wo keine Dokumente mehr vorhanden waren. Karl Friedrich Schinkel zum Beispiel plante, die Tempel auf der Akropolis in Athen wiederherzustellen und mit einem Palast für König Otto von Griechenland zu ergänzen.

Imposant erscheint Schloss *Pierrefonds*, weil Viollet-Le-Duc übertrieb, wo er vervollständigen musste. Allzu gewaltig, wehrhaft, verschlossen, unüberwindlich wirkt das Gemäuer. Der Eindruck des Unbezwingbaren gelang ihm dermaßen, dass das Schloss wiederholt als Filmkulisse diente (»*Der Mann in der eisernen Maske*« zum Beispiel). Die ›Locationscouts‹ von Filmkulissen scheren sich im Allgemeinen weniger um historische Genauigkeit als um die zu stimulierenden Emotionen der Betrachter. Da stimmt ein Bauwerk wie *Pierrefonds* mit einer Kontur wie eine Fieberkurve, das Pittoreske noch übersteigernd das Publikum mehr auf die Abenteuerliche der Handlung ein, als eine Szenerie, die zwar historisch unanfechtbar ist, aber

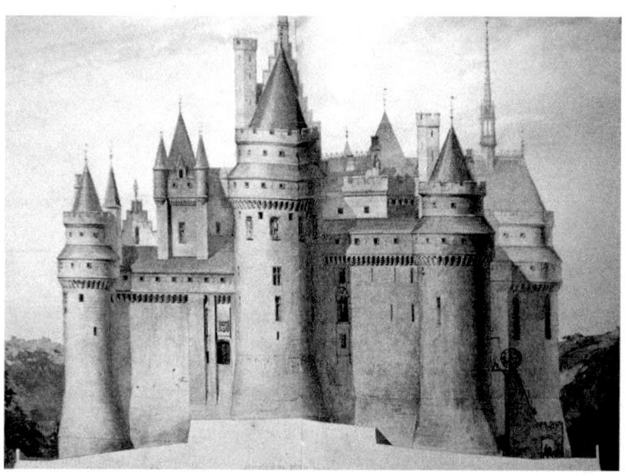

Viollet-Le-Duc, Bauaufnahme Schloss Pierrefonds, ca. 1858

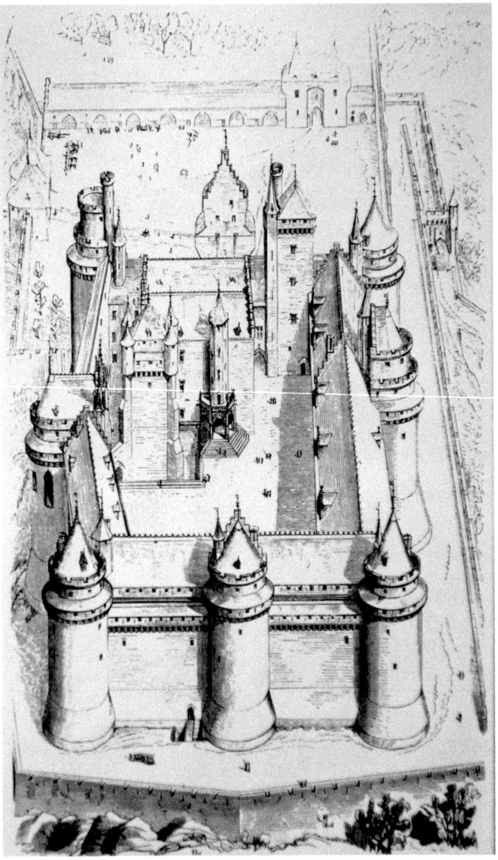

Vogelschauperspektive des Schlosses

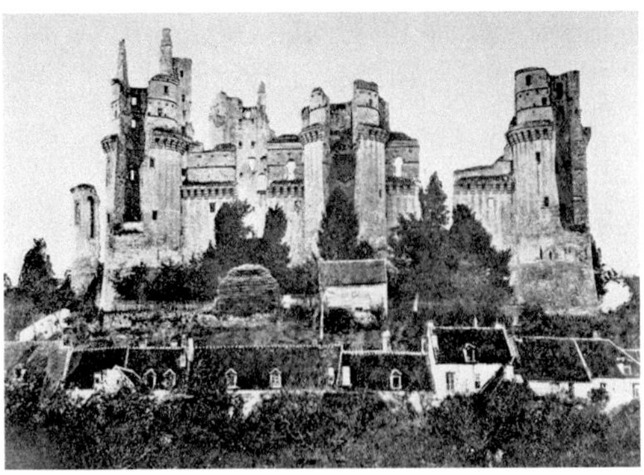

Zustand vor der Restaurierung, Foto des 19. Jahrhunderts

ihre Funktionen redlich und sparsam zum Ausdruck bringt.

Pierrefonds: Ein Schlossberg, der an eine Stadtkrone denken lässt, symbolisiert die Beziehung Volk – Fürst. Ein Bruch- und Hausteinmauerwerk, in der Basis regellos gefügt, darüber (im 19. Jahrhundert) dann gradliniger, symbolisiert das Gleiche, nämlich die scheinbar unveränderliche Ordnung, die besagt, unten mag es grob, oben aber nobel zugehen. Um dem hinzugefügten Mauerwerk eine (freilich fingierte) Authentizität zu verleihen, wurden auch die Arbeitsweisen kaum modernisiert: mehr Handwerk, weniger Industrie (ein Gegensatz, der auch in Deutschland, nach der Gründung des Werkbundes (1907) heftig diskutiert wurde). Viollet-Le-Duc als Restaurator, Hinterherträumer des Mittelalters, lehnte industrielle Bautechniken ab und bevorzugte beispielsweise »*die praktische Intelligenz der Steinmetzen*«[4] vorrangig vor der preiswerteren Variante der Industrie.

Er »*beweist eine fast archaische Liebe zum Steinblock und wacht eifersüchtig darüber, dass daraus das größte mögliche Werkstück gehauen wird.*«[5]

Viollet-Le-Duc bemühte sich um Ehrlichkeit am Bau. Er wollte weder Bauweisen noch Materialien vortäuschen. Er war kein Eklektizist. Er dachte sich in die Architektur des Mittelalters hinein und ergänzte sie mit deren Mitteln. Kulissenarchitektur, wie sie unsere Postmoderne schätzte, wäre ihm vermutlich zuwider gewesen. Er entwarf skulpturalen Bauschmuck und Teile der Innenausstattung und ließ sie im Geiste der frühen Baumeister ausführen. Das macht es (wie am Kölner Dom, s. Kapitel 4) für den Besucher fast unmöglich, Ursprüngliches und Ergänztes zu unterscheiden.

Viollet-Le-Duc war kein Eklektizist. Ein Stildurcheinander konnte er nicht billigen. In seiner Architekturenzyklopädie *Dictionnaire raisonné de l'architecture* definiert er unter dem Stichwort »*Stil*«:

»*Stil ist* [dann] *ein untrennbarer Teil von Architektur,* […] *wenn sie nichts dem Zufall und nichts der Phantasie überlässt. Phantasie, wie wir sie verstehen, ist etwas, das einen Künstler dazu verleitet, um nur ein Beispiel zu sagen, eine Säulenordnung vor eine Mauer zu setzen, die dessen nicht bedarf, oder den*

4 Georg Germann, Neugotik, S. 137
5 Ebd.

Strebepfeilern, die als Widerlager wirken, die Form von tragenden Säulen zu geben [...], die den Öffnungen in einer massiven Wand Giebelchen aufsetzt [...].«[6]

Architektonische Ehrlichkeit verlangt, dem Betrachter einen Blick hinter die Oberflächen zu gewähren. Wenig darf unseren Augen verborgen bleiben, bestenfalls wenn es um der Stabilität und der Haltbarkeit willen bedeckt bleiben soll. Nichts wird vorgetäuscht, wir können hinter die ›Kulissen‹ schauen. Nichts wird vernebelt, nichts verunklärt. Keine Maskerade. Auch der Hausbewohner ist aufgefordert, seinen Status zu offenbaren.

Allgemein gesagt: Wir als Außenstehende bekommen nicht alles zu sehen, nur das von Autoritäten (Bauherren, Besitzer, Architekten) uns Zugewiesene. Aber wir nehmen wahr. Wir nehmen wahr, was von unserer Seite aus freilich wiederum von Vermutungen und Unterstellungen getrübt wird. Wir, das sind mehrere, gar unterschiedliche Ichs. Da stellt sich etwas ehrlich dar und wird doch missverstanden, von jedem Wahrnehmenden anders. Sind wir gelassen und geneigt, uns auf fremde Lebensumstände einzulassen, dann kann vielleicht ein wenig vom ehrlich Gemeinten aufblitzen. Wir glauben dann an das, was wir wahrnehmen – womöglich mit Recht.

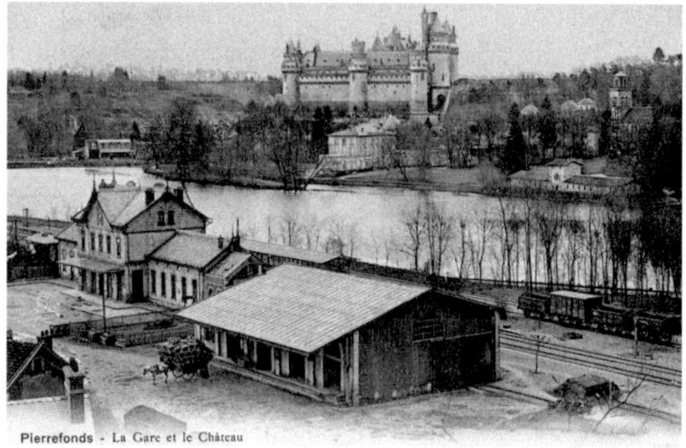

Historische Postkarte, ca. Ende 19. Jahrhunderts

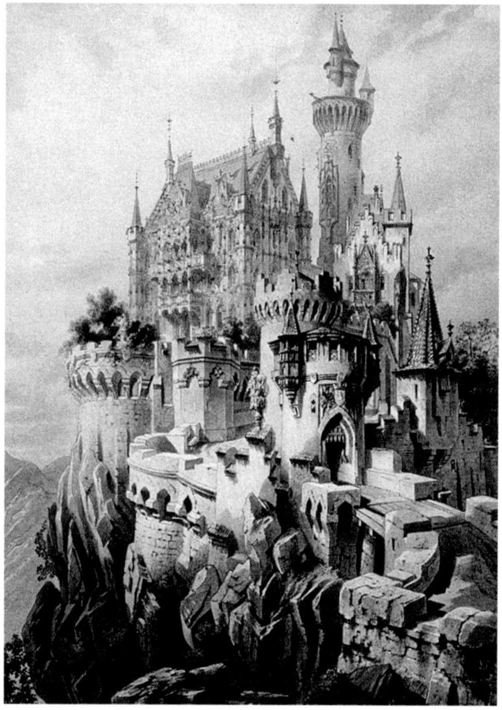
Christian Jank, Bühnenbildner, Konzept einer Raubritterburg für Ludwig II., 1883

Neuschwanstein

Pierrefonds, ein französisch-romantischer Traum vom Mittelalter, *Neuschwanstein*, ein deutschromantischer Traum des 19. Jahrhunderts. Es gibt eine heimliche Beziehung zwischen Pierrefonds und Neuschwanstein. Im Mai1867 reiste Ludwig II. von Bayern zur Wartburg und im Juli nach Paris, Versailles und Pierrefonds. Wartburg und Schloss Pierrefonds boten ihm Anschauungs- und Traummaterial für jenen Palast, der vage in seinem Inneren bereits Gestalt angenommen hatte. Zurückgekehrt ließ er vom Bühnenbildner Christian Jank erste Vorstellungen entwickeln, bezeichnenderweise weder Lagepläne noch Grundrisse, sondern dramatisch in die alpine Landschaft hinein komponierte Ansichten.

6 Eugéne Viollet-le-Duc, Definitionen, S. 36

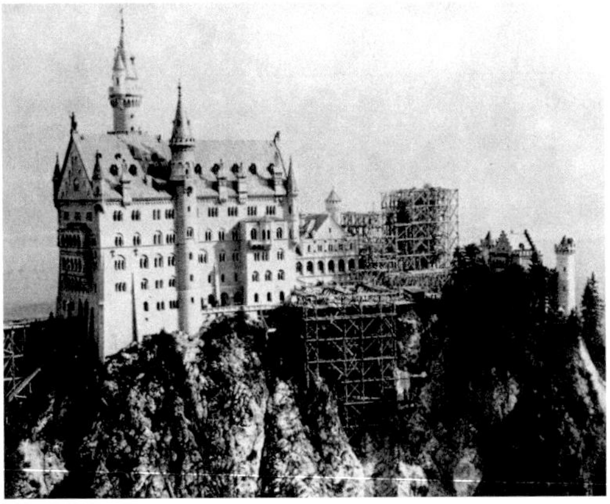

Neuschwanstein im Bau

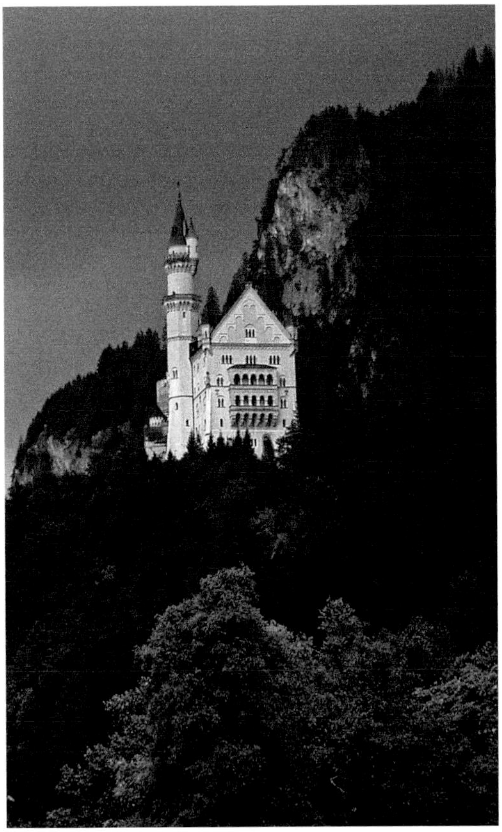

Neuschwanstein, ehemals weltabgewandt, heute Ziel einer Touristenschwemme

Ludwig II brauchte Mitträumer, die ihm einen Übergang in eine andere Realität verschaffen konnten, damit er dort seinen unzeitgemäßen Märchenträumen folgen konnte. Kennzeichnend für den Menschen Ludwig ist der Bericht des Journalisten und Schriftstellers Felix Philippi über eine Begegnung mit dem Weltflüchter Ludwig (1879):

»*Welche Pose in Haltung und Gang bei jeder Bewegung und Gebärde! Die Unnatur war ihm zur zweiten Natur geworden. […] Er ging eigentlich nicht, wie andere Menschenkinder gehen, er trat auf wie ein Schauspieler […] in scheinbar einstudiertem Takt, mit jedem seiner gewuchtigen Schritte den weit nach hinten gelehnten Kopf bald nach rechts, bald nach links werfend und mit ausladender Bewegung den Hut vor sich haltend.*«[7]

Kennzeichnend ist ebenso, dass er einen Maler für die Darstellung seiner luftigen, wolkigen Träume beauftragte, nach dessen Capriccios ein Architekt anschließend Entwürfe zu liefern hatte. Es muss ihm lästig gewesen sein, wenn die Architekten Eduard Riedel und Georg Dollmann ihn mit Realitäten konfrontierten, die er aber mit königlicher Attitüde zu negieren versuchte.

Allzu bekannt sind Ludwigs II Verehrung, ja, Anbetung Wagners, und ebenso bekannt Wagners Ausbeutung der königlichen Generosität, als dass sie dem Leser hier noch einmal serviert werden müssen. Im Mai 1868 schreibt Ludwig an seinen vergötterten ›Freund‹ Richard Wagner:

»*Ich habe die Absicht, die alte Burgruine Hohenschwangau bei der Pöllatschlucht neu aufbauen zu lassen im echten Styl der alten deutschen Ritterburgen, und muss Ihnen gestehen, dass ich mich sehr darauf freue, dort einst (in drei Jahren) zu hausen. […] Der Punkt ist einer der schönsten, die zu finden sind, heilig und unnahbar, ein würdiger Tempel für den göttlichen Freund, durch den einzig Heil und wahrer Segen der Welt erblühte.*«[8]

Schloss, zugleich Tempel

Ein »*Tempel für den göttlichen Freund*«: Dafür reichte keinesfalls das anfängliche Konzept einer pitto-

7 Heinz Spielmann, Die Schlösser Ludwig II., S. 68

8 Michael Petzet (Hg.) König Ludwig II. und die Kunst, S. 22

resken Raubritterburg, genügte nicht mehr ein bizarres Ensemble von Bergfried, Ecktürmchen, Dachreitern, Wehrgängen und schmalen, gotisierenden Fensteröffnungen. So ließ sich Erhabenheit nicht darstellen. Machtvoll und überwältigend, aber zugleich auch überraschend sollte sich der Bau in das Alpenpanorama einfügen. Nicht mehr felsnadelartige Zerklüftung, sondern romanische Großflächigkeit, ein harmonischerer Ausgleich von Vertikalen und Horizontalen, wenn auch die Senkrechte weiterhin bestimmend blieb. Ein Stilmix aus Romanik, Renaissance und Gotik.

Das Schloss, aus weißem Kalksteinquadern gefügt, schwebt gegen Abend wie ein Lichtbild zwischen den grünen Wolken der Baumwipfel. Eine Projektion königlicher Träume. Ludwig II. hatte sich mit Hilfe seiner Schlossbauten (*Neuschwanstein* ist wahrlich nicht der einzige) aus dem ungeliebten München in eine Parallelwelt zurückgezogen, die kaum noch Verbindung zum ›Flachland‹ seines Volkes hatte. Das Gebirge, das er als unwirtlich fabulierte (was es nicht war) und, beeinflusst von Wagner, zum Göttersitz sich dachte, schien ihm prädestiniert, seine königliche Einzigartigkeit zu bestätigen. Einsam und unnahbar phantasierte er sich in den Rittersälen, Katakomben und Grotten in eine Wagner'sche Opernatmosphäre hinein,

»*einsam stand [er] in dunklen Nächten auf dem schmalen Eisensteg, den er unweit von Neuschwanstein berghoch über der donnernden Pöllat ausgespannt hatte, und sah die Hunderte von Lichtern aufglänzen in seiner menschenleeren Burg*«[9].

Er war keiner Kritik an seiner Verschwendungssucht zu Lasten des bayrischen Haushalts zugänglich. Als Olympier thronte er über imaginären Wolken.

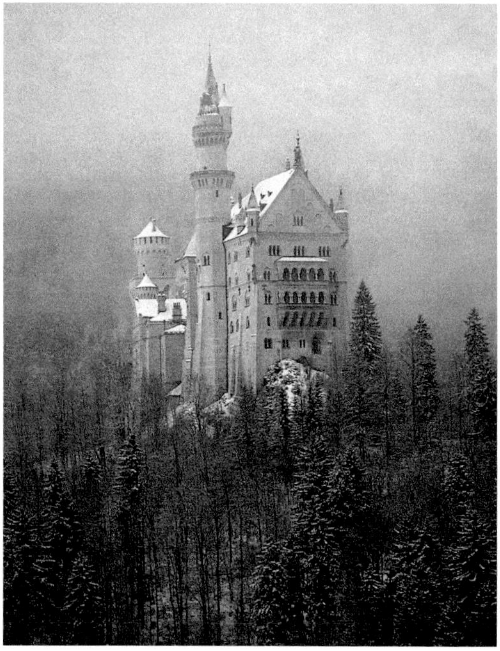

Neuschwanstein, weltabgewandt im Winter

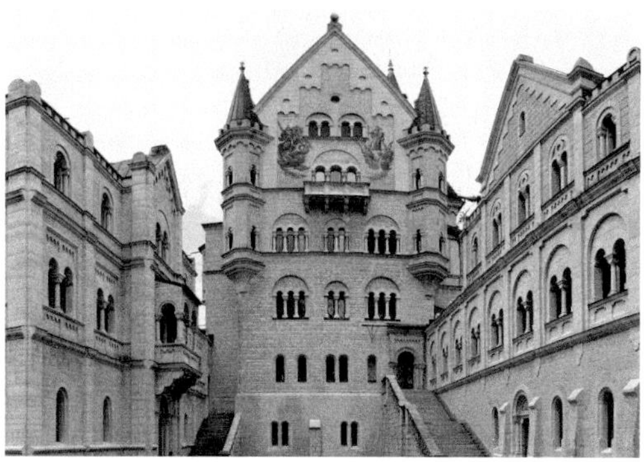

Der Vorhof des Schlosses

Parallelwelt

Nahm er schon die Realitäten seines Landes nicht mehr wahr, so auch nicht die durchaus manifeste Wirklichkeit seiner nächsten (selbstgeschaffenen) Umgebung. Gesinde hatte unsichtbar zu sein. Dafür war das Schloss, seinen Wünschen entsprechend, auf dem neusten Stand der Technik. Es gab ein

9 Heinz Spielmann, a. a. O., S. 67

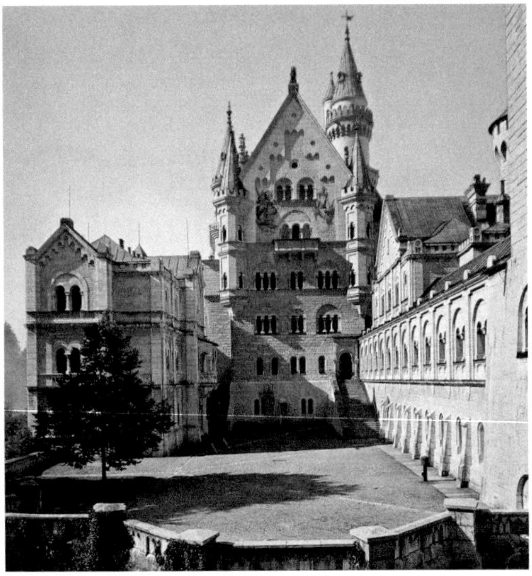

Der Vorhof des Schlosses

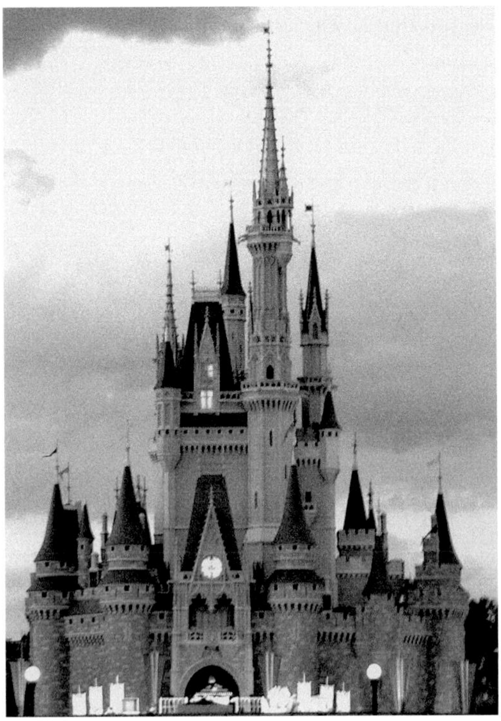

Cinderella Castle in Florida

Tischlein-deck-dich, das aus der Küche wie mit Zauberhand in den darüber liegenden Speisesaal fuhr. Es gab Elektrizität. Er ließ das erste Telefon im Freistaat Bayern installieren. Er ließ Stahlstützen und Stahlträger zu, wenn sie mit Stuck ummantelt wurden. Kalkstein verkleidete schnödes Ziegelmauerwerk. Die Mauern aber ließ er im Inneren mit schwülstigen Opernkulissen kostümieren. Mit Szenen aus Wagners Bühnenwerken wurden die Wände seiner Wohnräume im Schloss bemalt. Ein Schwärmer und Technikfreak zugleich. Er schreibt an Wagner in der Hoffnung, ihn dort bald als Gast zu sehen:

»*Von den Wänden meiner Wohngemächer leuchten in recht gelungener Ausführung Bilder jener mir durch ihre Verherrlichung [...] so ans Herz gewachsenen Sagen herab: ›Tannhäuser‹, ›Lohengrin‹, ein Cyclus* [sic] *aus ›Tristan und Isolde‹, Walther von der Vogelweide, Szenen aus Hans Sachsens Leben sind dort zu schauen.*«[10]

Wagner hat das Schloss nie betreten. Es war eine einseitige Freundschaft, die lediglich dank finanzieller Zuwendungen aufrecht erhalten wurde.

Aus aller Welt, Millionen Besucher jährlich, die zum Schauen kommen. Die meisten wollen gar nicht das sehen, was da ist. Stattdessen fabulieren sie Disneyland ins Gemäuer. Sie wollen den offiziellen Freispruch für ihre biederen Realitätsverluste. Sie wollen den Märchenbau wahrhaftig vor sich sehen um von ihm zu träumen. Sie wollen ihn betasten können und nicht nur als Luftschloss erinnern. Sie wollen verwirklicht sehen, was schon seit ihrer Kindheit an chronischen Sehnsüchten ihr Kopfarchiv parasitär bewohnt. Die meisten bemüht, den Hang zum Kitsch zu bändigen, bleiben dennoch Opfer ihrer uneingestandenen Illusionen, etwas steifer, etwas verschämter, etwas reflexiver als in frühen Jahren. Die Realität unterliegt ihrer vor langer Zeit eingeimpften Betörung. Ihre Wahrnehmung war schon vor dem Besuch Neuschwansteins gefestigt, war bereits zu Hause beschlossene Sache. Ein Gebilde wie Zuckerwerk würden sie sehen.

Die Erwartung wird versüßt von erinnerten Abbildungen des »*Cinderella Castle*« im Disneyland (Orlando, Florida), das verzerrt und romantisierend *Neuschwanstein* als verkitschte Kopie nachempfin-

10 Ebd. S. 30

det. Dies steinerne Lanzenbündel dort ist auf Fernsicht, auf Außenwirkung inszeniert, alles scheint übertrieben zu sein, Formen, Farben, Strukturen. Eine dreidimensionale Kulisse aus in die Höhe gestreckten Bastionen, Türmchen und Türmen. Steil kulminiert der Aufbau wie eine hochragende Geburtstagstorte mit der größten Kerze inmitten. Um den vertikalen Effekt zu verdoppeln, spiegelt sich das Gesamte in einem vorgelagerten Wasserbecken, noch süßlicher verzaubert, wenn abends über dem ›Aschenputtelschloss‹ ein Feuerwerk explodiert.

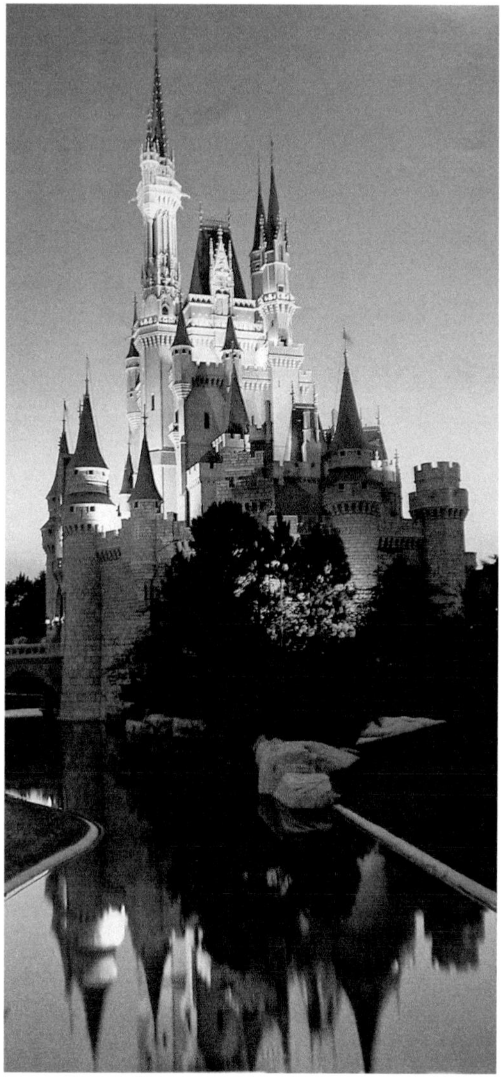

Cinderella Castle in Florida

Drachenburg

Cinderella Castle ist das Extrem: vollends auf Schaueffekte ausgerichtet. Investitionskopien jedoch von Ludwigs II Märchenschloss gibt es zuhauf und abgespeckt in den Gründerzeitvierteln deutscher Städte. In der Nähe von Bonn entstand in kurzer Bauzeit (1882–1884) die *Drachenburg* des Börsenmaklers Stephan von Sarter, ein Musterexemplar des späthistoristischen Stils. Es war die Silhouette, Neuschwanstein nachempfunden, die sich einprägsam zum Staunen empfahl, es war das Emblematische, das den Bourgeois zur Nachahmung des bayrisch-königlichen Vorbilds einlud. Ein Bürgerschloss, dessen pittoreske Zerklüftung des Baukörpers unzweifelhaft von *Neuschwanstein* herrührt, ein Bau, dessen großmäuliger Prunk kaum einem der vielen Besucher peinlich zu werden scheint. Denn er entspricht dem vertraut Schauspielerischen, dem gemindert auch der Normalbürger unterliegt.

»*Es ist die inszenierte Theaterexistenz, deren Regisseur aber wiederum nicht die künstlerische Kraft zur eigenen Regieführung besitzt, sondern lediglich als Produzent agiert*«[11], meint Christian Thomsen anlässlich seiner Analyse Neuschwansteins.

Der letzte private Besitzer der *Drachenburg*, ein Fabrikant, fuhr im vergoldeten Rolls Royce durch die rheinische Landschaft.

Diejenigen, die *Cinderella Castle* als Vorstellung im Kopfe haben, sind zuerst dann doch ein wenig

11 Christian W. Thomsen, Architekturphantasien. Von Babylon bis zur virtuellen Architektur, S. 74

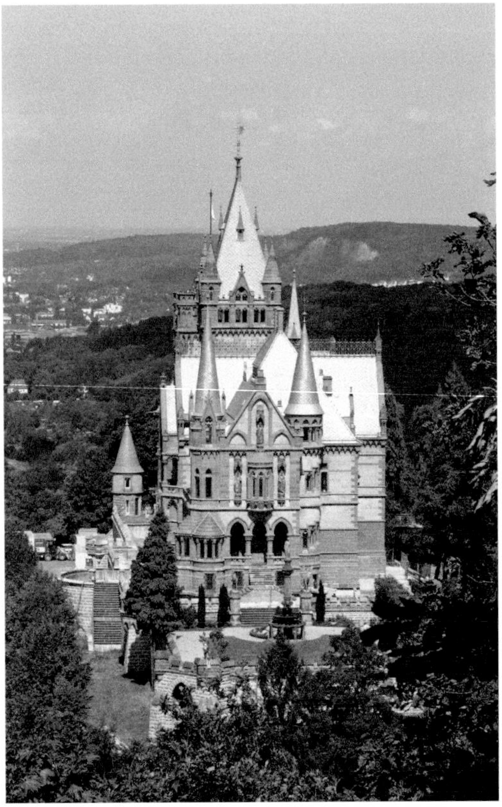

Drachenburg Nähe Bonn (1884), inspiriert von Neuschwanstein

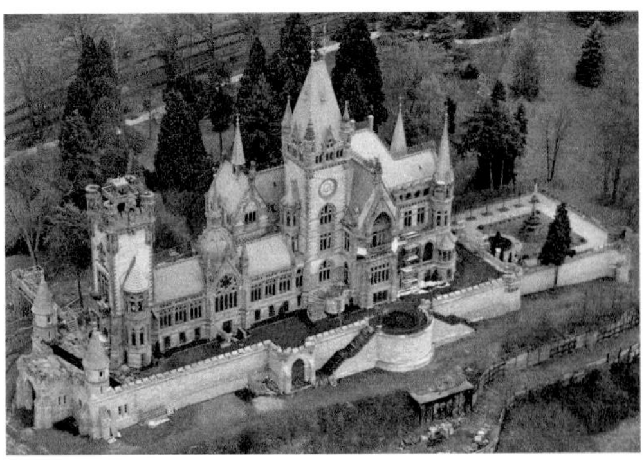

Drachenburg

enttäuscht nach dem Anstieg zum Schloss *Neuschwanstein* – 200 Meter oberhalb des Parkplatzes. Nicht so traumhaft, nicht feenhaft wie erwartet. Diese nackten Kalksteinwände im zu großen, auf zwei Ebenen sich ausbreitenden Innenhof, zu groß, weil nach dem Tode Ludwigs nicht mehr weitergebaut wurde. Kein Bergfried, keine Kapelle. Diese lärmende Besuchermenge, welch Gegensatz zur mutmaßlichen Menschenleere in der Zeit der eremitischen, königlichen Einsamkeit.

Im Inneren, im gegängelten Besichtigungsstress – eine geführte Besuchergruppe nach der anderen – erwartet die Gäste ein Stildurcheinander: Romanik, Gotik, Historismus, dazu die Ingenieurtechnik des ausgehenden 19. Jahrhunderts und an den Wänden Wagner'sche Operndarstellungen. Die Wahrnehmung wird diffus. Es bleibt keine Zeit zu klären, was man da eigentlich alles sieht. Nichts entspricht der eigenen Lebenswelt. Verwundert, aber auch angetrieben vom Schlossführer defiliert man an Lohengrin, Tannhäuser, Tristan und Isolde vorbei. Es gibt kaum eine Möglichkeit, wie man es sich doch vornahm, sich versuchsweise in die königlichen Welten hineinzuträumen.

Nur die Wirkung

Denn »*Wahrnehmen ist primär ein Vorgang, worin wir Lebensraum erobern, Welt-Wirklichkeit erschließen und uns ausdehnen*«[12], definiert Franz Xaver Baier die Praxis des Sehens.

Davon kann im Schloss Neuschwanstein keine Rede sein. Wer sich dort durchschleusen lässt, nimmt eine Sphäre wahr, die nicht nur fernab alltäglicher Erfahrung liegt, sondern auch faschingsballhaft Heldenkostümierungen auf die Wände projiziert, eine ausgedehnte Abfolge von zumeist ähnlich heroischen Opernszenen, so dass erstes Staunen allmählich in Müdigkeit umschlägt. Ludwigs Traum und die Träume der Besucher sind kaum kongruent, werden auf unterschiedlichen Ebenen entflammt und überlagern sich bestenfalls.

12 Franz Xaver Baier, Das Medium ist die Architektur, In: Ingeborg Flagge (Hrsg.), Architektur und Wahrnehmung, S. 31

»*Ich will nicht wissen, wie es gemacht wurde, ich will nur die Wirkung sehen*«[13], hatte Ludwig II. verlautbart.

Häuser sind Aufenthaltsangebote. Unter bestimmten Umständen gäbe es Möglichkeiten für jedermann, diese Offerten wahrzunehmen. Hier offenbart sich eine zweite Bedeutung des Begriffs Wahrnehmung, nämlich der der Akzeptanz, der der Übereinkunft, der des sich Einnistens in neuartige Umstände. Märchenschlösser indessen halten nicht, was sie versprechen: Der Normalmensch fände sich darin nie zurecht, fühlte sich überfordert und letztlich unwohl wie in *Neuschwanstein* oder er fände keinen wohnlichen Zugang wie in Chevals *Palais Ideal* oder *Cinderellas Castle*. Märchen ziehen uns versuchsweise in eine andere Welt, in der wir meinen, leben zu können, deren Tore uns aber glücklicherweise nicht offen stehen. Denn im Hintergrund der glänzenden Paläste und Landschaften lauern verdächtige Ungeheuer: Geister, Drachen, Hexen oder Räuber.

»*Denn das Schöne ist nichts als des Schrecklichen Anfang, den wir gerade noch ertragen, / und wir bewundern es so, weil es gelassen verschmäht, / uns zu zerstören*«[14],

verkündet Rainer Maria Rilke in seiner ersten Duineser Elegie. Unter den Oberflächen geht es unsanft zu. Was wir wahrnehmen, ist Fassade – auch im Inneren.

13 Sigrid Russ, a. a. O., S. 22

14 Rainer Maria Rilke, Werke in drei Bänden, Band 1, S. 441

19. Kapitel Ein romanischer Küchenbau in Fontevraud

U. Jonak, *Architekturwahrnehmung,* https://doi.org/10.1007/978-3-658-26262-4_26

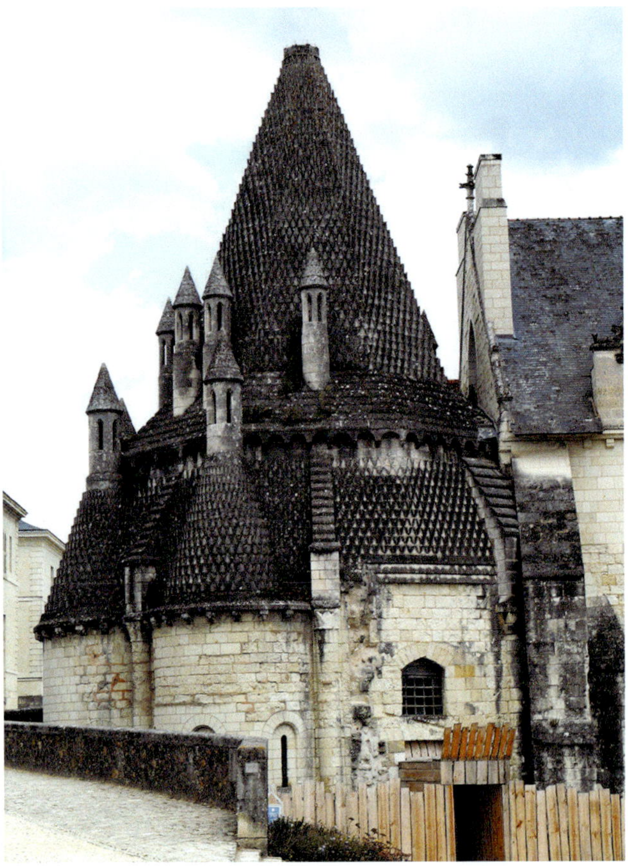

Eingangsseite des Küchenbaus

Die Abtei Fontevraud, im Jahr 1101 inmitten von Forsten und Urwäldern gegründet (der Küchenbau 1140 errichtet), einem ehemals verfluchten Ort, wo Durchreisende es mit Räubern und wilden Tieren zu tun bekamen. Eine Zeitlang wurde der Küchenbau wegen seiner Höhe (25 Meter), als er noch inmitten labyrinthisch wirkender Wälder stand, le Tour d'Evraud genannt. Die Legende geht so: Der Turm wurde von einem Räuber mit Namen Evraud bewohnt, der nachts im Mittelpunkt des Hauses ein höllisches Holzfeuer entfachte, das durch die offene Dachlaterne hindurchleuchtend den in der Wildnis verirrten Wanderern den Weg wies. Hatten sie die bewohnte Stätte aufatmend erreicht, wurden sie von Evraud ausgeraubt und ermordet. Wenn man der Geschichte glauben soll, muss das vor Baubeginn des Klosters gewesen sein.

Die nach eigener heutiger Einschätzung größte Klosteranlage Europas liegt ein wenig abseits vom Unterlauf der Loire. Das Kloster wuchs im Laufe der Jahrhunderte zu vier benachbarten Abteien heran (drei Nonnen- und ein Mönchskloster), eine ›Klosterstadt‹. Nach der Säkularisation Anfang des 19. Jahrhunderts wurde die Abtei und auch der längst in die Anlage eingebundene ›Turm‹ restauriert und dessen Funktion als Küchenbau erneuert.

Der Gründervater Robert d'Arbrissel (ca. 1045–1116) Eremit, Wanderprediger und Menschenfänger, versammelte an diesem Ort Aussätzige und Kranke, Huren und Diebe, die Ärmsten und Ausgestoßenen der Gesellschaft. Arbrissel zog mit einem Schwarm ihn anhimmelnder Frauen übers Land. Seiner ungewöhnlichen asketischen Übungen und Selbstkasteiungen wegen (Er pflegte mit zwei Frauen in den Armen zu schlafen um, wie er verkündete, seine »Fleischeslust« zu bändigen), machte er sich keine Freunde, auch als er es vorzog, als Wanderprediger sein Leben zu fristen und es ablehnte, das Amt eines Abtes zu übernehmen.

Ungewöhnlich auch für die Zeit: Er übergab die Leitung der Gemeinschaft von Nonnen und Mönchen einer Frau, ein matriarchalisches Prinzip, das bis zur französischen Revolution in Fontevraud beibehalten wurde, bis alle Klöster im Laufe der Wirren aufgehoben und zerstört oder zu anderen Zwecken verstaatlicht wurden.

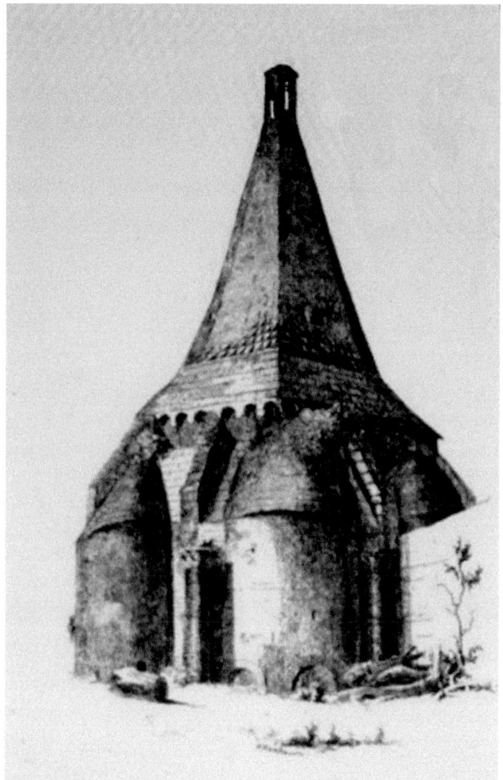

Le Tour d'Evraux, der Küchenbau, eine Zeit lang als Räuberhöhle missbraucht. Zeichnung um die Mitte des 18. Jahrh.

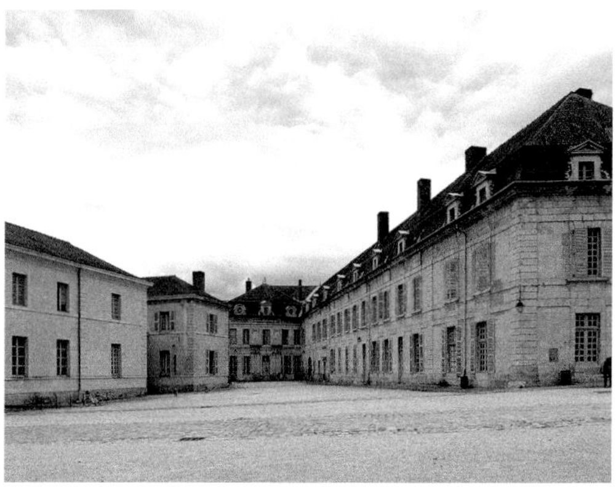

Ehrenhof des Klosters

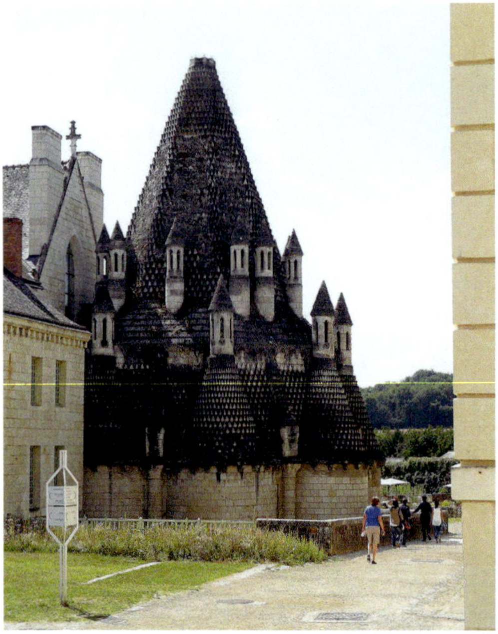

Auf dem Weg zum Küchenbau

Vor dem Portalbau der Abtei liegt die Kleinstadt Fontevraud-l'Abbaye mit den notwendigsten Läden, vor allem für den Alltags- und Touristenbedarf (mittlerweile auch größerem Gewerbe), sicher auch als Wohnort für Angestellte, Gärtner und Arbeiter der ›*Klosterstadt*‹.

Ungefähr 150 Jahre lang, seit Napoleons Zeiten waren Abteikirche und die anderen Klostergebäude als staatliches Zentralgefängnis zweckentfremdet, was allerdings verhinderte, dass die Bauten ungenutzt verfielen oder als Steinbruch missbraucht wurden. Napoleon hatte wie überall in Frankreich die Klöster säkularisieren lassen.

Ein Insasse tritt aus der Masse der Eingesperrten hervor: Der Schriftsteller *Jean Genet* war in seiner Jugend, bevor Kritiker, Journalisten und Leser auf ihn aufmerksam wurden, in Fontevraud wegen Landstreicherei, Einbrüchen und Diebstahl eine Zeit lang inhaftiert.

»*Von allen Zentralgefängnissen Frankreichs ist Fontevraud das erregendste. Es geschah dort, dass ich den tiefsten Eindruck der Bedrängnis und Trostlosigkeit empfing*«, schrieb Genet in seinem autobiografischen Roman »*Miracle de la Rose*«.

Zwei außergewöhnliche Personen, die, trotz der Distanz von neun Jahrhunderten einander nahe zu sein scheinen, aber als Ungebundene ihren eigenen Weg gingen: Seelenverwandte als Wanderprediger oder Wanderpoet, *Arbrissel* und *Genet*.

1963 waren in Fontevraud die Kerkerzeiten beendet, das Kloster stand leer, es wurden Restaurierungen begonnen und die Klosterbauten nach und nach ihrer neuen Bestimmung als museale Wallfahrtsorte für Kunsthistoriker und Touristen übergeben.

Hinter dem Portalbau weitet sich die plane Fläche eines Ehrenhofs, gefasst von den Fassaden klassizistisch/barocker Dienstbauten, Gebäude, die zum Klosterkomplex gehören. Die großartige romanische Abteikirche steht dem Besucher mit der Schmalseite, dem Westwerk, gegenüber. Man muss eine Treppe auf eine tiefere Ebene hinabsteigen, um die Dimensionen des Kirchengemäuers erfassen zu können.

Wir aber laufen nun oberhalb der tiefergelegenen, nicht mehr definierten Distanzfläche (ehemals Hirsch- oder Wolfsgarten?) in deutlicher Entfernung oberhalb einer Mauer, hinter der wir den

Kreuzgang des Klosterhofs mit Recht vermuten. Unmerklich senkt sich das asphaltierte, schmale Sträßchen, eingeklemmt zwischen Fassaden und Balustrade, bis es aufs niedrigere Niveau abfällt, bis es dann in einer Kurve und wie eine Skateboardpiste scheinbar im Nichts endet; eine Zufahrt, die als Zubringer die Einheitlichkeit der Klosteranlage empfindlich stört, aber notwendig zu sein scheint für den Transport von Lebensmitteln, Dekorationen, Gepäck und Gebäck für Hotel und Küche.

So haben wir nun unser Ziel, den Eingangsbereich des romanischen Küchengebäudes erreicht. Schon von weitem haben wir das fremdartige Gebäude erblickt, wie eine stachlige Frucht, deren metamorphorischesnAbbild aus einer orientalischen Kultur hierher versetzt zu sein scheint, die Miniatur des babylonischen Turms, wie er im Bildarchiv mittelalterlicher Turmdarstellungen vermutlich enthalten sein könnte. Langsam sich annähernd wird er zur farblosen, aber noch undeutlichen Grisaille, die aus dem Untergrund, der tieferen Ebene jenseits der Balustrade empor steigt. Noch näher kommend fühlen wir uns an einen Pinienzapfen mit etwas sonderbaren Auswüchsen oder Hörnern erinnert. So fremd schaut es aus, dass das auffällige Schuppengebilde zu unterschiedlichen Assoziationen einlädt.

Formal und ikonologisch gesehen könnte es der bescheidenere Vorgängerbau der Basilius-Kathedrale (16. Jahrhundert), auf dem roten Platz in Moskau sein. Beide, Küchenbau in Fontevraud und Kathedrale in Moskau, beeindrucken durch das verwandte Spiel mit der Geometrie. Viereck und Achteck sind in der Höhe ineinander verschachtelt und verstärken so im Inneren die Vielgestalt des Räumlichen (Nischen und Zwickel). Des Besuchers Wahrnehmung ist anfangs überfordert vom bewegten Neben- und Hintereinander der farbigen wie farblosen und glänzenden oder verschatteten Bauteile in der Basiliuskirche oder aber auch vom Helldunkel, das die Plastizität des nackten Steinmaterials im Küchenbau hervorhebt.

Mehrfach wurde das Küchengebäude in Fontevraud mit einem Pinienzapfen verglichen, wohl auch wegen seiner Symbolik seit der Antike. Die schuppige Außenhaut des Baus ähnelt der Oberfläche der Pinienfrucht und erinnert deshalb auch an die riesige Figur in den vatikanischen Gärten in

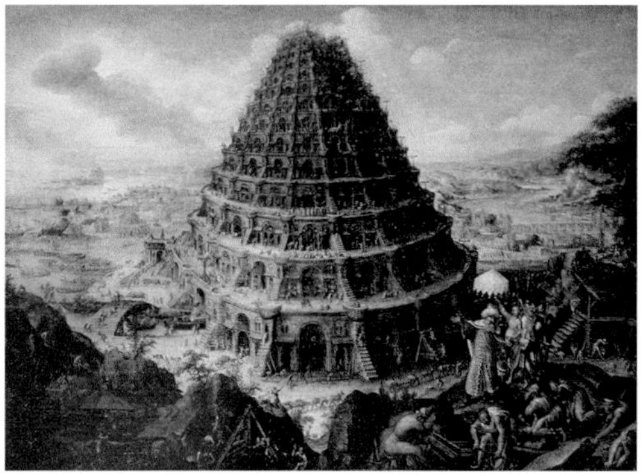

Babylonischer Turm, Lukas Valckenbroch, Mitte 16. Jahrh.

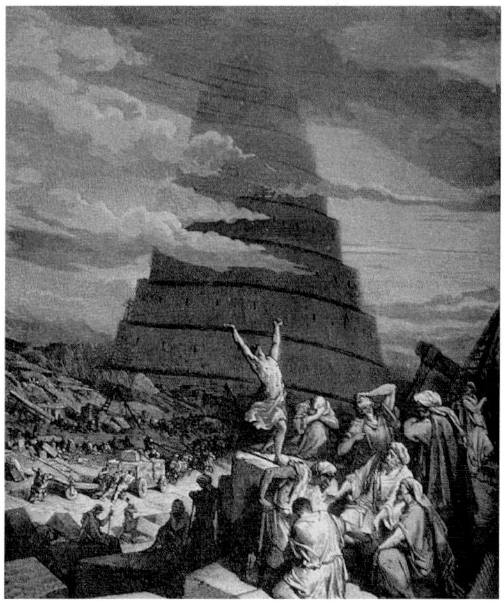

Gustave Doré, Bibelillustration 1865

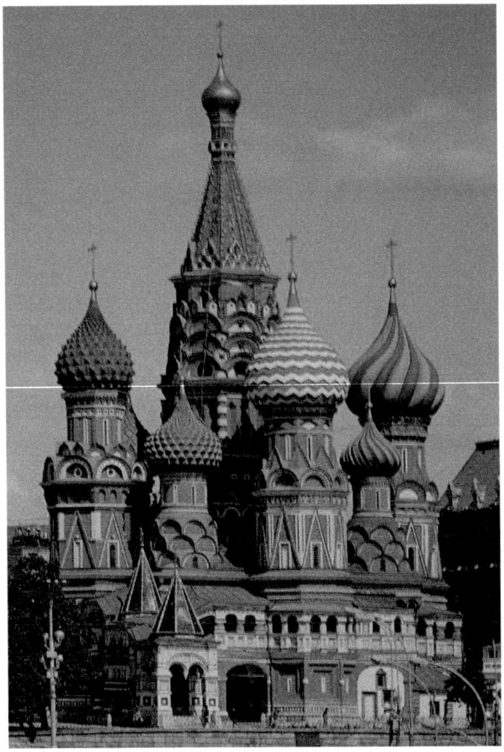

Basiliuskirche in Moskau am Rande des roten Platzes

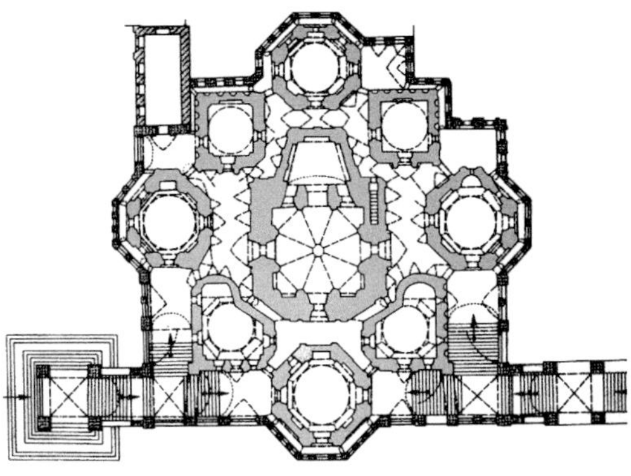

Grundriss der Basiliuskirche

Rom. Im Cortile della pignia des Vatikans befindet sich ein antiker Bronzeguss, ein mächtiger Pinienzapfen, 2,50 Meter hoch, ursprünglich vergoldet, von einem unbekannten römischen Skulpteur für die Mitte eines Brunnens und als Sinnbild für den ewigen Fluss des sich verströmenden Lebens zu interpretieren. Seit vorchristlicher Zeit findet sich das Symbol als Bedeutungsträger in architektonischen Dekorationen, auf Friesen, Balustraden, Säulen und Sockeln, auf Wandgemälden und im Kleinen auf Herrschaftszeichen wie Zepter und Thron.

Eine Analogie sei noch hervorgehoben: Die vielen auffälligen Küchenkamine, die aus dem hohen Zentralraum hervorstoßen und ihn wie schützende Lanzen umgeben, lassen sich formdeutend mit den Zwiebeltürmen rings um den Mittelraum der Kremlkathedrale vergleichen. Schützende Leibwächter.

Und nun der Eintritt ins Fontevraud'sche Bauwerk: leergeräumt von allen Kücheneinbauten und Geräten. Wie an einem geheiligten Ort sind Besucher anfangs sprachlos, murmeln sanft oder sind versucht zu flüstern. Unwillkürlich drängt man zur Raummitte. Man schaut nach oben. Da das Bauwerk seinen mittigen Kaminaufsatz verlor, ist ein Opäum (s. Kap. 2) entstanden, eine kreisrunde Lichtöffnung wie zum Beispiel im römischen Pantheon.

Damit hat der Vergleich aber auch schon ein Ende. Während das Opäum im Pantheon in den rundum symmetrischen Raum ein wanderndes Lichtbündel schickt, das wie eine Sonnenuhr wirkt, war dies im noch aktiv betriebenen Küchenbau dank der vielen Kochnischen und auf Grund der komplizierten Konstruktion der Steinbögen und Mulden, wegen der ständig verschattenden oder vom lodernden Holzfeuer erleuchteten Herdnischen und des dabei erzeugten Dampfs und Rauchs kaum möglich, wohl auch nicht vorgesehen.

Wenn wir nach oben in die steinerne Konstruktion des Gebäudes schauen, dann erblicken wir eine fast unübersichtliche Überlagerung von gemauerten Bögen und Verstrebungen (eine Holzkonstruktion wäre wegen der offenen Feuerstellen zu gefährlich gewesen). Karg und schmucklos erscheint das Gemäuer: Doch von den kalten Oberflächen des Steinmaterials berührt, fühlen wir uns an Giovanni Battista Piranesi und seine Radierungsfolge unendlicher

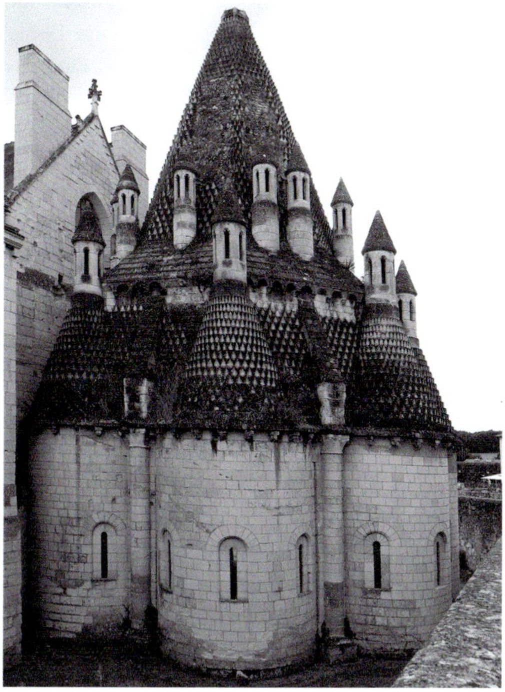

Küchenkamine wie schützende Lanzen

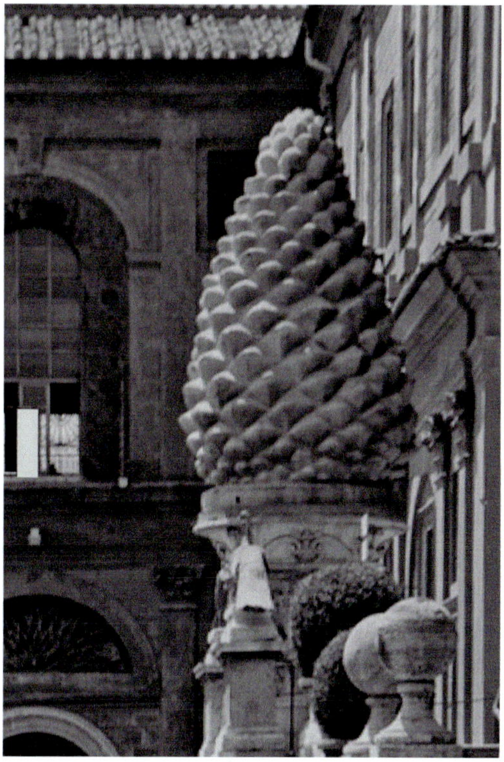

monumentaler Pinienzapfen, römische Skulptur im Vatikan

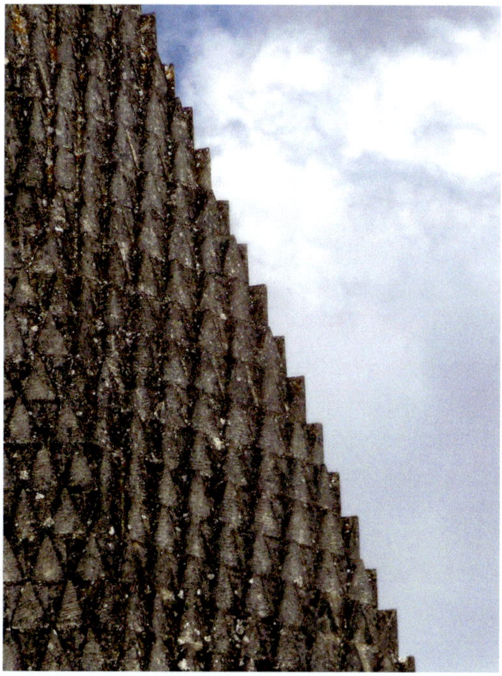

Nahsicht der Dachdeckung des Küchenbaus

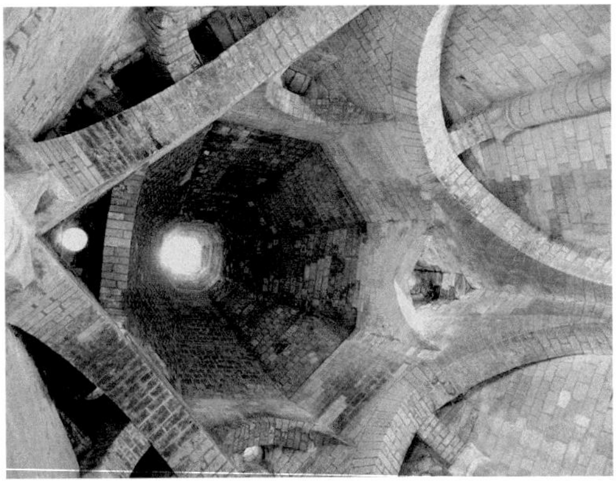

Blick in die Kuppel der Küche (»Opäum«)

Gefängnis-Innenräume, den »*Carceri*«, (ca. 1760) erinnert.

Auch dies geschützte Gebäude in Fontevraud blieb dem Autor im Gedächtnis wie wenige Denkmale. Ein Ort des Staunens. Im Jahr 1971 das erste Mal besucht und dann nach langer Zeit wieder 2015. Hingegen aber wenn die Jahre vergehen, verblasst für viele Pflichtbesucher die Erinnerung. Dann ist Fontevraud nichts Bedeutendes mehr, bestenfalls ein französisches Kloster, ein Ereignis, da ein Deutscher (der Autor) 2015 vom Gartenstuhl fiel.

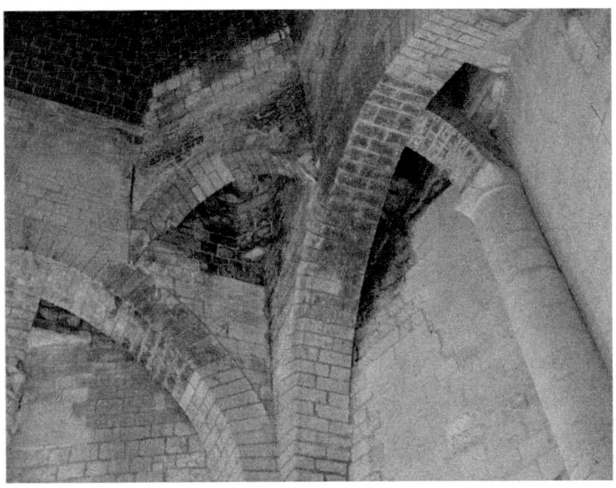

steinerne Konstruktion des Küchengewölbes

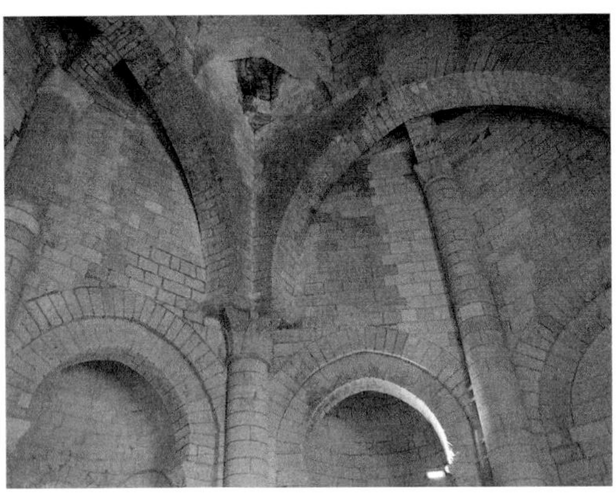

Wand und Gewölbe, Übergang

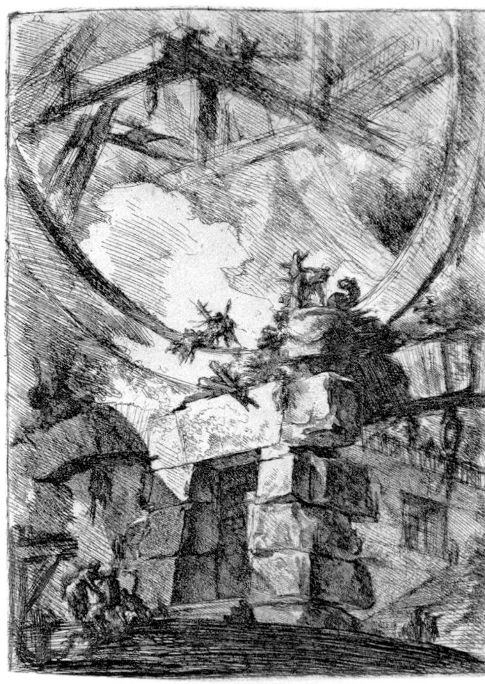

G.B. Piranesi, Carceri, Tafel 9, 2. Zustand, Radierung um 1750

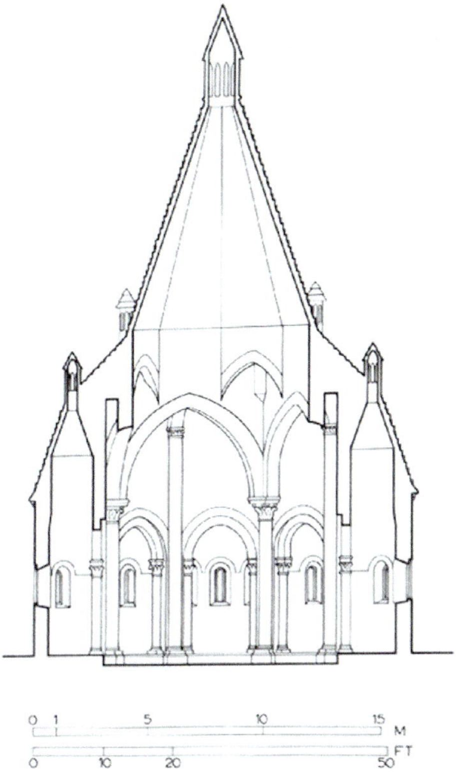

Vertikalschnitt Küchenbau

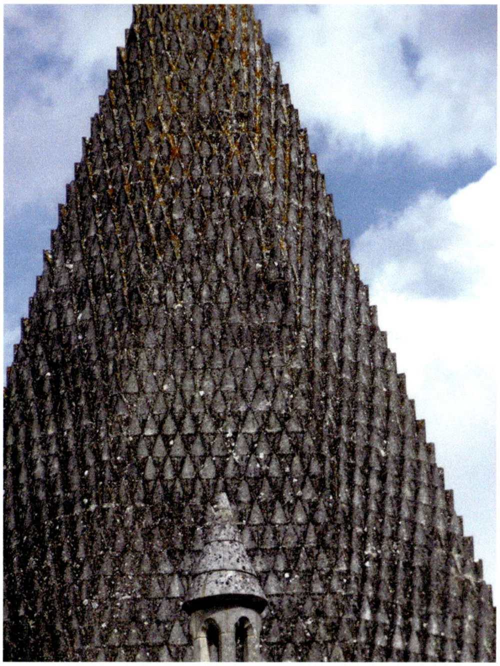

Schuppige Dachdeckung des Küchenbaus

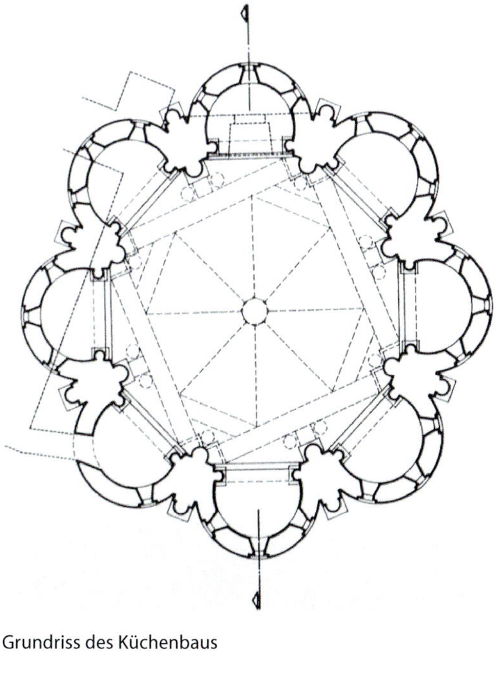

Grundriss des Küchenbaus

20. Kapitel Feuer und Wasser, Herd und Brunnen

U. Jonak, *Architekturwahrnehmung,* https://doi.org/10.1007/978-3-658-26262-4_27

Künstliche verzeichnung wie man sich vermůt/ die aller ersten Menschē gelebt/ vnd durch erfindung des fewrs in gemeinschafft vnd freundtliche beywonung komen/ vnd die sprach der redt sich vnter jnen erhaben hat.

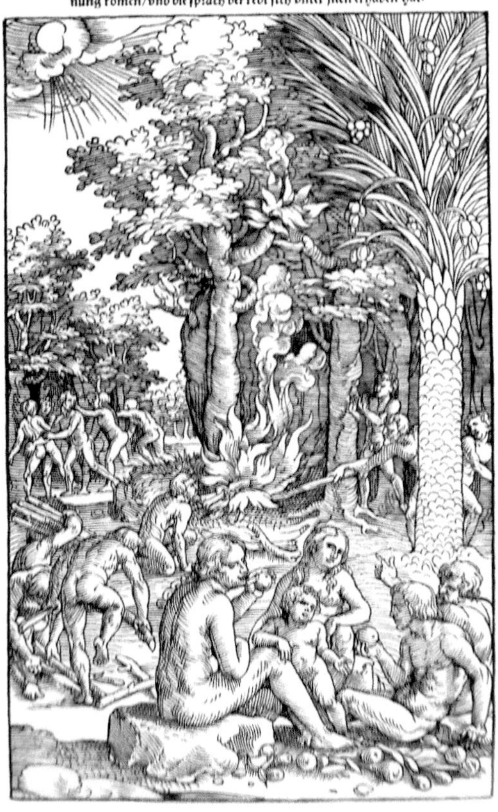

Walter Ryff, Die Entdeckung des Feuers, Vitruvius Teutsch

Das ambitionierte, luxuriöse Wohnhaus wird in seiner Umgebung als ambivalente Figur wahrgenommen, einerseits »zugeknöpft«, geschlossen und wehrhaft; zum anderen »offenherzig«, transparent und durchlässig. Doch um der Bewohnbarkeit willen wird ein nur unentschiedener Entwurf (teils offen, teils verbarrikadiert) als Kompromiss in Kauf genommen. Grundsätzlich jedoch beruhen alle von Menschenhand geschaffenen Bauwerke auf den gleichen Voraussetzungen: Standfestigkeit, Materialfestigkeit und Wetterschutz. Der Mensch entwickelt zu Recht Misstrauen gegenüber fremden Gesellen und, – nach oben schauend –, gegenüber bedrohlichen Himmelserscheinungen. Blitze, Tornados und Regengüsse.

Mit Hilfe von Feuer und Wasser entstehen die Grundfesten des Hauses. Über die Jahrhunderte hinweg hat sich da kaum etwas geändert. *»Die Erde ist im Wasser verwurzelt«*[1], sagt Parmenides (ca. 540–480 v. Chr.) und Antiphon aus Athen (5. Jahrhundert v. Chr.) konstatiert: *»Das Feuer, das die Erde brennen und schmelzen lässt, macht sie gekrümmt.«*[2] Und was bemerken wir heutzutage? Die Feuchte des Erdreichs, das Hervorquellen des Wassers aus dem Untergrund, der Schlamm des frischen Betons, das alles wird so selbstverständlich wie unreflektiert wahrgenommen.

Andererseits uns der Regenfall von oben, scheinbar aus dem Nichts, nach wie vor erstaunen lässt. Ein Ozean in den Lüften, aus dem es herabtropft, kommt einem Wunder gleich, denn Wasser entstammt doch erfahrungsgemäß dem Erdboden oder den Felsen, aus denen es emporsteigt, tröpfelt und fließt, aus Quellen, Bächen, Flüssen und Seen. Aus dem Untergrund quillt es zu unserem Nutzen.

Die festen Zutaten des Hauses jedoch, die gebrannten Ziegel, die durchlässigen Gläser, die Sonnenkollektoren verdanken wir menschlichem Tüfteln mit der Glut. In ihrer Herstellung steckt die Ahnung alchemistischen, gar magischen Tuns. Sie sind unabdingbar mit dem Feuer und seiner kosmischen Herkunft verbunden. Prometheus, der Feuerbringer und Hephaistos, der Schmiedegott der

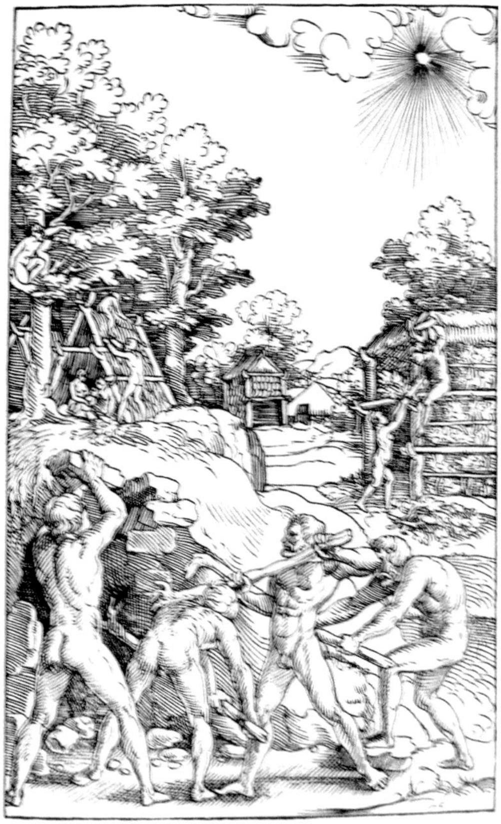

Walter Ryff, Die Entstehung der Urhütte, Vitruvius Teutsch

1 Hermann Diels, Die Fragmente der Vorsokratiker, Parmenides aus Elea, Hamburg 1957, S. 47

2 Ebd. S. 133

Griechen[3] waren die mythischen Lehrmeister des Feuergebrauchs. Mit dem Gebrauch des Wassers kam der Pragmatismus, mit dem Feuer die Metaphysik.

Die einander mitgeteilte Wahrnehmung macht uns aufmerksam und betroffen. Auf Grund unserer Aufmerksamkeit und der gläubig/ungläubigen Verarbeitung des gerade Bemerkten machen wir uns ein Bild, das unser weiteres Handeln bestimmt. Ist es auch dem Dasein seit langer Zeit innewohnend, so ist es doch noch immer ein überraschender, blitzartiger Volltreffer ins Selbst. Laut Vitruv (ca. 84–20 v. Chr.) sollen wir uns die Menschwerdung so vorstellen: Gruppiert um das wärmende, zufällig durch Blitzschlag entstandene Feuer entwickelte sich das Sprechen der Menschen, ihre Kommunikation und folgerichtig ihre ersten kulturellen Leistungen:

»*Als also infolge der Entdeckung des Feuers zunächst bei den Menschen ein Zusammenlaufen, ein Zusammenschluss und ein Zusammenleben entstanden war und an eine Stelle mehr Menschen zusammen kamen, die von der Natur aus dies vor den anderen Lebewesen als Auszeichnung hatten, dass sie nicht vornüber geneigt, sondern aufrecht gingen und die Herrlichkeit des Weltalls und der Gestirne anblickten, ferner mit ihren Händen und Gliedmaßen alles, was sie wollten, leicht bearbeiteten, begannen in dieser Gemeinschaft die einen, aus Laub Hütten zu bauen, andere, am Fuß von Bergen Höhlen zu graben.*«[4] (Abb. 1 und 2)

Feuerstelle und Quelle, Herd und Brunnen: Ins Basislager, zum Rastplatz gehört beides, gehören Wärme und Nahrung, Feuer und Wasser, um der Basisgruppe, Mann und Frau, ihre Existenz zu sichern. Feuer und Wasser sind so lebensnotwendig, dass sie zu Metaphern des Lebens werden, ja, das Lebendige scheinbar ausmachen. Es braucht demnach mindestens zweierlei, um in der Welt zu bestehen, um da zu sein: Feuerstelle und Brunnen. Überleben setzt beides voraus, beide sind lebendige Kraftquellen. »*Wasser und Feuer sind die Hauptkraftquellen*«[5], sagt Novalis und weiter: »*Der Mensch ist eine (unerschöpfliche) Kraftquelle.*«[6], von Blut durchströmt, schwitzend, pissend, glühend und fiebernd.

Die Polarität von Feuer und Wasser versinnbildlicht Leben in all seiner flüchtigen und verletzlichen Natur. Verletzlich, weil formlos, im übertragenen Sinne ungewappnet und entblößt. Nie sind Körper, Mann und Frau, schutzloser als während ihres intimen Zusammenseins.

»*Darin besteht die wahre Natur des Heims – es ist der Ort des Friedens: die Zuflucht nicht nur vor aller Verletzung, sondern vor allem Schrecken, allem Zweifel, aller Zwietracht. Wenn es dies nicht ist, dann ist es kein Heim; wenn die Ängste des äußeren Lebens eindringen, wenn Mann oder Frau die wankelmütige, lieblose, feindselige Gesellschaft über die Schwelle lassen, dann hört es auf, Heim zu sein; dann ist es nur ein überdachter Teil der Welt, in dem man ein Feuer entzündet hat*«[7], schreibt John Ruskin als stehe er im Dialog mit Pascal und dessen Ansicht:

»*dass alles Unglück der Menschen einem entstammt, nämlich dass sie unfähig sind, in Ruhe allein in ihrem Zimmer bleiben zu können.*«[8]

Das Leuchtfeuer im ‚*überdachten Teil der Welt*' wird zum temporären Anziehungspunkt für eine unschlüssige, das heißt, undurchschaubare Gesellschaft. Es ist kein Wunder, dass ein viktorianischer Autor, John Ruskin, den Rückzug ins geheiligte Refugium verficht. Aber auch Joseph Beuys, aus persönlichen Erfahrungen dem Schamanentum zugeneigt, inszeniert 1969 in seiner Installation »*Beethovens Küche*« einen brennenden Gully als lebenserhaltende Feuerstelle – als sei er ein Opferplatz.

Epicharmos entwickelte im sechsten Jahrhundert vor Christus seine Weltvorstellung: »*Durch Mischung von Feuer und Wasser haben Himmel und Erde alles geschaffen, […]*«.[9] Im Weltenbau, unter der Kuppel des Himmels und dem Erdboden, ist demnach dreierlei miteinander verknüpft, Mensch, Wasser, Feuer. Ja selbst die Gleichsetzung im Lebendigen erscheint uns heute noch sinnfällig. »*Hat die*

3 Mancherorts wurden die beiden Feuergöttern gleichgesetzt

4 Vitruvius Pollio, De architectura, libri decem, 2. Buch, Kapitel 1, Darmstadt 1976

5 Novalis, Sämtliche Werke, Dritter Band, München 1924, Fragment 868

6 Ebd., Fragment 1066

7 John Ruskin, Sesame and Lilies, zit. n. Richard Sennett, Civitas, Frankfurt am Main 1991, S. 38

8 Pascal, Über die Religion und über einige andere Gegenstände (Übers. Ewald Wasmuth), Frankfurt am Main 1987, S. 77

9 Diels 1957, a. a. O., S. 35

Flamme nicht ein Leben?«[10], fragt Gaston Bachelard angesichts ihres nervösen Flackerns und ihrer leidenschaftlichen Hitze. So stellt sich das eine dar, feurig und lebhaft. Aber auch das andere, die Quelle, springt, sprudelt, murmelt, rauscht und ist ein lebendiges Etwas – wie das Rinnsal, wie der Strom in den Adern, wie der ‚Lebensquell' Blut. Im Mythos ‚Blut' vereinen sich die Gegensätze. Denn die Konsistenz des Blutes ist wässrig und seine Farbe feurig. Sprudelnd und wärmend. Frische und Hitze.

Kreatürliches Dasein pendelt demnach zwischen diesen beiden extremen Orten: Feuerstelle und Brunnen. Beide vereinen lebensnotwendigen Komfort und soziales Behagen. Der komfortable Brunnen, unerschöpfliche Zapfstelle, vormals in bürgerlichen Häusern in der Küche gelegen, ist heute durch den Kühlschrank ersetzt. Die Wärme jedoch ist so selbstverständlich geworden, dass sie sich nicht mehr orten lässt: Sie ist überall. Die moderne Zentralheizung hat das Miteinander dezentralisiert. Den Komfort der versammelnden Feuerstelle im Haus, Ort des Behaglichen, des Austauschs und der zu befriedigenden Neugier ersetzt nun allerdings der Monitor. Er füllt die lähmende Stille, wärmt die erkälteten Beziehungen. Nächtliches Partygerede und rituelles Trinken verlagern sich dagegen meist an den neuzeitlichen Küchenbrunnen am Rand des Geschehens, in die Reichweite der Kühlschranktür.

Brunnen und Feuerstelle, ob steinummantelt oder von Kunststoff umhüllt, sind Treffpunkte seit Jahrtausenden. Orte des Dialogs, des Klatsches und der gegenseitigen Beobachtung. Hier quillt, flackert und leuchtet es, hier ist der magische Mittelpunkt des Reviers: Haltestelle, Raststätte, Zapfstelle und Zugang zu anderen imaginären Welten, Bühne für Erzählungen und Gesänge. Darum herum bauen sich Zaun oder Mauern auf, der abgeschirmte Schutzplatz des Hauses und die Umwehrung des Dorfes. Den Gedanken hat bereits Gottfried Semper in seinem Buch ‚Die vier Elemente der Baukunst' (1851) entwickelt:

»Das erste Zeichen menschlicher Niederlassung und Ruhe nach Jagd, Kampf und Wanderung in der Wüste ist heute wie damals, als für den ersten Menschen das Paradies verloren ging, die Einrichtung der Feuerstätte und die Erweckung der belebenden und erwärmenden Flamme. Um den Herd versammelten sich die ersten Gruppen, an ihm knüpften sich die ersten Bündnisse, an ihm wurden die ersten rohen Religionsbegriffe zu Kulturgebräuchen formuliert. Durch alle Entwicklungsphasen der Gesellschaft bildet er den heiligen Brennpunkt, um den sich das Ganze ordnet und gestaltet. Er ist das erste und wichtigste, das moralische Element der Baukunst. Um ihn gruppieren sich drei andere Elemente, gleichsam die schützenden Negationen, die Abwehrer der dem Feuer des Herdes feindlichen drei Naturelemente; nämlich das Dach, die Umfriedigung und der Erdaufwurf.«[11]

Das Haus mit Brunnen und Herd im Inneren wird also zum Magneten, zur Quelle und Zuflucht, zum Sender und Empfänger. Seine polaren Eigenschaften prägen die Behausung, ja, sie werden im 20. Jahrhundert so rigide ideologisiert, dass die Hausgestalten in ihren einprägsamsten Schöpfungen nur das Bild einer der beiden innewohnenden Funktionen nach außen hin zur Schau stellen: entweder Zapfstelle oder Zuflucht. Auch wenn das zeitgenössische Haus beides in sich versammelt, so prägt seine Gestalt doch demonstrativ und zeichenhaft das imaginäre Bild: entweder Fluchtburg oder Raststätte.

10 Gaston Bachelard, Die Flamme einer Kerze, München 1988, S. 23

11 Gottfried Semper, Die vier Elemente der Baukunst, 1851, S. 54f; Reprint in: Heinz Quitzsch, Gottfried Semper – Praktische Ästhetik und politischer Kampf, Braunschweig 1981

Schlussbilanz und Nachwort

U. Jonak, *Architekturwahrnehmung,* https://doi.org/10.1007/978-3-658-26262-4_28

Als Einwohner ihrer Schönheiten nicht achtend, laufen wir durch unsere Städte. Doch am Ort eines Reiseziels angelangt, werden wir aufmerksamer. Unerwartet sehen wir Dinge, sehen wir Bauten, die zu Hause unbemerkt geblieben wären. Unsere visuelle Wahrnehmung lässt sich kaum planen, ihre Eigenart ist nicht vorhersehbar. Sie überrascht. Wahrnehmung ist nun mal, abgesehen vom Objekt der Schaulust, von aktuell sich auswirkenden Einflüssen abhängig: von uns selbst und unserer momentanen Befindlichkeit, vom Stress der Anreise, von anderswo erlebtem Ärger oder gar vom Wetter.

Wir nehmen etwas wahr, das von besser Wissenden scheinbar erhellt, von unserer Seite aus aber womöglich von Vermutungen oder eingeschliffenen Ansichten verdunkelt wird. Da gibt sich etwas unverblümt und wird von uns doch fehlinterpretiert, von jedem Wahrnehmenden anders. Geben wir uns offenherzig und sind geneigt, Neuartiges zuzulassen, dann kann vielleicht ein wenig vom Ursprünglichen hervorscheinen. Wir glauben dann etwas zu verstehen, was mitunter nur heißt, dass wir uns allzu nachlässig fremde Sichtweisen aneignen. Daher bemerken wir oft nachzüglerisch nur das, was andere schon längst bemerkten.

Denn auch Blicke sind Zeitströmungen und sozialen Übereinkünften, vor allem deren unmerklichen Wellenbewegungen, unterworfen. Sind wir scharfsinnig und hartnäckig genug, dann mag sich das im Untergrund Versteckte offenbaren. Dagegen angelt mancher sich aus dem Offensichtlichen das scheinbar Unscheinbare (das niemandem bisher auffiel) und veredelt es. Mit mehr oder weniger werbender Nachhilfe wird dies dann den Mitmenschen als umwerfende Neuheit offeriert. Immer aber gibt es dann die Nachahmer, ohne die Moden oder Zeitstile sich nicht etablieren könnten.

Zweifellos folgen auch Architekten dem jeweiligen Zeitgeschmack. Allein im 20. Jahrhundert reihte sich ein Stil an den anderen: Jugendstil, Funktionalismus, Art Deko, Heimatstil, Postmoderne, Dekonstruktivismus. Die visuellen Vorlagen im Kopf des Architekten aber verändern sich trotz aller Stile kaum, werden lediglich erweitert und überlagern das, was er sieht. Er gleicht das von ihm Entdeckte mit seinem Kopfarchiv ab. Im Laufe vieler Jahre haben sich ihm bestimmte Muster eingeschliffen. Man erkennt nur das schon vorher Erkannte. Wir werden auf Dinge aufmerksam, die unser Gehirn in ähnlicher Form längst speicherte. Das alltägliche visuelle Durcheinander wird im Geiste geordnet, gesammelt und das, was benötigt wird, später bei Bedarf wieder hervorgeholt. Wir speichern unsere Erfahrungen und Wahrnehmungen auf eigene Art. Falls etwas Neues den Speicher erweitern soll, dann muss es sich einfügen in das, von dem wir bereits wissen.

Manchmal braucht Wahrnehmung Zeit, um ihre Bedeutung zu enthüllen. Die Notwendigkeit, ihrem Ruf zu folgen, wird erst nach längerem Zögern eingesehen. Wahrnehmung gerät mitunter auf eine andere Ebene, auf der sie sich nur noch dem Verstand unterwirft. Sie hat dann nichts mehr mit jäher Wahrnehmung zu tun, sondern entsteht mit halb geschlossenen Augen (visuelle Ablenkung vermeidend) und mit unmittelbarem Denkapparat.

Oft genug hat man vergessen, wann und wo man etwas sah (selbst wenn es noch so beeindruckend war). Uns schlagartig und ohne Anlass erinnernd, gewinnen wir eine plötzliche, aber späte Erkenntnis, die wir schon längst hätten haben müssen. Eine verpasste Gelegenheit wird uns peinlich auffällig.

Auffälliges muss als Besonderheit erscheinen, Auffälliges in der Reihe von mehreren Auffälligkeiten verliert seine Besonderheit. Gleiches neben Gleichem wirkt so ermüdend, dass es, kaum gesehen, schon wieder entschwindet. Deshalb ist Wahrnehmung immer selektiv, auf spezielle Eigenheiten fixiert, damit sie erinnerbar wird.

Architekten sind zugleich Beobachter, Voyeure, Detektive und Ideensammler. Sie müssen begierig erkunden wollen, was außerhalb der Grenzen ihres Berufs geschieht. Werkstätten, Museen, Ausstellungen, Messen, auch Konzerte bereichern ihr Wissen, um sich hinlänglich in unbekannte Bereiche und Kreativzonen einzufühlen. Dort, im kulturellen Gefilde, entschlüsselt man, wie andere denken, arbeiten und leben. Wie denkt und lebt diese fremdartige Gattung der Bauherren?

Das Auge ist unser wichtigstes Wahrnehmungsorgan. Damit überstehen wir in unserer Welt, aber es wird von unserer Psyche behindert und seine Befunde werden womöglich verfälscht. Daher bauen wir auf unsere (Lebens-)Erfahrung, ungewiss, ob wir unseren Wahrnehmungen trauen können oder nicht. Ständig korrigieren wir das bereits Gesehene, akzeptieren oder vernachlässigen es. Unsere Augen kommen nicht zur Ruhe, sie durchstreifen unser Gesichtsfeld. Tag und Nacht, hin und her, bemüht, Blicke in Einblicke zu verwandeln. Wie bereits gesagt:

»*Es kommt die Zeit, da wir nicht mehr unterscheiden können oder wollen, ob wir wahrnehmen oder tagträumen oder beides zugleich.*«

Zum Ende

Was die Kapitel dieses Buches verbindet, ist, dass sie als Wahrnehmungsnotizen zu wundersamen Bauten gelesen werden können, aber auch als Geschichte dieser Wahrnehmungen an Hand von Einzelbauwerken.

Wahrnehmung ist dem Zeitgeist unterworfen, verändert sich von Jahrzehnt zu Jahrzehnt. Wie unsere Lust oder unser Überdruss an der Mode wandelt sich unser Blick auf die Dinge. Die moderne Architektur im 20. Jahrhundert war von Anfang an umstritten, hielt aber beharrlich über Jahrzehnte hinweg stand. Dennoch differenziert man zwischen den Dezennien, spricht man von den Zwanzigern oder Sechzigern. In den siebziger Jahren des 20. Jahrhunderts entstanden die Projekte, in denen der Kunsthistoriker Charles Jencks eine »*Sprache der postmodernen Architektur*« erkannte. Um 1980 fanden die Kritiker der Moderne somit die befreiende Phrase, unter die sich die Provokationen einer neuartigen, mit ihrer Vergangenheit kokettierenden Architektur einordnen ließen. Größe, Einfluss und Bedeutung zu zeigen, oder was man darunter verstand, schien den Zeitgenossen nach aller verordneten Bescheidenheit nicht mehr amoralisch.

Die Architekten der Postmoderne im späten 20. Jahrhundert mit ihrem Hang zum Zitat, ihrer Vorliebe für Säule, Giebel, Erker, ihrer Lust am Oberflächendekor, ihrer Neigung zu Symmetrie und Repräsentationsformen hingen daher durchweg dem Spiel mit dem ›Schönen Schein‹ an. Illusionskulissen flankierten ausgeprägter denn je den öffentlichen Raum. Das Paradox des postmodernen ›Blicks zurück nach vorn‹ bestimmte eine Zeitlang den Zuschnitt der Bauten. Das Zitat als Wissensnachweis, als architektonischer Small Talk und als übermütige, ironisch gemeinte Anmaßung sollte als kritische Auseinandersetzung mit dem Zeitgeist, aber auch als Respekt vor älteren Zeiten verstanden werden. Die Renaissance der Antike wurde daher zur Fundgrube.

Es scheint ein unermüdlicher Kreislauf zu sein, der die Architektur in Schwung hält. Die modischen Monumente ziehen auf dem Architekturkarussell an uns vorüber. Zwangsläufig gilt, im geeignet erscheinenden Moment aufzuspringen – wenn man denn irrigerweise der Ansicht ist, einem Stoßtrupp hinterher jagen zu müssen. Irgendwann dämmert die Erkenntnis, dass in räumlich-zeitlichen Abständen die immer gleichen Kulissen vorübergleiten.

Anhang

U. Jonak, *Architekturwahrnehmung*, https://doi.org/10.1007/978-3-658-26262-4

Bildquellenverzeichnis

Bildpositionen: o = oben, m = mittig, u = unten

12o	Katalog documenta 3, Kassel 1964
13u, 14u, 17o	Handbuch der Architektur, Teil 2, Josef Durm, Die Baukunst der Griechen, Darmstadt 1881
17u	Werner Fuchs, Die Skulptur der Griechen, München 1993
18o	Wikipedia, creative commons © wagner 51
19o	Carolina Vaccaro u. a., Venturi, Scott Brown und Partner, Zürich 1991
20o	Le Corbusier, Ausblick auf eine Architektur, Frankfurt /Berlin 1963
20u	Dodwell, Klassische Stätten und Landschaften in Griechenland, Dortmund 1982
24	Karl Blossfeldt, Urformen der Kunst, Berlin 1935
25	Archives d'Architecture Moderne (Hg.), Rational Architecture, Brüssel 1978
29u, 30o, 40o, 40u	Luigi Ficacci, Piranesi. The Complete Etchings, Köln 2000
31, 32o, 34	Wikipedia, creative commons
35u	Eva Schumann-Bacia, Die Bank von England, Zürich/München 1989
36u	Bernd Krimmel (Hg.), Darmstadt in der Zeit des Klassizismus und der Romantik, Darmstadt 1978
37o, 38o, 39u	Wikipedia, creative commons © MM
37u	Wolfgang Voigt, Roland May (Hg.), Paul Bonatz, Tübingen/Berlin 2010
39u	Hermann Ziller, Schinkel, Bielefeld/Leipzig 1897
43u	Otto Höver, Kultbauten des Islam, Leipzig 1922
44u	Ernst Dietz/Heinrich Glück, Alt-Konstantinopel, München 1920
45o	Handbuch der Architektur, Teil 2, Josef Durm, Die Baukunst der Griechen, Darmstadt 1881
45u, 47u	Caspare Fossati, Die Hagia Sophia (Reprint), Dortmund 1980
43o, 48o	A. Choisy, L'art de bậtir chez les Byzantines, Paris 1883
58, 67	Albrecht Dürer Gesellschaft (Hg.), Der Traum vom Raum. Gemalte Architektur aus sieben Jahrhunderten, Marburg 1986
64, 65a	Wikipediaeintrag Kölner Dom
65u	Norbert Huse, Denkmalpflege. Deutsche Texte aus drei Jahrhunderten, München 1996
66o	Dombauarchiv, Theodor Creifelds Foto von Südosten 1880 (Postkarte)
66u	Arnold Wolff, Der Dom zu Köln, Köln 1995
74	Deutsches Architekturmuseum, Frankfurt
75o	Lionello Puppi, Andrea Palladio. Das Gesamtwerk, Stuttgart 1977
75m	Paolo Portoghesi (Hg.), The Presence of the Past, Venedig 1980
76o, 76u	Manfred Wundram u. a., Palladio, Köln 1993
78o, 78u	Andrea Palladio, Die vier Bücher zur Architektur, Wiesbaden 2008
79o	Hanno-Walter Kruft, Geschichte der Architekturtheorie, München 1985
79u	wikipedia, creative commons
82o	Robert Venturi, Learning from Las Vegas, Braunschweig/Wiesbaden 1979
83u	Universitätsbibliothek Heidelberg
90, 93u, 94o, 94m, 95o, 95m, 95u, 96o, 96u	Revolutionsarchitektur, Staatliche Kunsthalle Baden-Baden 1970

97o	Bundesarchiv, Foto 1930
97u	L'architecture aujourd'hui Nr. 348/2003
99o	M. Behr, W. Hagspiel, W. Strodhoff, H. P. Tabeling, Für Köln geplant - nicht gebaut, Köln 1981
99u	Bundesarchiv, Bild 146-1966029-02
100	Arch+ Heft 214
104, 106o, 106u, 107o, 107u	Wikipedia, creative commons
112	Madrid, Museo del Prado
122	Regina Stephan (Hg.), Erich Mendelsohn. Gebaute Welten, Ostfildern 1998
123u	Katalog Berlin-Paris München 1979
125o	U.S. Navy NewsStand photo ID 0404-N-6027E-001
124o	Heinz Edelmann, Grafik-Designer des Films The Yellow Submarine 1968
124u	Paul Virilio, Bunker-Archäologie, München 1992
127u	Walter Gropius, Architektur. Wege zu einer optischen Kultur, Frankfurt 1956
137u, 142o, 142u	Paul Overy u. a., The Rietveld Schröder House, Braunschweig 1988
139u	Evert van Straaten (Hg.), Theo van Doesburg, Rotterdam 1988
141o	Carel Blotkamp u. a., De beginjaren van De Stijl, Utrecht 1986
148	Auktionskatalog, Galerie Bassenge, Berlin 2014
153u	W. Pehnt / M. Schirren (Hg.), HansPoelzig, München 2007
149m	Stadtarchiv Frankfurt
160o, 160u	Le Corbusier, Ronchamp, Stuttgart 19..
161m, 161u	Niklas Maak, Der Architekt am Strand, München 2010
166	Sprengel Museum (Hg.), Katalog Kurt Schwitters, Hannover 1987
170	© Uli Exner
173 bis 174	© Kilian Jonak
190	Wieland Schmied, Die beunruhigenden Musen, Frankfurt/Leipzig 1993
196	Archiv Staatl. Schlösser und Gärten Wörlitz
198o, 198u	Peter Cook, u. a. (Hg), Archigram, Basel 1991
202	Heinrich Klotz (Hg.), Katalog Vision der Moderne, München 1986
207u	Jeffrey Cook, The Architecture of Bruce Goff, London 1978
208u	Heinrich Klotz, Architektur in der Bundesrepublik, Frankfurt/Berlin 1977
210	Philip Jodidio, Shigeru Ban, Köln 2012
218o	Jean-Pierre Jouve u. a., Le Palais Ideal du Facteur Cheval, Paris 1981
219	Architectural Design, Heft 3/4–1980
220	Architectural Design, Heft 9/10–1982
221u	Michael Petzet (Hg.), König Ludwig II. und die Kunst, München 1968
220	Historische Postkarte
222u, 223o	Sigrid Russ, Neuschwanstein, der Traum eines Königs, München 1983
223u, 224, 225, 226	Wikipedia, creative commons
233o, 233m, 233u, 234u, 235o, 236o/li.	Wikipedia, creative commons
240, 241	Fritz Neumeyer, Quellentexte zur Architekturtheorie, Prestelverlag München 2002, S. 84 und 85

Alle hier nicht nachgewiesenen Fotos, Aquarelle und Zeichnungen stammen vom Verfasser.

Literatur

Architekturzentrum Wien (Hg.), Sturm der Ruhe. What is architecture?, Salzburg 2002

Arnheim, Rudolf, Kunst und Sehen. Eine Psychologie des schöpferischen Auges, Berlin 1978

Bachelard, Gaston, Poetik des Raumes, Frankfurt 1987

Barck, Karlheinz (u. a., Hg.) Aisthesis. Wahrnehmung heute oder Perspektiven einer anderen Ästhetik, Leipzig 1991

Banham, Reyner, Die Revolution der Architektur, Braunschweig 1990

Beard, Mary, Der Parthenon, Stuttgart 2009

Benjamin, Walter, Das Kunstwerk im Zeitalter seiner technischen Reproduzierbarkeit, Frankfurt 1963

Benjamin, Walter, Illuminationen (ausgew. Schriften), Frankfurt 1977

Benjamin, Walter, Berliner Kindheit, Frankfurt 1987

Bergengruen, Werner, Römisches Erinnerungsbuch, Basel, Freiburg, Wien 1960

Bloch, Ernst, Das Prinzip Hoffnung, Frankfurt 1968

Bloch, Ernst, Spuren, Frankfurt 1985

Boullée, Architektur. Abhandlung über die Kunst, Zürich 1987

Brinkmann, Rolf Dieter, Rom, Blicke, Reinbek 1979

Brodsky, Joseph, Flucht aus Byzanz, Frankfurt 1991,

Brodsky, Joseph, Ufer der Verlorenen, München 1991

Brüggemann, Heinz, Das andere Fenster: Einblicke in Häuser und Menschen. Zur Literaturgeschichte einer urbanen Wahrnehmungsform, Frankfurt 1989

Burke, Edmund, Vom Erhabenen und Schönen, Berlin 1956

Busch, Harald, Gottfried Edelmann (Hg.), Römische Kunst, Frankfurt 1968

Carpenter, Rhys, Die Erbauer des Parthenon, München 1970

Conrads, Ulrich (Hg.), Programme und Manifeste zur Architektur des 20. Jahrhunderts, Berlin 1964

Cook, Peter (Hg.), Archigram, Basel 1991

Duby, Georges, Das Europa der Kathedralen, Stuttgart 1985

Dünne, Jörg /Günzel, Stephan (Hg.), Raumtheorie, Frankfurt 2006

Eichendorff, Joseph von, Werke, München 2007

Eisler, Max, Anleitung zum Betrachten von Kunstwerken, Wien/Leipzig 1926

Fechter, Paul, Die Tragödie der Architektur, Weimar 1922

Fischer, Theodor, Das Schöne, Berlin o.J.

Flagge, Ingeborg (Hg.), Architektur und Wahrnehmung, Darmstadt 2003

Flusser, Vilem, Gesten. Versuch einer Phänomenologie, Frankfurt 1994

Forster, Georg, Ansichten vom Niederrhein, Stuttgart 1965

Fossati, Caspare, Die Hagia Sophia (Reprint), Dortmund 1980

Foucault, Short Cuts, Frankfurt 2001

Gadamer, Hans-Georg, Die Aktualität des Schönen, Stuttgart 1977

Germann, Georg, Neugotik. Geschichte ihrer Architekturtheorie, Stuttgart 1974

Gilbert, Picard, Imperium Romanum (Architektur der Welt), Fribourg 1965

Goethe, Johann Caspar, Reise durch Italien im Jahre 1740, München 1986

Goethe, Johann Wolfgang, Italienische Reise, Werke (dtv-Ausgabe, Band 25), München 1962

Goltz, Bogumil, Die Deutschen, Leipzig 1923

Günzel, Stephan (Hg.), Texte zur Theorie des Raums, Stuttgart 2013

Hannah, Robert, Time in Antiquity, London 2009

Hammer-Schenk, Harold (Hg.), Kunsttheorie und Kunstgeschichte des 19. Jahrhunderts, Band 2, Stuttgart 1985

Heine, Heinrich, Deutschland. Ein Wintermärchen, Frankfurt 1989

Heinse, Wilhelm , Ardinghello und die glückseligen Inseln, Berlin 1924

Henckmann, Wolfhart / Konrad Lotter, Lexikon der Ästhetik, München 2004

Henze, Anton, Ronchamp, Recklinghausen 1956

Heuss, Theodor, Hans Poelzig, Tübingen 1948

Hölderlin, Friedrich, Hyperion. In: Werke, Band 2, München 1978

Hugo, Victor, Der Glöckner von Notre-Dame, Projekt Gutenberg-DE

Huysmans, Joris-Karl, Geheimnisse der Gotik, München 1918

Hoffman, Donald D., Visuelle Intelligenz. Wie die Welt im Kopf entsteht, Stuttgart 2000

Hohl, Ludwig, Nuancen und Details, Frankfurt 1990

Ings, Simon, Das Auge. Meisterstück der Evolution, Hamburg 2008

Jaffé, Hans, L. C. Mondrian und de Stijl, Köln 1967

Jantzen, Hans, Kunst der Gotik, Reinbek 1957

Jehle-Schulte Strathaus, Ulrike (Hg.), Das architektonische Urteil, Basel 1989

Jodidio, Philip, Shigeru Ban, Köln 2012

Jonak, Ulf, Sturz und Riss. Über den Anlass zu architektonischer Subversion, Braunschweig/Wiesbaden 1989

Jonak, Ulf, Arche_tektur, Wien 2008

Jouve, Jean-Pierre, Prévost, Claude, Prévost, Clovis, Le Palais Idéal du Facteur Cheval, Paris 1981

Kähler, Heinz, Die Hagia Sophia, Berlin 1967

Kandinsky, Wasilly, Über das Geistige in der Kunst, Bern 1962

Kinross, Lord, Hagia Sophia, Wiesbaden 1976

Klotz, Heinrich, Architektur in der Bundesrepublik, Frankfurt/Berlin 1977

Krautheimer, Richard, Rom. Schicksal einer Stadt 312–1308, München 1987

Laing, Ronald D., Phänomenologie der Erfahrung, Frankfurt 1969

Lauter, Hans, Die Architektur des Hellenismus, Darmstadt 1986

Le Corbusier, Ausblick auf eine Architektur, Frankfurt 1963

Le Corbusier, Ronchamp, Carnet Nr.2, Stuttgart 1957
Loerke, Oskar (Hg.), Deutscher Geist, Berlin 1940
Maak, Niklas, Der Architekt am Strand, München 2010
Mango, Cyril, Byzanz (Weltgeschichte der Architektur), Stuttgart 1986
Martini, Wolfram, Das Pantheon Hadrians in Rom. Das Bauwerk und seine Bedeutung, Stuttgart 2006
Menard, Bertrand, Fontevraud. Mysteries of the Abbey and the Village, 2012 (nur als E-Book bei Amazon, Ort?)
Mendelsohn, Erich, Briefe eines Architekten, München 1991
Mendelsohn, Erich, Katalog Akademie der Künste, Berlin 1968
Merleau-Ponty, Maurice, Phänomenologie der Wahrnehmung, Berlin 1965
Mukařovský, Jan, Kapitel aus der Ästhetik, Frankfurt 1970
Müller, Werner, Architekten in der Welt der Antike, Leipzig 1989
Mumford, Louis, Mythos der Maschine, Wien 1967
Nietzsche, Friedrich, Die fröhliche Wissenschaft, Werke, München 1999
Nooteboom, Cees, Rituale, Frankfurt 1993
Palladio, Andrea, Die vier Bücher zur Architektur, Wiesbaden 2008
Paquet, Alfons, Delphische Wanderung, München 1922
Paul, Jean, Titan, Werke (Bände 5/6), München 1975
Pawley, Martin, Theorie und Gestaltung im zweiten Maschinenzeitalter, Braunschweig/Wiesbaden 1998
Pehnt, Wolfgang, Schirren, Matthias (Hg.), Hans Poelzig, München 2007
Petzet, Michael (Hg.), König Ludwig II. und die Kunst, München 1968
Philipp, Klaus Jan (Hg.), Revolutionsarchitektur, Braunschweig 1990
Plessner, Helmuth, Anthropologie der Sinne. Gesammelte Schriften III, Frankfurt 2003
Pohu, Abbe, Abbaye Royale de Fontevraud (ohne Ort und Datum)
Popper, Karl, Logik der Forschung, Tübingen 1973
Poser, Steffen, Völkerschlachtdenkmal, Leipzig 2008
Lionelli Puppi, Andrea Palladio. Das Gesamtwerk, Stuttgart 1977
Raphael, Max, Wie will ein Kunstwerk gesehen sein?, Frankfurt 1989
Rodenwalt, Gerhart, Akropolis, Berlin 1956
Rodin, Auguste, Die Kathedralen Frankreichs, Leipzig o.J.
Rowe, Colin, Die Mathematik der idealen Villa und andere Essays, Basel, Berlin, Boston 1998
Rowe, Colin, Slutzky, Robert, Transparenz, Basel, Berlin, Boston 1997
Ruskin, John, Die sieben Leuchter der Baukunst, Dortmund 1994
Russ, Sigrid, Neuschwanstein, der Traum eines Königs, München 1983
Schefold, Karl, Römische Kunst als religiöses Phänomen, Reinbek 1964
Schiltberger, Hans, Reisebuch, Leipzig 1917
Schirren, Matthias (Hg.), Hans Poelzig, Berlin 1968
Schjeldahl, Peter, Anmerkungen über das Schöne. In: Poesie der Teilnahme, Dresden 1997
Sieverts, Boris, Carambolage – Der Kölner Hauptbahnhof und seine Umgebung. Eine Begehung, Köln 2014
Sennett, Richard, Fleisch und Stein, Berlin 1995
Sloterdijk, Peter, Kritik der Zynischen Vernunft, Frankfurt 1983
Sloterdijk, Peter, Zeilen und Tage. Notizen 2008–2011, Berlin 2012
Schumacher, Fritz, im Kampfe um die Kunst, Straßburg 1899
Schumacher, Fritz, Lesebuch für Baumeister, Berlin 1947
Heinz Spielmann, Die Schlösser Ludwig II., Herrsching 1977
Strauss, Botho, Fragmente der Undeutlichkeit, München 1989
Sydow, Eckart von, Form und Symbol, Potsdam 1929
Thomsen, Christian W., Architekturphantasien, München 1994
Valéry, Paul, Eupalinos oder der Architekt, Frankfurt 1991
Valéry, Paul, Ich grase meine Gehirnwiese ab (Auswahl aus den Cahiers), Frankfurt 2011
Vernon, M. D., Wahrnehmung und Erfahrung, München 1977
Venturi, Robert (u. a.), Lernen von Las Vegas. Zur Ikonographie und Architektursymbolik der Geschäftsstadt, Braunschweig/Wiesbaden 1979
Vesper, Guntram, Nachhall, In: Wallfahrtsstätten der Nation, Frankfurt 1971
Vidler, Anthony, unHEIMlich. Über das Unbehagen in der modernen Architektur, Hamburg 2002
Viollet-le-Duc, Definitionen, Basel 1993
Virilio, Paul, Das irreale Monument. Der Einsteinturm, Berlin 1992
Virilio, Paul, Bunker-Archäologie, München 1992
Waldenfels, Bernhard, Phänomenologie der Aufmerksamkeit, Frankfurt 2004
Weiss, Peter, Rapporte I., Frankfurt 1968
White, Iain Boyd, Schneider, Romana, Die Briefe der gläsernen Kette, Berlin 1986
Wievelhove, Hildegard (Hg.), Der Ruhm des Pantheon, Antikensammlung Staatliche Museen zu Berlin (Katalog) 1992
Wisniewski, Edgar, Hans Scharoun. Bauten, Entwürfe, Texte, Berlin 1974
Wolff, Arnold, Der Dom zu Köln, Köln 1995
Wölfflin, Heinrich, Kunstgeschichtliche Grundbegriffe (1915), Basel 1960
Wright, Frank Lloyd, Schriften und Bauten, München 1960

Namenverzeichnis

A

B

C

D

E

F

G

H

I

J

K